KB116838

초공간

**HYPERSPACE: A Scientific Odyssey Through Parallel Universes,
Time Warps, and the 10th Dimension** by Michio Kaku

Copyright © 1994 by Oxford University Press
Korean translation copyright © 2018 by Gimm-Young Publishers, Inc.
All rights reserved.

This translation is published by arrangement with Stuart Krichevsky Literary Agency, Inc.
through EYA(Eric Yang Agency).

초공간
HYPERSPACE

미치오 카쿠

박병철 옮김

김영사

초공간

1판 1쇄 발행 1997. 3. 10.
2판 1쇄 발행 2018. 6. 7.
2판 8쇄 발행 2023. 12. 4.

지은이 미치오 카쿠
옮긴이 박병철

발행인 고세규
편집 이승환 | 디자인 조명이
발행처 김영사
등록 1979년 5월 17일(제406-2003-036호)
주소 경기도 파주시 문발로 197(문발동) 우편번호 10881
전화 마케팅부 031)955-3100, 편집부 031)955-3200 | 팩스 031)955-3111

값은 뒤표지에 있습니다. ISBN 978-89-349-8173-2 03400

홈페이지 www.gimmyoung.com   블로그 blog.naver.com/gybook
인스타그램 instagram.com/gimmyoung   이메일 bestbook@gimmyoung.com

좋은 독자가 좋은 책을 만듭니다.
김영사는 독자 여러분의 의견에 항상 귀 기울이고 있습니다.

이 책을 나의 부모님께 바칩니다.

차례

서문

【

    과학혁명이 일어나면 기존의 상식은 철저하게 파괴된다. 원한다면 이것을 과학혁명의 '정의'로 간주해도 무방하다.

    우주에 대해 우리가 알고 있는 상식이 모두 옳다면, 과학은 이미 수천 년 전에 우주의 비밀을 풀고 폐업신고를 했을 것이다. 과학의 목적은 사물의 껍질을 벗기고 본질을 밝혀내는 것이다. 겉모습과 본질이 같았다면 과학은 애초부터 탄생하지도 않았을 것이다.

    우리는 우주가 '3차원 공간'임을 하늘같이 믿고 있다. 아마도 이것은 우주에 대하여 우리가 갖고 있는 가장 뿌리 깊은 상식일 것이다. 우주에 존재하는 물체를 서술할 때에는 길이와 폭, 그리고 두께를 명시하는 것으로 충분하다. 갓난아기와 동물을 대상으로 수행한 실험결과를 보면, 대부분의 생명체는 3차원 공간 인지능력을 선천적으로 타고나는 것 같다. 여기에 또 하나의 차원으로 시간을 추가하면 우주에서 일어나는 모든 사건을 4차원 시공간에 기록할 수 있다. 미시세계의 원자에서 방대한 은하단에 이르기까지, 우리가 쌓아온 모든 관측결과들은 한결같이 이 세계가 4차원 시공간임을 말해주고 있다. 누군가가 나서서 "우리의 우주에는 숨은 차원이 존재한다"거나 "우주는 하나가 아니라 여러 개가 공존하고 있다"고 공개적으로 주장한다면 과학자들 사이에서 웃음거리가 되기 십상이다. 우리뿐만 아니라 2천 년 전 그리스의 철학자들도 공간이 3차원이라고 굳게 믿었다. 그러나 이 오래된 선입견은 최근 등장한 물리학이론에 의해 조금씩 허물어지는 중이다.

이 책의 목적은 20세기 말에 초공간이론theory of hyperspace으로 촉발된 과학혁명을 일반독자들에게 소개하는 것이다.[1] 초공간이란 4차원 시공간보다 차원이 높은 공간을 통칭하는 용어로서, 요즘 노벨상 수상자를 비롯한 세계적 석학들은 우리의 우주가 더 높은 차원에 존재한다는 가설을 신중하게 검토하고 있다. 만일 이 가설이 옳다면 우주에 대한 과학 및 철학적 개념은 가히 혁명적인 변화를 겪게 될 것이다. 물리학자들은 초공간이론을 '칼루자-클라인 이론Kaluza-Klein theory'이나 '초중력supergravity', 또는 '초끈이론superstring theory'이라는 다소 생소한 이름으로 부르고 있다. 그중에서도 최근에 등장하여 가장 큰 돌풍을 일으킨 것은 단연 초끈이론이다. 이 이론에 의하면 우리는 4차원이 아닌 10차원 시공간에서 살고 있다. 3차원 공간(가로, 세로, 깊이)과 1차원 시간 외에 6개의 공간차원이 추가로 존재한다는 것이다.

초공간이론은 아직 검증되지 않은 가설이며 그 증거를 실험실에서 찾는 것은 거의 불가능하다. 그러나 이 이론은 전 세계의 주요 연구기관에서 한창 연구되고 있으며, 한 해에 5천여 건의 관련 논문이 출판되는 등 이론물리학계의 판도를 완전히 바꿔놓았다. 그런데도 고차원 이론을 소개하는 교양과학도서는 태부족하여, 대부분의 사람들은 현대판 과학혁명이 치열하게 진행되고 있다는 사실조차 모르고 있다. 게다가 다른 차원에 존재하는 평행우주를 설명하는 책들도 독자들의 호기심만 자극하는 쪽으로 치우쳐서 정작 중요한 내용을 제대로 전달하지 못하는 경우가 태반이다. 나는 그런 책을 접할 때마다 안타까움과 함께 일말의 책임감을 느끼곤 했다. 초공간이론은 불가능을 가능하게 만들어주는 공상과학이 아니라, 자연의 모든 현상을 하나의 단순한 이론으로 통합하는 '통일이론unified theory'이기 때문이다. 아마도 이 책은 초공간이론을 '엄밀하면서 이해 가능한 수준으로 풀어 쓴' 최초의 교양과학도서가 될 것이다.

초공간이론이 이론물리학 초유의 관심사로 떠오른 이유를 순차적으로 설명하기 위해, 나는 이 책을 4부로 나누어 집필했다.

1부에서는 초공간의 역사를 간단히 살펴볼 예정이다. 이 부분을 읽고 나면 '무대를 고차원 공간으로 옮기면 물리법칙이 훨씬 우아하고 단순해진다'는 사실을 알게 될 것이다.

차원을 높이면 복잡했던 문제가 단순해진다. 한 가지 예를 들어보자. 고대 이집트인들에게 날씨는 완벽한 미스터리였다. 계절은 왜 변하는가? 왜 남쪽으로 갈수록 따뜻해지는가? 계절풍은 왜 한쪽 방향으로만 부는가? 고대 이집트인들은 지구가 평평하다고 믿었으므로 계절이 변하는 이유를 알 도리가 없었다. 자, 이제 이집트인들을 로켓에 태우고 태양계가 내려다보이는 곳까지 데려갔다고 상상해보자(태양계가 한눈에 보일 정도로 멀리 가면 다른 별들이 시야를 방해하여 뭐가 뭔지 알 수 없게 된다. 그러나 저자가 설명을 마칠 수 있도록 이 정도는 눈감아주기로 하자_옮긴이). 처음에는 외계인에게 납치 당한 듯 몹시 불안해하겠지만, 지구의 전체적인 모습이 시야에 들어오는 순간 날씨와 관련된 모든 의문이 일거에 풀릴 것이다.

우주공간에서 바라보면 지구의 자전축이 공전면(공전궤도를 포함하는 평면)에 대하여 23.5° 기울어져 있음을 한눈에 알 수 있다. 지구가 이렇게 '삐딱한' 자세로 돌고 있기 때문에 남반구와 북반구는 지구와 태양의 상대적 위치에 따라 일조량이 다르고, 그 결과로 계절변화가 나타나는 것이다. 또한 지구의 적도 근방은 남극이나 북극보다 태양의 고도가 높기 때문에 적도로 갈수록 따뜻해진다. 그리고 지구는 (북극에서 내려다봤을 때) 반시계방향으로 돌고 있기 때문에, 북극에서 적도를 향해 남하하는 공기는 서쪽으로 휘어진 궤적을 그리게 된다. 이 차가운 공기가 적도의 더운 공기와 만나면 지구의 자전효과에 의해 항상 같은 방향으로 바람을 일으키는 것이다(단, 바람의 방향은 위도에 따라 다르다).

이처럼 우주공간에서 지구를 바라보면 날씨와 관련된 법칙을 한눈에 알 수 있다. 2차원의 평평한 지면에서 완벽한 미스터리였던 문제가 3차원 우주공간에서 간단하게 해결되는 것이다.

중력과 전자기력도 이와 비슷하다. 과거 물리학자들은 중력과 빛(광자. 전자기력을 매개하는 입자_옮긴이)을 하나의 이론으로 통일하려 했으나 번번이 실패했다. 두 이론은 가정 자체가 다를 뿐만 아니라 수학적으로도 공통점이 거의 없기 때문이다. 그러나 기존의 4차원 시공간에 차원 하나를 추가하여 5차원으로 확장시키면 빛의 거동을 서술하는 방정식과 중력을 서술하는 방정식이 마치 제자리를 찾아가는 퍼즐조각처럼 우아하게 통일된다. 알고 보니 빛은 5차원의 진동으로 설명되는 물리적 객체였던 것이다.

최근 들어 물리학자들은 '우주에 존재하는 힘(상호작용)을 체계적으로 설명하기에는 4차원 시공간이 너무 좁다'는 사실을 깨닫기 시작했다. 4차원에서 논리를 전개하면 무언가 부자연스러우면서 이론이 너저분해진다. 그러나 4차원 이상의 고차원 시공간으로 무대를 옮기면 자연의 기본 힘들을 독립적이고 우아한 형태로 서술할 수 있다.

그렇다면 초공간이론은 자연의 모든 법칙을 하나로 통일할 수 있을까? 2부에서는 그 가능성을 신중하게 검토할 예정이다. 만일 이 작업이 성공적으로 마무리된다면 초공간이론은 2천 년 과학 역사를 통틀어 최고의 이론으로 등극하게 될 것이다. 자연에 존재하는 기본 힘들을 하나로 통일하는 '만물의 이론theory of everything'은 물리학자들이 오랜 세월 동안 꿈꿔왔던 물리학의 성배聖杯이다. 아인슈타인도 만물의 이론을 찾기 위해 말년의 대부분을 보냈지만 끝내 뜻을 이루지 못하고 세상을 떠났다.

20세기 후반에 물리학자들은 우주를 지금과 같은 형태로 유지시키는 네 종류의 힘들[중력, 전자기력, 약한 핵력(약력), 강한 핵력(강력)]이 그토록 판이하게 다른 이유를 알아내기 위해 안간힘을 썼지만 이렇다 할 성과를 거두지 못했다. 이들을 하나로 통일하려면 공통점을 알아야 하는데, 각 힘을 서술하는 방정식이 달라도 너무 달랐기 때문이다(전자기력과 약력은 1979년에 이론적으로 통일되었다. 이것을 약전자기이론electroweak theory이라 한다_옮긴이). 그러나 초공간이론을 도입하면 네 종류의 힘뿐만 아니라 무작위로 존재하는 듯한 소립자들의 물리적 특성까지 통일될 가능성이 있다. 초공간이론에서 물질은 '시공간의 구조를 통해 진동하는' 일종의 물결로 간주된다. 즉, 나무와 산에서 별에 이르기까지, 우주의 모든 만물이 초공간에서 일어나는 진동의 결과로 설명되는 것이다. 만일 이것이 사실이라면 우리는 우주 전체를 일관되게 서술하는 우아하고 단순한 기하학적 이론을 확보하는 셈이다. 상상만 해도 짜릿하다!

3부에서는 극단적인 환경에서 공간이 찢어질 수도 있는지, 그 가능성을 타진해볼 것이다. 이 문제와 관련하여 초공간이론은 시간과 공간을 넘나드는 터널의 존재를 강하게 시사하고 있다. 아직은 SF소설에나 나올 법한 이야기지만, 물리학자들은 멀리 떨어진 시공간을 연결해주는 '웜홀worm hole'을 진지하게 연구하는 중이다. 실제로 캘리포니아 공과대학(Caltech, 칼텍)의 물리학자들은 웜홀을 이용한 타임머신의 가능성을 공개적으로 제안한 바 있다. 공상과학의 전유물이었던 타임머신이 물리학자의 연구대상으로 구체화된 것이다.

우주론 학자들도 여기에 가세하여 우리의 우주가 무수히 많은 평행우주들 중 하나일 수도 있다는 놀라운 가능성을 제안했다. 평행우주는 공기 중에 떠다니는 비누거품과 비슷하며, 정상적인 상태에서 이들이 서로 접촉하는 것은 불가능하다. 그러나 우주론 학자들은 아인슈타인의 방정식을 분석한 끝에 평행우주들이 웜홀을 통해 서로 연결될 수도 있음을 증명했다. 각 우주의 시간과 공간은 비눗방울의 표면에서 정의되며, 표면을 이탈하면 시공간은 의미를 상실한다(즉, 우리가 살고 있는 우주는 비눗방울의 '내부'가 아니라 '표면'이다_옮긴이).

물론 아직은 이론적 상상에 불과하지만, 초공간 여행이 가능하다면 인간을 비롯한 지적생명체들은 먼 훗날 우주가 최후를 맞이했을 때 탈출을 시도할 수 있다. 현재 통용되는 우주론에 의하면 우주의 생명은 유한하다. 우리의 우주는 지금으로부터 137억 년 전에 빅뱅이라는 거대한 폭발로부터 탄생한 후 엄청난 속도로 팽창하여 지금에 이르렀다. 그러나 허공으로 던져진 공이 언젠가는 땅으로 떨어지듯이 폭발로 팽창하는 우주는 언젠가 팽창을 멈추고 수축되기 시작할 것이고(이것을 빅크런치Big Crunch라 한다), 결국 모든 생명체는 상상을 초월하는 열기 속에서 흔적도 없이 증발해버릴 것이다. 그러나 일부 물리학자들은 우주에 파국이 닥쳤을 때 초공간이 우리의 유일한 희망이라고 주장한다. 초공간에 떠 있는 여분의 차원으로 피신하면 빅크런치의 와중에도 살아남을 수 있다는 이야기다.

4부에서는 좀 더 실용적인 문제를 다룰 것이다. 초공간이론이 옳다면, 우리는 그것을 언제쯤 활용할 수 있을까? 이것은 단순히 학술적 호기심을 채우기 위한 질문이 아니다. 과거에도 인류는 네 개의 힘들 중 하나인 중력을 활용하기 시작하면서 열악한 환경과 무지함에서 벗어나 찬란한 문명을 꽃피울 수 있었다. 돌이켜보면 인류의 역사는 네 종류의 힘을 하나씩 정복할 때마다 비약적인 발전을 이루어왔다. 중력이 그랬고 전자기력도 그랬으며, 약력과 강력도 예외가 아니었다.

구체적인 사례를 들어보자. 인류는 고전적인 중력방정식과 함께 탄생한 아이작 뉴턴Isaac Newton의 역학이론 덕분에 기계를 마음대로 다룰 수 있게 되었으며, 이 변화는 얼마 후 산업혁명으로 이어져 유럽의 봉건제도를 타파하고 정치적 권력을 강화하는 데 결정적 역할을 했다. 그리고 1860년대에 제임스 클러크 맥스웰James Clerk Maxwell이 고전 전자기학을 완성한 후 발전기와 라디오, TV, 레이더, 전화, 오븐, 컴퓨터, 레이저 등 각종 전자제품으로 대변되는 전기시대가 본격적으로 시작되었다. 전자기력을 제어할 수 없었다면 우리는 지금도 차고 대신 마구간을 청소하고 밤마다 촛불을 밝히면서 중세와 다름없는 삶을 살고 있을 것이다. 이뿐만이 아니다. 1940년대에는 핵력을 제어하는 기술이 개발되면서 원자폭탄과 수소폭탄이라는 역대 최강의 살상무기가 등장하여 세상을 완전히 바꿔놓았다. 이런 추세가 계속된다면, 초공간이론을 완성하는 문명이 우주를 지배하게 될지도 모른다.

초공간이론은 수학적으로 엄밀하게 정의된 방정식에 기초하고 있으므로, 시공간을 비틀거나 멀리 떨어진 두 장소를 연결하는 웜홀을 만드는 데 필요한 에너지를 정확하게 계산할 수 있다. 그런데 계산결과는 다소 실망스럽다. 웜홀이 생성되려면 세계에서 가장 강력한 입자충돌기보다 천조 배(10^{15}배) 이상 큰 에너지가 필요하다. 초공간을 자유자재로 다루는 세상이 오려면 관련 기술이 개발될 때까지 수백, 또는 수천 년을 기다리거나 과학이 충분히 발달한 외계종족으로부터 기술을 전수받는 수밖에 없다. 이 책의 마지막 부분에서는 초공간을 지배하기 위해 어느 정도의 기술이 필요한지, 그 수준을 가늠해볼 것이다.

초공간이론은 상식적인 시공간 개념을 초월한 이론이기 때문에 기존의 '얌전한' 이론으로는 논리를 마음껏 펼칠 수가 없다. 그래서 나는 필요할 때마다 파격적인 가설을 제기할 것이다. 이런 식의 전개법은 노벨상 수상자인 이지도어 라비Isidor Rabi의 전매특허이다. 그는 일반대중과 어린 학생들의 과학적 호기심을 자극하는 데 소홀했던 과학계를 강하게 비난하면서 미국의 침체된 과학교육을 개탄했던 사람이다. 라비는 한 강연석상에서 "과학적 낭만을 전파하는 데에는 물리학자보다 공상과학 작가들이 훨씬 뛰어나다"고 말한 적도 있다.

나의 전작인 《아인슈타인을 넘어서Beyond Einstein: Quest for the Theory of the Universe》(미치오 카쿠, 제니퍼 트레이너 공저)는 초끈이론을 소개하는 교양과학도서로서, 입자의 기원인 '진동하는 끈'과 관측 가능한 우주의 크기를 서술하는 데 주력했다. 그러나 이 책의 주 관심사는 관측 가능한 우주가 아니라 관측 불가능한 우주, 즉 기하학적 시공간의 세계이다. 다시 말해서 이 책의 목적은 입자목록을 제시하는 것이 아니라, 우리가 살고 있는(살고 있을 것으로 추정되는) 고차원 공간을 독자들이 납득할 수 있도록 설명하는 것이다. 앞으로 이 책을 읽다 보면 자연의 드라마를 만들어나가는 주인공은 텅 빈 공간이 아니라 고차원 공간임을 확실하게 알게 될 것이다.

　과학자들은 환상적인 초공간이론이 탄생할 때까지 고대 그리스 시대부터 2천여 년 동안 멀고먼 길을 달려왔다. 그 사이에 우리는 자연의 다양한 비밀을 알아냈고, 그럴 때마다 문명은 비약적인 발전을 이루었다. 아마도 미래의 역사학자들은 과학사의 마지막 장에 '인류는 통상적인 4차원 시공간을 폐기하고 초공간의 개념을 수용하면서 역사상 가장 큰 진보를 이루었다'고 기록할 것이다.

누가 뭐라해도 창조의 원리는 단연 수학이다.
그러므로 나는 '진실은 순수한 사고를 통해 그 모습을 드러낸다'는
고대 과학자들의 믿음에 동의할 수밖에 없다.
_알베르트 아인슈타인

1부

5차원의 세계

1. 시공을 초월한 세계

Worlds Beyond Space and Time

> 나는 신이 이 세상을 어떻게 창조했는지 알고 싶다.
> 구체적인 자연현상은 나의 관심사가 아니다. 내가 정말로 알고 싶은 것은
> 신의 '생각'이다. 그 외의 모든 것은 곁다리에 불과하다.
>
> _알베르트 아인슈타인

어느 물리학자가 남긴 교훈

어린 시절, 내가 자연에 관심을 갖고 물리학자의 꿈을 키우게 된 데에는 두 가지 사건이 결정적 영향을 미쳤다.

평소 차를 즐겨 마셨던 우리 부모님은 샌프란시스코의 한 일본식 찻집에 종종 나를 데려가곤 했다. 부모님은 나에게 일본의 정통 다도茶道를 가르치고 싶었겠지만, 사실 나의 관심은 차가 아니라 찻집 마당에 있는 작은 연못이었다. 연못가에 쭈그리고 앉아 화려한 옷을 입은 잉어들이 수련 밑으로 유유히 헤엄치는 광경을 바라보고 있노라면 이 세상 모든 근심거리가 사라지는 것 같았다.

나는 연못 속을 뚫어지게 바라보며 어린 나이에 걸맞은 유치한 생각에 빠져들곤 했다. '잉어는 자기가 사는 세상을 어떻게 받아들이고

있을까?' 잉어가 사는 물속은 내가 사는 세상과 판이하게 달랐기 때문이다.

얕은 연못 속에 사는 잉어는 이 세상이 뿌연 물과 수련으로 이루어져 있다고 생각할 것이다. 그들은 연못 바닥에서 먹이를 뒤지며 대부분의 시간을 보내고 있으므로, 수면 위에 다른 세상이 존재한다는 사실을 전혀 모르고 있을 것이다. 내가 살아가는 세상은 잉어의 상상력을 벗어나 있다. 잉어와 나 사이의 거리는 수십 cm밖에 안 되는데, 수면을 경계로 완전히 분리되어 있지 않은가! 그러니까 잉어와 나는 서로 왕래할 수 없는 다른 우주에 사는 거나 마찬가지다. 두 우주 사이의 경계는 얇디얇은 수면일 뿐인데, 잉어는 그 장벽을 넘지 못하고 자기가 사는 곳이 유일한 세상이라 믿으며 평생을 살아간다.

나의 상상은 계속되었다. 잉어들 중에 과학자가 있다면 무엇을 알고 있을까? 물론 과학자잉어는 먹고살기 바쁜 잉어보다 생각도 많고 실험도 많이 했을 것이므로 '수온이 내려가면 활동을 줄이고 많이 먹어야 한다'거나 '우리가 낳는 알은 점착성이므로 풀잎에 붙여놓아야 부화에 유리하다'는 등 생존에 필요한 상식과 그 이유를 꽤 많이 알고 있을 것이다. 그러나 어떤 삐딱한 잉어가 갑자기 나타나서 "수련 위에 우리가 모르는 세상이 있다"고 주장한다면 다들 코웃음을 치며 비웃을 것이다. 잉어들에게는 보고 만질 수 있는 것만이 현실이며, 연못이 세상의 전부이기 때문이다. 연못 위의 세상은 결코 도달할 수 없으므로 과학자잉어의 관심사가 아니다.

그러던 어느 날, 연못에 소나기가 쏟아졌다. 1초당 수천 개의 빗방울이 떨어지면서 수면이 요동치기 시작했고, 그 바람에 수련 잎사귀들이 이리저리 쓸려갔다. 나는 그 광경을 바라보며 또다시 생각에 잠겼다. '잉어들은 하늘에서 비가 내린다는 사실을 전혀 모를 텐데, 이 현상을 어떻게 이해하고 있을까?' 잉어들의 눈에는 수련이 아무런 힘도 받지 않고 혼자 움직이는 것처럼 보일 것이다. 우리가 공기나 공간을 볼 수 없는 것처럼 잉어들도 물을 볼 수 없으므로, 혼자 이리저리 움직이는 수련을 보며 의아해할 것이다.

그들 중 유난히 똑똑한 과학자잉어 한 마리가 혼자 움직이는 수련을 설명하기 위해 '힘'이라는 개념을 생각해냈다고 하자. 수면에 파도가 일어난다는 사실을 알 리 없는 잉어들은 수련에 '힘'이라는 신비한 영향력이 작용하여 혼자 움직인다고 결론짓고, 우리 인간이 그랬던 것처럼 그 '힘'에 그럴듯한 이름을 갖다붙일 것이다(아마도 '원거리 상호작용'이나 '자력이동 수련' 등으로 부를 것 같다).

한번은 이런 상상도 해보았다. 과학자잉어를 손으로 잡아서 연못 위로 건져 올리면 어떤 일이 벌어질까? 물론 그는 내 손을 벗어나기 위해 몸부림칠 것이다. 그러나 연못 속에 있는 잉어들에게는 그야말로 미스터리가 아닐 수 없다. 잘나가던 과학자잉어 한 마리가 어느 순간 흔적도 없이 사라지지 않았는가! 잠시 후 내가 잉어를 놓아주면 연못 속의 잉어들에게는 사라졌던 과학자가 다시 뿅 하고 나타난 것처럼 보일 것이다. 기적도 이런 기적이 없다.

극적으로 귀환한 과학자잉어는 잠시 숨을 고른 후 수면 위에서 자신이 보았던 광경을 동료들에게 설명하느라 정신이 없을 것이다. "아, 글쎄… 산란기가 얼마나 남았는지 계산하고 있는데 난데없이 무언가가 나를 낚아채서 우주(연못) 밖으로 끌고 갔다니까! 거긴 정말 이상한 곳이었어. 눈이 따가울 정도로 밝았고, 나를 잡아간 생명체는 겉모습이 우리랑 완전 딴판이야! 지느러미도 없으면서 잘만 움직이던데?

하지만 가장 충격적인 건 여기서 성립하던 법칙이 그 세계에서는 전혀 통하지 않았다는 거야. 근데 정신을 차리고 보니 다시 여기로 돌아와 있더라고." (물론 다른 잉어들은 이 황당한 이야기를 믿지 않을 것이다. 끝까지 우겼다간 수중 정신병원에 갇힐 가능성이 높다.)

나는 우리 인간이 물속에서 큰 불만 없이 살아가는 잉어와 비슷하다고 생각했다. 우리는 이 우주가 보고 만질 수 있는 친숙한 물체들로만 이루어져 있다고 하늘같이 믿으면서 우리만의 '연못'에서 살아왔다. 또한 우리는 누군가가 평행우주나 고차원 공간을 논할 때마다 '눈에 보이지 않는다'는 이유만으로 그의 주장을 배격해왔다. 우리 과학자들이 '힘'이라는 개념을 도입한 것도 눈에 보이지 않는 진동을 가시화할 수 없었기 때문이다. 실제로 과학자들 중에는 "실험실에서 쉽게 관측할 수 없다"며 평행우주와 고차원 공간의 개념을 배격하는 사람이 꽤 많이 있다.

그 후로 나는 다른 차원에 관한 이야기에 깊이 빠져들었다. 시간여행자가 다른 차원으로 진입하여 누구도 가본 적 없는 평행우주를 탐험한다. 그곳에서는 우리가 알고 있는 물리법칙이 전혀 통하지 않으며, 과거와 미래의 구별도 없다. 이 얼마나 흥미진진한 이야기인가! 독자들도 어린 시절에 이런 류의 공상과학소설에 빠져본 경험이 있을 것이다. 좀 더 자라서는 버뮤다 삼각지대에서 사라진 배들이 공간에 나 있는 구멍을 통해 다른 우주로 빨려 들어갔을지도 모른다고 생각했다. 그 시절에 나는 인류가 초공간 여행법을 개발하여 은하제국을 건설한다는 아이작 아시모프Isaac Asimov의 소설《파운데이션 Foundation》시리즈를 제일 좋아했다.

나의 인생을 바꾼 두 번째 사건은 여덟 살 때 일어났다. 학교 수업

시간에 선생님이 "위대한 과학자가 세상을 떠났다"며 그의 일대기를 들려주던 그날이 지금도 생생하게 떠오른다. 사람들은 한결같이 "인류 역사상 가장 위대한 과학자가 필생의 연구를 마무리하지 못한 채 우리 곁을 떠나갔다"며 그의 죽음을 안타까워했다. 또 다른 선생님은 "생전에 그의 이론을 이해하는 사람은 거의 없었지만, 그는 이 세상을 완전히 다른 곳으로 바꿔놓았다"고 했다. 선생님들이 하는 이야기를 모두 이해할 수는 없었지만, 위대한 발견을 코앞에 두고 안타깝게 죽었다는 말을 듣는 순간, 호기심에 제대로 발동이 걸렸다. 그가 쓰던 논문은 끝을 보지 못한 채 책상 위에 그대로 놓여 있다고 했다.

내 머릿속에는 온갖 의문이 꼬리에 꼬리를 물고 떠올랐다. 그는 어떤 사람이었을까? 생전에 얼마나 대단한 연구를 했기에 온 세상 사람들이 저 야단일까? 책상 위에 남겨놓았다는 논문에는 어떤 내용이 적혀 있을까? 그리고 얼마나 어려운 문제였기에 최고의 천재라는 사람조차 풀지 못했을까? 바로 그날, 나는 그 위대한 과학자가 죽는 날까지 매달렸던 이론을 공부하기로 결심했다.

독자들도 짐작했겠지만, 그의 이름은 알베르트 아인슈타인이다. 그날 이후로 나는 동네 도서관에서 아인슈타인과 관련된 책을 닥치는 대로 읽어나갔고, 그곳에 있는 책을 다 읽은 후에는 다른 도서관과 서점을 찾아 온 시내를 휘젓고 다녔다. 어린 나이에 내용을 어느 정도 알고 나면 식상해질 법도 한데, 희한하게도 알면 알수록 호기심과 흥미는 더욱 커지기만 했다. 결국 나는 '이왕 여기까지 온 거, 끝장을 보자. 미스터리를 향해 갈 수 있는 데까지 가보자'고 결심했다. 그러나 최고의 천재도 풀지 못한 문제를 사무실에 앉아 서류작업을 하면서 해결할 수는 없을 것 같았기에, 장차 커서 이론물리학자가 되는 것을 인생의 목표로 삼았다.

그 후 나는 아인슈타인이 죽는 날까지 매달렸던 문제가 통일장이론이었음을 알게 되었다. 미세한 원자에서 방대한 은하에 이르기까지, 우주를 지배하는 모든 법칙을 하나로 아우르는 이론이다. 이 얼마나 멋진 아이디어인가! 역시 물리학자가 되기로 한 것은 탁월한 선택이었다. 그러나 나는 연못 속에서 헤엄치던 잉어와 아인슈타인이 미완성 상태로 남기고 간 논문 사이에 밀접한 관계가 있다는 사실을 전혀 알지 못했다. 통일장이론의 핵심이 고차원 공간임을 간파하기에는 나이가 너무 어렸던 것이다.

고등학교에 진학한 후, 나는 지역 도서관에 있는 이론물리학 관련 서적을 대부분 섭렵했고 스탠퍼드대학교의 물리학과 도서관에도 자주 찾아갔다. 그곳에서 두툼한 책을 읽으며 반물질antimatter이라는 새로운 물질을 알게 되었고(반물질은 물질과 비슷하지만 물질과 접촉하는 즉시 다량의 에너지를 방출하면서 무無로 사라진다!), 소량의 반물질을 만들 수 있는 거대한 기계(입자가속기)가 이미 건설되었다는 사실도 알게 되었다.

젊은이들은 대체로 경험이 부족하고 어리석은 구석이 많지만, 그 덕분에 매사에 용감하고 진취적이라는 장점도 갖고 있다. 고등학생이었던 나는 어떤 난관에 봉착할지 자세한 분석도 하지 않은 채, 무작정 입자가속기를 만들기로 결심했다. 당시 내 머릿속에 떠오른 것은 전자를 수백만 eV(전자볼트)까지 가속시키는 베타트론betatron이었다(100만 전자볼트는 100만 볼트의 전압에서 전자가 가속될 때 획득하는 에너지에 해당한다). (에너지와 속도는 단위가 다르지만 속도가 빠를수록 에너지가 크기 때문에 물리학자들은 "몇 전자볼트까지 가속시킨다"는 표현을 종종 사용

한다_옮긴이)

무모한 고등학생의 입자가속기 건설 프로젝트는 자연적으로 양전자(positron, 전자의 반입자)를 방출하는 나트륨-22 동위원소를 소량 구입하는 것으로 시작되었다. 그다음 공정에서는 입자의 궤적을 보여주는 구름상자cloud chamber를 직접 만들었는데, 반물질 궤적이 선명하게 나타났을 때에는 정말 이 세상을 몽땅 얻은 것만큼 기뻤다. 구름상자 덕분에 나는 반물질이 남긴 100여 개의 궤적을 일일이 사진으로 남길 수 있었다. 그 후 나는 동네 전자상가의 창고를 들락거리며 무게가 수백 kg에 달하는 변압기폐품과 잡다한 전자장비를 수집하여 우리집 창고에 2.3MeV(메가전자볼트)짜리 베타트론을 만들었다(이 정도 출력이면 양전자빔을 생성하기에 충분하다). 가장 큰 문제는 베타트론에 사용될 괴물 같은 전자석을 만드는 것이었는데, 무려 35km에 달하는 구리선을 도저히 혼자 감을 수가 없어서 고등학교 운동장까지 부모님을 끌고 가 중노동을 시켰다. 그해에 우리 가족은 거대한 코일을 감느라 학교운동장을 종횡무진하면서 크리스마스휴가를 다 보내야 했다.

온 가족을 무던히도 괴롭힌 끝에 드디어 무게 140kg, 출력 6kW짜리 초소형 베타트론이 완성되었다. 그러나 이 장치는 우리집의 전력을 혼자 독식하는 괴물이었다. 처음으로 전원을 켜는 순간, 모든 퓨즈가 끊어지면서 온 집안이 암흑천지로 변한 것이다. 어머니는 차마 화를 내지 못하고 고개만 절레절레 흔들었다(아마도 이런 생각을 하셨을 것 같다. '다른 집 아이들은 축구나 농구를 하면서 놀던데 우리 아들은 왜 이럴까? 옆집 아이의 반의 반만이라도 닮았으면…'). 내가 만든 자석은 지구자기장보다 만 배쯤 강한 자기장을 생성했고, 그 정도면 전자빔을 가속시키기에 충분했다. 고등학생이 더 이상 무얼 바라겠는가?

다섯 번째 차원과의 조우

우리집은 매우 가난했다. 그래서 부모님은 당신들 때문에 둘째 아들의 꿈이 좌절될까봐 항상 노심초사하셨다. 그러나 다행히도 나는 과학경시대회에서 몇 차례 상을 받았고, 원자물리학자 에드워드 텔러 Edward Teller 교수의 눈에 띄어 하버드대학교에 전액 장학생으로 입학할 수 있었다.

그런데 아이러니하게도 하버드대학교에서 강의를 듣는 동안 고차원에 대한 호기심은 점차 누그러들었다. 나 역시 다른 물리학자들처럼 고등수학을 이용하여 자연에 존재하는 힘들을 별개로 다루도록 교육받은 것이다. 한번은 조교에게 전자기학 리포트를 제출하면서 "공간이 고차원에서 휘어져 있다면 이 문제의 답은 어떻게 달라질까요?"라고 물었다가 별종 취급을 받은 적이 있다. 이와 비슷한 일을 반복적으로 겪으면서 어린 시절에 꽂혔던 고차원 공간은 점차 관심 밖으로 밀려났다. 당시 이론물리학자들에게 초공간은 적절한 연구대상이 아니었던 것이다.

그러나 물리학의 '분리지향적' 방법론에 만족할 수 없던 나는 틈날 때마다 어린 시절 찻집 연못에서 보았던 잉어를 떠올리곤 했다. 19세기에 맥스웰이 유도한 방정식은 전자기적 현상을 정확하게 설명해주고 있지만, 나에게는 그 방정식이 다소 임의적으로 느껴졌다. 물리학자들이 말하는 '힘'이라는 개념도, 물체가 접촉 없이 움직이는 이유를 이해하지 못하면서 자신의 무지함을 감추기 위해 도입한 궁여지책처럼 보였다.

나는 공부를 계속하다가 19세기 물리학자들이 '빛은 어떻게 진공을 자유롭게 이동할 수 있는가?'라는 질문을 놓고 열띤 논쟁을 벌였다는 사실을 알게 되었다(별에서 방출된 빛은 수조×수조 km에 걸친 진공을 아무런 어려움 없이 가뿐하게 통과한다). 여러 과학자들이 수행한 실험에 의하면 빛은 명백한 파동이다. 그런데 파동이 특정 방향으로 진행하려면 '매질'이 있어야 한다. 음파의 매질은 공기이고, 수면파의 매질은 물이다. 그러나 진공 중에는 아무것도 존재하지 않으므로 당장 문제가 발생한다. 빛은 분명히 파동인데, 어떻게 매질도 없이 진행한다는 말인가? 물리학자들은 이 역설적 상황을 피하기 위해 '에테르 ether'라는 가상의 물질을 도입했다. 에테르가 공간을 가득 채우고 있으면서 빛을 매개한다는 것이다. 그러나 19세기 말에 앨버트 마이컬슨Albert Michelson과 에드워드 몰리Edward Moley는 에테르가 존재하지 않는다는 것을 실험으로 확인했다.*

나는 학부를 졸업한 후 캘리포니아대학교 버클리 캠퍼스의 대학원으로 진학했고, 그곳에서 우연한 기회에 (논쟁의 여지는 다분하지만) 빛이 진공 중에서 이동하는 이유를 설명하는 또 다른 이론이 있음을 알게 되었다. 그런데 이론 자체가 너무나 파격적이어서, 처음 듣는 순간 그 자리에서 거의 기절할 뻔했다. 그 충격의 강도는 케네디 대통령

• 놀랍게도 요즘 물리학자들조차 명확한 답을 제시하지 못하고 있다. 그냥 수십 년 동안 '빛은 매질이 없어도 앞으로 나아갈 수 있는 특이한 파동이다'라는 생각에 익숙해져 있을 뿐이다.

이 암살당했을 때 미국인들이 받은 충격과 비슷하다. 지금도 대부분의 미국인들은 언제, 어디서, 무슨 일을 하다가 그 소식을 듣게 되었는지 확실하게 기억할 것이다. 물리학자들에게도 이와 비슷한 순간이 있다. 대부분의 물리학자들은 '칼루자–클라인 이론Kaluza-Klein theory'을 처음 듣는 순간 기절할 듯이 놀란다. 그러나 이 이론은 대담한 추론에 불과하기 때문에 정규교육과정에서 누락되어 있다. 대학원생이 이런저런 책을 읽다가 우연히 알게 되면 다행이고, 몰라도 그만이다.

칼루자–클라인 이론은 빛의 특성을 아주 간단하게 서술하고 있다. 빛은 다섯 번째 차원이 진동하면서 나타난 결과이다(사람들이 흔히 말하는 '네 번째 차원'과 같은 개념이다. 물리학자들은 시간도 하나의 차원으로 간주하기 때문에 네 번째가 아닌 다섯 번째가 된 것이다). 빛이 진공을 통과하는 이유는 진공 자체가 진동하고 있기 때문이다. 진공은 4차원 시공간이 아닌 5차원 시공간(4개의 공간차원과 1개의 시간차원)에 존재한다. 기존의 4차원 시공간에 공간차원 하나를 추가하면, 중력과 빛은 놀라울 정도로 간단하게 통일된다. 나는 이 이야기를 처음 접하는 순간, 어린 시절 찻집에서 보았던 잉어를 떠올리며 속으로 있는 힘껏 외쳤다. "이거야! 내가 그토록 찾아 헤맸던 수학이론이 바로 이거였다고!"

칼루자–클라인 이론은 여러 가지 기술적 문제가 해결되지 않아 거의 반세기 동안 무용지물 취급을 받아왔으나, 지난 10년 사이에 분위기가 크게 달라졌다. 초중력이론supergravity과 초끈이론 덕분에 칼루자–클라인 이론의 문제점이 말끔하게 해결되면서, 고차원이론이 전 세계 이론물리학자들의 최고 현안으로 떠오른 것이다. 요즘 물리학을 선도하는 세계적 물리학자들 사이에서는 4차원 시공간 외에 여분의 차원이 존재할 수도 있다는 의견이 지배적이며, 이 아이디어는 세계 각지의 대학과 연구소에서 활발하게 연구되고 있다. 대다수의 이론물리학자들은 통일이론(초공간이론)을 구축하는 데 고차원 공간이 결정적 역할을 할 것으로 믿고 있다(이 책은 1994년에 출간되었다. 당시 초끈이론은 잠시 침체기를 겪다가 1995년에 여러 개의 초끈이론을 하나로 통합한 M-이론이 등장하면서 향후 10여 년 동안 2차 부흥기를 누렸다. 그러나 초끈이론은 실험적으로 검증 가능한 물리량을 하나도 계산하지 못하여 '검증 불가능한 이론'이라는 꼬리표를 아직 떼어내지 못했다_옮긴이).

만일 초공간이론이 사실로 판명된다면 미래의 과학 역사가들은 다음과 같이 기록할 것이다. "20세기의 가장 위대한 과학혁명은 우주창조와 자연의 비밀을 푸는 열쇠가 초공간이론임을 깨달은 것이다."

시어도어 칼루자Theodor Kaluza와 오스카 클라인Oskar Klein이 창안한 개념은 과학계에 엄청난 파장을 불러왔다. 그 후로 전 세계 주요 연구기관의 이론물리학자들은 초공간에 관한 논문을 수천 편이나 쏟아냈고, 물리학계를 대표하는 두 학술지 〈뉴클리어 피직스Nuclear Physics〉와 〈피직스 레터Physics Letters〉도 관련 논문들로 거의 도배가 되다시피 했다. 고차원이론을 주제로 한 국제학술회의가 전 세계에서 200회 이상 개최되었으니, 그 열풍이 어느 정도인지 짐작이 갈 것이다.

그러나 안타깝게도 지금의 기술로는 우주가 고차원 공간에 존재한다는 주장을 검증할 수 없다(이론을 검증하기 위해 필요한 절차와 초공간의 활용방안에 대해서는 이 책의 뒷부분에서 따로 논할 예정이다). 그러나 초공간이론은 이미 현대물리학의 한 분야로 확고하게 자리잡았다. 아인슈타인이 말년을 보냈던 프린스턴 고등연구소는 고차원 시공간을 집중적으로 연구하는 대표적 연구기관 중 하나이다(내가 이 책을 집필한 곳이기도 하다).

1979년에 노벨상을 수상한 스티븐 와인버그Steven Weinberg는 최근 물리학계에 불어닥친 혁명을 다음 한마디로 요약했다. "이론물리학은 점차 공상과학을 닮아가고 있다."

우리는 왜 고차원 공간을 볼 수 없는가?

아이디어 자체는 매우 혁명적이지만 일반대중에게는 생소하기 그지 없다. 대부분의 사람들은 공간이 3차원이라고 하늘같이 믿고 있기 때문이다. 몇 해 전에 세상을 떠난 물리학자 하인즈 페이겔스(Heinz Pagels, 1939~1988)는 생전에 이런 말을 남겼다. "공간이 3차원이라는 것은 너무나 명백한 사실이어서, 대부분의 사람들은 여기에 이의를 제기하지 않는다."[1] 모든 물체는 높이와 폭, 그리고 깊이를 갖고 있으며, 우리는 이 사실을 거의 본능적으로 알고 있다. 공간에서 세 개의 숫자를 지정하면 하나의 위치가 결정된다. 예를 들어 친구와 뉴욕에서 점심약속을 할 때에는 "42번가 1번로에 있는 건물 24층에서 만나자"는 것으로 충분하다. 42와 1은 지면 위에서 한 위치를 결정하고, 24에 의해 높이가 결정되기 때문이다(물론 건물이 너무 넓으면 24층에서 헤맬 수도 있지만, 따지지 말고 대충 넘어가주기 바란다).

비행기 조종사들도 '고도'와 '지면상의 좌표(경도와 위도)'라는 3개의 숫자로 자신의 위치를 파악한다. 지구뿐만 아니라 드넓은 우주공간에서도 3개의 숫자만 주어지면 특정 위치를 나타낼 수 있다. 심지어는 갓난아이들조차 이 사실을 알고 있다. 아이를 침대 위에 올려놓으면 특정 방향으로 기어가다가 가장자리에 도달할 때마다 방향을 바꾼다. 아이들은 '왼쪽'과 '오른쪽', '앞'과 '뒤'뿐만 아니라 '위'와 '아래'도 본능적으로 식별할 수 있다. 공간을 3차원으로 인식하는 능력은 유아기 때부터 두뇌 속에 각인되어 있다는 것이 학계의 중론이다.

아인슈타인은 3차원 공간에 시간을 추가하여 4차원 시공간으로 확장시켰다. 예를 들어 친구와 약속을 할 때 앞서 말한 것처럼 3개의 좌표만 지정해주었다면, 제아무리 약속을 잘 지키는 사람이라도 현실적으로 만나는 것은 거의 불가능하다. 왜 그런가? 이유는 간단하다. '시간'을 정하지 않았기 때문이다! 약속을 정확하게 잡으려면 "맨해튼 42번가 1번로에 있는 건물 24층에서 오후 12시 30분에 만나자"고 해야 한다. 4차원 시공간에서 하나의 '사건'을 정의하려면 3개의 공간좌표와 1개의 시간좌표(총 4개의 숫자)를 명시해야 한다.

요즘 과학자들은 아인슈타인의 4차원을 넘어서 5차원, 또는 그 이상의 차원으로 이동하고 있다(앞으로 이 책에서 '네 번째 차원'이라는 단어가 등장하면 길이, 폭, 깊이 외에 또 하나의 공간차원이라는 뜻으로 이해해주기 바란다. 요즘 물리학자들은 이것을 '다섯 번째 차원'으로 부르고 있지만, 나는 전통적 관례를 따르고 싶다. 시간과 관련된 차원을 언급할 때에는 반드시 '시간'이라는 단어를 명시할 것이다).

그렇다면 우리는 네 번째 공간차원을 볼 수 있을까?

안타깝게도 답은 "No"다. 절대로 볼 수 없다. 고차원 공간은 시각화하는 것 자체가 불가능하다. 이것은 이미 여러 학자들에 의해 확인된 사실이므로, 새로운 아이디어를 내겠다고 나서봐야 시간낭비일 뿐이다. 독일의 저명한 물리학자 헤르만 폰 헬름홀츠Hermann von Helmholtz는 네 번째 차원을 보는 것이 "장님이 색상을 인식하는 것만큼 어렵다"고 했다. 시각장애인에게 붉은색을 아무리 자세히 설명해도 그 화려하고 강렬한 색감까지 전달할 수는 없다. 고차원 공간을 다년간 연구해온 수학자와 물리학자들도 고차원을 시각화하는 문제만은 완전히 포기했다. 그 대신 이들은 수학방정식의 세계에서 상상의 나래를 펼친다. 수학자와 물리학자, 그리고 컴퓨터 과학자들은 고차원 공간에서 방정식을 푸는 데 아무런 어려움도 느끼지 않는다. 그러나 인간은 4차원 이상의 공간을 볼 수 없으며, 머릿속에 그릴 수도 없다.

우리의 최선은 찰스 힌턴(Charles Hinton, 1853~1907, 신비주의를 추구했던 영국의 수학자. 차원문제를 주제로 《4차원에 대한 고찰Speculations on the Fourth Dimension》,《새로운 사고의 시대A New Era of Thought》등 다양한 책을 집필했다-옮긴이)이 했던 대로 고차원물체가 투영된 그림자를 묘사하는 것뿐이다. 브라운대학교의 수학과 과장인 토머스 밴초프Thomas Banchoff는 고차원물체를 2차원 컴퓨터 스크린에 투영하는 프로그램을 제작한 바 있다. 고대 그리스의 철학자 플라톤은 인간을 동굴거주자에 비유하면서 "우리는 동굴 벽에 드리워진 실체의 그림자만 볼 수 있다"고 했는데, 밴초프의 프로그램이 바로 그 그림자를 생성하는 도구인 셈이다(사실 인간이 네 번째 차원을 시각화하지 못하는 것은 진화의 결과이다. 우리의 두뇌는 주로 3차원 공간에서 일어나는 물체의 움직임을 인식하는 쪽으로 진화해왔다. 그래서 사자나 코끼리가 갑자기 덤벼들어도 재빨리 피할 수 있다. 원시시대에는 3차원 물체의 형태와 움직임을 빠르고 정확하게 판단하는 사람이 생존에 유리했을 것이다. 그러나 자연은 인간에게 4차원 인식능력을 키우도록 요구하지 않았다. 네 번째 차원을 인식하는 능력이 아무리 뛰어나도 맹수를 피하는 데에는 아무런 도움도 되지 않는다. 사자나 호랑이는 네번째 차원을 통해 덤벼들지 않기 때문이다).

자연의 법칙은 고차원에서 더욱 단순해진다

페르미연구소로 유명한 시카고대학교의 물리학과 교수 피터 프로인트Peter Freund는 강연석상에서 청중들이 고차원 공간에 대하여 아무리 성가신 질문을 해도 신명나게 대답해주는 '친절하고 재미있는 물리학자'로 정평이 나 있다. 그는 초공간이론이 물리학자들 사이에서 별종 취급을 받을 때부터 이 분야에 투신한 개척자 중 한 사람으로, 여러 해 동안 학계의 푸대접을 받으면서 연구를 계속해왔다. 그러나 초공간이론이 핫이슈로 떠오른 지금, 프로인트는 과거의 한을 원 없이 풀며 전성기를 구가하는 중이다.

보통 이론물리학자라고 하면 편협하고 퉁명스러우면서 겉모습이 후줄근한 노교수를 떠올리겠지만, 프로인트는 정반대이다. 그는 도시풍의 세련된 이미지에 교양과 위트가 넘치는 인물로서 일반인들에게 어려운 과학을 쉽게 풀어주는 스토리텔러로 유명하다. 그는 칠판에 복잡한 수식을 가득 적어놓고 그 틈새에 재미있는 낙서를 끼워넣어 학생들을 웃기기도 하고, 칵테일파티에서는 기막힌 농담으로 사람들을 흥겹게 해주는 분위기메이커로 변신한다. 강한 루마니아 억양으로 진행되는 그의 강연을 듣고 있노라면 물리학의 난해한 개념들이 마치 만화의 캐릭터처럼 살아서 움직이는 듯한 착각이 들 정도이다. 이 방면에서 프로인트는 뛰어난 재능을 타고난 사람이다.

프로인트는 말한다. "과거의 과학자들은 눈에 보이지 않고 써먹을 곳도 없다는 이유로 고차원 공간을 도외시해왔다. 그러나 우주를 지배하는 힘을 서술하기에 3차원 공간은 너무 좁다."

프로인트가 강조한 대로, 지난 10년 동안 물리학자들은 '물리법칙을 고차원 공간에서 서술하면 훨씬 우아하고 단순해진다'는 사실을 깊이 깨달았다. 정말로 그렇다. 자연의 진정한 고향은 고차원 공간이었다. 빛과 중력의 거동을 좌우하는 법칙은 고차원 시공간에서 서술했을 때 훨씬 자연스럽고 단순해진다. 자연의 법칙을 통일하려면 하나의 이론에 모든 힘을 수용할 수 있을 때까지 시공간의 차원을 계속 높여가야 한다. 고차원 공간으로 가면 모든 물리적 힘들이 통일될 정도로 '충분히 넓은 방'을 확보할 수 있다.

프로인트는 고차원 공간의 중요성을 강조하면서 다음과 같은 예를 들었다.

아프리카의 사바나초원에서 자유롭게 살아가는 치타를 상상해보라. 잘 빠진 몸매에 근엄한 표정, 그리고 누구보다 빠른 발을 가진 치타는 정말 아름답고 경이로운 동물이다. 치타의 아름다움은 서식지에서 살고 있을 때 진가를 발휘한다. 그러나 사냥꾼에게 포획되어 동물원에 갇힌 치타를 상상해보라. 구경거리로 전락한 치타에게 아름다움이나 우아함은 더 이상 존재하지 않는다. 철창 속에는 사바나에서 뛰어놀던 야생의 치타가 아니라, 사육사가 던져주는 먹이를 마지못해 삼키는 가련한 고양잇과 포유류가 있을 뿐이다. 물리학의 법칙도 이와 비슷하다. 물리법칙은 원래 서식지인 고차원 시공간에 있을 때 훨씬 아름답다. 그러나 이것을 연구실로 끌어들이면 3차원이라는 우리에 갇힌 채 갈가리 찢어진 편린만을 관측할 수 있을 뿐이다. 3차원 공간에서 서술된 이론은 동물원에 갇힌 치타와 별반 다를 것이 없다.[2]

지난 수십 년 동안 물리학자들은 자연에 존재하는 네 개의 힘이 왜 그토록 딴판인지 궁금하게 여겨왔다. 프로인트는 그 이유가 야생의 치타를 철창에 가뒀을 때 불쌍하게 보이는 이유와 비슷하다고 주장한다. 물리법칙을 수용하기에는 3차원 공간이 너무 좁다는 것이다. 그러나 무대를 물리법칙의 고향인 고차원 시공간으로 옮기면 진정한 아름다움과 위력이 빛을 발하기 시작한다(즉, 물리법칙이 훨씬 단순하면서 강력해진다). 지금 진행되고 있는 물리학의 혁명은 여러 가지 면에서 "치타를 원래 고향으로 돌려보내자"는 자연보존 운동과 비슷하다.

차원을 높이면 모든 것이 단순해진다. 이 점을 이해하기 위해 고대 로마인들이 전쟁을 치를 때 사용했던 전술을 생각해보자. 그 시대의 전면전은 여러 곳에서 동시에 벌어지는 국지전의 형태로 전개되었는데, 사방에서 날아오는 유언비어와 잘못된 정보 때문에 아군과 적군 모두 극심한 혼란을 겪었다. 실제로 로마제국의 장군들은 전황을 전혀 모르는 상태에서 전쟁을 치르는 경우가 태반이었다. 로마제국이 여러 전쟁에서 승리를 거둘 수 있었던 것은 빼어난 전략 덕분이 아니라 무지막지한 전투력 덕분이었다. 그래서 일단 전쟁이 발발하면 '고지高地 점령'을 제1계명으로 삼았다. 평평한 2차원 땅에 머물지 말고 세 번째 차원으로 올라가라는 이야기다. 높은 곳으로 가면 전황이 한눈에 보이기 때문에 혼란을 대폭 줄일 수 있다. 즉, 세 번째 차원(언덕 꼭대기)에서 바라보면 여러 곳에서 벌어지는 국지전의 상황을 종합하여 아군에게 유리한 전략을 펼칠 수 있는 것이다.

높은 차원에서 물리법칙이 단순해진다는 아이디어는 아인슈타인의 특수상대성이론에서도 찾아볼 수 있다. 아인슈타인은 시간을 네 번째 차원으로 간주하여 시간과 공간을 4차원 시공간으로 통일시켰다. 그리고 이로부터 물질-에너지와 같이 시간과 공간에서 관측되는 모든 물리량들도 하나로 통일되었다. 물질과 에너지의 통합을 상징하

는 $E = mc^2$은 과학 역사상 가장 유명한 방정식일 것이다.*

통일의 위력을 실감하기 위해, 지금부터 자연에 존재하는 네 가지 힘의 특성과 이들이 고차원이론으로 통일되는 과정을 알아보기로 하자. 모든 자연현상은 '닮은 구석이 전혀 없어 보이는' 네 가지 기본 힘으로 서술된다. 이 사실을 알아내기 위해 과학자들은 거의 2천 년 동안 사투를 벌여왔다.

전자기력(electromagnetic force)

전자기력은 전기와 자기, 그리고 빛 등 다양한 형태로 나타난다. 도시의 밤을 밝히고(조명기구), 모든 사람에게 감미로운 음악을 들려주고(라디오), 거실에서 유명 연예인을 만나게 해주고(TV), 주부들을 가사노동에서 해방시켜주고(가전제품), 음식을 데우고(오븐), 비행기와 우주선의 항로를 추적하고(레이더), 모든 가정집과 공장에 전기를 공급할 수 있는 것은(발전소) 모두 전자기력 덕분이다. 최근에는 전자기력을 이용한 컴퓨터가 등장하여 사무실과 가정, 학교, 군대 등에 혁명적인 변화를 일으켰고, 레이저는 통신, 의학, 국방성의 무기체계, 그리고 슈퍼마켓 계산대의 풍경을 완전히 바꿔놓았다(CD와 DVD, Blu-ray도 레이저로 작동한다). 현재 전 세계 인구가 소유하고 있는 재산의 절반 이상은 어떤 방식으로든 전자기력과 관련되어 있다.

---

* 아인슈타인의 상대성이론은 원자폭탄에 이론적 기초를 제공했다. 그로부터 몇 년 후, 연합군 측의 과학자들은 이 가공할 무기를 제작하여 수십만 명을 죽음으로 내몰았고, 인류의 운명을 송두리째 바꿔놓았다. 이런 점에서 볼 때 고차원이론은 순수한 학술적 이론이 아니라 인류 역사상 가장 획기적인 발견이라 할 수 있다.

강한 핵력(strong nuclear force, 강력)

강력은 뜨겁게 타오르는 별에 에너지를 공급한다. 지구에 생명체가 번성할 수 있었던 것은 태양 덕분이고 태양이 빛을 발할 수 있었던 것은 강력 덕분이니, 결국 우리는 강력 덕분에 존재하게 된 셈이다. 만일 어느 순간에 강력이 작동을 멈춘다면 태양이 어두워지면서 지구의 모든 생명체는 종말을 맞이하게 된다. 과거 한때 지구를 지배했던 공룡이 멸종한 것도 6,500만 년 전에 직경 10km짜리 운석이 지구와 충돌하면서 수많은 파편이 대기 중에 유입되어 태양을 가렸기 때문이다(대기가 태양빛을 차단하면 온도가 급격히 떨어진다). 강력은 생명탄생의 일등공신이지만, 어느 순간에 생명을 멸종시킬 수도 있다. 굳이 수소폭탄을 터뜨리지 않더라도, 지구의 생명체는 미래의 어느 날 강력에 의해 종말을 맞이할 수도 있다.

약한 핵력(weak nuclear force, 약력)

약력은 모든 종류의 방사성 붕괴에 관여하는 힘이다. 방사성 물질은 자발적으로 붕괴되면서 열을 방출하기 때문에, 약력은 지구 내부의 방사성 광물을 가열시키는 데 일조하고 있다. 이 열에너지는 가끔 화산을 통해 지표면으로 분출된다. 약력과 전자기력은 의학 분야에서도 중요한 역할을 수행하고 있다. 예를 들어 방사성 요오드(요오드의 동위원소)는 갑상선에 발생한 종양이나 특정 암세포를 제거하는 데 사용된다. 그러나 방사성 붕괴는 생명을 앗아갈 수도 있다. 스리마일섬(Three Mile Island, 미국 펜실베이니아주에 속한 섬. 1979년 이곳에 있는 원자력발전소에서 원자로의 노심이 파열되어 방사능이 유출되었다. 인명 피해는 크지 않았으나 미국 원자력산업을 재정비하는 계기가 되었다_옮긴이)과 체르노빌 원자력발전소(1986년, 우크라이나의 체르노빌에 있는 원자력발전소에서 원자로가 폭발하여 향후 6년 사이에 8,000명이 사망하고 40만 명이 각종 후유증에 시달렸다._옮긴이)가 그 대표적 사례이다. 또한 약력은 필연적으로 방사성 폐기물을 양산하는데, 그 폐해는 수백만 년 동안 계속될 수도 있다.

중력(gravitational force)

중력은 지구를 비롯한 행성들이 공전궤도를 이탈하지 않도록 잡아두고 은하의 형태를 유지시키는 힘이다. 우리가 땅에 붙어서 안전하게 지낼 수 있는 것도 지구의 중력 덕분이다. 만일 중력이 작용하지 않는다면 지표면의 모든 물체와 생명체들은 자전하는 지구에서 이탈하여 우주공간으로 내동댕이쳐질 것이다. 뿐만 아니라 지구를 에워싼 대기도 우주공간으로 흩어져서, 요행히 지하에 몸을 숨긴 생명체들도 결국은 질식사할 것이다. 또 태양의 중력이 사라진다면 지구를 포함한 모든 행성들은 머나먼 우주공간으로 날아가 꽁꽁 얼어붙을 것이다(우주공간의 평균온도는 거의 0K(영하 273도)에 가깝다._옮긴이). 사실 중력이 없으면 태양도 존재할 수 없다. 태양은 안으로 잡아당기는 중력과 밖으로 작용하는 핵력이 절묘한 균형을 이루고 있으므로, 중력이 사라지면 핵력에 의해 폭발할 것이다. 그 폭발력은 수소폭탄 1조×1조 개를 동시에 터뜨린 것과 맞먹는다.

이론물리학의 최대 과제는 위에 서술한 네 가지 힘을 하나로 통일하는 것이다. 20세기를 풍미했던 물리학의 대가들이 이 원대한 과제에 도전했지만 아무도 성공하지 못했다. 특히 아인슈타인은 생애 마지막 30년을 통일이론에 전념하다가 결론을 보지 못한 채 세상을 떠났다. 만일 아인슈타인이 초공간이론에 관심을 가졌다면 물리학의 역사는 크게 달라졌을 것이다.

통일이론을 찾아서

아인슈타인은 이런 말을 한 적이 있다. "자연은 우리에게 사자의 꼬리만 보여주고 있다. 사자의 몸통이 너무 커서 한 번에 모습을 드러낼 수 없겠지만, 나는 그 몸통도 자연의 일부라고 굳게 믿는다."[3] 아인슈타인의 생각이 옳다면 네 개의 힘은 '사자의 꼬리'이고, 초공간이론이 '사자의 몸통'에 해당할 것이다. 이 말에 영감을 얻은 일부 물리학자들은 도서관 서고를 가득 채울 정도로 복잡다단한 물리법칙이 언젠가는 하나의 방정식으로 통일될 것이라는 희망을 품게 되었다.

이 혁명적 관점의 핵심에 고차원 기하학이 자리잡고 있다. 우주의 모든 물질과 그들을 서로 묶어두는 힘은 엄청나게 다양한 형태로 존재하시만, 이것은 자연법칙의 기원이 다양해서가 아니라 초공간에서 일어나는 다양한 진동패턴의 결과일 수도 있다. 사실 이런 관점은 전통적인 물리학에 위배된다. 오래전부터 물리학자들은 '우주의 주인공은 별과 원자이며, 시간과 공간은 우주적 공연이 펼쳐지는 무대에 불과하다'고 생각해왔기 때문이다. 우주 곳곳에 흩어져 있는 물질은 텅빈 시공간보다 훨씬 다양하고 역동적인 것처럼 보인다. 그래서 과학자들은 수동적인 배경(시공간)보다 능동적인 주인공(물질)에 더 많은 관심을 쏟았고, 정부의 연구보조금은 쿼크quark나 글루온gluon과 같은 소립자의 특성을 분류하는 데 대부분 소진되었다. 그러나 지금 과학자들은 무용지물처럼 보였던 시간과 공간이 자연의 아름다움과 단순함의 원천이라는 사실을 깨닫기 시작했다.

고차원이론의 원조는 빛을 다섯 번째 차원의 진동으로 설명한 칼루자-클라인 이론이다. 여기서 무대를 N차원(N은 어떤 정수라도 상관없다)으로 확장하면 너저분했던 소립자이론이 깔끔한 대칭symmetry으로 요약된다. 그러나 칼루자-클라인 이론은 N값을 결정하지 못하여 온갖 기술적 문제를 양산했고, 이 이론을 개선한 초중력이론도 비슷한 난관에 직면했다. 이런 난처한 상황에서 해결사를 자처하고 나선 것이 바로 초끈이론이다. 1984년에 마이클 그린Michael Green과 존 슈워츠John Schwarz에 의해 물리학의 전면에 등장한 초끈이론은 모든 물질을 미세한 끈의 진동으로 설명한다. 게다가 초끈이론은 고차원 공간의 N값까지 정확하게 예견했다. 놀라지 마시라. 그 값은 6도 아니고 7도 아닌… 10이다!*

10차원 공간의 장점은 4가지 힘을 모두 수용할 정도로 방이 '충분히 넓다'는 점이다. 뿐만 아니라 10차원을 도입하면 입자가속기에서 연일 쏟아져 나오는 다양한 입자들을 일관된 논리로 간단하게 설명할 수 있다. 물리학자들은 지난 30년 동안 양성자와 전자를 빠른 속도로 가속한 후 원자에 충돌시켜서 수백 종에 달하는 입자를 발견했다. 자연이 단순하기를 바랐는데, 입자의 종류가 지나치게 많아진 것이다. 이런 난처한 상황에서 물리학자들이 할 수 있는 일이란 온갖 종류

• "우리는 언제쯤 고차원 공간을 볼 수 있을까요?" 이런 질문을 받을 때마다 프로인트는 혼자 킬킬거리며 웃는다. 상대방을 비웃는 것이 아니라 'No'라는 답을 웃음으로 대신하는 것이다. 고차원 공간은 극도로 작은 영역에 '돌돌 말려 있기 때문에' 인간의 기술로는 관측될 수 없다. 칼루자-클라인 이론에 의하면 고차원이 말려 있는 영역의 크기는 '플랑크 길이Planck length' 단위로서, 양성자의 1천조×10억분의 1밖에 안 된다.* 현재 세계에서 가장 강력한 입자가속기로도 도달할 수 없는 짧은 거리이다. 고에너지 물리학자들은 110억 달러짜리 초전도 초충돌기(Superconducting Supercollider, SSC)에 큰 기대를 걸어왔는데, 이 프로젝트는 레이건 대통령 때 승인되었다가 1993년에 미국 의회에 의해 전면 취소되었다(이미 뚫어놓은 지하터널을 다시 메우는 데 10억 달러가 소요되었다_옮긴이).

의 벌레를 수집하여 일일이 이름을 붙이는 곤충학자처럼 입자의 특성을 분석하여 기다란 차트를 만드는 것뿐이었다. 그러나 모든 입자를 초공간에서 일어나는 진동으로 설명하면 복잡한 상황이 깔끔하게 정리된다.

시공간 탐험

초공간을 이용하면 시간과 공간을 자유롭게 넘나들 수 있을까? 이 질문에 답하기 전에, 커다란 사과의 표면에서 꼼지락거리는 작고 납작한 벌레를 상상해보자. 이 벌레들은 자신이 사는 세계를 '사과세계'라 부르면서, 자신의 몸뚱이처럼 평평한 세계라고 하늘같이 믿고 있었다. 그러던 어느 날, 콜럼버스라는 벌레 한 마리가 이상한 생각을 떠올렸다. '혹시 이 사과세계가 유한하면서 휘어져 있지는 않을까? 그렇다면 사과세계는 더 큰 세계 안에 속해 있을 텐데… 더 큰 세계를 '3차원 세계'라 부르면 어떨까? 오케이, 아주 좋은 이름이야!' 내친김에 그는 눈에 보이지 않는 3차원 공간에서 일어나는 운동을 서술하기 위해 '위'와 '아래'라는 신조어까지 만들었다. 그러나 다른 벌레들은 "사과 먹고 그렇게 할 일이 없냐"면서 그를 바보 취급했다. 눈에 보이지 않고 느낄 수도 없는 차원을 군이 도입하여 사과세계가 휘어져 있다고 우기고 있으니, 먹고살기 바쁜 벌레들 입장에서는 바보처럼 보일 만도 했다. 그러나 콜럼버스는 자신의 뜻을 굽히지 않고 어느 날 먼 여행을 떠났다. 사과세계가 휘어져 있음을 증명하기 위해, 한 바퀴 돌기로 작정한 것이다. 혀를 끌끌 차는 친구들을 뒤로하고 장도에 오른 콜럼버스는 잠시 후 지평선(사평선?) 너머로 사라졌고, 한참 후에 파김치가 되어 출발점으로 되돌아왔다. 이로써 사과세계가 눈에 보이지 않는 세 번째 차원 안에서 휘어져 있음이 확실하게 입증되었다. 그 후 콜럼버스는 여독이 풀리기도 전에 사과 위의 두 점을 연결하는 지름길을 발견했다. 사과 안으로 터널을 파고 들어가서 목적지로 파고 나오면 된다. 그동안 벌레들은 사과 반대편으로 갈 때마다 시간이 오래 걸리고 도중에 사마귀와 마주치는 등 온갖 고초에 시달렸는데, 이제 그럴 필요가 없어졌다. 콜럼버스는 두 점을 잇는 지름길(터널)을 '벌레 구멍'이라는 뜻의 '웜홀worm hole'로 명명했다. 사과세계에서 두 점을 잇는 가장 짧은 길은 표면 위에 그린 직선(측지선)이 아니라 웜홀이었다.

그런데 이상한 일이 벌어졌다. 콜럼버스가 웜홀을 통해 사과 반대편으로 나와 보니, 그곳은 현재가 아닌 과거였다. 웜홀이 사과 표면에서 '시간대가 다른 두 점'을 연결한 것이다. 이 사실이 알려지자 일부 벌레들이 잔뜩 흥분한 목소리로 외쳤다. "이건 완전 대박이야! 웜홀을 잘 활용하면 타임머신도 만들 수 있겠어!"

얼마 후 콜럼버스는 더욱 놀라운 사실을 발견했다. 그들이 살고 있는 사과세계는 유일한 세계가 아니라, 수없이 많은 사과들 중 하나였던 것이다(사실 그곳은 과수원이었다). 그들 중 어떤 사과에는 희한하게 생긴 벌레들이 살고 있고, 또 어떤 사과에는 벌레가 한 마리도 없었다. 콜럼버스는 골똘히 생각에 잠겼다. '혹시 다른 사과로 여행할 수도 있지 않을까? 우리 사과세계에서 과거까지 갔다 왔는데, 안 될 이유가 없지 않은가?' 그러나 다른 벌레들은 얼마 전에 한 번 크게 놀랐음에도 불구하고 또 다시 콜럼버스를 바보 취급하며 놀려대기 시작했다. 사과 씨까지 먹어봤으니 제발 정신 좀 차리라고….

우리 인간도 벌레들과 비슷하다. 상식적인 수준에서 말하자면 우리의 세계는 사과의 표면처럼 평평한 3차원이다(벌레들이 알고 있던 사과의 표면은 평평한 2차원이다. 위에서 말한 벌레들의 사례를 인간세계에 적용할 때에는 모든 차원을 하나씩 높여서 생각해야 한다_옮긴이). 로켓을 타고 우주 어디를 가도 공간은 평평한 것처럼 보인다. 그러나 사실 우리의 우주는 사과세계처럼 보이지 않는 차원에서 휘어져 있다. 이것은 지난 수십 년 동안 수많은 실험과 관측을 통해 확인된 사실이다. 예를 들어 별에서 방출된 빛은 우주공간에서 완만하게 휘어진 곡선을 그리며 나아간다.

다중연결된 우주

아침에 일어나 몸을 추스르고 신선한 공기를 마시기 위해 창문을 연다. 창밖에는 당연히 당신에게 친숙한 앞마당 풍경이 펼쳐져 있다. 이래야 정상이다. 만일 창밖으로 이집트 피라미드가 보인다면 당신은 패닉상태에 빠질 것이다. 현관문을 열 때에도 거리를 지나가는 사람이나 자동차가 보일 것이라고 예측한다. 문을 열면서 달 표면의 분화구를 기대하는 사람은 없다. 굳이 생각을 하지 않아도, 우리는 늘 봐왔던 풍경이 펼쳐질 것을 하늘같이 믿으면서 창문이나 현관문을 연다. 다행히도 우리가 사는 세상은 SF영화 속이 아니다. 우리는 이 세계가 단순연결된simply connected 공간임을 믿어 의심치 않는다. 쉽게 말해서, 창문이나 현관문을 열고 나갔을 때 다른 우주로 떨어지지 않는다는 뜻이다(일상적인 공간에서 밧줄로 올가미를 만들어 있는 힘껏 조이면 올가미는 하나의 점으로 오그라들 수 있다. 텅 빈 공간에는 올가미의 수축을 방해하는 요인이 전혀 없기 때문이다. 이런 공간을 '단순연결공간'이라 한다. 그러나 올가미가 웜홀을 에워싸고 있으면 밧줄을 아무리 조여도 하나의 점으로 수축될 수 없다. 웜홀이라는 터널이 올가미의 수축을 방해하기 때문이다. 이런 공간을 '다중연결공간multiply connected space'이라 한다. 우리의 우주가 보이지 않는 차원에서 휘어져 있다는 것은 실험을 통해 확인되었지만, 웜홀의 존재 여부와 공간의 다중연결 여부는 아직도 논쟁거리로 남아 있다).

19세기 중반 게오르크 베른하르트 리만Georg Bernhard Riemann이 곡면기하학을 창시한 후로, 수학자들은 시공간의 다른 지점이 서로 연결되어 있는 다중연결공간을 꾸준히 연구해왔다. 당시의 물리학자들은 다중연결공간이 지적유희에 불과하다며 관심을 갖지 않았으나, 지금은 우주의 현실적인 모형으로 상정해놓고 신중하게 연구하는 중이다. 이 모형은 루이스 캐럴Lewis Carroll의 《이상한 나라의 앨리스Alice in Wonderland》에 나오는 이상한 세계와 비슷하다. 흰토끼가 굴속으로 빠졌다가 이상한 세상에 등장한다. 이런 황당한 일이 실제로 일어날 수 있을까? 가능하다. 토끼가 웜홀을 통과하면 된다.

종이와 가위만 있으면 웜홀 모형을 만들 수 있다. 두 장의 종이에 각각 구멍을 뚫은 후 다른 종이를 파이프 모양으로 감아서 두 구멍 사이를 연결하면 된다(그림 1.1). 웜홀 근처로 다가가는 무모한 행동만 하지 않으면 우리가 사는 세계는 완전히 정상이며, 학교에서 배웠던 기하학 법칙도 정확하게 맞아 들어간다. 그러나 웜홀 속으로 빠지면 본인의 의지와 상관없이 시공간의 다른 지점으로 이동하게 된다. 원래의 세계로 돌아오려면 그곳에서 다시 웜홀에 빠지는 수밖에 없다.

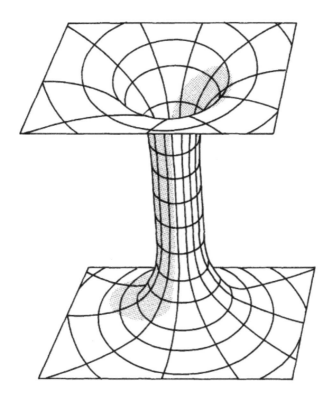

그림 1.1 〉〉〉 평행우주는 두 개의 평면을 이용하여 시각화할 수 있다. 정상적인 상황에서 두 우주는 절대로 접촉할 수 없지만, 웜홀로 연결되면 통신이나 왕래가 가능할지도 모른다. 요즘 이론물리학자들은 이 가능성을 신중하게 검토하고 있다.

시간여행과 아기우주

웜홀은 확실히 흥미로운 연구과제이다. 그러나 초공간을 논할 때 가장 큰 관심을 끄는 주제는 단연 시간여행일 것이다. 영화 〈백 투 더 퓨처Back to the Future〉에서 주인공 마이클 제이 폭스Michael J. Fox는 타임머신을 타고 과거로 갔다가 자신과 같은 또래(고등학생)인 어머니를 만난다. 그런데 미래의 아들에게 호감을 느낀 어머니가 미래의 아버지에게 퇴짜를 놓고, 이로부터 역설적 상황이 발생한다. 나 때문에 부모님이 결혼을 하지 않는다면 내가 어떻게 존재할 수 있다는 말인가?

과학자에게 시간여행에 관한 질문을 던지면 대체로 시큰둥한 반응을 보인다. 답을 모르기 때문이기도 하지만, 무엇보다 시간여행은 인과율(因果律, causality)을 상습적으로 위반하기 때문이다. 인과율이란 '원인은 시간적으로 결과보다 앞선다'는 지극히 당연한 법칙으로, 현대과학을 떠받치는 대원칙이기도 하다. 그러나 물리학에 웜홀을 도입하면 인과율은 얼마든지 위배될 수 있다. 그래서 시간여행이 일어나지 않도록 미연에 방지하려면 매우 강력한 가정하에 논리를 전개해야 한다. 가장 심각한 문제는 웜홀이 공간적으로 멀리 떨어진 두 지점뿐만 아니라 과거와 미래까지 연결할 수도 있다는 점이다.

1988년에 캘리포니아 공과대학의 물리학자 킵 손Kip Thorne과 그의 동료들은 시간여행이 이론적으로 가능할 뿐만 아니라 현실적으로 구현할 수도 있다고 주장하여 주변 사람들을 놀라게 했다. 그런데 더욱 놀랍게도 이들의 논문은 세계 최고권위의 물리학 학술지인 〈피지컬 리뷰 레터스Physical Review Letters〉에 게재되었다. 그리하여 이들의 논문은 전문 물리학자가 시간의 흐름을 바꿀 수 있다고 공개적으로 주장한 최초의 논문으로 기록되었다. 킵 손의 이론은 각기 다른 시간대에 존재하는 두 영역이 웜홀을 통해 연결될 수 있다는 단순한 사실에 기초하고 있다. 간단히 말해서 웜홀이 과거와 미래를 연결한다는 것이다. 웜홀을 통한 여행은 순식간에 진행되기 때문에, 이 특성을 잘 활용하면 과거로 갈 수 있다. 그러나 시간여행을 실제로 구현하는 것은 완전히 다른 이야기다. 조지 웰스H. G. Wells의 소설 《타임머신The Time Machine》에서는 다이얼을 돌리기만 하면 수십만 년 후의 미래로 갈 수 있었지만, 현실세계에서 웜홀을 만들려면 상상을 초월할 정도로 많은 에너지가 필요하다. 이런 기술은 앞으로 몇백 년 후에나 가능할 것이다.

웜홀의 또 다른 특징은 실험실 안에 '아기우주baby universe'를 창조할 수 있다는 점이다. 물론 우리는 빅뱅을 재현할 수 없고, 우주가 탄생하는 광경을 본 적도 없다. 그러나 우주론의 세계적 권위자이자 급속팽창이론(인플레이션이론, Inflation theory)의 원조인 매사추세츠 공과대학MIT의 앨런 구스Alan Guth는 몇 해 전에 "웜홀을 이용하면 실험실에서 초소형 우주를 만들 수 있다"고 주장하여 물리학자들을 또 한 번 놀라게 했다. 조그만 상자에 강한 열과 에너지를 집중시키면 웜홀의 입구가 열리면서 초소형 우주와 연결될 수도 있다는 것이다. 만일 이것이 가능하다면 과학자들은 신과 비슷한 능력을 갖게 된다. 자기 손으로 우주를 창조했으니, 그게 신이 아니고 무엇이겠는가?

신비주의와 초공간

지금까지 언급된 개념 중 일부는 사실 새로운 내용이 아니다. 지난 수
백 년 동안 신비주의자와 철학자들은 다른 우주의 존재 가능성과 그
곳으로 가는 터널에 대하여 많은 생각을 해왔다. 그들은 '다른 우주는
우리와 놀라울 정도로 가까운 거리에 존재하면서 공간의 모든 곳에
깊이 침투해 있지만, 우리의 오감과 관측장비의 한계를 벗어나 있기
때문에 감지되지 않는다'고 생각했다. 그러나 이런 생각은 수학적으
로 표현할 수 없고 실험으로 확인할 수도 없으므로 과학자에게는 무
용지물이나 마찬가지다.

우리 우주와 다른 차원을 연결하는 통로는 문학가들에게도 흥미로
운 이야깃거리였다. 공상과학소설에서 주인공을 먼 우주로 보내려면
고차원 공간을 통하는 것이 최선이다. 지구에서 가장 가까운 별조차
도 무려 40조 km나 떨어져 있으니, 평범한 로켓으로는 이야기를 전
개할 수 없다. 그래서 주인공을 태운 로켓은 뻔한 항로를 따라가지 않
고 공간을 구부려서 초공간으로 진입한 후 웜홀을 타고 눈 깜짝할 새
에 우주 저편으로 이동한다. 예를 들어 영화 〈스타워즈Star Wars〉에서
루크 스카이워커는 제국함대와 마주쳤을 때 초공간으로 피신하고,
TV 시리즈 〈스타트렉: 딥 스페이스 나인Star Trek: Deep Space Nine〉에서는
웜홀을 이용하여 몇 초만에 은하를 가로지르는 장면이 수시로 등장
한다. 그런데 웜홀의 입구가 우주정거장 근처에 있기 때문에, 은하제
국들은 순간이동이라는 무소불위의 무기를 확보하기 위해 우주정거
장을 놓고 치열한 싸움을 벌인다.

1945년 9월에 미국 해군의 제19비행단의 뇌격기 편대가 카리브해

에서 실종된 후로 공상과학 작가들은 버뮤다 삼각지대를 '고차원 공간으로 들어가는 입구'로 활용해왔다. 그리고 항간에는 '버뮤다 삼각지대에서 사라진 비행기와 배들은 모종의 통로를 따라 다른 세계로 이동했다'는 소문이 끈질기게 나돌았다.

평행우주는 지난 수백 년 동안 종교에도 지대한 영향을 미쳤다. 특히 강신론자들은 죽은 사람의 영혼이 어떤 방법으로든 이승사람들에게 자신의 존재를 알린다고 막연하게 믿어오다가, 고차원의 개념이 대중화된 후로는 영혼의 거주지를 평행우주로 구체화했다. 17세기 영국의 철학자 헨리 모어Henry More는 귀신과 영혼이 네 번째 차원에 존재한다고 믿었으며, 1671년에 발표한 저서《형이상학 입문서 Enchiridion Metaphysicum》에 "귀신과 영혼의 안식처인 저승세계는 우리의 오감을 넘어선 곳에 실제로 존재한다"고 적어놓았다.

19세기의 신학자들도 천국과 지옥의 소재지로 고차원 공간을 제안했고, 개중에는 우주가 지구-천국-지옥이라는 세 개의 평행우주로 분할되어 있다고 주장하는 사람도 있었다. 영국의 신학자 아서 윌링크Arthur Willink는 신이 인간계의 평행우주로부터 멀리 떨어진 무한차원공간에 존재한다고 믿었다.

고차원 공간에 대한 사람들의 관심이 최고조에 달한 것은 1870~1920년 무렵이었다. 이 시기에는 네 번째 차원(4차원 시공간의 시간이 아니라, 공간의 네 번째 차원)이 대중문화 속에 깊이 파고들어 예술과 문학에 다양한 형태로 접목되었는데, 대표적인 작가로는 오스카 와일드와 표도르 도스토예프스키. 마르셀 프루스트, 조지 웰스, 조지프 콘래드를 들 수 있다. 또한 알렉산드르 스크랴빈Alexander Scriabin과 에드가르 바레즈Edgard Varése, 조지 앤타일George Antheil과 같은 음악가들도 4차원에서 영감을 얻었으며, 심리학자 윌리엄 제임스William James 와 소설가 거트루드 스타인Gertrude Stein, 사회주의 혁명가 블라디미르 레닌도 '보이지 않는 공간'에 각별한 관심을 갖고 있었다.

네 번째 차원은 파블로 피카소와 마르셀 뒤샹에게 깊은 영향을 주어 '입체파'와 '표현주의'라는 새로운 미술사조를 탄생시켰다. 예술사학자 린다 달림플 헨더슨Linda Dalrymple Henderson은 자신의 저서에 다음과 같이 적어놓았다. "네 번째 차원은 블랙홀 못지않게 신비로운 구석이 많아서 전문과학자들조차 제대로 이해하지 못하고 있다. 이 가설은 1919년 이후로 일반상대성이론을 제외한 그 어떤 가설보다 포괄적이면서 전례 없는 충격을 안겨주었다."[5]

신기한 대상에 끌리는 것은 물리학자뿐만이 아니다. 수학자들도 오랜 세월 동안 상식을 뛰어넘는 논리와 유별난 기하학에 관심을 가져왔다. 예를 들어 옥스퍼드대학교의 수학과 교수였던 찰스 도지슨(Charles L. Dodgson, 루이스 캐럴이라는 필명으로 더 유명하다)은 기묘한 수학적 아이디어를 가미한 소설《이상한 나라의 앨리스》를 발표하여 전 세계 아이들을 상상의 세계로 이끌었다. 앨리스가 토끼 굴에 빠지거나 거울 속으로 걸어 들어가면 이상한 나라에 도달하는데, 그곳에서는 고양이가 미소만 남긴 채 사라지고, 마술버섯을 먹으면 어린아이가 거인으로 변하고, 모자장수가 '태어나지 않은 날'을 축하하는 등신기한 사건이 일상사처럼 일어난다.《거울 나라의 앨리스》에서 거울은 앨리스가 사는 현실세계와 상식이 통하지 않는 이상한 세계를 연결하는 통로이다.

아마도 루이스 캐럴은 고차원 기하학의 기초를 확립한 19세기 독일의 수학자 게오르크 베른하르트 리만에게 적지 않은 영향을 받았을 것이다. 리만은 우리의 우주가 '생소하지만 자체모순이 없는 내부 논리를 따른다'는 사실을 입증함으로써 20세기 수학의 운명을 완전히 바꿔놓았다. 리만기하학의 진수를 일부나마 맛보기 위해, 한 장씩 차곡차곡 쌓아올린 종이더미를 상상해보자. 개개의 종이는 하나의 우주에 해당하고, 각 우주는 자신만의 법칙을 따른다. 우리의 우주는 이들 중 하나이며, 앨리스가 방문했던 이상한 나라와 온갖 희한한 생명체들이 사는 우주도 어딘가에 끼어 있다. 그러나 자신만의 우주에서 살아가는 생명체들은 다른 우주가 존재한다는 사실을 전혀 모르고 있다.

이런 상황에서 각 평행우주에 존재하는 생명체의 삶은 다른 우주의 생명체와 무관하게 진행될 것이다. 그러나 두 장의 종이, 또는 두 개의 평행우주가 짧은 시간 동안 서로 교차하면서 공간이 찢어지면 두 우주를 연결하는 통로가 열린다. 이 통로를 이용하면 〈스타트렉〉에 등장하는 웜홀처럼 두 우주를 왕복하거나 하나의 우주에서 멀리 떨어진 지점으로 순식간에 이동할 수 있다(그림 1.2). 루이스 캐럴은 어린아이들에게 바로 이 가능성을 보여준 것이다. 어른들은 오랜 시간 동안 똑같은 경험을 반복하면서 공간에 대하여 확고한 관념(사실은 편견)을 갖고 있지만, 아이들은 사고가 유연하여 괴상하고 기발한 이야기에도 쉽게 동화된다. 캐럴은 이 사실을 제대로 간파하여 역사에 길이 남을 작가가 되었고, 리만기하학을 반영한 그의 아이디어는 아동문학에 지대한 영향을 주어《오즈의 마법사》와《피터팬》같은 후속 명작을 탄생시켰다.

그러나 평행우주론은 실험적 증거가 없고 물리학자를 자극할 만한 동기도 없었기에 과학의 변두리 이론으로 밀려나고 말았다. 지난 2천

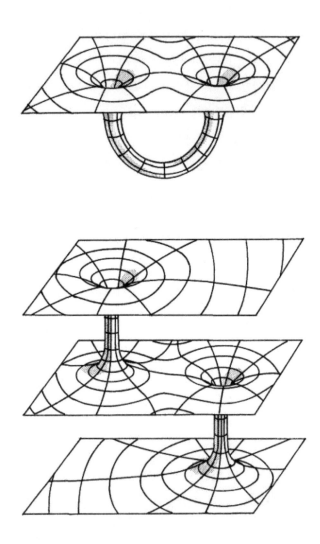

그림 1.2 〉〉〉 공간의 다른 지점을 연결하는 웜홀은 장거리여행에 활용할 수 있고, 다른 시간대를 연결하는 웜홀은 시간여행을 가능하게 해준다. 또한 웜홀은 서로 다른 우주를 연결할 수도 있다. 웜홀이 단순한 수학적 가설인지, 아니면 실현 가능한 물리적 실체인지는 머지않아 초공간이론이 밝혀줄 것이다.

년 동안 과학자들은 간간이 고차원의 개념에 관심을 가졌지만, 그때마다 검증이 불가능하다는 이유로 주류 과학에서 제외되었다. 20세기 수학의 새로운 지평을 열었던 리만의 고차원 기하학도 초기에는 딱히 써먹을 곳이 없어서 수학자의 서랍 속에 갇혀 있었다. 젊은 학자가 마음을 굳게 먹고 초공간 연구에 뛰어들었다가 학계에서 쏟아지는 비난과 조롱을 견디다 못해 포기한 사례는 헤아릴 수 없을 정도로 많다. 이런 분위기에서 고차원 공간은 정상적인 사고를 거부하는 괴짜들과 신비주의자, 그리고 말하기 좋아하는 허풍선이들의 마지막 은신처 역할밖에 할 수 없었다.

이 책에서는 네 번째 차원에 대한 초기 신비주의자들의 관점을 살펴볼 것이다. 과학을 표방한 책에서 군이 이런 내용을 다루는 이유는 고차원 물체를 시각화하고 고차원이론을 이해하는 데 여러 모로 유용하기 때문이다.

네 번째 차원에 대한 초기의 신비적 관점에는 중요한 요소가 누락되어 있다. 물리적 원리와 수학적 원리가 바로 그것이다. 여기서 말하는 물리적 원리란 초공간이론이 자연법칙을 단순화하여 자연의 모든 힘을 기하학적 논리로 통일할 수 있다는 것이고, 수학적 원리는 이론물리학의 범주주적 언어인 '장론(장이론, field theory)'을 의미한다.

물리학의 언어: 장이론

장(場, field)의 개념은 19세기 영국의 과학자 마이클 패러데이Michael Faraday에 의해 처음으로 도입되었다. 가난한 대장장이의 아들로 태어나 정규교육을 거의 받지 못한 패러데이는 오로지 독학으로 전기와 자기에 관한 실험을 수행하여 고전 전자기학의 기초를 탄탄하게 다져놓았다. 그는 전기력과 자기력에 특정한 방향성이 있음을 간파하고, 전기전하와 자석이 발휘하는 힘을 구불구불하게 뻗은 식물의 덩굴처럼 공간을 가득 채우고 있는 '역선(力線, lines of force)'으로 표현했다. 그리고 관측장비로 힘의 크기를 측정하여 공간의 각 지점마다 특정한 숫자(전기력이나 자기력의 크기와 방향)를 할당했는데, 이 숫자의 집합을 하나의 객체로 간주한 것이 바로 장場이다(패러데이와 관련된 재미있는 일화가 있다. 그가 전기의 대가라는 사실이 입소문을 통해 널리 알려진 후로 사방에서 구경꾼들이 모여들어 그의 실험실을 구경하곤 했는데, 하루는 한 방문객이 "당신이 하는 연구는 어디에 써먹을 수 있습니까?"라고 묻자 이렇게 대답했다. "아무것도 할 줄 모르는 어린아이를 어디에 써먹겠습니까? 하지만 그 아이가 자라면 어른이 되지요." 또 하루는 영국의 재무상이었던 윌리엄 글래드스톤William Gladstone이 패러데이를 찾아와 실험실을 둘러보고는 빈정대는 투로 물었다. "이 복잡한 실험장비들이 영국에 어떤 도움이 된다는 말입니까?" 그러자 패러데이는 단호한 어조로 대답했다. "저도 잘 모르겠습니다. 하지만 언젠가 영국 정부는 저 기계장치 덕분에 국민들로부터 세금을 걷을 수 있을 겁니다." 오늘날 전 세계의 모든 국가들은 전기산업을 운영하면서 모든 가정에 세금을 물리고 있다).

간단히 말해서 장이란 모든 점에서 힘의 크기와 방향을 명시하는 숫자의 집합이다. 예를 들어 공간의 각 지점마다 세 개의 숫자를 할당하면 모든 점에서 자기력선의 크기와 방향이 결정되고, 또 다른 숫자 세 개를 할당하면 전기장까지 결정된다. 패러데이는 농부가 경작하는 들판field에서 힌트를 얻어 장의 개념을 떠올렸다고 한다. 들판의 각

지점마다 몇 개의 숫자(각 지점에 심은 씨앗의 개수, 토양의 산성도, 물 공급량 등)를 할당하면, 이 숫자를 바탕으로 농지를 완벽하게 관리할 수 있다. 패러데이는 2차원 농지 대신 3차원 공간을 떠올린 것뿐이다. 공간의 각 점마다 6개의 숫자를 할당하면 전기장과 자기장을 완벽하게 표현할 수 있다.

패러데이가 창안한 장의 개념이 물리학에서 막강한 위력을 발휘하는 이유는 전기장이나 자기장뿐만 아니라 자연에 존재하는 모든 힘을 장으로 나타낼 수 있기 때문이다. 그러나 힘의 특성을 완전히 이해하려면 장 이외에 또 하나의 요소가 필요하다. 즉, 장이 만족하는 방정식을 알아야 한다. 지난 수백 년 동안 이론물리학이 이룬 업적은 자연의 힘들이 만족하는 몇 개의 장방정식field equation으로 요약할 수 있다.

예를 들어 1860년대에 스코틀랜드의 물리학자 제임스 클러크 맥스웰은 전기와 자기가 만족하는 장방정식(맥스웰 방정식)을 유도했고, 1915년에 아인슈타인은 일반상대성이론을 구축하면서 중력의 장방정식을 발견했다. 원자 규모에 적용되는 장방정식(약력과 강력)은 수많은 시행착오를 겪다가 양전닝(楊振寧, C. N. Yang)과 그의 제자인 로버트 밀스Robert L. Mills의 초기연구를 발전시켜 1970년대에 와서야 비로소 완성되었다(이것을 양-밀스 이론Yang-Mills theory이라 한다). 그런데 문제는 양-밀스 장방정식이 아인슈타인의 장방정식과 완전 딴판이라는 것이었다. 핵력과 중력은 왜 그토록 판이하게 다른가? 세계 각지에서 내로라하는 물리학자들이 이 문제를 파고들었지만 아무도 해답을 제시하지 못했다.

이들의 연구가 실패로 끝난 이유는 아마도 상식적 관념에 너무 얽매였기 때문일 것이다. 우리에게 친숙한 3차원 공간이나 4차원 시공간에서는 원자세계와 중력의 장방정식을 통일하기가 쉽지 않다. 초공 간이론의 장점은 양-밀스 장과 맥스웰 장, 그리고 아인슈타인의 장을 한꺼번에 다룰 수 있다는 점이다. 무대를 초공간으로 옮기면 이 모든 장들이 퍼즐조각처럼 맞아 들어간다. 또한 초공간이론을 이용하면 시 공간에 웜홀을 만드는 데 필요한 에너지를 정확하게 계산할 수 있다. 과거와 달리 지금 우리는 시간과 공간을 구부러뜨리는 데 필요한 수 학적 도구를 확보한 것이다.

창조의 비밀

그렇다면 당장 대규모 사냥팀을 조직하여 공룡을 잡으러 중생대로 갈 수 있다는 말인가? 아쉽지만 아직은 아니다. 킵 손이나 앨런 구 스, 또는 피터 프로인트에게 물으면 "지구에서 충당 가능한 에너지 는 공간의 비정상anomaly을 관측하는 데 턱없이 부족하다"는 답이 돌 아올 것이다. 프로인트는 "열 번째 차원을 탐사하려면 현재 세계에서 가장 강력한 입자가속기의 1천조 배에 달하는 에너지가 필요하다"고 했다.

　시공간을 꼬아서 매듭을 만들려면 앞으로 수백, 또는 수천 년은 족 히 기다려야 할 것이다(영원히 불가능할 수도 있다). 지금 당장은 전 세 계 국가들이 하나로 뭉쳐서 초공간탐사를 위해 모든 자원을 쏟아붓 는다 해도 절대 성공할 수 없다. 그리고 구스가 지적한 대로 아기우주 를 창조하려면 온도를 1천조×1조°C까지 높여야 하는데, 이것도 지 금의 기술로는 꿈같은 이야기다. 이 정도면 한창 전성기를 구가하는 별의 내부보다 훨씬 높다. 아인슈타인의 법칙과 양자이론의 법칙이 시간여행을 허용한다 해도, 지구의 중력을 간신히 탈출하는 정도의 기술밖에 갖지 못한 우리에게는 아직 머나먼 훗날의 이야기다. 지구의 문명은 그저 웜홀의 가능성에 놀라는 수준이고, 지구보다 훨씬 발달한 외계문명에서나 그 가능성을 현실세계에 구현할 수 있을 것이다.

과거에 이 정도의 에너지를 충당할 수 있는 시절이 딱 한 번 있었으니, 바로 우주가 창조되던 순간이었다. 사실 초공간이론은 창조를 설명하는 이론이기 때문에, 제아무리 강력한 입자가속기를 동원한다 해도 검증 자체가 불가능하다. 초공간이론이 제대로 발휘되는 모습을 구경하려면 빅뱅이 일어나던 순간으로 되돌아가야 한다. 그렇다면 초공간이론은 우주창조의 비밀을 풀 수 있지 않을까? 그렇다. 얼마든지 가능하다.

우주의 비밀은 고차원에 담겨 있다. 초공간이론에 의하면 빅뱅이 일어나기 전에 우리의 우주는 완벽한 10차원이었고 차원간 이동도 얼마든지 가능했다. 그러나 온도가 내려가면서 불안정했던 10차원 공간은 4차원과 6차원으로 양분되었으며, 4차원 공간이 폭발적으로 팽창하는 동안 6차원 공간은 무한히 작은 영역으로 오그라들었다. 이것이 바로 초공간이론에서 말하는 빅뱅의 기원이다. 이 이론이 옳다면 우주의 고속팽창은 '시공간의 균열'이라는 더욱 큰 사건의 파급효과에 불과하며, 10차원 시공간이 붕괴되면서 발생한 에너지가 팽창을 유도한 셈이다. 초공간이론에 의하면 멀리 있는 별과 은하들이 지금도 빠르게 멀어져 가는 근본적 이유는 우주탄생 초기에 10차원 시공간이 붕괴되었기 때문이다.

4차원 시공간으로 이루어진 우리의 우주는 지금도 6차원에 돌돌 말린 꼬마 쌍둥이와 함께 살고 있다. 6차원우주는 너무 작아서 관측할 수 없지만, 범우주적 위기에 직면했을 때 마지막 피난처가 될지도 모른다.

수명을 다한 우주에서 탈출하기

인간사회에서 변하지 않는 것은 죽음과 세금뿐이라고 한다. 우주론 학자에게 불변의 진리는 우리의 우주가 언젠가 수명을 다하여 사라진다는 것이다. 일부 우주론 학자들은 우주의 최후가 '빅크런치'라는 형태로 찾아온다고 믿고 있다. 빅뱅 이후 꾸준히 팽창하던 우주가 어느 순간부터 팽창을 멈추고 수축모드로 접어들어 별과 은하들이 다시 뭉친다는 것이다. 천체가 한곳에 모여들면 우주의 모든 물질과 에너지가 거대한 불덩이로 압축되고, 상상을 초월하는 초고온 상태에서 우리가 아는 모든 것들이 장렬한 최후를 맞이하게 된다. 물론 생명체들도 이 재앙을 피할 수 없다. 진화론의 원조인 찰스 다윈과 20세기 최고의 지성 버트런드 러셀도 인류의 문명이 언젠가 사라질 것을 간파하고 비탄에 찬 글을 남긴 바 있다. 우주의 종말은 신이 인간에게 내리는 벌이나 보복이 아니라, 물리법칙으로 예견되는 수학적 '팩트'이다. 우주는 처음부터 그런 운명을 안고 태어났다.

컬럼비아대학교의 물리학자였던 고故 제럴드 파인버그Gerald Feinberg는 우주 최후의 대재앙을 피할 방법이 딱 하나 있다며 초공간을 활용할 것을 제안했다. 지구에 서식하는 지적생명체들(인간일 가능성이 높다)은 앞으로 10억 년이 걸리든 100억 년이 걸리든 어떻게든 고차원 공간의 비밀을 밝혀낼 것이고, 그때가 되면 다른 차원을 피난처로 사용할 수 있다는 이야기다. 우주가 수축하여 최후의 순간이 코앞에 닥치면 우리의 자매우주인 6차원 공간의 입구가 다시 열리면서 차원간 이동이 가능해질 수도 있다. 즉, 고차원 공간으로 연결되는 터널을 통해 다른 차원으로 이동하거나 아예 다른 우주로 피신하면 된다. 마지막 순간에 지적생명체들은 고차원 공간에 자리를 잡고 불덩이로 사라지는 우주를 구경하게 될지도 모른다. 우리의 고향우주는 붕괴의 마지막 순간에 초고온으로 펄펄 끓다가 또 다른 빅뱅을 일으킬 수도 있다. 그러나 이미 고차원으로 피신한 지적생명체들은 가장 좋은 자리에 앉아 새로운 우주가 탄생하는 가장 희귀한 장관을 목격하게 될 것이다.

초공간의 지배자들

앞서 말한 대로 공간을 변형시키려면 상상을 초월할 정도로 엄청난 에너지가 필요하다. 지금과 같은 기술 수준으로는 어림도 없다. 이 점을 생각해보면 두 가지 질문이 자연스럽게 떠오른다. 인류가 초공간 이론을 활용하려면 앞으로 얼마나 기다려야 할까? 그리고 우주에는 이 정도로 문명이 발달한 외계생명체가 존재할까?

　당장 피부에 와 닿지 않겠지만, 사실 그렇게 황당한 질문도 아니다. 과학자들은 시간여행이 모든 사람에게 보급되고 멀리 떨어진 별이나 은하를 식민지로 개척하는 데 어느 정도의 문명과 기술이 필요한지 이미 계산해놓았다. 초공간을 제어하려면 방대한 양의 에너지가 필요하지만, 전문가들의 예측에 의하면 과학이 발전하는 속도 역시 우리의 상상을 초월한다. 2차 세계대전이 끝난 후 과학적 지식의 총량은 매 10~20년마다 거의 두 배씩 증가했으므로, 이런 추세로 간다면 21세기 말의 과학은 지금(20세기 말)보다 30~1,000배 가량 발전하게 된다. 지금은 한갓 꿈에 불과한 기술이라 해도, 다음 세기에는 일상사가 될 수도 있다는 이야기다. 19세기 말에는 돈 많은 소수의 귀족들만 마차를 타고 다녔지만, 지금은 거의 모든 사람들이 자동차를 타고 다니지 않는가? 이런 변화를 감안하면 초공간을 지배하게 될 시기도 어느 정도 짐작할 수 있을 것이다.

시간여행, 평행우주, 차원의 문

이런 개념은 현대과학의 이해수준을 넘어서 있다. 그러나 초공간이론은 진정한 장이론이므로, 언젠가는 난해한 개념의 실현 가능성을 수치로 나타낼 수 있을 것이다. 만일 이론이 실험결과와 일치하지 않는다면 수학체계가 아무리 아름다워도 포기할 수밖에 없다. 최종 판단은 철학자가 아닌 물리학자의 입장에서 내려야 하기 때문이다. 반대로 초공간이론이 실험결과와 일치하면서 현대물리학의 대칭성을 성공적으로 설명한다면, 코페르니쿠스나 뉴턴에 맞먹는 초특급 과학혁명을 초래할 것이다.

그러나 시간여행과 평행우주, 그리고 차원의 문을 직관적으로나마 이해하려면 첫 단계부터 차근차근 밟아나갈 필요가 있다. 10차원에 익숙해지려면 우선 4차원 공간을 다루는 방법부터 알아야 한다. 앞으로 이 책에서 고차원 공간을 가시화하고 개념을 정리해온 사례들을 순차적으로 살펴볼 예정이다. 우리의 이야기는 곡면기하학을 창시한 게오르크 베른하르트 리만에서 시작된다. 그는 자연의 고향이 고차원 공간의 기하학임을 최초로 간파한 사람이었다.

2. 수학자와 마술사

Mathematicians and Mystics

극도로 발달한 과학은 대체로 마술과 비슷하다.

_아서 클라크Arthur C. Clark

1854년 6월 10일은 새로운 기하학이 탄생한 날이었다.

바로 그날, 게오르크 베른하르트 리만은 독일 괴팅겐대학교의 교수들을 모아놓고 역사에 길이 남을 강연을 시작했다. 곰팡이가 핀 어두침침한 방에 내리쬐는 따뜻한 여름 햇살처럼, 리만의 강연은 고차원 공간의 놀라운 특성을 온 세상에 보여주었다.

리만의 아름답고 심오한 수학에세이 〈기하학의 기본가설에 대하여 On the Hypotheses Which Lie at the Foundation of Geometry〉는 지난 2천 년 동안 온갖 회의론자들의 공격을 끈질기게 버텨온 고대 그리스의 기하학체계를 완전히 무너뜨렸다. 2차원, 또는 3차원 공간을 배경으로 펼쳐지던 유클리드의 고전기하학이 드디어 무너지고, 그 폐허에서 리만기하학이 모습을 드러낸 것이다. 리만이 불씨를 당긴 기하학의 혁명은 과학과 예술에 지대한 영향을 미쳤다. 그가 괴팅겐대학교에서 강연을 한 지 30년 만에 전 유럽의 예술과 철학, 그리고 문학계에서는 '신비한 네 번째 차원'을 주제로 수많은 작품을 쏟아냈고, 60년 후에는 아인슈타인이 4차원 리만기하학을 이용하여 우주의 창조와 진화과정을 설명했다. 그리고 130년이 지난 후에는 물리학자들이 10차원 기하학을 이용하여 모든 물리법칙을 하나로 통일한다는 원대한 프로젝트에 착수했다. 리만기하학의 핵심은 물리법칙이 고차원으로 갈수록 단순해진다는 것이다. 그렇다. 바로 이 책의 주제와 같다. 초공간의 이론적 기초를 다졌던 베른하르트 리만, 그러나 그의 삶은 결코 순탄하지 않았다.

빈곤 속의 풍요

어떤 분야건 혁명을 주도하려면 성격이 진취적이고 공격적이면서 남을 설득하는 데에도 탁월한 능력을 갖고 있어야 한다. 그러나 리만의 성격은 완전히 그 반대였다. 그는 병적으로 수줍음이 많았고 극심한 신경쇠약에 시달렸으며, 평생 가난과 폐결핵을 달고 살았다. 사람들은 리만의 업적을 논할 때 '거침없이 대담하다'거나 '자신감이 넘친다'는 표현을 종종 사용하지만, 사실 리만은 전혀 그런 사람이 아니었다.

게오르크 베른하르트 리만은 1826년에 독일 하노버에서 가난한 루터교 목사의 여섯 자녀들 중 둘째 아들로 태어났다. 그의 부친은 나폴레옹 전쟁에 참전한 후 작은 시골교회의 목사가 되었는데, 수입이 워낙 적어서 가족들은 항상 가난과 궁핍에 시달렸다. 수학자 벨E. T. Bell은 전기작가로서 다음과 같이 적어놓았다. "리만 집안의 자손들이 대부분 병에 시달리거나 일찍 세상을 떠난 것은 체력이 떨어져서가 아니라 극심한 영양실조 때문이었다. 리만의 모친도 아이들이 자라기 전에 세상을 떠났다."[1]

리만은 어린 시절부터 탁월한 계산능력을 갖고 있었으나, 그에 못지않게 성격이 매우 소심했고 사람들 앞에 나서는 것을 병적으로 싫어했다. 이 성향은 훗날 '대중연설 기피증'으로 발전하여 리만을 평생 괴롭히게 된다. 유난히 수줍음이 많았던 그는 친구들 사이에서 놀림감이 되기 일쑤였다. 그가 수학의 세계에 빠져든 것도 혼자 있는 시간이 남들보다 압도적으로 많았기 때문일 것이다.

리만은 가족을 향한 애정이 유별난 사람이었다. 그는 건강을 해쳐가며 부모님과 형제들에게 헌신했는데, 특히 여동생들을 위하는 마음이 각별했다고 전해진다. 그는 아버지를 기쁘게 해드리기 위해 신학교에 가기로 결심했다. 열심히 공부해서 하루 빨리 목사가 되어 집안 생계를 돕는 것이 그의 유일한 목표였다(수줍음 많고 남들 앞에 나서기를 극도로 꺼리는 사람이 과연 여러 신도들 앞에서 "악을 물리치고 죄를 멀리 하라!"며 열변을 토할 수 있을까? 리만의 성격으로 미루어볼 때, 성직자가 되기로 한 것은 최악의 선택이었던 것 같다).

고등학교에 진학한 후 리만은 성경 공부에 몰두했다. 그러나 그의 생각은 항상 수학으로 되돌아왔고, 창세기가 옳다는 것을 수학적으로 증명하겠다며 엉뚱한 시도를 한 적도 있다. 또한 그는 배우는 속도가 워낙 빨라서 선생님의 지식수준을 금방 따라잡았다. 이를 보다못한 교장선생님이 리만을 따로 조용히 불러서 그 유별난 학생이 한동안 집중할 만한 미끼를 던져주었다. 수에 관한 최신이론이 망라된 아드리앵마리 르장드르Adrien-Marie Legendre의 859페이지짜리 전문서적《정수론Theory of Numbers》을 읽어보라고 권한 것이다. 그러나 리만은 그 책을 단 6일 만에 독파해버렸다.

얼마 후 교장선생님이 리만에게 물었다. "그 책은 얼마나 읽었나?" 고등학생 리만이 대답했다. "아, 그거요? 이미 다 읽었어요. 정말 재미있더라고요." 교장은 그 말을 믿을 수가 없어서 몇 가지 테스트를 해보았는데, 리만은 모든 질문에 완벽한 답을 제시했다.[2]

끼니를 잇기 어려운 집안에서 장성한 아들은 흔히 막노동판으로 내몰리기 쉽다. 집이 가난하니 제대로 된 교육을 받을 수 없고, 가방끈이 짧으면 고급노동을 할 수 없기 때문이다. 그러나 리만의 아버지는 어려운 살림에도 불구하고 필사적으로 돈을 모아서 19세가 된 아들을 괴팅겐대학교로 보냈고, 그곳에서 리만은 '수학의 왕자'로 알려진 위대한 수학자 카를 프리드리히 가우스Carl Friedrich Gauss를 만나게 된다. 지금도 수학자들에게 역사상 가장 유명한 수학자 세 명을 꼽으라고 하면 대부분이 아르키메데스와 아이작 뉴턴, 그리고 가우스를 꼽을 것이다.

그러나 리만의 삶은 병과 고난, 그리고 좌절의 연속이었으며 간간이 성공을 거둘 때에도 비극적 사건이 발생하여 기쁨을 덮어버리곤 했다. 그가 생전 처음으로 안락한 환경에서 가우스에게 수학을 배우기 시작했을 무렵, 독일 전역에 혁명이 일어났다. 노동자들이 열악한 작업환경과 비인간적인 처사에 참다못해 무기를 들고 대정부 전쟁을 선포한 것이다. 1848년에 촉발된 노동혁명은 독일인 카를 마르크스Karl Marx에게 깊은 영감을 불어넣어 그 유명한《자본론》을 탄생시켰으며, 향후 50년 동안 전 유럽을 혁명의 소용돌이로 몰아넣었다.

독일 전역이 혼란에 빠지자 리만도 공부를 멈출 수밖에 없었다. 그는 학도병으로 차출되어 자신보다 더 겁에 질린 어떤 사람을 보호하는 임무를 맡았는데, 이것은 그의 인생을 통틀어 가장 불명예스러운 경력으로 남게 된다. 리만이 하루 16시간 동안 호위했던 그 사람은 베를린 궁전에 숨어서 사시나무처럼 떨고 있는 황제 페르디난트 1세였다.

유클리드기하학을 넘어서

독일뿐만 아니라 수학계에도 혁명의 바람이 불어닥쳤다. 리만은 3차원 공간에 기초하여 난공불락의 요새처럼 군림해왔던 유클리드 기하학이 붕괴직전에 놓였음을 간파하고 있었다. 게다가 이 3차원 공간은 '평평한' 공간이어서, 유클리드기하학으로는 구의 표면처럼 휘어진 공간을 다룰 수 없었다(평평한 공간에서 두 점을 잇는 최단거리는 직선이다. 이것은 휘어진 공간의 존재 가능성을 원천적으로 봉쇄한다).

역사상 가장 유명한 책이 성경이라면, 두 번째로 유명한 책은 아마도 유클리드의 《기하학원론Elements》일 것이다. 지난 2천년 동안 서구인들은 이 책에 수록된 유클리드기하학의 아름다움과 우아함에 완전히 매료되어 다른 대안을 찾을 생각조차 하지 않았다. 유럽 전역에는 유클리드기하학을 토대로 수천 개의 성당이 건설되었으며, 이들은 구조적으로 완벽했다. 그들에게 유클리드기하학은 하나의 종교였기에, 휘어진 공간이나 고차원 공간을 언급하는 사람은 미치광이나 이단자로 내몰리기 일쑤였다. 어린 학생들도 예외가 아니어서, 일단 학교에 들어가면 의무적으로 유클리드기하학과 씨름을 벌여야 했다. 원의 둘레는 지름의 π배이고, 삼각형의 내각의 합은 180°이고… 기타 등등이다. 그러나 유럽의 수학자들은 2,300년 동안 절대진리로 군림해온 유클리드기하학이 불완전하다는 사실을 조금씩 깨닫기 시작했다. 유클리드기하학은 평면에서 완벽하게 맞아 들어가지만, 휘어진 곡면에는 적용될 수 없었던 것이다.

리만은 평평한 2차원과 3차원에 국한된 유클리드기하학으로는 복잡다단한 세상을 서술할 수 없다고 생각했다. 사실이 그렇다. 주변 어디를 둘러봐도 완벽하게 평평한 곳은 없다. 산의 능선이나 바다의 파도, 하늘의 구름, 소용돌이 등 그 어떤 것도 원이나 삼각형, 또는 사각형이 아니라 다양한 형태로 휘어지고 뒤틀려 있다.

이제 혁명의 시기는 무르익었다. 그러나 과연 누가 나서서 혁명을 주도할 것이며, 낡은 기하학을 무엇으로 대체할 것인가?

리만기하학의 탄생

고대 그리스의 기하학은 외관상으로 완벽해 보이지만, 막상 안으로 들어가보면 탄탄한 논리가 아닌 상식과 직관에 기초하고 있다. 이 사실을 간파한 리만은 완벽한 논리에 입각하여 평평하건 휘어져 있건, 저차원이건 고차원이건, 어떤 대상에도 적용될 수 있는 기하학체계를 구축하기로 마음먹었다.

그 옛날, 유클리드는 점point이 0차원이라고 주장했다. 선은 1차원이고, 면은 길이와 폭을 갖고 있으므로 2차원이다. 그리고 입체도형은 길이, 폭, 깊이를 갖고 있으므로 3차원 객체이다. 차원에 관한 유클리드의 설명은 이것으로 끝이다. 4차원에 대해서는 일언반구도 없다. 이 관점을 충실하게 이어받은 아리스토텔레스는 4차원 공간이 존재할 수 없다고 주장한 최초의 철학자가 되었다. 그의 저서인 《천체에 관하여On the Heavens》에는 다음과 같은 글이 등장한다. "선의 길이는 한 방향으로 나 있다. 면의 방향은 두 개, 입체도형의 방향은 세 개이며, 그 외의 다른 방향은 존재하지 않는다." 뿐만 아니라 서기 150년에 천문학자 프톨레마이오스Ptolemy는 《거리에 관하여On Distance》라는 저서에서 4차원이 존재할 수 없음을 최초로 증명했다.

프톨레마이오스의 증명은 다음과 같이 진행된다. (1)서로 수직인 직선 세 개를 그린다(종이 위에는 그릴 수 없고 공간에 그려야 하는데, 당시에는 홀로그램이 없었으므로 상상력을 동원하는 수밖에 없다_옮긴이). (2)세 직선과 모두 수직인 네 번째 직선을 그린다. (3)그러나 아무리 애를 써도 이미 수직을 이룬 세 개의 직선들과 모두 직교하는 네 번째 직선을 그릴 방법이 없다. (4)따라서 '서로 수직한 네 번째 직선'은 그릴 수 없고 정의할 수도 없다. 그러므로 네 번째 차원은 존재하지 않는다.

사실 그는 네 번째 차원의 불가능성을 증명한 것이 아니라, 3차원에 함몰된 두뇌로는 네 번째 차원을 상상할 수 없음을 증명한 것이다(실제로 수학적 객체 중에는 '시각화할 수 없지만 존재한다는 것을 증명할 수 있는' 객체가 많이 있다). 그리하여 프톨레마이오스는 과학혁명을 주도한 두 가지 개념(지동설과 네 번째 공간차원)을 모두 부정한 인물로 역사에 기록되었다.

근대에 와서도 수학자들은 네 번째 차원을 수용하지 않았으며, 개중에는 적극적으로 나서서 네 번째 차원을 부정한 사람도 있었다. 1685년에 영국의 수학자 존 월리스John Wallis는 4차원이 고대 그리스

신화에 나오는 키메라나 켄타우루스보다 더 황당한 괴물이라고 비난하면서 "전 공간은 길이와 폭, 그리고 두께로 이루어져 있다. 그 외에 네 번째 차원이 존재한다는 것은 상상조차 할 수 없다"고 주장했다.[3] 이처럼 지난 수천 년 동안 수학자들은 머릿속에 그릴 수 없다는 이유로 네 번째 차원의 존재를 부정해왔다. 물론 그것은 수학의 발전을 저해하는 치명적 실수였다.

물리법칙의 통일

어느 날, 괴팅겐대학교의 수학과 교수였던 가우스가 평소 말없기로 유명한 제자 리만에게 과제를 내주었다. "몇 달 후에 기하학의 기초를 주제로 세미나를 열 예정이니, 자네가 준비해서 발표를 해주게." 리만은 꿈에도 몰랐겠지만, 이것은 유클리드기하학의 붕괴를 알리는 신호탄이었다. 사실 가우스는 자기 제자가 유클리드기하학을 대체할 새로운 기하학을 제안할 능력이 있는지 테스트할 요량이었다. [가우스는 수십 년 전부터 유클리드기하학에 유보적인 자세를 취해왔다. 심지어는 수학과 동료 교수들에게 2차원 세계에 사는 책벌레를 예로 들면서 평면기하학을 고차원 공간으로 일반화할 수 있다고 주장한 적도 있다. 그러나 심하게 조심스러웠던 그는 편협한 노교수들과의 언쟁을 피하기 위해 고차원에 대한 연구결과를 한 번도 출판하지 않았다. 평소 가우스는 그들을 '보이오티언(Boeotian, 그리스의 한 지역인 보이오티아에 사는 사람이라는 뜻. 우둔하고 교양 없는 사람을 조롱하는 말로 사용되기도 한다_옮긴이)'이라 불렀다.[4]]

그러나 리만은 가우스의 말을 듣는 순간부터 공포에 떨기 시작했다. 한없이 소심한 데다 심각한 대중공포증까지 있는 그가 세계에서 가장 보수적이고 깐깐한 괴팅겐대학교의 수학과 교수들 앞에서 가장 어려운 주제로 강연을 하게 되었으니, 그 심정이 어땠을지 짐작이 갈 것이다.

그 후로 몇 달 동안 리만은 신경쇠약에 걸릴 정도로 몸을 혹사해가며 고차원이론 개발에 매달렸고, 그 와중에 경제적 사정이 악화되어 쥐꼬리만 한 보수를 받으며 가정교사 일을 병행해야 했다. 게다가 리만은 그 무렵에 빌헬름 베버Wilhelm Weber 교수의 요청에 따라 전기와 관련된 실험을 돕고 있었다.

번개나 스파크 같은 현상은 고대인들도 잘 알고 있었지만, 전기가 본격적으로 연구되기 시작한 것은 19세기 초부터였다. 특히 전류가 흐르는 도선 근처에서 나침반 바늘이 돌아가는 현상은 물리학자들 사이에 최대의 관심거리로 떠올랐다. 이와는 반대로 도선 근처에서 자석을 움직이면 도선에 전류가 유도된다(이것이 바로 그 유명한 패러데이의 법칙으로, 현대의 모든 발전기와 변압기는 이 법칙에 따라 가동되고 있다. 지금 우리 사회는 전기 없이 단 1분도 버틸 수 없으므로, 현대문명 자체가 패러데이 법칙에서 비롯되었다고 해도 과언이 아닐 것이다).

리만은 물리학자가 아니었지만, 베버의 실험을 도우면서 전기와 자기가 동일한 힘의 다른 측면임을 간파했다. 새로운 발견에 잔뜩 흥분한 그는 적절한 수학체계를 도입하면 전기와 자기를 통일하는 이론을 구축할 수 있으리라 생각했다.

그러나 리만에게는 실험보다 기하학의 기초에 관한 공개강연이 훨씬 중요했다. 게다가 가족을 부양하기 위해 밤늦게까지 아이들을 가르치고, 그 와중에 시간을 쪼개어 베버의 실험을 돕는 등 선천적으로 나약한 몸을 혹사하다가 결국 1854년에 몸져눕고 말았다. 이 무렵에 그가 아버지에게 쓴 편지에는 다음과 같이 적혀있다. "저는 물리법칙을 통일하는 작업에 너무 몰두하여, 수학 공개강연을 부탁 받은 후에도 연구를 멈출 수가 없었습니다. 일도 일이지만 좋지 않은 날씨에 실내에 너무 오래 머물러 있었는지, 몸 상태가 별로 좋지 않습니다."[5] 이 편지는 리만이 몇 달 동안 병치레를 하면서도 수학을 이용하여 물리법칙을 통일하는 연구에 몰두했음을 보여주는 중요한 사료이다.

힘＝기하학

리만은 잦은 병치레에도 불구하고 물리적 '힘'을 깊이 파고들어 새로운 해석에 도달했다. 뉴턴시대 이후로 과학자들은 힘을 '멀리 떨어진 두 물체 사이에 즉각적으로 전달되는 상호작용'으로 간주해왔다. 즉, 거리가 아무리 멀어도 힘이 전달되는 데 시간이 전혀 걸리지 않는다는 뜻이다. 물리학자들은 이것을 '원거리 상호작용action-at-a-distance'이라 불렀다. 뉴턴역학을 태양계에 적용하면 행성의 궤적을 매우 정확하게 계산할 수 있다. 그러나 지난 수백 년 동안 비평가들은 원거리 상호작용이 비현실적이라고 주장해왔다. 물체 A가 물체 B에 손을 대지 않고 B의 진행방향을 바꾸는 것이 불가능하다고 생각했기 때문이다.

리만은 이 문제를 깊이 숙고하던 중 가우스가 생각했던 '2차원 종이 위를 기어다니는 2차원 벌레'를 떠올렸다. 그러나 리만과 가우스의 결정적 차이는 종이가 평평하지 않고 복잡하게 구겨져 있다는 점이다.[6] 이런 곳에 사는 벌레는 자신의 세상을 어떻게 생각하고 있을까? 리만은 구겨진 종이 위에 사는 벌레들도 세상을 평평하게 느낄 것이라고 했다. 그런 곳에 사는 벌레의 몸은 종이의 굴곡에 맞게 휘어져 있을 것이므로(만일 벌레의 몸의 일부가 구겨진 종이 면과 떨어져 있으면 그 세계에서는 몸의 일부가 사라진 것처럼 보인다_옮긴이) 종이가 휘어지거나 구겨져 있다는 사실을 전혀 눈치채지 못할 것이다. 또한 리만은 이 벌레들이 종이의 굴곡진 면을 지나갈 때 직선운동을 방해하는 미지의 '힘'을 느낄 것이라고 생각했다. 구불구불한 면 위에서 공을 굴렸을 때 굴곡진 곳 근처에서 공에 힘이 작용하여 진로가 바뀌는 것과 같은 이치다.

이로써 리만은 뉴턴역학이 탄생한 지 근 200년 만에 원거리 상호작용을 폐기한 최초의 과학자가 되었다. 리만에게 '힘'은 곧 '기하학의 결과'였던 것이다.

그 후 리만은 '3차원 공간에 존재하는 구겨진 2차원 종이'를 '4차원 공간에 존재하는 구겨진 3차원 공간'으로 확장시켰다. 납작한 벌레들이 산다는 가상의 세계를 우리가 살고 있는 현실세계로 업그레이드한 것이다. 우리는 똑바른 직선을 따라 걸어갈 때 이상한 낌새를 전혀 눈치채지 못한다. 그러나 사실은 눈에 보이지 않는 힘이 경로에 영향을 주어 마치 술에 취한 사람처럼 좌우로 비틀거리며 걸어가고 있다.

리만은 전기력과 자기력, 그리고 중력이 4차원 공간의 일부인 3차원 공간의 굴곡 때문에 나타나는 힘이라고 결론지었다. 힘이란 독립적으로 존재하는 현상이 아니라, 기하학적으로 왜곡된 공간으로부터 초래된 결과였다. 리만은 네 번째 공간차원을 도입함으로써 '자연의 법칙은 고차원에서 더욱 단순하게 표현된다'는 현대 이론물리학의 제1계명을 우연히 발견한 사람으로 역사에 남게 되었다. 그 후 리만은 자신의 아이디어를 적절히 표현할 수 있는 수학적 도구를 찾아 본격적인 연구에 돌입했다.

리만의 계량텐서: 새로운 버전의 피타고라스 정리

1854년, 리만은 몇 달 동안 자신을 괴롭혔던 신경쇠약증에서 간신히 벗어나 가우스에게 부탁 받은 강연을 무사히 마쳤다. 그리고 반응은… 말로 표현하기 어려울 정도로 성공적이었다! 그것은 인류 역사상 수학을 주제로 한 강연 중에서 단연 최고 중의 최고였다. 과거 2천년 동안 인간의 상상력을 제한해온 유클리드기하학의 족쇄가 드디어 풀린 것이다. 이 놀라운 소식은 국경을 넘어 순식간에 퍼져나갔고, 유럽의 모든 교육기관은 리만이 제안한 새로운 기하학을 하루라도 빨리 습득하기 위해 총력을 기울였다. 물론 그와 함께 리만의 명성도 하늘을 찌를 듯이 치솟았다. 그의 강연은 각종 언어로 번역되어 전 세계에 보급되었으며, 수학자들은 오랜 세월 정들었던 유클리드기하학과 작별을 고해야 했다.

물리학과 수학의 위대한 업적들이 모두 그렇듯이, 리만이 발표한 논문(강연내용은 얼마 후 논문으로 발표되었다_옮긴이)의 핵심은 매우 단순하다. 새로운 기하학은 수학 역사상 가장 위대한 발견으로 꼽히는 피타고라스의 정리에서 출발한다. 다들 알다시피 이 정리는 직각삼각형의 특성과 관련되어 있다. 즉, (완벽한 평면 위의) 직각삼각형에서 직각을 끼고 있는 두변을 a, b라 하고 가장 긴 변(빗변)을 c라 했을 때,

$a^2 + b^2 = c^2$이다(지구상의 모든 건물은 이 정리에 기초하여 세워졌다).

피타고라스 정리는 3차원으로 쉽게 확장된다. 육면체의 가로를 a, 세로를 b, 높이를 c라 하고 가장 긴 대각선의 길이를 d라 했을 때, $a^2 + b^2 + c^2 = d^2$이다(그림 2.1).

이 결과는 N차원으로 확장될 수도 있다. N차원 공간에 존재하는 직각다면체(모든 면들이 직각을 이루는 입체도형)를 상상해보자. 각 변의 길이를 a, b, c, d…라 하고 가장 긴 대각선의 길이를 z라 하면 $a^2 + b^2 + c^2 + d^2 + \cdots = z^2$이 된다. N차원 직각다면체를 머릿속으로 그릴 수는 없지만, 각 변들 사이의 관계는 쉽게 유추할 수 있다(이것은 유클리드기하학을 초공간 버전으로 확장하는 일반적인 방법이다. 사실 N차원 기하학의 난이도는 3차원 기하학과 크게 다르지 않다. 시각화할 수 없는 고차원 도형의 특성을 종이 위에 수식으로 써내려갈 수 있다니, 놀랍지 않은가?).

리만은 이 방정식을 임의의 고차원으로 일반화시켰다. 고차원 공간은 평평할 수도 있고, 휘어진 공간일 수도 있는데(한국어로 휘어진 선은 곡선, 휘어진 면은 곡면이라고 하지만 3차원부터는 적절한 어휘가 없다. 앞으로 3차원 이상에서는 '휘어진 공간'이라는 말로 통일하기로 한다_옮긴이), 평평한 공간에서는 유클리드기하학의 공리(公理, axiom, 증명을 할 수 없거나 증명할 필요가 없는, 직관적으로 자명한 명제_옮긴이)가 모두 성립한다. 예를 들어 두 점을 잇는 최단거리는 직선이고 삼각형의 내각의 합은 $180°$이며, 한 쌍의 평행선은 아무리 길게 연장해도 만나지 않는다. 그러나 휘어진 공간(또는 휘어진 면)에서는 상황이 크게 달라진다. 구의 표면과 같이 '양(+)의 곡률curvature로 휘어진 공간'에서는 평행선이 항상 교차하고 삼각형 내각의 합은 $180°$보다 크며, 말안장이나 트럼펫의 끝 부분처럼 '음(-)의 곡률로 휘어진 공간'에서는 삼각형 내각의

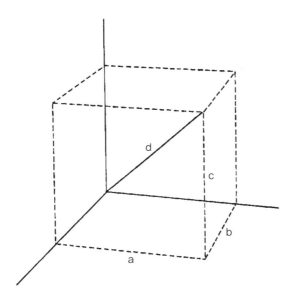

그림 2.1 >>> 3차원 직육면체의 가장 긴 대각선 d의 길이는 피타고라스 정리에 입각하여 $a^2 + b^2 + c^2 = d^2$으로 계산된다. 이 관계식의 좌변에 항을 추가하면 피타고라스 정리를 N차원 버전으로 확장할 수 있다. N차원 입체도형을 머릿속에 그릴 수는 없지만, 수식으로 표현하는 것은 얼마든지 가능하다..

합이 180° 보다 작고 임의의 직선 l의 바깥에 있는 한 점을 지나면서 l 과 평행한 선은 무한히 많이 존재한다(그림 2.2).

리만은 복잡하게 휘어진 곡면(또는 공간)을 수학적으로 표현하는 방 법을 생각하다가 마이클 패러데이가 창안한 장場의 개념을 떠올렸다.

앞에서도 말했듯이 패러데이의 장은 농부가 경작하는 땅처럼 평평 한 2차원 평면이나 평평한 3차원 공간에 적용되는 개념이다. 예를 들 어 3차원 공간의 모든 점에 숫자를 할당하면 전기장이나 자기장이 정 의된다. 리만은 공간의 모든 점에 '휘어진 정도를 나타내는 숫자'를 할당하여 공간의 휘어진 정도를 나타낸다는 아이디어를 떠올렸다.

예를 들어 모든 점마다 3개의 숫자를 할당하면 일상적인 2차원 곡면의 휘어진 형태가 완벽하게 정의되고, 모든 점마다 10개의 숫자를 할당하면 4차원 공간의 휘어진 정도가 결정된다. 공간이 제아무리 복잡하게 휘어져 있어도, 각 점마다 숫자 10개를 할당하면 공간에 관한 모든 정보를 담을 수 있다. 이 10개의 숫자를 g_{11}, g_{12}, g_{13}⋯이라 하자(g_{11}의 첨자 '11'은 '십일'이 아니라 '일과 일'을 의미하며, 두 숫자의 배열은 1에서 4까지 계속된다). 리만이 고안한 10개의 숫자는 그림 2.3처럼 대칭형 배열로 나타낼 수 있다.[7] (배열의 요소는 모두 16개지만 대각선을 중심으로 대칭형이기 때문에 $g_{12} = g_{21}, g_{13} = g_{31}, g_{14} = g_{41}, g_{23} = g_{32}, g_{24} = g_{42}, g_{34} = g_{43}$이 되어 6개가 줄어든다.) 오늘날 수학자들은 이 숫자배열을 '리만 계량텐서Riemann metric tensor'라 부른다. 대충 말하자면 계량텐서의 값이 클수록 그 점에서 크게 휘어져 있다(수학적으로 말하면 '곡률이 크다'). 면이나 공간이 어떻게 휘어져 있건 간에, 계량텐서만 알고 있으면 모든 지점의 곡률을 알 수 있다. 그리고 휘어진 면이나 공간을 평평하게 펴면 피타고라스의 정리가 다시 성립한다.

리만의 계량텐서를 도입하면 임의의 차원에서 휘어진 공간을 수학적으로 서술할 수 있다. 공간이 제아무리 마구잡이로 휘어져 있어도 상관없다. 휘어진 형태가 복잡하면 계량텐서의 숫자가 위치에 따라 자주 변할 뿐, 기본적인 원리는 똑같다. 리만은 다양한 계량텐서를 분석한 끝에 '모든 공간은 수학적으로 엄밀하게 정의할 수 있고well-defined 자체모순이 없다self-consistent'는 놀라운 사실을 알아냈다. 과거의 수학자들은 고차원 공간에서 끔찍한 모순이 초래된다고 여겨왔으나, 리만에게는 아무런 모순도 발견되지 않았다. 실제로 공간을 N차

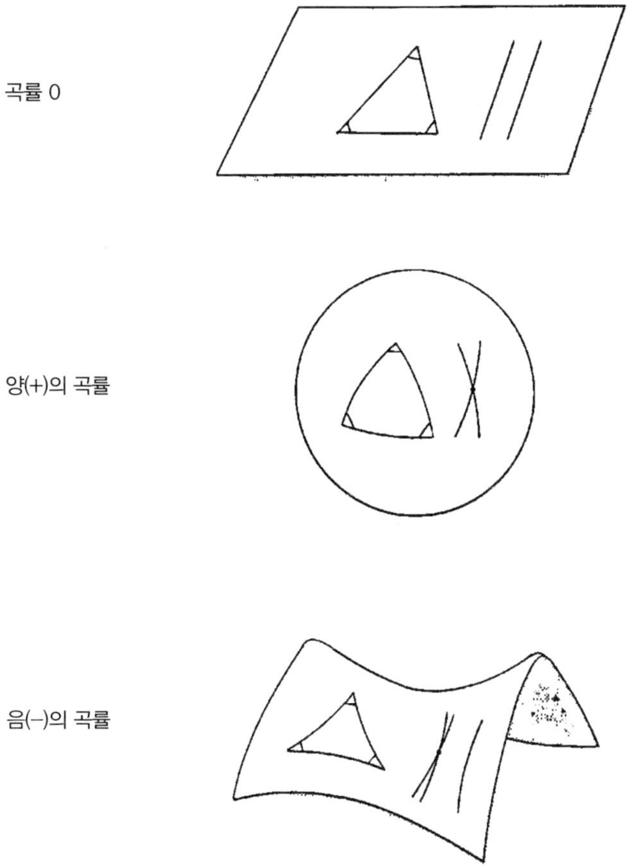

곡률 0

양(+)의 곡률

음(−)의 곡률

<hr />

그림 2.2 〉〉〉 평평한 면은 곡률이 0이다. 유클리드기하학에서 삼각형의 내각의 합은 항상 180°이고 평행선은 아무리 길게 연장해도 만나지 않는다. 그러나 양(+)의 곡률을 갖는 구면에는 비유클리드기하학이 적용되며, 이곳에서 삼각형 내각의 합은 180°보다 크고 평행선은 어딘가에서 만난다(구면 위에서 평행선은 중심이 구의 중심과 일치하는 원호들로 정의된다. 예를 들어 지구의 모든 경도선은 평행선이며, 북극과 남극에서 만난다. 그러나 위도선은 중심이 일치하지 않으므로 평행선이 아니다). 말안장 표면은 곡률이 음(−)인 대표적 사례로서 삼각형 내각의 합은 180°보다 작고, 임의의 직선 l의 바깥에 있는 한 점을 지나면서 l과 평행한 선은 무수히 많이 존재한다.

$$\begin{pmatrix} g_{11} & g_{12} & g_{13} & g_{14} \\ g_{21} & g_{22} & g_{23} & g_{24} \\ g_{31} & g_{32} & g_{33} & g_{34} \\ g_{41} & g_{42} & g_{43} & g_{44} \end{pmatrix}$$

그림 2.3 〉〉〉 리만의 계량텐서에는 휘어진 N차원 공간을 서술하는 데 필요한 모든 정보가 담겨 있다. 이 계량텐서는 4차원 공간에서 16개의 숫자로 이루어져 있으며, 이 16개의 숫자세트가 모든 점마다 각기 다른 값으로 할당된다(평면에서는 모든 점에서 계량텐서가 똑같기 때문에 굳이 언급할 필요가 없다). 수학자들은 16개의 숫자를 정방형 배열로 나타내는데, 이것을 행렬matrix이라 한다(16개 중 같은 숫자가 6쌍 있으므로, 실제로 독립적인 숫자는 10개이다).

원으로 확장하는 것은 전혀 어려운 일이 아니다. 계량텐서를 $N \times N$짜리 바둑판 형태로 확장하면 된다. 계량텐서의 진정한 위력은 나중에 힘의 통일을 논할 때 확연하게 드러날 것이다.

(나중에 알게 되겠지만 통일의 비법은 리만의 계량텐서를 N차원으로 확장한 후 작은 정사각형 모양으로 쪼개는 것이다. 이때 작은 정사각형 계량텐서들은 각기 다른 힘에 대응된다. 자연에 존재하는 힘들은 이런 식으로 퍼즐조각 맞추듯 계량텐서에 끼워넣을 수 있다. 앞에서 '고차원 공간으로 가면 자연의 힘을 모두 수용할 정도로 방의 크기가 넓어진다'고 말한 것은 바로 이런 의미였다. 좀 더 정확하게 말해서 '계량텐서의 차원을 키우면 그 안에 작은 계량텐서 여러 개를 수용할 수 있다.')

다중연결공간(웜홀)을 처음 언급한 사람도 리만이었다. 이 개념을 이해하기 위해, 구부러진 종이 두 장을 취하여 가운데 일부를 칼로 자른 후 잘린 부분이 일치하도록 붙여놓았다고 가정해보자(그림 2.4. 이 것은 웜홀의 길이가 0이라는 것만 빼고 원리적으로 그림 1.1과 같다).

위쪽 종이에 벌레가 살고 있었다고 하자. 이 벌레가 종이의 테두리 근방을 배회할 때는 아무런 문제가 없지만, 잘린 곳으로 진입하면 자신의 의지와 상관없이 아래쪽 종이로 이동하게 된다. 혼란에 빠진 벌레는 몇 가지 실험을 시도해본 후 '잘린 틈으로 다시 진입하면 원래 세상(위쪽 종이)으로 돌아갈 수 있다'는 사실을 알게 될 것이다. 잘린 틈 근처로 가지 않으면 모든 것이 정상이지만, 틈으로 진입하기만 하면 당장 문제가 발생한다.

리만의 절단선은 두 공간을 연결하는 웜홀의 한 사례이다(단, 이 경우에 웜홀의 길이는 0이다). 루이스 캐럴의《거울나라의 앨리스》에 등장

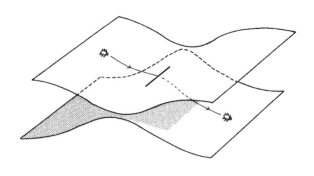

그림 2.4 》》 절단선을 따라 붙어 있는 두 장의 종이(이것을 리만의 절단선Riemann's cut이라 한다) 위를 걸어갈 때 절단선으로 접근하지만 않으면 모든 것이 정상이다. 그러나 절단선으로 진입하면 다른 종이로 넘어가게 된다. 이런 면을 다중연결면multiply connected surface이라 한다.

하는 거울도 앨리스가 살던 일상적인 세계와 이상한 세계를 연결하는 웜홀이었다. 오늘날 리만의 절단선은 전 세계 물리학과 대학원생들의 교육과정인 정전기역학electrostatics과 등각사상conformal mapping에 등장하거나, TV 연속극 〈트와일라이트 존Twilight Zone〉에서 시청자들을 환상의 세계로 안내하는 수단으로 남아 있다(그러나 리만은 자신이 생각해낸 절단선이 다른 우주로 여행하는 통로가 될 수도 있음을 미처 생각하지 못했다).

리만의 유산

리만은 수학자였지만 물리학에도 관심이 많았다. 1858년에는 빛과 전기현상을 하나로 통일하는 이론을 발표하면서 "앞으로 몇 년만 지나면 모든 물리학자들이 이 사실을 인정하게 될 것"이라고 자신했다.[8] 그가 창안한 계량텐서도 임의의 차원에서 휘어진 공간을 서술하는 막강한 도구였지만, 계량텐서가 만족하는 방정식을 모른다는 것이 문제였다. 간단히 말해서, 리만은 '종이가 휘어지는 이유'를 몰랐던 것이다.

불행히도 리만의 삶을 힘들게 만들었던 가장 큰 장애물은 '지독한 가난'이었다. 그는 학자로서 크게 성공했지만 명성이 부富로 이어지지는 않았다. 1857년에 괴팅겐대학교의 교수로 부임한 그는 중력과 전기, 그리고 자기현상을 통일하는 새로운 기하학이론을 꾸준히 연구했으나, 신경쇠약과 소모성 질환에 시달리다가 1866년에 만 39세라는 젊은 나이로 세상을 뜨고 말았다[위대한 수학자 중에는 젊은 나이에 요절한 사람이 꽤 많다. 프랑스의 에바리스트 갈루아(21세)와 인도의 스리니바사 라마누잔(33세), 노르웨이의 닐스 헨리크 아벨(27세)이 대표적이다].

리만은 초공간의 수학적 기초를 확립했을 뿐만 아니라 현대물리학의 주요 연구과제를 수십 년 앞서서 예견했는데, 그중 중요한 몇 가지를 추리면 다음과 같다.

1. 리만은 고차원 공간을 이용하여 자연의 법칙을 단순화시켰다. 그는 중력과 전기 및 자기가 초공간이 구겨지고 휘어지면서 자연스럽게 나타난 결과라고 생각했다.
2. 리만은 웜홀의 존재를 예견했다. 리만의 절단선은 다중연결공간의 가장 간단한 사례이다.
3. 리만은 중력을 장으로 표현했다. 공간의 모든 점에서 중력(곡률)을 서술하는 계량텐서는 패러데이가 창안한 장의 개념을 중력에 적용한 결과이다.

리만이 역장(力場, force field)에 대한 연구를 완성하지 못한 것은 전기와 자기, 그리고 중력의 장방정식을 유도하지 못했기 때문이다. 다시 말해서 그는 우주공간이 어떤 식으로 구겨지고 휘어져 있는지 알지 못했다. 그는 전기와 자기의 장방정식을 구하기 위해 마지막 순간까지 혼신의 노력을 기울였지만, 끝내 완성하지 못하고 세상을 떠났다. 리만이 10년만 더 살았다면 맥스웰과 아인슈타인은 다른 연구과제를 찾아야 했을 것이다.

휘어진 공간에서 살아가기

드디어 마법이 풀렸다.

40년도 채 살지 못한 리만이 2,300년 전에 탄생한 유클리드기하학의 한계를 극복한 것이다. 고차원 공간에 병적인 거부반응을 보이던 보이오티언들도 리만의 계량텐서 앞에서는 입을 닫을 수밖에 없었고, 리만을 추종하던 수학자들은 눈에 보이지 않는 세계가 고차원 공간에서 더욱 확연하게 드러난다는 사실을 다시 한 번 실감했다.

리만의 기하학은 얼마 지나지 않아 유럽 전역을 휩쓸었고, 저명한 과학자들은 이 혁명적인 아이디어를 일반대중에게 소개하기 위해 서로 앞다퉈가며 강연회를 개최했다. 특히 그 시대에 독일에서 가장 유명한 수학자 헤르만 폰 헬름홀츠는 리만의 업적에 깊이 감명받아 '구면 위에서 살아가는 생명체'를 주제로 수많은 강연록과 저서를 남겼다.

헬름홀츠는 말한다. "구면 위에서 사는 생명체들이 우리와 비슷한 지능을 갖고 있다면, 유클리드기하학의 모든 가설과 정리들이 무용지물임을 금방 알아차릴 것이다." 예를 들어 이런 곳에서는 삼각형 내각의 합이 180°보다 크다. 가우스가 말했던 '책벌레'는 헬름홀츠의 2차원 구면 위에서 살고 있는 셈이다. 헬름홀츠는 기하학의 공리는 공간의 종류에 따라 달라져야 한다고 주장했다(단, 그 공간에 사는 생명체의 지능이 인간과 비슷한 경우에 한한다).[9] 그러나 헬름홀츠는 자신의 저서 《일반대중을 위한 과학강연록Popular Lectures of Scientific Subjects》(1881)에서 "앞을 못 보는 사람에게 색의 느낌을 표현할 수 없듯이, 3차원 공간에 사는 우리들은 네 번째 차원을 시각화할 수 없다"고 적

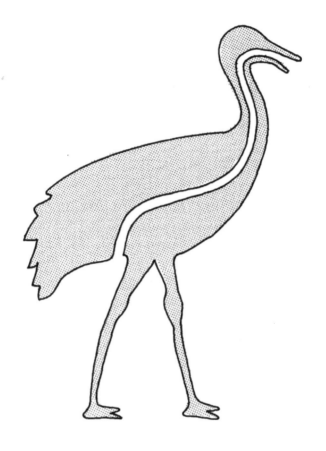

어놓았다.[10]

리만의 탁월한 업적에 고무된 일부 과학자들은 고차원 공간에 적용할 물리 문제를 찾거나[11] 좀 더 실용적인 문제를 파고들었다. 한 가지 예를 들어보자. 2차원 공간에 사는 생명체들은 어떻게 음식을 먹을까? 모든 생명체는 음식을 소화한 후 일부를 몸밖으로 배출해야 하므로, 입과 배출구가 하나의 통로로 연결되어 있어야 한다. 그런데 2차원 생명체에게 몸 전체를 관통하는 통로가 있으면 몸이 두 조각으로 양분될 수밖에 없다(그림 2.5). 그러므로 2차원 생명체들은 떨어져나간 몸의 일부를 찾아 수시로 헤매고 다니거나, 식사와 배출을 하나의 입으로 해결하는 수밖에 없다(이건 별로 좋은 방법이 아닌 것 같다).

안타깝게도 19세기 수학자들은 리만의 첨단 수학을 제대로 이해하지 못했고, 후속연구를 인도할 만한 물리학적 원리도 없었다. 과학자들이 이런 이유로 리만의 기하학을 도외시했다면 물리학에 응용될 때까지 거의 100년은 족히 기다려야 했을 것이다. 그러나 다행히도 19세기 과학자들은 4차원 생명체를 끈질기게 파고들었고, 얼마 가지 않아 네 번째 차원이 무소불위의 능력을 갖고 있음을 깨달았다.

신이 되다

당신이 벽을 통과할 수 있다고 상상해보라.

집을 드나들 때마다 번거롭게 문을 열고 닫을 필요가 없다. 그냥 벽을 지나가면 된다. 길을 가다가 건물이 앞을 가로막고 있어도 굳이 돌아갈 필요 없이 벽을 뚫고 들어가서 맞은편 벽을 뚫고 나오면 그만이다. 들판을 걷다가 산이 나타나도 문제없다. 그냥 똑바로 걸어가면 된다. 당신이 가는 길이 곧 터널이다. 배가 고플 땐 냉장고 문을 열 필요 없이 손만 뻗으면 된다. 자동차 열쇠를 차 안에 꽂아둔 채 문을 닫았다고? 열쇠 같은 건 잊어라. 차 안으로 태연히 걸어 들어가서 앞좌석에 앉으면 된다.

이번에는 자기 마음대로 사라졌다가 나타날 수 있다고 가정해보자. 그러면 학교나 직장까지 차를 타고 갈 필요 없이 집에서 사라졌다가 목적지에서 몸을 재물질화하면 된다(즉, 뿅 하고 나타나면 된다). 거리가 멀어도 상관없다. 요령은 전과 동일하다. 출근길에 교통체증이 심할 때에도 당신과 자동차를 사라지게 한 후 목적지에 나타나면 된다.

공간이동 능력에 X-선 같은 투시안까지 갖췄다고 가정해보자. 그러면 당신은 먼 거리에서 발생한 사건을 볼 수 있고, 공간이동을 통해 사고현장으로 날아가서 희생자의 위치를 알아낼 수 있다. 예를 들어 건물이 붕괴되었다면 생존자가 어디에 어떻게 깔려 있는지 한눈에 알 수 있을 것이다.

내친김에 껍질을 까거나 뚜껑을 열지 않고 내용물을 만질 수 있다고 가정해보자. 그러면 당신은 오렌지 껍질을 까지 않은 채 속을 먹을 수 있으며, 피부를 절개하지 않고 복잡한 수술을 집도할 수 있다(내부는 투시안으로 보면 된다). 환자는 아프지 않아서 좋고, 의사는 째거나 꿰맬 필요가 없으므로 간편해서 좋다(의료사고도 크게 줄어들 것이다).

상습적 범죄자가 이런 능력을 갖고 있다면 은행을 털기 위해 몇 달 동안 힘들게 계획을 세우지 않아도 되고, 공범을 끌어들였다가 뒤통수를 얻어맞는 위험을 감수할 필요도 없다. 경비가 없는 벽을 뚫고 들어가서 금고 속의 내용물을 투시안으로 확인한 후, 금고 안으로 진입하여 보석과 현금을 챙겨 나오면 된다. 경비들이 총을 쏘며 저지하겠지만 총알은 당신의 몸을 가볍게 통과하면서 아무런 상처도 남기지 않는다. 이런 범죄자는 감옥에 가두는 것 자체가 불가능하다.

이런 당신 앞에서는 어느 누구도 비밀을 온전하게 지킬 수 없다. 보물을 아무리 깊이 숨겨봐야 이미 당신 것이나 마찬가지다. 이 세상 그 무엇도 당신의 앞길을 막지 못한다. 당신은 언제든지 기적을 행할 수 있고 평범한 학자들은 꿈도 못 꿀 엄청난 업적을 이룰 수 있다. 마음만 먹으면 어떤 일도 가능하다.

무슨 꿈같은 이야기냐고? 아니다. 지금까지 나열한 모든 능력은 고차원 공간에 사는 생명체들의 일상사에 불과하다. 물론 그들이 행하는 모든 일은 3차원에 사는 우리들에게 기적처럼 보인다. 우리는 벽을 뚫을 수 없고 감옥의 창살을 부술 수 없다. 벽을 뚫고 나가겠다며 세게 부딪쳐봐야 코피와 고통만 따를 뿐이다. 그러나 4차원 생명체에게 이런 것은 애들 장난에 불과하다.

4차원 생명체의 능력을 좀 더 실감나게 이해하기 위해, 2차원 탁자 위에서 살아가는 2차원 생명체를 상상해보자. 그들 중 누군가가 범죄를 저질러서 감옥에 가두고자 할 때에는 몸뚱이를 에워싸는 원을 그리면 된다. 원에 갇힌 2차원 범죄자는 어느 쪽으로 움직여도 원주에 부딪힐 것이므로 탈출이 불가능하다. 그러나 3차원에 사는 당신이 그를 탈옥시키기로 마음먹었다면 아주 간단하게 실행할 수 있다. 2차원 친구를 손에 쥐고 평면에서 때어낸 후 원 밖의 다른 위치에 갖다놓으면 된다(그림 2.6). 3차원에서는 아무것도 아니지만 2차원 생명체들의 눈에는 기적처럼 보일 것이다.

교도관의 눈에는 수감자가 갑자기 사라졌다가 엉뚱한 곳에 나타나

그림 2.6 ⟩⟩⟩ 2차원 세계에서 사람을 작은 원 안에 가두면 그 자체로 감옥이 된다. 2차원 생명체는 원 밖으로 탈출할 수 없다(단, '감옥용' 원은 쉽게 끊어지지 않아야 한다). 그러나 3차원 생명체가 원에 갇힌 2차원 생명체를 위로 들어올려 원 밖의 어딘가에 내려놓으면 그 자체로 '탈옥'이 된다. 교도관의 눈에는 감옥에 갇혀있던 죄수가 갑자기 사라진 것처럼 보일 것이다.

는 것처럼 보인다. 당신이 간수에게 "그건 간단해요. 죄수를 '위로' 들어올렸다가 감옥 밖에 다시 내려놓은 것뿐입니다"라고 아무리 친절하게 설명해줘도 이해하지 못할 것이다. 교도관이 사는 2차원 세계에는 '위'라는 개념이 존재하지 않을뿐더러, 그런 개념을 시각화하기도 쉽지 않다.

더 신기한 기적도 행할 수 있다. 예를 들어 3차원 공간에 사는 우리는 현미경으로 짚신벌레의 몸속을 들여다보듯이 2차원 생명체의 내장을 훤히 들여다볼 수 있으므로, 피부(테두리)를 자르지 않고 수술을 집도할 수 있다. 또 2차원 생명체를 '위로' 집어들어서 뒤집은 후 다시 평면에 내려놓으면 왼쪽 가슴에 있던 그의 심장은 오른쪽으로 이동하게 된다. 심장뿐만 아니라 몸의 좌우가 완전히 바뀌어서, 자신도 모르는 사이에 오른손잡이가 왼손잡이로 바뀐다(그림 2.7).

이 정도는 아무것도 아니다. 평면세계에 사는 생명체의 입장에서 볼 때, 우리는 불가능이 없는 전지전능한 존재이다. 평면생명체가 집 안이나 땅속으로 숨어도 우리 눈에는 훤히 들여다보인다. 그들의 눈에는 마술처럼 보이겠지만 우리에게는 아무것도 아니다. 그저 세 번째 공간차원을 이용한 것뿐이다(초공간에서 바라보면 우리 인간도 평면생명체와 다를 것이 없다. 초공간을 다룰 수만 있다면 3차원 생명체를 대상으로 방금 열거한 '마술'을 똑같이 구현할 수 있다. 그러나 우리가 시공간을 마음대로 다루려면 앞으로 수백 년은 족히 기다려야 한다. 네 번째 공간차원에 접근하려면 현재 지구에서 가장 큰 입자가속기보다 1조 배 이상 강력한 장치가 필요하다. 물론 이 정도로 과학이 발달한 외계종족이 우주 어딘가에 존재할 수도 있다).

리만의 기념비적 강연은 헬름홀츠를 비롯한 여러 수학자를 통해 학계에 널리 전파되었지만, 일반대중의 관심사는 '2차원 생명체의 소화기관'이나 '무절개 수술'이 아니었다. 그들은 '강철판 너머를 투시하고 벽을 뚫고 나가는 생명체는 대체 어떤 생명체인가?'라거나, '전지전능하면서 우리와 다른 물리법칙을 따르는 생명체가 과연 존재하는가?'라는 등 좀 더 현실적이면서 직설적인 질문을 떠올렸다.

그렇다. 그것은 바로 유령이었다! 당시 사람들이 유령 외에 또 무엇을 상상할 수 있었겠는가?

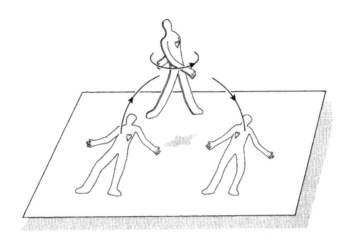

|||||||||||||||||||||||||||||||||||||||||||

그림 2.7 〉〉〉 2차원 세계에 사는 평평한 생명체를 '위로' 집어들어서 뒤집은 후 다시 평면으로 되돌려놓으면 몸의 좌우가 바뀐다. 즉, 왼쪽에 있던 심장은 오른쪽으로 이동하고, 오른손잡이는 왼손잡이가 된다. 이 광경을 목격한 2차원 생명체는 "멀쩡했던 사람이 갑자기 사라졌다가 어느 순간 몸의 좌우가 바뀐 채 뿅 하고 나타났다!"며 입을 다물지 못할 것이다.

고차원 공간을 적용할 만한 물리적 원리가 전혀 없는 상황에서 4차원 이론은 이상한 방향으로 흘러갔다. 지금부터 고차원이론이 19세기의 예술과 철학에 어떤 영향을 미쳤는지 알아보기로 하자. 당시 대중문화의 흐름을 되돌아보면 네 번째 차원을 시각화하는 데 중요한 실마리를 얻을 수 있을 것이다.

네 번째 차원에서 온 유령

1877년의 어느 날, 런던 법정에서 역사에 남을 유명한 재판이 시작되었다. 이 재판은 네 번째 차원에 대한 대중의 관심을 끌어올리는 데 지대한 공헌을 했지만, 그 진행 과정은 국제적인 치욕으로 남게 된다.

당시 런던의 유력 일간지들은 헨리 슬레이드Henry Slade라는 심령술사의 놀라운 주장과 그가 피고인으로 출두한 재판을 연일 특종으로 다루고 있었다. 당대 최고의 물리학자들이 그 재판에 연루되었기 때문이다. 이 사건을 계기로 네 번째 차원에 관한 이야기는 수학자의 칠판을 떠나 런던의 상류사회로 깊이 파고들었고, 각종 사교모임과 저녁식사의 단골 화젯거리가 되었다. '난해하기로 악명 높은 네 번째 차원'이 런던 시민들 사이에 초유의 관심사로 떠오른 것이다.

헨리 슬레이드는 미국에서 건너온 심령술사였다. 그가 런던의 유명인사들을 모아놓고 소규모 집회를 열던 초창기에는 아무런 문제가 없었다. 그러나 몇 달 후 그는 '교묘한 도구와 손놀림으로 사람들에게 사기를 쳤다'는 이유로 체포되어 재판에 회부되었다.[12] 사실 이것만으로는 그다지 큰 뉴스가 아니었다. 심령술사가 연루된 사기사건은 과거에도 종종 있었기 때문이다. 그러나 슬레이드의 변호를 자처하고 나선 당대 최고의 물리학자들이 "그의 심령술은 네 번째 차원에 영혼이 존재한다는 증거"라고 주장하면서 재판 자체가 가십거리로 전락하고 말았다. 더욱 놀라운 것은 슬레이드를 변호한 과학자들 중에는 훗날 노벨 물리학상을 탄 사람도 여럿 있었다는 점이다.

이 사건을 세간의 화젯거리로 만드는 데 가장 큰 역할을 한 사람은 라이프치히대학교의 물리학 및 천문학과 교수였던 요한 췰너Johann

Zöllner였다. 편광 광도계를 발명하여 천체분광학에 큰 기여를 했던 바로 그 사람이다.

사실 슬레이드가 사람들 앞에서 행한 마술은 딱히 새로운 것도 아니었다. 지난 수백 년 동안 심령술사들은 죽은 사람의 영혼을 불러낼 수 있다고 주장하면서 병 속에 든 물건을 움직이거나 부러진 성냥을 다시 붙이는 등 영혼이 찾아왔다고 착각할 만한 마술을 보여주곤 했다. 그러나 1877년에 열린 재판은 저명한 과학자들이 직접 나서서 "슬레이드는 네 번째 차원에 존재하는 영혼을 다룰 줄 아는 사람"이라고 주장하는 바람에 원래 취지에서 벗어나 엉뚱한 방향으로 흘러갔다.

재판이 슬레이드에게 불리한 쪽으로 흘러가자 췰너는 심령연구회의 저명한 물리학자들에게 도움을 청했다. 그중에는 TV와 모니터에 사용되는 음극선관의 발명자 윌리엄 크룩스William Crookes와[13] 가우스의 동료이자 리만의 멘토였던 빌헬름 베버(자기선속의 단위인 '웨버weber'는 그의 이름에서 따온 용어이다), 전자를 발견하여 1906년에 노벨상을 수상한 톰슨J. J. Thompson, 19세기 후반의 가장 위대한 물리학자이자 1904년에 노벨 물리학상을 수상한 레일리 경Lord Rayleigh도 포함되어 있었다.

특히 크룩스와 베버, 그리고 췰너는 슬레이드의 마술에 깊은 감명을 받았다. 결국 재판은 슬레이드에게 유죄판결을 내리는 것으로 마무리되었으나 그는 자신이 행했던 기적을 과학자들 앞에서 재현하여 무죄를 입증할 수 있다고 주장했고, 귀가 솔깃해진 췰너는 슬레이드의 제안을 받아들였다. 그리하여 1877년에 엄격하게 통제된 환경에서 4차원 유령을 소환하는 실험이 실행되었다. 그 자리에는 당대 최고의 과학자들이 췰너의 초청을 받고 참석했는데, 이들의 임무는 오직 과학적인 시각으로 슬레이드의 능력을 검증하는 것이었다.

슬레이드에게 주어진 첫 번째 과제는 나무로 만든 두 개의 고리(반지)를 하나로 엮는 것이었다. 물론 이 과정에서 고리를 손상시키면 안 된다. 과연 성공할 수 있을까? 훗날 췰너는 자신의 저서에 다음과 같이 적어놓았다. "만일 슬레이드가 이 과제를 성공적으로 수행한다면, 그것은 기존의 과학으로 결코 설명할 수 없는 기적임이 분명하다."[14]

슬레이드에게 두 번째 과제로 주어진 물건은 소라 껍질이었다. 다들 알다시피 소라 껍질의 나선무늬는 오른쪽이나 왼쪽으로 말려있다. 과연 슬레이드는 소라 껍질의 말린 방향을 바꿀 수 있을까?

세 번째 과제는 동물의 내장으로 만든 원형 고리를 자르지 않고 매듭을 짓는 것이었다. 물론 3차원에서는 불가능한 일이다. 과연 슬레이드는 이 과제도 완수할 수 있을까?

그 외에도 다양한 테스트가 실행되었다. 예를 들어 오른손방향으로 매듭을 묶은 밧줄 양끝을 밀랍으로 봉인하고 췰너의 인장을 찍는다. 그러고는 이 밧줄을 슬레이드에게 건네면서 "왁스로 봉인된 부분을 손상시키지 말고 매듭을 풀어서 왼손방향 매듭으로 다시 묶어보라"는 식이다. 슬레이드가 4차원 유령을 소환할 수 있다면 이 문제도 아주 쉽게 해결할 수 있을 것이다. 좌중에는 뚜껑이 닫힌 병 안의 물건을 없애보라고 주문하는 과학자도 있었다.

과연 슬레이드는 이 모든 테스트를 무사히 통과했을까?

네 번째 차원의 마술

슬레이드에게 주어진 과제는 마술사들이 흔히 보여주는 마술과 비슷하다. 지금의 우리는 이런 류의 마술을 너무 자주 봐서 하나도 신기할 것이 없다. 구체적인 내막은 모르지만 마술사가 어디선가 꼼수를 부린 것이 분명하다. 그러나 마술이 아닌 고차원을 이용했다면 이야기가 달라진다. 앞에서도 말했듯이 지금의 과학기술로는 턱도 없다. 그럼에도 불구하고 칠너는 '네 번째 차원을 도입하면 슬레이드가 행한 기적을 설명할 수 있다'고 결론지었다. 19세기 과학을 선도했던 칠너가 경솔한 판단을 내린 것일까? 아니다. 내가 보기에 그는 눈앞에서 벌어진 현상을 '열린 마음'으로 받아들이고, 과학자답게 모든 가능성을 고려한 것뿐이다. 그러므로 칠너의 실험은 교육적 측면에서 한 번쯤 논의할 만한 가치가 있다.

3차원 공간에서 서로 분리된 두 개의 원형 고리는 하나로 엮일 수 없다. 고리를 자르지 않고서는 도저히 불가능하다. 이와 마찬가지로 고리 모양 밧줄도 어딘가를 자르지 않고서는 매듭을 지을 수 없다. 소싯적에 보이스카우트나 걸스카우트에서 각종 매듭을 다뤄보았다면 이것이 불가능한 과제임을 잘 알고 있을 것이다. 그러나 고차원 공간에서 고리 두 개를 자르지 않고 엮거나 매듭을 푸는 것은 일도 아니다. 그곳에는 고리와 밧줄이 서로 교차하면서 이동할 수 있는 '여분의 공간'이 존재하기 때문이다. 네 번째 차원이 존재한다면 고리나 밧줄을 그 방향으로 이동시켜서(이때 물체는 우리 시야에서 사라진다!) 고리를 엮거나 매듭을 푸는 등 필요한 조작을 가한 후 다시 3차원 공간으로 갖다놓을 수 있다. 실제로 네 번째 차원에서 매듭은 묶인 상태로

그림 2.8 ⟫⟫⟫ 심령술사 헨리 슬레이드는 "소라껍질의 말린 방향을 바꿀 수 있으며, 뚜껑이 닫힌 병을 깨지 않고 그 안에 든 물건을 밖으로 꺼낼 수 있다"고 주장했다. 물론 3차원 공간에서는 불가능하지만, 물체를 네 번째 차원 방향으로 움직일 수 있다면 얼마든지 가능하다.

유지될 수 없기 때문에, 밧줄을 자르지 않아도 쉽게 풀 수 있다. 3차원에서는 불가능하지만 네 번째 차원에서는 얼마든지 가능한 일이다. 사실 3차원은 매듭이 묶인 상태로 유지될 수 있는 유일한 차원이다.[15]

3차원 공간에서는 단단한 물체의 좌우를 바꾸는 것도 불가능하다. 대부분의 사람들은 심장이 왼쪽에 있는데, 이것을 오른쪽으로 바꾸려면 심장뿐만 아니라 모든 장기의 좌우를 바꿔야 한다. 이 세상 어떤 의사도 이런 수술을 실행할 수 없다. 신체의 좌우 구조를 통째로 바꾸려면 사람의 몸을 네 번째 차원 방향으로 들어올려서 회전시킨 후 다시 3차원 공간에 내려놓는 수밖에 없다(이 방법을 최초로 제안한 사람은 독일의 수학자 아우구스트 뫼비우스August Möbius다). 소라 껍질의 좌우를 바꾸고 병 속의 물체를 꺼내는 방법은 그림 2.8과 같다. 물론 이 모든 트릭은 네 번째 차원이 존재할 때에만 가능하다.

양분된 과학계

테스트가 끝난 후 쵤너는 〈과학계간Quarterly Journal of Science〉과 〈초월물리학Transcendental Physics〉에 "슬레이드는 저명한 과학자들이 보는 앞에서 '기적'을 행하여 실험참가자 모두를 놀라게 했다"는 글을 게재하여 향후 이어질 격렬한 논쟁의 불을 당겼다(물론 슬레이드가 모든 테스트를 통과한 것은 아니다. 본인이 사전에 준비한 테스트는 통과했지만, 엄격하게 통제된 환경에서 질문자들이 제시한 과제는 성공하지 못했다).

쵤너의 변론은 런던 시민들 사이에서 최고의 가십거리로 떠올랐다(사실 이 사건은 19세기 후반에 강신론자와 영매가 연루된 수많은 사건들 중 하나에 불과했다. 빅토리아시대에 영국인들은 초자연적 현상에 깊이 빠져 있었다). 사람들은 저마다 자신의 생각을 피력하며 논쟁을 벌였고, 결국은 과학자뿐만 아니라 일반대중들까지 췰너의 지지파와 반대파로 나뉘었다. 지지파의 대표주자는 베버와 크룩스가 속한 모임이었는데, 이들은 평범한 과학자가 아니라 자연현상을 연구하는 데 평생을 바쳐온 이론과 실험의 대가들로서 "네 번째 차원이 존재한다면 슬레이드의 마술은 과학적으로 설명 가능하다"고 주장했다.

췰너의 반대파들도 쉽게 물러서지 않았다. 그들의 주장을 정리하면 대충 다음과 같다. "마술사는 관객의 오감을 현혹시키고 속이는 데 도가 튼 사람들이다. 그런데 과학자는 오랜 기간 자신의 감각을 신봉하도록 훈련받은 사람들이므로 마술을 판단하는 데 가장 부적절한 부류이다." 비평가들도 여기에 합세하여 "다른 마술사들이 지켜보는 가운데 테스트를 해보면 슬레이드의 속임수는 금방 들통날 것"이라고 했다. 간단히 말해서, 오직 도둑만이 도둑을 잡을 수 있다는 뜻이다.

그 무렵 바렛 경Sir W. F. Barrett과 올리버 로지 경Sir Oliver Lodge이 텔레파시를 연구하고 있었는데, 이들의 연구결과를 사정없이 비방하는 기사가 과학계간지 〈베드락Bedrock〉에 실렸다.

우리는 텔레파시를 불가사의한 현상으로 간주할 필요도 없고, 바렛 경과 로지 경을 멍청이로 몰아붙일 필요도 없다. 그들은 심리학 실험에 익숙하지 않아서 의심스러운 현상을 남들보다 쉽게 받아들이는 것뿐이다. 이미 믿을 준비가 된 사람들인데, 무엇인들 못 믿겠는가.

그로부터 약 100년 후, 이스라엘의 유리 겔러Uri Geller가 숟가락을 구부리고 시곗바늘을 움직이게 하는 등 초자연적인 현상을 공개적으로 시연하여 또 다시 논쟁을 불러일으켰다. 특히 캘리포니아 스탠퍼드연구소의 두 과학자가 "유리 겔러는 염력을 통해 다양한 기적을 행사할 수 있다"고 주장하면서 과학계는 찬반양론으로 갈리게 된다 (일부 과학자들은 '인간은 남에게 속기를 원하므로 그냥 속도록 내버려 두라 Populus vult decipi, ergo decipiatur'는 로마시대 속담을 인용하면서 유리 겔러의 능력을 인정하지 않았다).

영국 과학계에서 시작된 논쟁은 영국해협을 타고 삽시간에 전 세계로 퍼져나갔다. 리만이 세상을 떠난 지 불과 10년 만에 '물리법칙은 고차원 공간에서 훨씬 단순해진다'는 원래의 의미는 까맣게 잊혀지고, 말초적인 가십거리가 사람들을 지배하게 된 것이다. 그리하여 리만의 새로운 기하학은 오랜 세월 마땅한 응용분야를 찾지 못한 채 이리저리 방황하는 신세로 전락했고, 20세기의 과학자들은 이 사건을 되돌아보면서 '물리학적 동기나 원리가 없는 순수수학은 현학적 사색거리로 전락하기 쉽다'는 중요한 교훈을 얻었다.

그러나 수십 년 지속된 논쟁의 와중에도 찰스 힌턴Charles Hinton을 비롯한 일부 수학자들은 네 번째 차원을 '보는' 기발한 방법을 발명했다. 이런 노력이 있었기에 네 번째 차원은 서서히 과학자들의 뇌리에 파고들었고, 물리학자들은 다시 원점으로 돌아가 다른 분야와의 소통을 모색할 수 있었다.

3. 네 번째 차원을 본 사람

The Man Who "Saw" the Fourth Dimension

> 1910년에 '네 번째 차원'은 거의 일상적인 말이 되었다.
> 플라톤의 이상향이나 칸트의 실존주의 철학, 천국과 지옥 등
> 과학이 해결할 수 없는 문제에 직면할 때마다
> 사람들은 네 번째 차원에서 답을 찾곤 했다.
>
> _린다 달림플 헨더슨

슬레이드의 재판이 유럽을 한바탕 휩쓸고 지나간 후, 고차원을 소재로 한 소설이 대거 등장하여 베스트셀러 목록을 휩쓸었다. 당시 고차원에 대한 사람들의 관심을 생각하면 그다지 놀라운 일도 아니다.

논쟁이 잦아들고 10년쯤 지난 1884년, 런던 시립학교의 교장이자 성직자였던 에드윈 애벗Edwin Abbot이 역사에 길이 남을 명작소설《플랫랜드-다차원 이야기Flatland: A Romance of Many Dimensions》를 발표했다.*

• 영국교회의 신학자들은 과학자들 못지않게 슬레이드의 재판에 적극적으로 참여하여 격렬한 논쟁을 벌였다. 성직자였던 에드윈 애벗이 《플랫랜드》와 같은 풍자소설을 쓴 데에는 이런 배경이 한몫했을 것이다. 지난 수천 년 동안 성직자들은 '천국과 지옥은 어디에 있는가?'라거나 '천사는 어디에 사는가?'라는 질문을 받을 때마다 명확한 답을 내놓지 못하고 이리저리 피해왔는데, 이제 확실한 답을 줄 수 있게 되었다. '그 모든 것은 네 번째 차원에 존재한다.' 기독교 강신론자인 스코필드A. T. Schofield는 1888년에 발표한 저서 《또 다른 세계Another World》에서 "신과 영혼은 네 번째 차원에 존재한다"

이 책은 고차원 공간에 대한 영국인의 지대한 관심에 힘입어 1915년까지 9쇄가 발행되었으며, 지금까지 나온 개정판은 헤아릴 수 없을 정도로 많다.

애벗의 《플랫랜드》가 이토록 불티나게 팔린 이유는 영국사회의 부정적인 면을 비판하고 풍자하는 데 4차원이라는 개념을 적절히 사용했기 때문이다. 이 책에서 애벗은 다른 세계의 존재 가능성을 완강하게 부인하는 사람들에게 장난기 어린 '한 방'을 날렸다. 평평한 세계의 거주자들은 가우스가 말했던 책벌레들(2차원 생명체)이며, 가우스가 몹시도 싫어했던 '보이오티언'은 플랫랜드의 고위성직자로 등장한다. 성직자들은 "눈에 보이지 않는 세 번째 차원에 대해서는 어떤 언급도 하지 말라"는 칙령을 내리고 이를 위반하는 사람을 색출하여 벌을 주는데, 그 가혹한 정도가 스페인 종교재판을 방불케 한다.

애벗은 《플랫랜드》를 통해 영국 빅토리아 시대에 만연했던 고집과 편견을 우회적으로 비판하고 있다. 이 소설의 무대는 온갖 평면도형들이 살고 있는 2차원의 평평한 세계로서, 생긴 모양에 따라 계급이 정해진다. 가장 낮은 계급인 여인들은 단순한 선(線, line)의 형태를 띠고 있고, 다각형은 높은 계층에 속한다(변의 수가 많을수록 계급이 높다). 물론 가장 높은 계층인 고위사제들은 동그란 원형이다. 주인공인 스퀘어Square는 계층사회에 잘 적응한 보수적 신사로서, 이름 그대로 정사각형이다.

고 주장했고,[1] 1893년에 신학자 아서 윌링크Arthur Willink는 한술 더 떠서 자신의 저서인 《보이지 않는 세계The World of the Unseen》를 통해 "신은 네 번째 차원에 살지 않는다. 그는 전능한 존재이므로 무한차원 공간에 살고 있다"고 주장했다.[2]

플랫랜드에서 세 번째 차원을 논하는 것은 엄격하게 금지되어 있다. 누구든지 3차원을 입밖에 내기만 하면 당장 중형에 처해진다. 스퀘어는 자부심이 강하고 살짝 독선적이면서 준법정신이 투철하여, 기존의 질서를 해치는 일은 절대로 하지 않는 사람이다. 그러던 어느 날, 3차원 구형의 신비한 존재 '스피어Sphere'를 만나면서 그의 삶은 송두리째 바뀌게 된다. 스퀘어에게 스피어는 다른 고위사제들처럼 원으로 보이는데, 놀랍게도 원의 지름이 수시로 변하고 있었다(그림 3.1).

스피어는 스퀘어에게 "나는 모든 물체가 3차원 도형인 스페이스랜드Spaceland에서 왔다"며 세 번째 차원을 설명하려 애쓰지만, 고집으로 똘똘 뭉친 스퀘어는 "세 번째 차원 같은 것은 존재하지 않는다"며 좀처럼 설득되지 않는다. 역시 백문이 불여일견, 스피어는 스퀘어를 2차원 평면세계에서 꺼내어 3차원 공간세계로 던져 넣었고, 그곳에서 스퀘어는 온갖 희한한 경험을 하게 된다.

스퀘어는 스페이스랜드로 진입했지만, 그의 시력은 2차원 평면에 한정되어 있기 때문에 3차원 공간의 한 단면밖에 볼 수 없다. 그런데 스페이스랜드의 생명체들은 항상 움직이고 있으므로, 그의 눈에는 거주민들의 몸집이 수시로 변하는 것처럼 보인다. 심지어는 점점 작아지다가 아예 시야에서 사라지는 경우도 있다. 얼마 후 플랫랜드로 돌아온 스퀘어는 자신이 스페이스랜드에서 겪었던 마술 같은 일들을 친구들에게 열심히 설명했다. 그러나 이 사실을 전해들은 원형사제들은 그를 정신 나간 선동꾼으로 몰아붙였다. 스퀘어는 자신이 본 것을 말했을 뿐인데, 졸지에 중죄인이 된 것이다.

안타깝게도 애벗의 소설은 해피엔드가 아니다. 스퀘어는 자신이 스

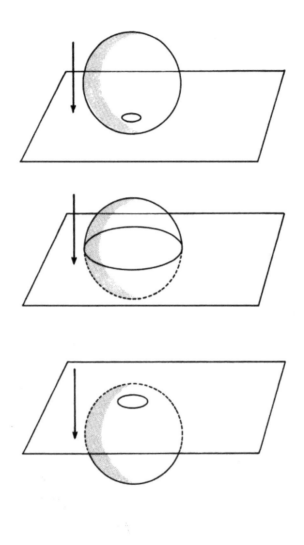

그림 3.1 〉〉〉 2차원 플랫랜드에 사는 스퀘어는 어느 날 3차원 스페이스랜드에서 온 스피어와 마주친다. 그런데 스피어가 평면 아래로 내려갈수록 그의 몸집이 점점 커지다가 어느 순간부터 다시 작아지기 시작한다. 플랫랜드의 거주민들은 입체도형을 인식할 수 없고 오직 단면만 볼 수 있으므로, 스퀘어의 입장에서는 스피어가 마술을 부리는 것처럼 보일 것이다.

페이스랜드를 방문했다고 하늘같이 믿었지만 결국 사회질서를 무너뜨린 범죄자로 몰려 여생을 교도소의 독방에서 보내게 된다.

네 번째 차원에서 열린 파티

애벗의 소설은 고차원 세계를 일반독자들에게 널리 알렸다는 점에서 중요한 의미가 있다. 스퀘어의 환상적인 스페이스랜드 여행담은 수학적으로도 아무런 하자가 없다. 차원간 여행을 다룬 소설이나 영화를 보면 깜빡이는 불빛과 칠흑 같은 어둠, 또는 소용돌이치는 구름이 종종 등장하는데, 사실 이 상황을 수학적으로 서술하면 SF보다 훨씬 흥미롭다. 차원간 여행을 좀 더 실감나게 느끼기 위해, 2차원을 벗어나 3차원 공간으로 내던져진 스퀘어의 입장에서 생각해보자. 그가 바람에 날려 이리저리 떠다니다가 우리와 같은 인간을 만난다면, 과연 그의 눈에 우리는 어떤 모습으로 보일까?

2차원 생명체의 눈으로는 3차원의 한 단면밖에 볼 수 없으므로, 그의 눈에 비친 인간은 참으로 희한한 모습일 것이다. 그가 아래에서 위쪽으로 올라가고 있다면 가죽으로 된 두 개의 길쭉한 원이 제일 먼저 눈에 뜨일 것이다(이것은 우리의 구두에 해당한다). 그리고 잠시 후에는 두 원의 색과 질감이 바뀌면서 좀 더 동그란 원에 가까워지고(바지), 두 원이 합쳐서 하나의 큰 타원이 되었다가(허리) 어느 순간부터 다시 색이 바뀌면서 세 개로 갈라진다(셔츠의 몸통과 두 팔). 그리고 잠시 후 이들은 다시 하나의 작은 원으로 합쳐지고(목과 머리), 마지막에는 아주 작은 수만 개의 원으로 갈라졌다가(머리카락) 서서히 사라진다. 이 모든 과정을 겪고 나면 스퀘어는 혼란스러움을 넘어 완전 패닉상태에 빠질 것이다. 가죽, 옷감, 피부, 그리고 머리카락의 단면들이 단 몇 초 만에 이합집산을 반복하다가 사라졌다. 과연 그는 자신이 수집한 정보를 종합하여 3차원 인간의 생김새를 머릿속에 그릴 수 있을까? 턱도 없는 이야기다.

이제 차원을 하나씩 높여서 지금까지 한 이야기를 똑같이 반복해보자. 어느 순간 당신이 3차원 공간을 벗어나 네 번째 차원으로 내던져졌다. 그곳에서 4차원 바람에 휘날리다가 우연히 4차원 생명체와 마주쳤다면, 과연 그는 어떤 모습으로 보일까? 어려울 것 없다. 스퀘어의 경험담에서 차원을 하나 높이면 된다. 자, 허공에서 갑자기 동그란 구가 나타나더니 크기와 색이 마구 변하면서 두 개로 분리되었다가 합쳐지고, 다시 세 개(또는 그 이상)로 분리되었다가 다시 하나로 합쳐지고… 이런 식으로 정신없이 이합집산을 반복하다가 서서히 사라진다. 당신은 4차원의 한 단면밖에 볼 수 없고, 4차원 물체의 단면은 3차원 도형이기 때문이다. 물론 3차원의 상식으로는 도저히 이해할 수 없다. 그러더니 조금 있다가 다시 두 개의 구가 나타나서 똑같은 과정을 되풀이한다. 당신은 이로부터 4차원 생명체의 형태를 짐작할 수 있겠는가? 역시 턱도 없는 이야기다[이런 변화가 일어나려면 당신과 마주친 4차원 생명체는 '당신이 인지할 수 없는 차원의 방향'으로 이동해야 한다. 만일 그 외의 방향(전후, 좌우, 상하)으로 이동한다면 당신의 눈에 4차원 생명체는 모양이 변하지 않으면서 그냥 평범하게 공간을 이동하는 것처럼 보일 것이다. 3차원에 내던져진 스퀘어의 경우도 마찬가지다_옮긴이].

당신이 4차원 생명체와 어느 정도 친해져서 저녁 파티에 초대받았다고 하자. 그곳에는 아직 본 적 없는 4차원 생명체들이 여러 명 모

여 있을 것이다. 자, 여기서 조심할 것이 있다. 한 생명체를 만나 통성
명을 하고 악수를 하려는데, 그 옆에 있는 다른 생명체의 손을 잡으면
곤란하지 않은가? 이런 상황에서 당신은 4차원 생명체 개개인을 어
떻게 구별할 수 있을까? 별 뾰족한 방법은 없다. 구의 색상 및 질감과
크기가 변하는 양상을 잘 관찰하여 판단하는 수밖에 없다. 고차원 생
명체들은 각자 다른 옷을 입고 있을 것이므로, 몇 번 실수를 하다 보
면 구가 변하는 패턴을 파악할 수 있을 것이다(2차원 생명체가 당신의
파티에 참석해도 비슷한 상황이 벌어진다). 다소 곤혹스럽긴 하지만, 그런
대로 재미있을 것 같지 않은가?

네 번째 차원에서 벌어지는 계급투쟁

네 번째 차원의 개념은 19세기 말 지식인들 사이에 널리 퍼져나갔고,
작가들도 4차원을 소재로 많은 작품을 쏟아냈다. 1891년에 출간된
오스카 와일드의 《캔터빌의 유령The Canterville Ghost》은 한 심령학회의
어설픈 행각을 묘사한 소설로서(사실은 크룩스의 심령연구소를 풍자한 것
이다) 내용은 다음과 같다. 미국인 목사 오티스가 영국 캔터빌의 오래
된 저택을 구입한다. 그러나 그 집은 오래전부터 유령이 출몰하는 흉
가였다. 유령은 침입자를 쫓아내려고 다양한 방법으로 겁을 주지만,
오티스의 가족들은 매번 기지를 발휘하여 유령의 자존심을 구겨놓는
다. 이런 식으로 우여곡절을 겪다가 결국 유령은 오티스의 딸 버지니
아의 도움으로 구원을 받게 된다는 이야기다. 와일드는 마지막 부분
에 다음과 같이 적어놓았다. "더 이상 지체할 수 없음을 깨달은 유령

은 네 번째 차원을 통해 사라졌고, 오티스 목사의 가족은 평온을 되찾았다."

허버트 조지 웰스도 네 번째 차원을 소재로 삼아 다소 진지하고 심각한 소설을 발표했다. 일반독자들은 웰스를 공상과학 작가로 알고 있지만, 사실 그는 런던의 지식층을 대표하는 문학평론가이자 날카로운 기지로 유명한 사람이었다. 1894년에 출간된 그의 소설《타임머신 The Time Machine》은 수학과 철학, 그리고 정치적 테마를 결합한 명작으로 꼽힌다. 이 책에서 웰스는 '네 번째 차원은 공간이 아닌 시간일 수도 있다'는 새로운 아이디어를 제안했다.

분명히 모든 물체는 네 개의 방향으로 크기를 갖고 있다. '길이(좌-우)'와 '폭(전-후)', '두께(상-하)', 그리고 '시간간격'이 바로 그것이다. 그러나 우리는 육체의 타고난 결함으로 인하여 이 사실을 망각한 채 살아간다. 이 세계는 3차원의 공간과 1차원의 시간으로 이루어진 4차원 공간임이 분명하지만, 우리의 의식은 태어나서 죽을 때까지 시간차원을 따라 한 방향으로 끊임없이 이동하고 있기 때문에 시간과 공간을 애써 구별하려는 경향이 있다.[3]

웰스의《타임머신》이 100년이 넘도록 독자들의 사랑을 받는 이유는 에드윈 애벗의《플랫랜드》처럼 정치와 사회전반에 대하여 날카로운 비평을 가했기 때문이다. 이 책의 주인공은 타임머신을 타고 서기

• 시간을 네 번째 차원으로 제안한 사람은 웰스가 처음이 아니었다. 프랑스의 수학자 겸 물리학자였던 장 달랑베르Jean d'Alembert는 1754년에 발표한 〈차원Dimension〉이라는 논문에서 시간을 네 번째 차원으로 간주했다.

802701년으로 갔다가 충격적인 현장을 목격한다. 19세기의 낙관론자들은 영국이 첨단과학 덕분에 최고의 번영과 안정을 누릴 것이라고 장담했는데, 주인공이 본 미래는 전혀 그렇지 않았다. 80만 년 후의 영국은 계급투쟁이 엉뚱한 방향으로 진행되어 이상한 세상이 되어 있었다. 노동자들은 오래전에 지하세계로 쫓겨나 짐승과 다름없는 몰록Morlock이 되었고, 지배층은 육체적 쾌락에 탐닉한 나머지 덩치가 작고 근력이 약하여 아무짝에도 쓸모없는 엘로이Eloi로 퇴화했다.

점진적 사회주의자로 유명했던 웰스는 네 번째 차원을 이용하여 계급투쟁의 궁극적 모순을 폭로했다. 부유층과 서민층이 맺은 사회적 계약은 엉망이 되었고, 몰록은 아무짝에도 쓸모없는 엘로이를 먹이고 입히기 위해 하루 종일 중노동에 시달렸다. 이런 부조리한 시스템이 오래 지속되다가, 드디어 몰록이 반란을 일으켜 엘로이를 잡아먹기 시작한다. 카를 마르크스는 노동계층이 자신의 몸에 드리운 사슬을 끊는다고 예견했지만, 웰스의 소설에서는 노동계층이 사슬을 끊는 정도가 아니라 아예 부유층을 식량으로 간주하는 지경에 이르는 것이다.

웰스의 또 다른 단편소설 〈플래트너 이야기The Plattner Story〉에서는 '방향성의 역설'이 도마 위에 올랐다. 과학교사 고트프리드 플래트너가 어느 날 화학실험을 하던 중 폭발사고가 일어나 다른 우주로 내던져졌다. 우여곡절 끝에 자신이 살던 세계로 다시 돌아오긴 했는데, 몸이 희한하게 변해 있었다. 왼쪽에 있던 심장이 오른쪽으로 이동했고, 오른손잡이였던 그가 왼손잡이로 변한 것이다. 무언가 잘못되었음을 느끼고 병원에 가서 검사를 받아보니, 심장뿐만 아니라 몸 전체의 좌우가 뒤바뀌어 있었다. 3차원 세계에서는 절대로 있을 수 없는 일이다. "플래트너의 몸이 마치 거울에 비친 상처럼 좌우가 바뀌었다는 것은 그가 네 번째 차원으로 진입했다가 다시 돌아왔다는 증거일 수도 있다." 그러나 플래트너가 사후 부검을 거부하는 바람에 진위 여부는 영원히 알 수 없게 된다.

오른손잡이가 왼손잡이로 변하거나 오른나사가 왼나사로 둔갑하는 등, 왼쪽 방향성을 가진 물체가 오른쪽 방향성을 가진 물체로 변하는 과정은 두 가지 방법으로 시각화할 수 있다. 물론 웰스도 이 사실을 잘 알고 있었다. 첫 번째 방법은 그림 2.7처럼 사람이나 물체를 네 번째 차원으로 들어올려서 180° 돌린 후 다시 원래 자리에 갖다놓는 것이다. 이렇게 하면 물체(또는 사람)의 좌우는 통째로 바뀌게 된다. 두 번째 방법은 종이로 만든 기다란 띠를 한번 꼬아서(180° 돌려서) 양 끝을 연결한 '뫼비우스 띠Möbius strip'를 이용하는 것이다. 평면 생명체가 뫼비우스 띠 위에서 산책을 하다가 출발점으로 되돌아오면 신체의 좌우가 통째로 바뀐다(그림 3.2). 뫼비우스 띠는 그 외에도 여러 가지 신기한 특성을 갖고 있어서, 지난 100년 동안 과학자들의 관심을 한몸에 받아왔다. 예를 들어 뫼비우스 띠의 표면을 따라 걷다 보면 모든 곳에 발자국이 남는다. 즉, 뫼비우스 띠의 표면은 하나뿐이다(꼬인 곳이 없는 평범한 종이 띠는 두 개의 면-바깥쪽 면과 안쪽 면을 갖고 있다). 또한 띠의 방향(방금 전에 산책한 방향)을 따라 뫼비우스 띠에 칼질을 하여 두 개의 띠로 분리해도 이들은 여전히 뫼비우스 띠이다.

뫼비우스 띠에 매료된 수학자들은 다음과 같은 오행시를 남겼다.

한 수학자가 고백했지,
뫼비우스 띠는 면이 하나뿐이라고.
당신은 배꼽을 잡고 웃겠지만

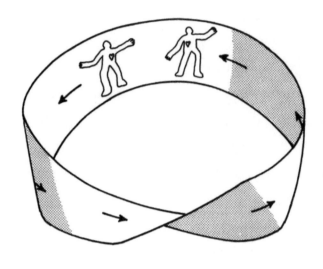

그림 3.2 〉〉〉 뫼비우스 띠는 면이 하나밖에 없다. 즉, 바깥쪽 면과 안쪽 면이 하나로 연결되어 있다. 이 곳에 사는 평면인간이 띠를 따라 걷다가 제자리로 돌아오면 신체의 좌우가 뒤바뀐다.

띠를 반으로 잘라보라구.

그래도 여전히 한 몸으로 남아 있을 거야.

웰스는 그의 대표작《투명인간The Invisible Man》에서 '4차원과 관련된 기하학적 공식을 이용하여' 사람을 투명인간으로 만드는 기발한 아이디어를 제안했다. 2차원 생명체가 평면을 이탈하면 동족의 눈에 보이지 않는 것처럼, 사람도 네 번째 차원으로 점프하면 다른 사람들의 시야에서 사라진다는 원리이다.

웰스의 또 다른 소설《데이비슨의 눈에 일어난 진기한 사건The

Remarkable Case of Davidson's Eyes》은 공간이 특이하게 꼬여서 먼 거리에서 일어나는 사건을 볼 수 있게 된다는 이야기다. 어느 날, 영국에 사는 주인공 데이비슨의 눈앞에 중국 남해의 풍경이 선명하게 펼쳐진다. 공간이 이상하게 꼬이는 바람에 그곳에서 반사된 빛이 초공간을 통해 그의 눈으로 들어온 것이다. 이로써 웰스는 리만의 웜홀을 소설에 도입한 최초의 작가가 되었다.

웰스의 《기이한 방문The Wonderful Visit》은 한 천사가 우연히 영국의 시골마을에 떨어져서 온갖 우여곡절을 겪는다는 이야기로, 책 전반에 걸쳐 천국이 평행우주나 다른 차원에 존재할 수도 있음을 시사하고 있다.

웰스의 소설이 폭발적인 인기를 끌면서 문학에 새로운 장르가 탄생했다. 루이스 캐럴의 친구였던 조지 맥도널드George MacDonald는 천국이 네 번째 차원에 존재할 가능성을 신중하게 검토한 후 1895년에 판타지소설 《릴리스Lilith》를 발표했는데, 이 책의 주인공은 거울을 이용하여 우리 우주와 다른 우주를 연결하는 창문을 만드는 데 성공한다. 또한 1901년에 조지프 콘래드Joseph Conrad와 포드 매독스 포드Ford Madox Ford가 공동집필한 《상속자The Inheritors》는 네 번째 차원에 살던 초인들이 미개한 3차원으로 진출하여 세계를 정복한다는 이야기다.

예술에 등장한 네 번째 차원

1890~1910년은 그야말로 '네 번째 차원의 전성기'였다. 가우스와 리만이 창안한 새로운 기하학은 바로 이 시기에 문학과 전위예술, 미술,

철학 등 다양한 분야에 전파되어 일반대중의 사고방식에 지대한 영향을 미쳤고, '모든 종교의 통일'이라는 원대한 목표를 추구했던 신지학(神智學, Theosophy)은 고차원 공간의 개념을 적극적으로 수용하여 교리에 반영할 정도였다.

과학자들은 리만의 기하학이 주간지의 가십거리로 전락했다며 한숨을 쉬었지만 대중화의 이면에는 좋은 점도 있었다. 네 번째 차원은 수학과 일반대중 사이의 거리를 좁혀주었을 뿐만 아니라, 각 분야들이 서로 소통하면서 새로운 문화를 창달하는 중요한 계기가 되었다.

예술사학자 린다 달림플 헨더슨은 그녀의 저서인 《현대예술에 적용된 네 번째 차원과 비유클리드기하학The Fourth Dimension and Non-Euclidean Geometry in Modern Art》에 다음과 같이 적어놓았다. "네 번째 차원은 미술의 입체파와 표현주의 사조에 결정적 영향을 미쳤다. 특히 새로운 기하학에 기초하여 새로운 미술이론을 구축한 사람들은 주로 입체파 화가들이었다."[4] 자본주의의 독단과 물질만능적 사고방식을 병적으로 싫어했던 전위예술가들에게 네 번째 차원은 자본주의에 대한 저항의 상징이었고, 기존의 원근법에 대한 예술적 반항이기도 했다. 예를 들어 입체파 예술가들은 "과학의 맹신자들이 창작과정을 비인간화하고 있다"며 그들을 맹렬하게 비난했다.

전위예술가들은 네 번째 차원을 중요한 표현수단으로 받아들였다. 현대과학을 한계까지 밀어붙인 네 번째 차원은 과학 자체보다 더욱 과학적이면서 신비로운 면도 함께 갖고 있었다. 또한 네 번째 차원은 모든 것을 다 아는 양 거드름을 피우는 실증론자들의 코를 납작하게 만들었다.

중세 종교미술은 원근법을 의도적으로 무시했다. 당시의 작품에는 농노와 농부, 그리고 왕이 납작한 평면으로 묘사되어 있어서, 언뜻 보면 아이들이 그린 그림을 연상케 한다. 이것은 '신은 전능한 존재이며 모든 피조물을 동등하게 취급한다'는 중세교회의 관점이 반영된 결과이다. 그래서 중세교회의 벽화들은 대부분 2차원 평면을 벗어나지 못했다. 11세기에 만들어진 바이외 태피스트리Bayeux Tapestry에는 서기 1066년 4월에 영국 왕 해럴드 2세의 병사들이 하늘을 가로지르는 혜성을 보고 '전쟁에서 질 불길한 징조'라며 겁에 질린 채 손가락으로 혜성을 가리키는 모습이 묘사되어 있다(그로부터 600년 후, 이 혜성은

그림 3.3 ⟩⟩⟩ 바이외 태피스트리에는 영국 군사들이 하늘에 나타난 혜성을 보고 겁에 질린 모습이 묘사되어 있다(이 혜성은 훗날 핼리혜성으로 명명되었다). 중세에 만들어진 대부분의 작품이 그렇듯 이 그림도 다분히 평면적이다. 이 시대에는 '신은 전능한 존재이며 모든 피조물을 동등하게 취급한다'는 믿음이 세상을 지배하고 있었기에, 그림 속 등장인물은 마치 벽에 드리운 그림자처럼 납작하게 묘사되었다.

'헬리혜성'으로 명명되었다). 그 후 영국군은 헤이스팅스에서 정복자 윌리엄William the Conqueror의 군대에게 대패했고, 해럴드 2세는 적군의 화살에 맞아 전사했다. 그런데 바이외 태피스트리에는 해럴드의 군사들이 마치 유리판에 눌린 것처럼 납작하게 묘사되어 있다. 원근법을 몰라서가 아니라, 당시 유행했던 평면기법을 충실하게 따른 것이다.

이 모든 전통은 르네상스를 맞이하면서 획기적인 변화를 겪게 된다. '인간성의 해방과 인간의 재발견, 그리고 합리적 사고'로 대변되는 문예부흥은 미술에도 예외 없이 적용되어, 3차원 입체기법으로 제작된 인물화와 풍경화가 유행하기 시작했다. 특히 레오나르도 다빈치가 남긴 스케치를 보면 모든 선들이 3차원 원근법에 입각하여 수평선 위의 한 점으로 모이는 것을 확인할 수 있다. 르네상스 시대의 예술품에는 신이 아닌 관측자의 관점에서 바라본 세계가 뚜렷하게 반영되어 있고, 미켈란젤로의 프레스코 벽화와 다빈치의 스케치북은 2차원에서 벗어나려는 인간의 의지를 대변한다. 간단히 말해서 르네상스 예술의 키워드는 '3차원의 재발견'이었다(그림 3.4).

그 후 기계문명과 자본주의가 태동하면서 예술계는 산업을 주도하는 물질주의와 또 다시 대립각을 세웠다. 입체파 화가들에게 실증주의란 인간을 실험실에 가둔 채 상상력을 억압하는 방해물에 불과했다. 미술작품이 왜 현실에 부합되어야 하는가? 그들은 사실적인 원근법을 거부하고 네 번째 차원을 받아들였다. 3차원 객체를 모든 각도에서 바라볼 수 있는 4차원을 화폭에 구현한 것이다.

피카소의 그림이 대표적 사례이다. 그는 원근법을 완전히 무시하고 여러 각도에서 보이는 모습을 동시에 표현했다. 그의 인물화에는 여인의 앞모습과 옆모습이 동시에 그려져 있어서, 관객들로 하여금 4차

그림 3.4 〉〉〉 르네상스 시대의 화가들은 오랜 세월 잊고 있었던 세 번째 차원을 재발견했다. 입체감이 전혀 없었던 평면적 그림에는 원근법이 도입되었고, 모든 작품은 신이 아닌 인간의 관점에서 묘사되었다. 레오나르도 다빈치의 벽화 〈최후의 만찬The Last Supper〉에서도 천장과 바닥의 직선들은 수평선 위의 한 점으로 수렴한다.

원 공간에서 인물을 바라보는 듯한 착각을 일으키게 한다(그림 3.5).

피카소와 관련된 재미있는 일화가 있다. 언젠가 그가 기차여행을 할 때 같은 칸에 탄 사람이 그를 알아보고 단도직입적으로 물었다.

여행객: 당신은 왜 사물을 있는 그대로 그리지 않는 겁니까? 대체 왜 그렇게 삐딱하게 그리는 거요?

피카소: 혹시 가족사진이 있으면 잠깐 보여주시겠습니까?

여행객: (사진을 건네며) 저희 가족을 그려주시게요?

피카소: (사진을 한동안 들여다본 후) 당신 부인은 정말로 이렇게 작고 납작하

그림 3.5 〉〉〉 네 번째 차원에 깊은 영향을 받은 입체파 화가들은 모든 방향에서 바라본 모습을 하나의
화폭에 구현했다. 그래서 이들이 그린 인물화에는 앞모습과 옆모습이 동시에 표현되어 있다. 피카소의
작품 〈도라 마르의 초상Portrait of Dora Maar〉이 대표적이다.

게 생겼습니까?

피카소에게 그림의 '현실성'이란 관찰자의 관점에 따라 얼마든지 달라질 수 있는 개념이었다.

피카소는 네 번째 차원을 또 하나의 공간으로 생각했지만, 추상화가 중에는 시간을 네 번째 차원으로 간주한 사람도 있다. 마르셀 뒤샹Marcel Duchamp의 〈계단을 내려오는 여인Nude Descending a Staircase〉에는 계단을 걸어 내려오는 여인의 모습이 마치 동영상 필름을 시간에 따라 포개놓은 것처럼 연속동작으로 표현되어 있다. 네 번째 차원이 시간이라면, 그곳에 사는 사람에게는 3차원에서 움직이는 물체가 이런 식으로 보일 것이다.

1937년에 미술평론가 메이어 샤피로Meyer Shapiro는 새로운 기하학이 예술계에 미친 영향을 다음과 같이 요약했다. "비유클리드기하학으로부터 수학이 실재와 무관하다는 새로운 관점이 탄생한 것처럼, 추상화가들은 모방으로 점철된 고전예술의 뿌리를 잘라버렸다." 또한 예술사학자 린다 달림플 헨더슨은 "네 번째 차원과 비유클리드기하학은 현대예술과 이론을 통합하는 중요한 테마로 부각되었다"고 평가했다.[5]

볼셰비키와 네 번째 차원

네 번째 차원은 러시아의 지식인들에게 4차원의 신비를 처음으로 소개했던 신비주의 작가 오스펜스키P. D. Ouspensky에 의해 차르 시대의 러시아에 전파되었으며, 러시아의 문호 표도르 도스토예프스키도 오스펜스키에게 깊은 영향을 받았다. 그의 대표작 《카라마조프의 형제들》에는 주인공 이반 카라마조프가 신을 논하면서 고차원 공간과 비유클리드기하학을 언급하는 장면이 등장한다.

이 무렵 러시아는 격랑의 시대였다. 이때 일어난 일련의 사건들 때문에 네 번째 차원은 러시아의 볼셰비키 혁명에서 기묘한 역할을 했고, 블라디미르 레닌이 네 번째 차원에 대한 논쟁에 뛰어들어 향후 70년 동안 소비에트연방의 과학에 지대한 영향을 미치게 된다.[6] (현재-1990년대 후반 러시아의 이론물리학자들은 10차원이론에서 핵심적 역할을 하고 있다.)

1905년의 러시아혁명이 차르 왕정에 의해 무자비하게 진압된 후, 볼셰비키당 내부에 '오트조비스트Otzovist' 또는 '신의 건축가God-builders'라 불리는 파벌이 형성되었다. 이들은 "농민층은 사회주의에 아무런 준비도 되어 있지 않기 때문에, 그들을 교화하려면 종교와 심령술을 적절히 이용해야 한다"고 주장했고, 이를 뒷받침하기 위해 에른스트 마흐Ernst Mach의 논문을 적극적으로 인용했다(마흐는 네 번째 차원과 그 무렵에 발견된 방사능에 대하여 수많은 저술을 남긴 독일의 물리학자 겸 철학자이다). 또한 오트조비스트들은 "1896년에 앙리 베크렐Henri Becquerel이 방사능을 발견하고 마리 퀴리Marie Curie가 라듐을 발견한 후로 프랑스와 독일 문학계에 뜨거운 철학적 논쟁이 야기되었다"며 방사능의 신비함과 광범위한 영향력을 특별히 강조했다. 영원하다고 믿었던 물질은 서서히 붕괴될 수 있고, 한 번 소모되면 영원히 사라진다고 믿었던 에너지는 (복사의 형태로) 다시 나타날 수 있었다.

과학자들은 다양한 방사능실험을 실행하여 연일 새로운 결과를 쏟아냈고, 그 와중에 뉴턴의 고전역학은 사상초유의 위기에 봉착했다. 고대 그리스 시대부터 영원불변으로 믿어왔던 물질이 눈앞에서 붕괴되고 있으니, 어느 누구도 반론을 제기할 수 없는 상황이었다. 우라늄과 라듐은 실험실에서 붕괴되면서 기존의 믿음을 뿌리 채 흔들었고, 당황한 일부 사람들은 에른스트 마흐를 선지자로 떠받들며 난처한 상황에서 하루 속히 헤어나기를 기원했다. 그러나 물질주의를 싫어했던 마흐는 "시간과 공간은 감각의 산물일 뿐이다. 내가 한 말을 인용하여 유령이야기를 퍼뜨리는 사람은 없기를 바란다"고 했다.[7]

결국 오트조비스트들은 볼셰비키당에 내분을 일으켰고, 당을 이끌던 레닌은 매우 당혹스러웠다. 유령과 악마가 사회주의와 무슨 상관이란 말인가? 그는 제네바에 망명 중이던 1908년에 신비주의와 형이상학의 맹공으로부터 변증법적 유물론을 보호하기 위해 그의 대표적철학서인《유물론과 경험비판론Materialism and Empirio-Criticism》을 발표했다. 레닌에게 물질과 에너지가 신비하게 사라지는 현상은 영혼이 존재한다는 증거가 아니라, 물질과 에너지를 모두 포함하는 신변증법의 신호탄이었다. 그는 물질과 에너지가 뉴턴의 생각대로 개별적인 존재가 아니라, 변증법적 통합을 떠받치는 두 개의 기둥이라고 주장했다. 그렇다면 우리에게는 새로운 보존법칙이 필요하다(당시 레닌은 모르고 있었지만, 아인슈타인의 특수상대성이론이 이미 3년 전인 1905년에 발표된 상태였다). 또한 레닌은 네 번째 차원을 쉽게 수용한 에른스트 마흐에 대해서도 의문을 제기했다. 처음에 레닌은 마흐가 "N차원 공간과 인식가능한 공간에 대하여 중요한 질문을 제기했다"며 추켜세운 후, "오직 3차원 공간만이 실험적으로 검증 가능하다는 사실을 제대로 강조하지 않았다"며 평가절하했다. 그 뒤로 레닌의 글은 다음과 같이 힘

있는 주장으로 마무리된다. "수학은 네 번째 차원을 비롯하여 존재 가능한 세계를 얼마든지 탐구할 수 있지만, 차르는 오직 3차원에서만 전복될 수 있다!"[8]

레닌은 '네 번째 차원'과 '복사이론'이라는 전쟁터에서 오트조비스트를 뿌리뽑기 위해 몇 년 동안 사투를 벌였다. 결국 그는 1917년에 목적을 달성하고 그해 10월에 역사적 혁명을 성공적으로 이끌어 러시아에 공산정권을 수립했다.

중혼자와 네 번째 차원

네 번째 차원의 개념을 미국에 전파한 사람은 영국의 수학자 찰스 하워드 힌턴Charles Howard Hinton이었다. 아인슈타인이 스위스 특허청 사무실에서 특수상대성이론을 구축하는 동안, 힌턴은 워싱턴 D.C.에 있는 미국 특허국에서 일하고 있었다. 두 사람은 한 번도 만난 적이 없지만, 인생행로는 몇 가지 면에서 매우 비슷하다.

힌턴은 네 번째 차원을 시각화하여 널리 퍼뜨리는 데 삶의 대부분을 바친 사람이다. 그의 이름은 과학사에 '네 번째 차원을 본 사람'으로 기록되어 있다.

힌턴은 영국의 저명한 이비인후과 의사인 제임스 힌턴James Hinton의 아들로 태어났다. 자유종파의 열렬한 신도였던 부친은 날이 갈수록 자유연애와 일부다처제를 주장하는 종교철학자로 변해가다가, 결국 영향력 있는 종교단체의 지도자가 되었다. 그가 남긴 어록 중에는 이런 내용도 있다. "예수는 남자들의 구세주였지만, 나는 여자들의 구세

주이다. 그래서 나는 그가 하나도 안 부럽다!"⁹

그러나 제임스 힌턴의 아들 찰스는 고상하고 따분한 수학자가
될 운명이었다. 그는 어릴 때부터 '일부다처제polygamy'보다 '다각형
polygon'을 훨씬 좋아했다! 1877년에 옥스퍼드대학교를 졸업한 찰스
힌턴은 어핑험Uppingham 학교의 교사직과 박사과정 공부를 병행했다.
그는 전문적인 수학자의 입장에서 네 번째 차원을 시각화하기 위해
다양한 방법을 시도하다가 결국 '불가능하다'는 쪽으로 결론을 내렸
지만, 4차원 물체의 단면을 시각화하는 것은 가능하다고 생각했다.

힌턴은 자신이 생각해온 개념을 정리하여 〈더블린대학교 매거진
Dublin University Magazine〉과 〈첼트넘 여대 매거진Cheltenham Ladies' College
Magazine〉에 기고했으며, 이 글은 1884년에 《유령의 정체Ghost Explained》
라는 흥미로운 제목을 달고 단행본으로 출판되었다.

여기까지는 아무런 문제가 없었다. 그러나 1885년에 중혼죄로 체
포되어 재판을 받으면서 힌턴의 삶은 꼬이기 시작한다. 그는 부친
이 이끄는 종교단체 회원의 딸이자 위대한 수학자 조지 불(George
Boole, 불대수Boolean algebra의 창시자)의 미망인인 메리 에버레스트 불
Mary Everest Boole의 남편이면서, 모드 웰던Maude Weldon이라는 여인이 낳
은 쌍둥이의 아버지였다.

어핑험의 교장은 힌턴이 두 여인과 함께 사는 모습을 보고 모드가
힌턴의 여동생이라고 생각했다. 그러나 얼마 후 힌턴은 위험을 무릅
쓰고 모드와 결혼식을 올렸고, 이 사실을 알게 된 교장은 곧바로 그를
해임했다. 게다가 중혼자로 고발되어 법정에 서게 되었으니, 두 번째
혼인은 결코 현명한 선택이 아니었다. 힌턴에게 내려진 판결은 고작
'징역 3일'이었지만, 아내 메리 힌턴이 "전과자 신분으로 살 수는 없

다"며 고집을 피우는 바람에 결국 이들은 영국을 떠나 미국에 자리를 잡게 된다.

다행히 힌턴은 프린스턴대학교의 수학과 강사로 채용되었다. 그런데 처음에는 학생들에게 수학을 가르치면서 야구연습용 자동투구장치를 발명하느라 네 번째 차원에 대한 관심이 잠시 누그러들었다. 그의 투구장치는 야구공을 시속 100km로 던질 수 있었으며, 프린스턴 야구팀은 이 장치의 덕을 톡톡히 보았다(그 후 힌턴의 투구장치는 몇 차례 보완과정을 거쳐 현재 전 세계 야구팀에서 사용되고 있다).

결국 힌턴은 프린스턴에서도 쫓겨났지만, 네 번째 차원의 열렬한 지지자였던 미국 해군성 천문대 소장의 추천을 받아 1902년에 워싱턴 D.C.에 있는 특허국에 취직할 수 있었다.

힌턴 입방체

그때부터 힌턴은 한 가지 문제에 집중했다. 어떻게 하면 4차원 물체를 시각화할 수 있을까? 그는 전문 수학자들뿐만 아니라 일반대중에게 어떻게든 네 번째 차원을 보여주고 싶었고, 이 문제로 몇 년을 고민하던 끝에 특별한 입방체cube를 떠올렸다. 이 도형에서 출발하여 상상력을 충분히 발휘하면 4차원 입방체에 해당하는 초입방체hypercube를 머릿속에 그릴 수 있다. 훗날 이 도형은 '힌턴 입방체Hinton's cubes'로 불리게 된다(힌턴이 제안한 공식명칭은 4차원 정육면체의 3차원 전개도를 의미하는 '테서랙트tesseract'였다).

힌턴 입방체는 여성잡지를 통해 널리 소개되었고, 얼마 지나지 않아 교령회(交靈會, 영혼과의 교류를 시도하는 모임_옮긴이)의 중요한 소품으로 떠올랐다. 세간에는 "힌턴 입방체를 머릿속에 그리면서 깊은 명상에 잠기면 네 번째 차원에 사는 유령과 죽은 사람들의 영혼을 잠시나마 볼 수 있다"는 소문까지 나돌았다. 힌턴의 추종자들은 초입방체를 구성하는 정육면체들을 재조립하여 본래의 4차원 형상을 떠올릴 수 있게 되면 열반의 경지에 도달한다는 믿음하에 초입방체 그림을 눈앞에 걸어놓고 몇 시간 동안 명상에 잠기곤 했다.

이들의 기행을 이해하기 위해, 3차원 입방체(정육면체)를 예로 들어보자. 평면세계에 사는 2차원 생명체는 3차원 입체도형을 머릿속에 그릴 수 없으므로, 그들에게 정육면체를 이해시키려면 평면전개도를 그리는 것이 최선이다. 그러나 전개도를 보여줘도 평면생명체는 조립 후의 형태를 상상할 수 없다. 그들은 십자가 모양의 전개도를 그저 바라볼 수만 있을 뿐, 정사각형이 만나는 부분을 접을 수가 없기 때문이다. 그러나 3차원 공간에 사는 우리들은 전개도를 쉽게 접어서 정육면체로 만들 수 있다. 만일 이 광경을 평면생명체가 바라본다면 "십자가 모양으로 붙어 있던 6개의 정육면체가 하나씩 사라지더니 결국 하나만 남았다"며 신기해할 것이다(그림 3.6 참조).

이와 마찬가지로 우리는 4차원 초입방체를 머릿속에 그릴 수 없지만, 3차원 입방체로 이루어진 전개도를 시각화할 수는 있다. 이것이 바로 위에서 말한 '테서랙트'이다. 물론 이것을 재조립하여 초입방체를 만드는 과정은 우리의 상상을 벗어나 있다. 정육면체의 전개도로부터 정육면체를 만들려면 평면에 존재하지 않는 세 번째 방향으로 접어야 하듯이, 테서랙트를 접으려면 네 번째 차원의 방향으로 접어야 하기 때문이다. 그러나 고차원 생명체는 입방체를 쉽게 접어서 초

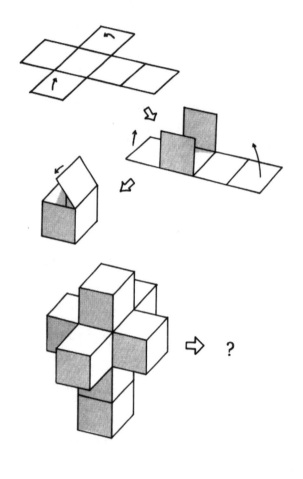

그림 3.6 》》2차원 평면에 사는 생명체는 3차원 정육면체를 시각화할 수 없지만, 전개도를 이용하여 개념적 이해를 시도해볼 수는 있다. 그들에게 정육면체의 전개도는 6개의 정사각형으로 이루어진 십자가처럼 보일 것이다. 이와 마찬가지로 3차원 공간에 사는 우리는 4차원 초입방체를 머릿속에 그릴 수 없지만, 정육면체 전개도의 3차원 버전인 테서렉트를 통하여 간접적인 이해를 도모할 수는 있다. 우리는 테서렉트를 접어서 초입방체를 만들 수 없지만, 4차원에 사는 생명체에게는 일도 아닐 것이다.

입방체를 만들 수 있을 것이다(이 과정을 우리가 바라본다면 3차원 공간에서 정육면체가 하나씩 사라지다가 결국 하나만 남을 것이다). 스페인의 초현실주의 화가 살바도르 달리Salvador Dali는 힌턴의 아이디어를 차용하여 그 유명한 〈십자가에 못 박힌 예수Christus Hypercubus〉를 완성했다(그림 3.7). 이 그림에서 예수는 우리에게 익숙한 십자가가 아닌 테서렉트(초입방체의 전개도)에 못 박혀 있다(이 작품은 뉴욕 메트로폴리탄 미술박물관에 전시되어 있다).

힌턴은 고차원 물체를 시각화하는 또 하나의 방법으로 '낮은 차원에 투영된 그림자'를 제안했다. 예를 들어 평면생명체는 평면에 드리워진 정육면체의 그림자를 통해 원래 모습을 추정할 수 있다. 그들에게 정육면체의 그림자는 큰 직사각형 안에 작은 직사각형이 연결되어 있는 것처럼 보인다(물론 각도에 따라 다르게 보일 수도 있다). 그러므로 3차원 공간에 투영된 초입방체의 그림자는 '정육면체 안에 들어있는 정육면체'처럼 보일 것이다(그림 3.8 참조. 여기서 말하는 '그림자'란 빛을 비췄을 때 드리우는 검은 그림자가 아니라, 모서리와 꼭지점에 관한 정보가 살아 있는 가상의 그림자를 의미한다_옮긴이).

힌턴은 전개도와 그림자 외에 네 번째 차원을 개념적으로 이해하는 세 번째 방법을 제안했다. 바로 '단면cross section'을 이용하는 것이다. 에드윈 애벗의 《플랫랜드》에서 세 번째 차원으로 내던져진 스퀘어는 3차원 물체의 단면만 볼 수 있으므로, 갑자기 원이 나타나 색이 변하면서 점점 커지다가 다시 작아지면서 사라지기를 반복한다(원이 아니라 다른 도형일 수도 있다). 만일 스퀘어가 나무에 달린 사과와 마주친다면, 처음에는 붉은 원(테두리만 붉고 내부는 누르스름하다)이 갑자기 나타나서 점점 커지다가 작아지고, 잠시 후 작은 갈색 원(사과나무 줄기)

그림 3.7 〉〉〉 스페인의 화가 살바도르 달리는 그의 작품 〈십자가에 못 박힌 예수〉에서 십자가 대신 테 서렉트에 못 박힌 예수를 초현실적으로 표현했다.

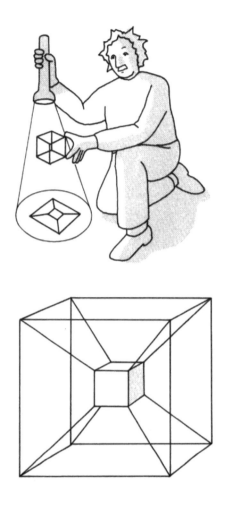

그림 3.8 〉〉〉 평면생명체는 자신의 세계에 드리워진 그림자를 분석함으로써 고차원 물체의 형태를 시각화할 수 있다. 예를 들어 정육면체의 그림자는 큰 정사각형 안에 작은 정사각형이 연결되어 있는 형태이다. 그러나 (아인슈타인이) 정육면체를 회전시키면 평면생명체는 그림자가 변하는 이유를 도저히 이해하지 못할 것이다. 이와 마찬가지로 3차원 공간에 투영된 초입방체의 그림자는 큰 정육면체 안에 작은 정육면체가 연결된 형태일 것이다. 그리고 초입방체가 4차원 공간에서 회전한다면, 우리는 3차원 그림자가 변하는 이유를 도저히 짐작할 수 없을 것이다.

이 되었다가 사라질 것이다. 마찬가지로 우리가 네 번째 차원으로 진입한다면 이상한 도형이 갑자기 나타나서 크기와 색, 모양이 정신없이 변하다가 사라질 것이다.

힌턴은 전개도와 그림자, 단면을 이용하여 고차원물체를 시각화함으로써, 보이지 않고 만질 수도 없는 네 번째 차원을 대중문화의 일부로 정착시켰다. 요즘에도 수학자와 물리학자들은 고차원 물체를 연구할 때 힌턴의 방법을 사용한다. 따라서 현대의 초공간이론은 어느 정도 힌턴의 덕을 보고 있는 셈이다.

4차원 응모전

힌턴은 자신의 저서에 사람들이 제기할 수 있는 모든 질문을 나열하고, 각 질문마다 나름대로 답을 제시해놓았다. 예를 들어 '상-하', 또는 '좌-우'에 해당하는 네 번째 차원의 용어는 '애너-카타(ana-kata)'이다. 그는 '네 번째 차원은 어디에 있는가?'라는 질문에도 답을 준비해놓았다.

사방이 막힌 공간에서 은은하게 피어오르는 담배연기를 상상해보자. 열역학법칙에 의하면 연기의 구성 원자들은 방 안의 모든 곳으로 골고루 퍼져나가기 때문에, 시간이 충분히 흐르면 방은 연기로 가득차게 된다. 다시 말해서, 연기가 닿지 않는 곳이 하나도 없다. 이것은 이론뿐만 아니라 다양한 실험을 통해 입증된 사실이다. 그러므로 네 번째 공간차원은 연기입자보다 작아야 한다. 즉, 네 번째 차원이 존재하려면 그 규모가 원자 하나보다 작아야 한다는 뜻이다. 힌턴은 '3차원우주에 속한 모든 물체들은 네 번째 차원도 점유하고 있지만, 네 번째 차원의 규모가 너무 작아서 실험으로는 관측되지 않는다'고 생각했다(앞으로 알게 되겠지만, 요즘 물리학자들도 고차원에 대하여 힌턴과 같은 생각을 갖고 있다. 즉, 고차원 공간은 규모가 너무 작아서 실험으로 관측되지 않는다는 것이다. 또한 힌턴은 '빛의 정체는 무엇인가?'라는 질문에도 나름대로 해답을 갖고 있었다. 수학자였던 그는 리만의 논리에 따라 '빛이란 보이지 않는 네 번째 차원이 진동하면서 나타난 결과'라고 믿었는데, 이것도 요즘 이론물리학자들의 관점과 일치한다).

힌턴은 미국에서 어느 누구의 도움도 받지 않고 오직 혼자 힘으로 네 번째 차원에 대한 대중들의 관심을 폭발적으로 끌어올렸다. 〈하퍼스 위클리Harper's Weekly〉 〈맥클루어스McClure's〉 〈커런트 리터러처 Current Literature〉 〈파퓰러 사이언스 먼슬리Popular Science Monthly〉 〈사이언스Science〉 등 유력 대중잡지들은 4차원에 대해 연일 수많은 기사를 쏟아냈고, 지식인들의 사교모임에서 네 번째 차원은 단연 최고의 화젯거리였다. 그러나 뭐니뭐니해도 힌턴의 이름을 가장 널리 알린 사건은 1909년에 〈사이언티픽 아메리칸Scientific American〉에서 개최한 경연대회였다. 이 잡지사에서 '네 번째 차원을 가장 쉽게 설명하는 사람에게 상금 500달러를 수여하겠다'며 전 세계를 대상으로 원고를 모집한 것이다(당시 500달러면 엄청나게 큰돈이었다!). 잡지사의 편집자들은 미국뿐만 아니라 터키, 오스트리아, 네덜란드, 인도, 호주, 프랑스, 독일 등 전 세계에서 날아온 산더미 같은 원고를 심사하며 즐거운 비명을 질렀다.

응모전의 목적은 네 번째 차원을 일반독자들이 이해할 수 있는 수준에서 2,500단어 이내의 문장으로 설명하는 것이었다. 접수된 원고

중에는 "췰너와 슬레이드 같은 사람들이 4차원과 심령현상을 혼동하는 바람에 네 번째 차원의 의미가 크게 왜곡되었다"며 한탄하는 내용도 있었지만, 많은 사람들은 "네 번째 차원을 알리는 데 힌턴이 큰 공헌을 했다"며 힌턴의 업적을 칭찬했다(그런데 아인슈타인의 업적을 언급한 글은 단 하나도 없었다. 아인슈타인이 특수상대성이론을 발표한 해가 1905년이니, 그가 시공간의 비밀을 풀었다는 사실이 일반대중에게 알려지기에는 시기가 너무 빨랐던 것 같다. 응모작 중에서 시간을 네 번째 차원으로 간주한 사례는 단 한 건도 없었다).

걸치레는 요란했지만 실험적 증거가 없었으므로, 응모전은 결국 고차원의 존재 여부를 확인하지 못한 채 싱겁게 끝나고 말았다. 그러나 이 일을 계기로 '4차원 물체는 어떤 모습인가?'라는 질문이 뜨거운 쟁점으로 떠오르게 된다.

네 번째 차원에서 온 괴물

고차원에서 온 생명체는 우리에게 어떤 모습으로 보일까?

굳이 과학자에게 물어볼 필요는 없다. 이 질문을 가장 많이 떠올려본 사람은 아마도 공상과학 작가일 것이다. 그래서 지금부터 넬슨 본드Nelson Bond의 SF소설 속으로 들어가 고차원 생명체를 직접 만나보기로 한다.

본드의 소설 《미지의 세계에서 온 괴물The Monster from Nowhere》에는 남아메리카 정글에서 한 탐험가와 마주친 고차원 괴물의 모습이 생생하게 표현되어 있다.

우리의 주인공은 탐험가이자 미식가이며 돈 되는 일이라면 어디든지 갈 준비가 되어 있는 무적의 용병, 부치 패터슨Butch Patterson이다. 어느 날 그는 페루의 고산지대에서 야생동물을 포획해 온다는 야심 찬 계획을 세우고 동물원을 찾아가 지원을 요청한다. 그의 제안에 귀가 솔깃해진 동물원 관계자들은 어떤 짐승이건 잡아오기만 하면 모든 경비를 지불하겠다고 약속했다. 그리하여 패터슨을 필두로 한 탐험대는 요란한 배웅을 받으며 미지의 땅을 향한 장도에 올랐는데… 몇 주 후 외부세계와 연락이 두절된 채 대원 모두가 흔적도 없이 사라진다. 동물원 측은 몇 달 동안 연락을 시도하다가 결국 전원이 사망한 것으로 결론짓고 사건을 마무리했다.

그로부터 2년이 지난 어느 날, 죽은 줄로만 알았던 부치 패터슨이 살아서 돌아왔다. 그는 은밀한 곳으로 기자들을 불러내어 자신이 겪었던 놀랍고도 끔찍한 경험담을 털어놓았는데, 내용은 대충 다음과 같았다. 본토와 연락이 두절되기 직전에 페루의 마라탄 고원에서 공처럼 생긴 구형 물체가 갑자기 나타났다. 그 신기한 물체는 크기와 모양이 수시로 변할 뿐만 아니라 완전히 사라졌다가 다시 나타나기를 반복하면서 허공을 떠다니다가 어느 순간부터 대원들을 공격하여 대부분을 죽여버렸다. 그리고 살아남은 대원들을 땅에서 들어올려 허공으로 내던졌는데, 그들은 비명을 지르기도 전에 감쪽같이 사라져버렸다.

탐사대원의 대부분은 죽고, 일부는 허공으로 사라지고… 주인공 부치만 기적적으로 살아남았다. 그러나 그는 노련한 탐험가답게 정신을 추스르고 그 이상한 물체와 일정 거리를 유지하면서 행동패턴을 주의깊게 관찰하기 시작했다. 사라진 동료들을 구하고 사건의 진상을 밝히기 위해 미지의 괴물을 포획하기로 마음먹은 것이다. 그는 몇 년 전에 읽었던 《플랫랜드》라는 소설을 떠올리며 생각했다. '그래, 내가 손가락으로 평면세계를 내리누르면 그곳에 사는 생명체들은 당연히 혼비백산하겠지. 크기가 제 각각인 원들이 난데없이 나타나 그들 세상을 휘젓고 다닐 테니 말이야.' 그렇다. 평면생명체들에게는 허공에서 갑자기 살색 원(평면을 누르는 손가락의 단면)이 나타나 크기가 수시로 변하면서 평온했던 세상을 망가뜨리는 것처럼 보일 것이다. 패터슨은 이 상황을 한 차원 높여서 재구성해보았다. 고차원에 사는 생명체가 발이나 팔을 뻗어서 우리 세계로 진입하면 축구공 같은 구형으로 보일 것이고, 그 생명체는 움직임에 따라 크기와 모양이 수시로 변할 것이다. 이렇게 생각하면 동료들이 허공으로 사라진 것도 설명할 수 있다. 그들은 괴물에게 잡혀 더 높은 차원으로 끌려간 것이 분명하다.

그러나 아직 중요한 문제가 남았다. 이 대책 없는 괴물을 어떻게 포획할 것인가? 다시 차원을 낮춰서 생각해보자. 평면생명체가 내 손가락을 포획하기 위해 밧줄로 묶는다 해도, 손가락을 위로 들어올리기만 하면 간단하게 빠져 나올 수 있다. 물론 그의 눈에는 애써 잡은 원형괴물이 점점 작아지다가 사라지는 것처럼 보일 것이다. 이와 마찬가지로 3차원 공간에 침투한 구형괴물에게 올가미를 빈틈없이 덮어씌운다 해도, 그는 네 번째 차원을 이용하여 쉽게 빠져나갈 것이다.

과연 방법이 없는 것일까? 아니다, 있다! 평면생명체가 뾰족한 바늘로 원형괴물(내 손가락)을 관통시킨 후 바늘의 양끝을 단단하게 고정하면 괴물을 2차원 평면세계에 가둬둘 수 있다. 그러므로 구형괴물이 나타났을 때 재빨리 창을 관통시킨 후 창의 양끝을 나무나 바위에 단단하게 묶어놓으면 3차원우주를 빠져나가지 못할 것이다!

패터슨은 몇 달 동안 괴물의 거동을 자세히 관찰하면서 어떤 구球가 발에 해당하는지 알아냈다. 그리고 어느 날 기회를 틈타 날카로운 창을 관통시키는 데 성공했다. 무려 2년에 걸친 사투 끝에 드디어 괴물을 잡은 것이다! 그는 고통에 몸부림치는 괴물(겉보기에는 창에 꿰인 구)을 배에 싣고 뉴저지로 돌아왔다.

얼마 후 패터슨은 공식 기자회견을 열어 페루에서 잡아온 괴물을 공개했고, 반신반의하던 기자와 과학자들은 커다란 강철봉에 꿰인 채 몸부림치는 구형괴물을 보고 경악을 금치 못했다. 그런데 영화 〈킹콩〉에서 그랬던 것처럼 한 기자가 '사진촬영금지'라는 규칙을 어기고 플래시를 터뜨리자 조용하던 괴물이 갑자기 꿈틀거리기 시작하더니 살점이 뜯겨 나가면서, 그를 붙들고 있던 강철봉이 빠지고 말았다(영화로 만든다면 이 부분이 가장 볼 만할 것이다). 구속에서 풀려난 괴물은 미친 듯이 날뛰면서 사람들을 닥치는 대로 갈가리 찢어놓았고, 패터슨을 비롯한 몇몇 사람들은 괴물에게 잡혀 네 번째 차원으로 내던져졌다.

끔찍한 살육전이 끝난 후, 최후의 생존자 중 한 사람이 잠시 깊은 생각에 잠겼다가 괴물과 관련된 모든 증거물을 태워버렸다. 이런 끔찍한 사건은 아예 미제로 남겨두는 것이 낫다고 생각한 것이다.

네 번째 차원에 집을 짓다

앞 절에서 우리는 고차원 생명체와 마주쳤을 때 어떤 일이 일어날지 생각해보았다. 그렇다면 반대로 우리가 고차원 우주를 방문한다면 어떤 일이 일어날 것인가? 앞에서도 말했지만 평면세계에 사는 생명체가 3차원우주를 머릿속에 그리기란 도저히 불가능하다. 그러나 힌턴이 제안했던 대로 몇 가지 기발한 방법을 동원하면 고차원 우주를 일부나마 이해할 수 있다.

미국의 SF작가 로버트 하인라인Robert Heinlein은 단편소설 〈그리고 그는 이상한 집을 지었다And He Built a Crooked House〉를 통해 인간이 초입방체에서 살아가는 다양한 방법을 소개했다.

이야기의 주인공은 퀸터스 틸Quintus Teal, 다소 무모하면서 야심찬 건축가인 그는 테서랙트(초입방체의 3차원 전개도) 모양으로 집을 짓겠다며 친구 베일리와 그의 아내를 감언이설로 꼬여 그 집을 사도록 만든다.

틸은 LA의 한 부지에 정육면체 8개를 십자가 모양으로 쌓아올려서 초현실적 분위기를 연출하는 테서렉트 하우스를 완성했다. 그러나 베일리 부부가 그 집을 둘러보려는 순간, 남부 캘리포니아에 지진이 발생하여 순식간에 붕괴되고 말았다. 그런데 이상하게도 7개의 정육면체는 완전히 사라지고, 하나만 멀쩡하게 살아남았다. 틸과 베일리 부부는 놀란 가슴을 쓸어내리고 유일하게 남은 육면체 집안으로 들어갔는데… 그들의 눈앞에 믿을 수 없는 광경이 펼쳐졌다. 이미 사라지고 없는 다른 방들이 창밖으로 멀쩡하게 보이는 것이 아닌가! 8개의 방들 중 7개가 소실되고 한 개만 남았다는 것을 이미 밖에서 눈으로 확인했는데, 어떻게 창문 밖으로 다른 방들이 보일 수 있단 말인가?

이뿐만이 아니었다. 계단을 올라가 보니 현관 위에 침실이 있고, 그 위로 올라가니 3층이 아니라 1층으로 되돌아와 있었다. 베일리 부부는 집에 유령이 들었다며 현관문을 열고 밖으로 뛰어나왔지만, 그곳은 마당이 아니라 또 다른 방이었다. 결국 베일리의 부인은 그 자리에서 기절하고 만다.

틸과 베일리는 집안 곳곳을 둘러보다가 각 방들이 다른 방과 이상한 방식으로 연결되어 있음을 깨닫는다. 원래 틸은 모든 창문이 바깥을 향하도록 지었는데, 지금은 어떤 창문을 열어도 다른 방이 보인다. '바깥'이 온데간데없이 사라진 것이다!

두 사람은 밖으로 나가기 위해 문이란 문은 다 열어보지만 항상 다른 방과 연결될 뿐이다. 그러다 사방에 베네치아풍 블라인드가 쳐진 방에 도달하고, 바깥을 확인하기 위해 블라인드를 하나씩 걷기로 한다. 그런데 첫 번째 블라인드를 걷었더니 창밖으로 엠파이어스테이트빌딩의 첨탑이 내려다보였다. 뉴욕에 있어야 할 빌딩이 LA에서 보이다니, 그것도 위에서 내려다보이다니, 무언가 잘못되었음이 분명하다. 아마도 블라인드 뒤의 창문이 엠파이어스테이트빌딩 바로 위에 있는 '공간의 창문'과 어떻게든 연결된 것 같다. 두 번째 블라인드를 걷으니 거대한 망망대해가 눈앞에 나타났다. 그것도 거꾸로 뒤집혀서! 세 번째 블라인드 뒤에는 아무것도 없었다. 그것은 텅 빈 공간도 아니고 칠흑 같은 어둠도 아닌 완전한 무無, 그 자체였다. 마지막으로 네 번째 블라인드를 걷었더니 화성의 표면을 연상케 하는 황량한 사막이 시야에 들어왔다.

이상하게 연결된 방들을 둘러본 후, 그들이 내릴 수 있는 결론은 단 하나뿐이었다. 틸은 '지진의 영향으로 육면체 방들의 연결부위에 이상한 변화가 일어나 네 번째 차원에서 접혔다'고 결론지었다. 즉, 테서렉트가 네 번째 차원에서 접혀 초입방체가 된 것이다.[10]

지진이 일어나기 전만 해도 틸이 지은 집은 평범한 입방체(정육면체)의 집합이었다. 각 입방체들은 3차원 공간에서 견고하게 붙어 있었으므로 붕괴되거나 접힐 염려도 없었다. 그러나 이 집을 네 번째 차원에서 보면 초입방체의 전개도와 똑같이 생겼다. 그래서 지진 때문에 집이 흔들릴 때 접합부위가 어떻게든 네 번째 차원으로 접히면서 3차원 공간에 정육면체 하나만 남기고 고차원 공간으로 접혀 들어간 것이다. 누구든지 남은 정육면체 안으로 들어가면 이상하게 접힌 채 연결되어 있는 나머지 방(정육면체)들을 볼 수 있다. 틸과 베일리는 이 방 저방을 돌아다니면서 자신도 모르는 사이에 네 번째 차원을 여행한 것이다.

틸과 베일리 부부는 밖으로 나가려고 백방으로 노력했지만 도저히 출구를 찾을 수가 없었다. 잘못하면 초입방체에 갇혀 여생을 보내야 할 판이다. 그러나 다행히도 2차 지진이 발생하여 테서랙트를 또 다시 격렬하게 흔들었고, 그 와중에 틸과 베일리 부부는 창문을 통해 탈출하는 데 성공했다. 그런데 밖으로 나와 보니 그곳은 LA로부터 수 km 떨어진 조슈아트리 국립공원이었다. 세 사람은 몇 시간 동안 길을 헤매다가 지나가는 차를 얻어 타고 LA로 돌아왔는데, 놀랍게도 하나 남은 정육면체마저 사라지고 없었다. 테서렉트 하우스는 대체 어디로 갔을까? 아마도 네 번째 차원 어딘가에 떠다니고 있을 것이다.

쓸모없는 네 번째 차원

리만의 세기적 강연은 철학자와 신비주의자, 예술가들을 통해 일반대중에게 널리 알려졌지만, 자연을 이해하는 데에는 별다른 기여를 하지 못했다. 1860~1905년 사이에 초공간과 관련하여 아무런 진전이 없었던 데에는 그럴 만한 이유가 있었다.

첫째, 자연의 법칙을 단순화하는 데 초공간을 적용한 사례가 한 번도 없었다. 이 기간 동안 과학자들은 '자연법칙은 고차원에서 더욱 단순해진다'는 리만의 기본원리를 모르는 채 어둠 속에서 헤매고 있었다. 일반대중은 물론이고 과학자들까지 고차원의 신비함에 매료되어, 기하학(주름진 초공간)으로 힘을 설명한다는 리만의 획기적 아이디어를 망각한 것이다.

둘째, 패러데이의 장場이나 리만의 계량텐서를 이용하여 초공간에 적용되는 장방정식을 유도하려는 시도가 전혀 없었다. 리만의 원래 의도와는 달리, 그가 개발한 수학적 도구는 순수수학으로 편입되었다. 장이론이 없으면 초공간에 대하여 어떤 예측도 할 수 없다.

20세기로 넘어오면서 비평가들은 "네 번째 차원을 입증할 만한 실험결과가 없다"며 4차원 무용론을 제기했다(물론 타당한 주장이었다). 게다가 이들은 네 번째 차원이 유령이야기로 대중들을 즐겁게 해줄 뿐, 물리학에 도입할 근거가 없다고 주장했다. 그러나 이 난처한 상황은 곧 커다란 전환점을 맞이하게 된다. 그로부터 불과 몇 년 후에 네 번째 차원이론(시간이론)이 등장하여 인간의 역사를 송두리째 바꿔놓은 것이다. 새로운 이론은 우리에게 원자폭탄을 선사했고 창조의 비밀을 부분적으로나마 밝혀주었다. 이 모든 변화를 주도하게 될 사람은 별로 눈에 띄지 않았던 그저 그런 20대 중반의 물리학자, 알베르트 아인슈타인이었다.

4. 빛의 비밀: 다섯 번째 차원에서 일어나는 진동

The Secret of Light: Vibrations in the Fifth Dimension

> 상대성이론이 옳은 이론으로 판명된다면(나는 그렇게 믿는다)
> 아인슈타인은 '20세기의 코페르니쿠스'가 될 것이다.
>
> _막스 플랑크Max Planck

아인슈타인의 삶은 실패와 절망의 연속이었다. 어린 시절에는 어머니가 스트레스를 받을 정도로 말을 배우는 속도가 지나치게 느렸고, 초등학교 시절에 담임교사는 그들 '멍청한 몽상가'라고 불렀다. 아인슈타인을 가르쳤던 교사들은 한결같이 "수시로 바보 같은 질문을 던져서 수업을 방해한다"며 불평을 늘어놓았다. 심지어 그중 한 교사는 동료교사들에게 아인슈타인을 자기 수업에서 쫓아내고 싶다고 말할 정도였다.

그는 학창시절에 친구가 거의 없었고, 수업에 흥미를 잃어 고등학교도 도중에 그만두었다. 고등학교 졸업장 없이 대학에 진학하려면 검정고시를 통과해야 하는데, 이것도 첫 시도에 미역국을 먹고 두 번 도전해서 간신히 통과했다. 스위스 군대에 자원했다가 평발 때문에 퇴짜를 맞기도 했다.

그는 박사과정을 마친 후에도 직장을 구하지 못했다. 동료들은 모두 대학교수가 되었는데, 그는 변변한 강사 자리도 얻지 못한 채 지원서를 넣을 때마다 번번이 낙방하는 '고학력 실업자'였다. 궁여지책으로 개인교사 자리를 구하여 시간당 3프랑을 받았으나, 이 정도로는 입에 풀칠하기도 어려웠다. 모리스 솔로비네Maurice Solovine라는 친구에게 "길거리에서 바이올린을 연주해도 그보다는 많이 벌 것"이라며 푸념을 늘어놓은 적도 있다.

아인슈타인은 보통 남자들과 달리 돈이나 권력에 별로 관심이 없었다. 그러나 "인간은 위장을 갖고 태어나기 때문에 그 속을 끊임없이 채워야 하고, 그러기 위해서는 돈과 권력을 쫓을 수밖에 없다"고 말한 것을 보면, 달관자가 아니라 염세주의자에 가까웠던 것 같다. 직장도 없으면서 세상을 바라보는 관점까지 부정적이었으니, 당시 겨우 20대 중반이었던 그가 심리적으로 얼마나 불안했을지 짐작이 가고도 남는다. 결국 그는 선배의 도움을 받아 베른에 있는 스위스 특허청에 말단사무원으로 취직했다. 월급은 여전히 쥐꼬리였지만 '더 이상 아버지에게 손을 벌리지 않아도 된다'는 사실 하나만으로도 감지덕지였다. 젊은 아내와 갓 태어난 아이를 부양하기 위해 물리학 박사라는 타이틀을 포기한 것이다.

특허청에 취직하면서 물리학계와의 교류가 거의 단절되었기에, 그는 사무실에 혼자 앉아 틈틈이 최신논문을 읽는 것으로 연구를 대신했다. 잡다한 서류작업에도 불구하고 그의 머릿속에는 어린 시절에 떠올렸던 의문 하나가 여전히 맴돌고 있었다. 여기서 출발한 그의 이론은 훗날 인류의 역사를 송두리째 바꾸게 된다. 그가 가진 도구라곤 달랑 '네번째 차원' 하나뿐이었다.

소년의 질문

아인슈타인의 천재성은 어디서 비롯되었을까? 수학자이자 생물학자인 제이콥 브로노우스키Jacob Bronowski는 그의 저서 《인간 등정의 발자취The Ascent of Man》에 다음과 같이 적어놓았다. "뉴턴이나 아인슈타인 같은 천재들은 공통점이 있다. 누구나 당연하게 여기는 뻔한 현상에 의문을 제기하고, 그로부터 파격적인 답을 찾아낸다. 아인슈타인은 지극히 단순한 질문을 던질 줄 아는 사람이었다."[1] 아인슈타인은 어린 시절에 빛에 관한 이야기를 듣고 하나의 질문을 떠올렸다. '광속으로 내달리면서 빛줄기를 바라본다면 과연 어떤 모습으로 보일까? 시간 속에서 얼어붙은 정지파동처럼 보이지 않을까?' 이 질문은 향후 50년 동안 그의 머릿속을 맴돌면서 시공간의 비밀을 푸는 단초 역할을 했다.

당신이 영화 속 스파이처럼 멋진 스포츠카를 타고 기차를 추격한다고 가정해보자. 가속페달을 힘껏 밟으면 기차와 나란히 달릴 수 있다. 이때 기차의 내부를 바라보면 좌석과 승객, 여행가방 등 모든 물체가 당신에 대하여 정지해 있는 것처럼 보인다. 이와 비슷하게 소년 아인슈타인은 자신이 빛과 같은 속도로 달리면서 빛을 바라보는 장면을 상상한 것이다. 그는 이런 경우에 빛이 얼어붙은 파동처럼 보인다고 생각했다. 기차와 같은 속도로 달리는 승용차에서 볼 때 기차의 움직임이 느껴지지 않는 것처럼, 빛도 나에 대하여 정지해 있는 것처럼 보일 것이다.

아인슈타인은 이 문제를 끈질기게 물고 늘어지다가 16살이 되어서 자신의 생각이 잘못되었음을 깨달았다. 훗날 그는 당시의 일을 다음과 같이 회고했다.

나는 16살 때 떠올렸던 한 역설을 10년 동안 심사숙고한 끝에 이와 같은
원리에 도달했다. 만일 내가 광속 c(진공 중에서 빛의 속도)로 빛을 따라간다
면, 내 눈에는 공간적으로 진동하면서 시간적으로는 정지된 전자기파가 보일
것 같다. 그러나 맥스웰 방정식에 의하면 이런 전자기파는 존재할 수 없다.[2]

대학에 진학한 후 아인슈타인의 생각은 더욱 확고해졌다. 빛은 패
러데이가 도입한 전기장과 자기장으로 서술되며, 이들은 제임스 클
러크 맥스웰이 유도한 일련의 장방정식을 만족한다. 아인슈타인은
맥스웰 방정식이 '얼어붙은 파동'을 허용하지 않는다는 사실을 알게
되었다. 몇 년 후에 그는 '내가 제아무리 빠른 속도로 빛을 따라가도,
내 눈에 보이는 빛의 속도는 항상 c로 일정하다'는 사실을 입증하게
된다.

아무리 빨리 쫓아가도 기차(빛)를 따라잡을 수 없다니, 상식적으로
는 말이 안 되는 이야기다. 더욱 희한한 것은 내가 아무리 빠른 속도
로 쫓아가도 내 눈에 보이는 기차(빛)의 속도가 항상 똑같다는 점이
다. 그러니까 빛은 뱃사람들 사이에 구전되어온 '따라잡을 수 없는 유
령선'과 비슷하다. 그 배는 아주 천천히 항해하는 것 같지만, 아무리
빠른 속도로 따라가도 거리가 좁혀지지 않는다고 한다.

특허청 사무실에서 비교적 여가시간이 많았던 아인슈타인은 맥스
웰의 장방정식을 면밀히 분석하여 1905년에 '특수상대성이론special
relativity'이라는 대담한 가설을 발표했다. 이 이론에 의하면 등속운동
하는 모든 기준계에서 빛의 속도는 일정하다. 언뜻 듣기에는 별 것 아

닌 것 같지만, 이 가설은 인간의 정신이 이루어낸 가장 위대한 업적으로 꼽힌다. 일부 과학 역사가들은 200만 년에 걸친 호모 사피엔스의 진화 역사에서 아인슈타인의 상대성이론과 뉴턴의 중력이론을 최고의 과학적 성과로 평가할 정도이다. 바로 이 가설 덕분에 우리는 별과 은하에서 방출되는 방대한 에너지의 비밀을 밝힐 수 있었다(1905년 당시에는 가설이었지만 지금은 확실하게 검증된 이론이다).

이 간단한 명제가 어떻게 그토록 심오한 결과를 낳을 수 있었을까? 이 점을 이해하기 위해 기차와 추격전을 벌이던 자동차로 되돌아가보자. 때마침 그 근처를 거닐던 사람이 발걸음을 멈추고 때마침 휴대하고 있던 스피드건으로 속도를 측정했는데, 자동차는 99km/h였고 기차는 100km/h였다. 그렇다면 자동차 운전자가 볼 때 기차는 자동차로부터 1km/h라는 속도로 서서히 멀어지고 있을 것이다. 속도는 일상적인 숫자처럼 더하거나 뺄 수 있기 때문이다.

이제 기차를 빛으로 바꿔보자. 단, 빛의 속도는 여전히 100km/h라고 가정하자. 그래도 보행자의 스피드건에 찍힌 자동차의 속도는 99km/h, 빛의 속도는 여전히 100km/h이다. 보행자는 스피드건에 찍힌 숫자를 보면서 자동차가 빛을 거의 따라잡았다고 생각할 것이다. 그러나 상대성이론에 의하면 자동차 운전자의 입장에서 볼 때 빛의 속도는 1km/h가 아니라 100km/h이다. 놀랍게도 빛이 자동차로부터 멀어지는 속도는 자동차가 달릴 때나 정지해 있을 때나 똑같다! 자동차 운전자는 갑자기 열이 받아서 가속페달을 있는 대로 밟아 속도를 99.99999km/h까지 끌어올렸다. 이제 기차와 속도가 거의 비슷해졌으니 조금만 더 밟으면 추월도 가능할 것 같다. 글쎄… 과연 그럴까? 운전자가 속도계기판에서 눈을 떼고 기차를 바라보니, 여전히 자동차로부터 시속 100km/h로 멀어지고 있다!

이로부터 우리는 새롭고도 심란한 결론에 도달하게 된다. 첫째, 가속페달을 아무리 세게 밟아도 보행자의 스피드건에 찍힌 자동차의 속도는 100km/h를 넘을 수 없다. 이 값은 자동차가 낼 수 있는 속도의 한계이다. 둘째, 자동차의 속도가 100km/h에 아무리 가까워져도 운전자가 바라본 빛의 속도는 언제나 100km/h이다. 자동차가 멈춰 있을 때나 99.99999km/h로 내달릴 때나, 그가 바라본 빛의 속도는 항상 똑같다.

아무리 생각해도 도대체가 말이 안 된다. 달리는 자동차에서 본 빛의 속도와 노변에 서 있는 사람이 본 빛의 속도가 어떻게 같을 수 있단 말인가? 어불성설이다. 어린아이도 웃을 일이다. 아무래도 자연이 우리를 갖고 노는 것 같다.

이 역설에서 헤어나는 방법은 단 하나, 아인슈타인이 도달했던 황당한 결론을 받아들이는 것이다. 즉, 길거리에 서 있는 보행자의 관점에서 볼 때 '움직이는 자동차의 시간은 나보다 느리게 흐른다'는 결론을 받아들이는 수밖에 없다. 만일 보행자가 때마침 갖고 있던 망원경으로 자동차를 바라본다면 운전자의 행동, 계기판의 시계, 백미러에 매달린 채 흔들리는 인형 등 모든 물체의 움직임이 정상시보다 훨씬 느리게 진행될 것이다. 그러나 정작 차에 타고 있는 운전자는 시간이 느려졌다는 것을 전혀 눈치채지 못한다. 자신의 행동과 시계, 그리고 달랑거리는 인형만 느려진 게 아니라 두뇌의 인식작용을 비롯하여 모든 것이 똑같이 느려지기 때문이다. 이뿐만이 아니다. 노변에 서 있는 사람의 눈에는 자동차가 진행방향으로(즉, 앞뒤로) 길이가 줄어든 것처럼 보인다. 정지상태에서는 멀쩡했던 자동차가 마치 아코디언처럼 앞뒤로 납작해지는 것이다. 그러나 자동차 운전자는 이 사실도 눈치채지 못한다. 그의 몸을 비롯하여 자동차에 속한 모든 물체가 자동차처럼 납작해지기 때문이다.

시간과 공간이 우리를 현혹시키고 있다. 과학자들은 정밀한 실험을 통해 우리가 아무리 빠르게 빛을 쫓아가도 빛의 속도는 항상 c라는 사실을 확인했다. 왜 그럴까? 속도가 빨라질수록 우리의 시계는 느려지고 우리의 자는 짧아지기 때문이다. 얼마나 느려지고 얼마나 짧아지는가? 빛의 속도를 측정했을 때 '항상' c라는 값이 나올 만큼 느려지고 짧아진다!

그렇다면 우리는 왜 그런 변화를 느끼지 못하는가? 시간이 느려지면 뇌가 생각하는 속도도 똑같이 느려지고, 우리의 몸도 똑같이 줄어들기 때문이다. 속도가 광속에 가까워질수록 우리는 '생각이 느린 팬케이크'를 닮아가지만, 다행히도 우리는 그 사실을 깨닫지 못한다.

자동차나 기차, 또는 비행기와 같은 일상적인 속도에서는 방금 언급한 상대론적 효과(시간이 느려지고 길이가 짧아지는 효과)가 관측되지 않을 정도로 매우 미미하게 나타난다. 이건 또 왜 그럴까? 자동차나 기차에 비해 빛의 속도가 엄청나게 빠르기 때문이다. 그러나 나는 뉴욕시의 지하철을 탈 때마다 이 환상적인 변화를 머릿속에 그려보곤 한다. 지하철 플랫폼에 서서 하릴없이 기차를 기다리고 있을 때 머릿속으로 이런 가정을 하는 것이다. '빛의 속도가 지하철과 비슷한 50km/h라면 내 눈앞에 어떤 광경이 펼쳐질까?' 결과는 가히 환상적이다. 요란한 소리를 내며 역으로 진입하는 열차는 아코디언처럼 납작하게 보일 것이다. 길이가 기껏해야 30cm를 넘지 않는다. 안에 탄 승객들은 종잇장처럼 납작하다. 게다가 이들은 얼음땡 놀이를 하는 사람들처럼 거의 움직이지 않는다. 그러나 열차가 승강장에 멈춰서면 갑자기 역 전체를 가득 채울 정도로 길어진다.

사람이 종잇장처럼 된다니, 상상만 해도 웃음이 절로 나온다. 그러나 승객들은 이런 사실을 전혀 모르고 있다. 열차 안에서 자신의 모습을 거울에 비춰봐도 모든 것이 정상이다. 몸만 홀쭉해진 것이 아니라 열차 내부의 공간 자체가 진행방향으로 길이가 줄어들었기 때문에, 승객의 입장에서 보면 모든 것이 정상으로 보인다. 게다가 그들은 두뇌의 반응속도가 느려졌기 때문에 자신의 행동이 느려졌다는 것을 전혀 느끼지 못한다. 그리고 열차가 멈추면 바깥에 있는 사람이 볼 때 짧아졌던 열차가 갑자기 길어진다는 사실도 전혀 눈치채지 못하고 있다. 아침 출근길, 열차에서 내린 승객들이 분주하게 역을 빠져나간다. 그들은 지하철을 타고 달리는 동안 특수상대성이론에 의해 드라마틱한 변화를 겪고 원상태로 돌아왔지만, 정작 본인들은 아무것도 느끼지 못했다.* 아침 회의 때문에 스트레스도 많을 텐데, 차라리 모르는 게 약일지도 모르겠다.

----

* 그렇다고 열차에 탄 승객들만 구경거리가 되는 것은 아니다. 열차에 탄 승객의 입장에서 보면 열차가 역으로 들어갈 때 플랫폼과 그 위에 서서 열차를 기다리는 사람들이 홀쭉하게 보인다. 서로 상대방이 홀쭉하게 보인다니, 언뜻 생각하면 명백한 모순 같지만 사실은 그렇지 않다. 이 부분을 이해하려면 좀 더 미묘한 논리가 필요하다.[3]

네 번째 차원과 고교 동창회

그동안 특수상대성이론을 일반대중에게 전달하기 위해 수많은 교양서가 출판되었고 강연도 꾸준히 개최되었다. 이 이론을 일반인에게 설명하는 방법도 줄잡아 수백 가지는 족히 될 것이다. 그러나 '네 번째 차원은 시간이며, 자연의 법칙은 고차원에서 더욱 단순해지고 통일하기도 쉬워진다'는 특수상대성이론의 핵심을 제대로 전달한 사례는 그리 많지 않은 것 같다. 시간을 네 번째 차원으로 간주한다는 것은 아리스토텔레스 시대부터 충실하게 전수되어온 시간 개념을 폐기한다는 뜻이다. 시간과 공간은 특수상대성이론을 통해 불가분의 관계가 되었다(횔너와 힌턴은 장차 발견될 네 번째 차원이 새로운 공간일 것으로 생각했다. 특수상대성이론의 관점에서 보면 이들은 틀렸고 조지 웰스가 옳았다. 3차원 공간 다음에 발견된 차원은 새로운 공간이 아니라 시간이었다. 과학자들은 네 번째 공간차원에 대한 이해가 깊어질 때까지 수십 년을 더 기다려야 했다).

고차원에서 물리법칙이 단순해지는 원리를 이해하려면, 우선 모든 물체가 길이와 폭, 그리고 높이를 갖고 있다는 사실을 상기할 필요가 있다. 또한 우리는 임의의 물체를 90° 회전시킬 수 있으므로 길이는 폭으로, 폭은 높이로 얼마든지 바뀔 수 있다. 즉, 세 개의 공간차원은 간단한 회전을 통해 맞교환이 가능하다. 그러므로 시간을 네 번째 차원으로 도입하면 '4차원 회전'을 통해 시간을 공간으로, 또는 공간을 시간으로 바꿀 수 있다. 특수상대성이론에서 시간과 공간이 변하는 것은 바로 이 '4차원 회전' 때문이다. 다시 말해서, 시간과 공간이 상대성이론의 규칙에 따라 수시로 섞이는 것이다. 시간이 네 번째 차원이라는 것은 시간과 공간이 수학적으로 정의된 정확한 규칙에 따라 회전하여 서로 섞일 수 있다는 뜻이다. 그래서 물리학자들은 시간과 공간을 굳이 구별하지 않고 '시공간spacetime'이라는 통합공간의 두가지 양상으로 간주하고 있다. 고차원에서 자연의 법칙이 통합된다는 것은 바로 이런 의미이다.

300여 년 전, 뉴턴은 시간이 우주 어디서나 똑같은 빠르기로 흐른다고 생각했다. 지구에서나 화성에서나, 또는 멀리 떨어진 별에서나, 시계의 초침은 동일한 속도로 돌아간다는 것이다. 19세기 말까지만 해도 물리학자들은 시간이 우주 전체에 걸쳐 균일한 절대적 리듬을 따라 진행된다고 믿었다. 시간과 공간 사이의 회전은 상상할 수도 없었으며, 시간과 공간은 아무런 관계도 없는 독립적 양이므로 통일의 필요성조차 느끼지 못했다. 그러나 특수상대성이론에 의하면 시간은 물체(또는 사람)의 속도에 따라 각기 다른 빠르기로 흐른다. 시간이 네 번째 차원이라는 것은 시간이 공간 속의 이동과 본질적으로 연결되어 있음을 의미한다. 초침이 돌아가는 속도는 공간 속에서 시계가 이동하는 속도에 따라 얼마든지 달라질 수 있다. 과학자들은 원자시계가 탑재된 우주선을 궤도에 올린 후 지상에 있는 시계와 비교하는 실험을 여러 번 수행하여, 두 시계가 각기 다른 빠르기로 작동한다는 사실을 확인했다.

언젠가 나는 20년 만에 고등학교 동창회에 참석해달라는 연락을 받고 문득 상대성이론을 떠올린 적이 있다. 학교를 졸업한 후로는 동기들을 거의 만나지 못했지만, 나는 그들이 20년의 세월만큼 똑같이 늙었을 것이라고 생각했다. 얼마 후 동창회 자리에 나가보니 역시 짐작했던 대로 나의 20년은 동기들에게도 똑같은 20년이었다. 친구들

은 듬성듬성 자라난 흰 머리카락과 굵어진 허리, 그리고 약간 주름
진 얼굴을 서로 확인하며 안도의 한숨을 내쉬었다. 만일 우리가 지난
20년 동안 수천 km 떨어진 곳에서 살았다 해도 시간은 모두에게 공
평하게 흘러서 노화된 정도도 똑같을 것이다. 굳이 콕 집어서 말하는
사람은 없었지만, 그 자리에 모인 동기들은 모두 똑같은 속도로 늙어
가고 있다고 생각했을 것이다.

　나는 친구들과 가벼운 농담을 주고받다가 문득 이런 생각을 했다.
졸업동기 중 누군가가 20년 전 고등학교를 졸업할 때와 똑같은 모습
으로 이 자리에 나타난다면 친구들은 어떤 반응을 보일까? 그가 우리
동기생의 아들(또는 딸)이 아니라 본인임이 확인된다면, 친구들은 완
전히 패닉상태에 빠질 것이다.

　이런 상황에서 사람들이 놀라는 이유는 누구나 마음속으로 '시간은
우주 어디서나 균일하게 흐른다'고 하늘같이 믿고 있기 때문이다. 그
러나 시간이 네 번째 차원이라면 시간과 공간이 (4차원) 회전을 통해
서로 섞이면서, 물체의 속도에 따라 시간은 얼마든지 다르게 흐를 수
있다. 예를 들어 그 동기생이 거의 광속에 가까운 로켓을 타고 우주여
행을 하다가 지금 막 돌아와서 동창회에 참석했다면 모든 것이 설명
된다. 그는 지구시간으로 20년 동안 여행을 했지만, 무지막지하게 내
달리는 로켓 안에서는 시간이 천천히 흐르기 때문에 그의 '체감여행
시간'은 단 몇 분에 불과할 수도 있다. 그에게 자초지종을 물으면 아
마 이렇게 이야기할 것 같다. "그동안 어떻게 지냈냐고? 고등학교 졸
업식이 끝나자마자 곧바로 로켓을 타고 우주여행을 다녀왔어. 비행시
간은 한 10분밖에 안 돼. 기념사진 몇 장 찍으니까 끝이더라고. 지구
로 돌아오자마자 네 연락을 받고 달려온 거야. 근데 너희들 왜 그렇게

늙었냐? 대체 10분 사이에 무슨 일이 있었던 거야?"

또한 나는 맥스웰 방정식과 처음 대면했던 순간을 떠올릴 때마다 '네 번째 차원을 도입하면 자연의 법칙이 단순해진다'는 불변의 진리를 마음속에 되새기곤 한다. 지금도 전 세계의 물리학과 학부생들은 무려 여덟 개나 되는 맥스웰 방정식을 마스터하기 위해 사투를 벌이고 있다. 이 방정식을 3차원 공간에서 서술하면 형태가 워낙 복잡하고 의미도 분명치 않기 때문에 완전히 이해하려면 거의 몇 년이 걸린다(복잡하기 때문에 외우기도 어렵다. 나는 지금도 맥스웰 방정식을 써놓고 기호와 부호가 제대로 되었는지 자신이 없어서 교과서를 뒤적이곤 한다). 그런데 시간을 네 번째 차원으로 간주하면 그 복잡했던 방정식이 단순하고 아름다운 하나의 방정식으로 축약된다. 나는 이 사실을 처음 알았을 때 느꼈던 경외감과 안도감을 지금도 잊을 수가 없다. 네 번째 차원이 그토록 막강한 위력을 발휘할 줄 어느 누가 짐작이나 했겠는가![4] 이뿐만이 아니다. 4차원에서 서술된 맥스웰 방정식은 매우 높은 '대칭성symmetry'을 갖고 있어서, 시간과 공간이 서로 변환될 수 있다. 가운데를 중심으로 돌려도 모양이 변하지 않는 눈의 결정처럼, 상대론적 형태(시간을 네 번째 차원으로 간주한 형태_옮긴이)로 쓰여진 맥스웰의 장방정식은 공간을 시간으로 회전시켜도 형태가 변하지 않는다.

놀랍게도 이 하나의 방정식에 담긴 정보는 방정식 8개에 들어 있던 정보와 정확하게 일치한다. 그러니까 발전기와 레이더, 라디오, TV, 레이저, 컴퓨터, 그리고 일반가정에서 사용하는 온갖 가전제품들이 이 하나의 방정식에서 탄생한 셈이다. 대학시절, 나는 단 한 줄로 축약된 맥스웰 방정식을 접하면서 물리학이 '아름답다'는 것을 처음으로 느꼈다. 공학도서관을 가득 채울 정도로 방대한 양의 물리학 지식이 4차원 공간의 대칭에 담겨 있다니, 이보다 더 간결하고 아름다운 원리가 또 어디 있겠는가!

이로부터 우리는 '차원을 추가하면 물리법칙이 단순해지면서 하나로 통일된다'는 이 책의 주제를 다시 한 번 실감하게 된다.

물질: 농축된 에너지

물리법칙의 통일과 관련하여 지금까지 언급된 내용은 다소 추상적이었다. 아인슈타인도 여기서 결정적인 한 걸음을 내딛지 못했다면 추상적 사고의 수준에 머물렀을 것이다. 그는 '시간과 공간이 시공간이라는 틀 안에서 하나의 세트로 통합된다면, 물질과 에너지도 변증법적 과정을 통해 하나로 통일될 수 있다'고 생각했다. 자가 줄어들고 시계가 늦게 간다면 자와 시계로 측정되는 모든 객체들도 비슷한 양상으로 변할 것이다. 그런데 물리학자는 실험실에서 무언가를 측정할 때 대부분 자와 시계를 사용하고 있으므로, 과거부터 '불변의 상수'로 취급해왔던 양들을 다시 측정하여 재조정할 필요가 있다.

특히 에너지는 거리와 시간을 측정하는 방법에 따라 크게 달라지는 양이다. 성능테스트를 위해 콘크리트 벽에 충돌하는 자동차는 분명히 에너지를 갖고 있다. 그러나 이 자동차가 빛에 가까운 속도로 돌진한다면 차체는 아코디언처럼 길이가 줄어들고 그 안에 장착된 시계는 평소보다 크게 느려진다.

아인슈타인은 이런 경우에 자동차의 질량도 속도와 함께 증가한다는 사실을 알아냈다. 그런데 증가한 질량은 대체 어디서 온 것일까?

아인슈타인은 그것이 에너지에서 왔다고 결론지었다.

기존의 물리학 이론에 비춰볼 때, 이것은 말도 안 되는 결론이다. 19세기 물리학을 이끌었던 핵심 원리는 '질량 보존법칙'과 '에너지 보존법칙'이었다. 간단히 말해서, 외부와 고립된 계의 총 질량과 총 에너지는 변하지 않는다. 예를 들어 자동차가 담벼락에 부딪혔을 때 차가 갖고 있던 에너지는 사방으로 튀는 벽돌조각의 운동에너지와 열에너지, 그리고 소리에너지 등으로 형태만 변환될 뿐, 충돌 전과 충돌 후의 총 에너지(또는 총 질량)는 달라지지 않는다.

그러나 아인슈타인은 자동차의 에너지가 질량으로 변할 수도 있다고 천명했다. 보존되는 것은 질량이나 에너지가 아니라, '질량+에너지'였던 것이다. 질량은 갑자기 사라지지 않고, 에너지는 무無에서 갑자기 생성되지 않는다. 이 점에서 볼 때 오트조비스트들은 틀렸고 레닌이 옳았다. 물질은 엄청난 양의 에너지를 방출해야 사라질 수 있고, 다량의 에너지는 눈에 보이는 질량으로 변환될 수 있다.

26살의 청년 아인슈타인은 자신이 창안한 상대성원리에 입각하여 질량과 에너지의 상관관계를 추적한 끝에, 과학 역사상 가장 유명하고도 위대한 방정식 $E = mc^2$을 유도했다. 여기서 E는 에너지이고 m은 질량, c는 광속(빛의 속도)이다. 광속의 제곱(c^2)은 엄청나게 큰 수이기 때문에, 작은 질량도 에너지로 바뀌면 가공할 위력을 발휘한다. 물질을 구성하는 가장 작은 입자에도 화학약품에 의한 폭발보다 100만 배 이상 큰 에너지가 저장되어 있다. 그렇다면 물질은 거의 무한한 에너지 저장 창고인 셈이다. 물질이 '농축된 에너지'라고 어느 누가 상상이나 할 수 있었을까?

여기서 우리는 수학자(찰스 힌턴)와 물리학자(알베르트 아인슈타인)의 차이를 다시 한 번 실감하게 된다. 힌턴은 고차원 공간을 시각화하는 데 평생을 바쳤지만, 네 번째 차원에 물리적 의미를 부여하는 데에는 별 관심이 없었다. 그러나 아인슈타인은 네 번째 차원을 '시간'으로 간주하고 '고차원이 존재하는 데에는 뚜렷한 목적이 있다'는 물리적 직관을 충실히 따른 끝에 시간과 공간을 하나의 좌표 세트로 통일했으며, 3차원에서는 아무런 관련도 없었던 물질과 에너지를 하나의 개념으로 묶을 수 있었다.

그 후로 물리학자들은 물질과 에너지를 '물질-에너지'라는 하나의 단위로 취급해왔다. 그리고 4차원에 기반을 둔 아인슈타인의 특수상대성이론은 탄생 후 40년 만에 원자폭탄이라는 가공할 무기로 변신하여 인류의 역사를 바꿔놓았다.

"내 생애 가장 행복했던 생각"

그러나 아인슈타인은 만족하지 않았다. 특수상대성이론만으로도 최고 물리학자의 반열에 오르기 충분했지만, 아무리 생각해도 무언가 중요한 요소가 누락된 것 같았다.

아인슈타인은 시간과 공간을 아우르는 '시공간spacetime'과 '물질-에너지matter-energy'라는 새로운 개념을 도입하여 자연의 법칙을 통일했다. 이것으로 자연의 가장 깊은 비밀 중 일부를 밝히는 데 성공했지만, 그는 특수상대성이론에 몇 가지 부족한 부분이 있음을 깨달았다. 새로운 개념들은 어떤 관계에 있는가? 특수상대성이론에서 고려하지 않은 가속도는 어떻게 처리할 것이며, 중력이론에 어떤 영향을 미칠 것인가?

그의 친구이자 양자이론의 원조인 막스 플랑크는 젊은 아인슈타인에게 점잖게 충고했다. "이봐, 자네 야망이 너무 큰 거 아냐? 중력은 너무 어려운 문제여서 함부로 건드리지 않는 게 좋아. 나이 든 선배로서 하는 말인데 자네가 아무리 똑똑해도 성공하지 못할 거고, 설사 성공한다 해도 아무도 자네를 믿지 않을 거라구."[5] 그러나 아인슈타인은 플랑크의 만류에도 불구하고 중력의 비밀을 파헤치기로 결심했다. 특수상대성이론이 그랬듯이, 이번에도 그의 논리는 어린아이도 떠올릴 수 있는 간단한 질문에서 시작되었다.

한 아이가 엘리베이터를 탄다. 그런데 표정이 별로 밝지 않다. 아이는 잔뜩 겁먹은 표정으로 아빠에게 묻는다. "엘리베이터 줄이 끊어지면 우린 어떻게 되나요?" 다행히도 물리학자였던 아빠가 차분하게 대답한다. "줄이 끊어지면 우리는 우주공간에 있는 것처럼 공중에 둥둥 뜨게 될 거야. 우리랑 엘리베이터가 똑같은 빠르기로 떨어지기 때문이지. 지구는 우리 몸과 엘리베이터를 따로따로 잡아당기고 있지만 둘 다 가속도가 같기 때문에 엘리베이터 안에서는 무중력상태가 된단다(내 말은, 엘리베이터가 땅에 닿기 전까지만 그렇다는 거야. 그 후의 일은 나도 상상하기 싫단다…)."

1907년의 어느 날, 아인슈타인은 '추락하는 엘리베이터 안에 떠 있는 사람은 누군가가 중력 스위치를 꺼버린 듯한 느낌을 받는다'는 사실을 깨달았다. 훗날 그는 당시의 일을 다음과 같이 회고했다. "그날 나는 베른 특허청의 사무실 책상 앞에 앉아 중력의 특성을 생각하다가 문득 '자유낙하하는 사람은 자신의 몸무게를 느끼지 못한다'는 사실을 떠올리고 온몸에 전율을 느꼈다. 나의 중력이론은 이 간단한 생각에서 시작된 것이다."[6] 아인슈타인은 그것을 "내 생애 가장 행복했던 생각"이라고 했다.

우주로켓이 가속되고 있을 때, 그 안에 탄 우주인은 진행방향의 반대쪽으로 자신을 잡아당기는 힘을 느낀다. 마치 로켓의 뒤쪽에 커다란 천체가 있어서 자신에게 중력을 행사하는 것 같다(우주선에서 느끼는 중력은 통상적으로 지구의 중력가속도인 g의 단위로 표현한다. 예를 들어 승무원이 느끼는 중력이 지구에서 느끼는 중력의 2.5배이면 '2.5g'로 표현하는 식이다). 아인슈타인은 우주인의 입장에서 생각하다가 '로켓이 가속될 때 그의 몸에 작용하는 힘은 중력과 구별할 수 없다'고 결론지었다.

아인슈타인은 어린아이도 떠올릴 수 있는 간단한 질문에서 출발하여 중력의 본질에 도달했다. '가속운동하는 기준계에서 서술한 물리법칙은 중력장하에서 서술한 물리법칙과 동일하다.' 이것이 바로 그 유명한 등가원리equivalence principle로서, 보통사람들에게는 별 의미 없겠지만 아인슈타인에게는 우주의 비밀을 밝히는 최상의 도구였다.

(등가원리는 복잡한 물리학 문제를 간단하게 해결해주기도 한다. 한 가지 예를 들어보자. 자동차에 탄 아이가 헬륨풍선을 들고 있다. 차가 왼쪽으로 커브를 틀면 사람들은 일제히 오른쪽으로 쏠릴 것이다. 그렇다면 풍선은 어느 쪽으로 쏠릴까? 상식적으로 생각하면 사람들과 함께 오른쪽으로 쏠릴 것 같지만, 사실 이것은 물리학자들도 헷갈릴 정도로 미묘한 문제이다. 해답은 등가원리에서 찾을 수 있다. 자동차의 오른쪽에서 무언가가 중력을 행사하고 있다고 가정해보자. 중력은 차에 탄 사람들을 오른쪽으로 잡아끌겠지만, 공기보다 가벼운 헬륨풍선은 항상 중력의 반대방향으로 "뜨기 때문에" 오른쪽의 반대인 왼쪽으로 쏠리게 된다. 즉, 공기 중에서 헬륨풍선이 가속운동에 반응하는 방향은 일상적인 물체와 반대이다.)

등가원리라는 최상의 무기를 탑재한 아인슈타인은 오랜 세월 동안 해결되지 않은 문제에 도전장을 내밀었다. '빛은 중력에 의해 휘어지는가?' 이것은 당대 최고의 난제 중 하나였지만 등가원리를 이용하면 간단하게 답이 나온다. 위로 가속되는 로켓 안에서 수평방향으로 손전등을 켜면 빛줄기가 아래쪽으로 휘어지는 것처럼 보일 것이다. 빛이 조종실을 가로지르는 동안 조종실의 바닥이 광선 쪽으로 점점 빠르게 다가오기 때문이다. 그런데 등가원리에 의하면 가속운동하는 계(우주선)의 물리법칙과 중력장 속의 물리법칙이 같다고 했으므로, 빛의 궤적은 중력이 작용할 때도 휘어져야 한다.

빛은 한 지점에서 다른 지점으로 이동할 때 시간이 가장 적게 소요되는 경로를 따라간다. 이것이 바로 '페르마의 최소시간원리Fermat's least-time principle'이다. 물론 아인슈타인도 이 원리를 잘 알고 있었다. 일반적으로 두 점을 잇는 최소시간경로는 직선이며, 따라서 빛은 직선경로를 따라간다(빛이 물이나 유리와 같은 매질 속을 통과할 때도 최소시간원리는 여전히 적용된다. 그런데 유리 속에서는 빛의 속도가 느려지기 때문에 시간을 절약하기 위해 경로가 꺾이게 된다. 이것이 바로 '굴절refraction'이라는 현상으로, 망원경과 현미경의 기본원리이다).*

---

* 해변가의 인명구조원을 예로 들어보자. 어느 순간 물속에서 살려달라고 허우적대는 사람이 그의 시야에 들어왔다. 이런 경우 구조의 가장 중요한 요소는 '시간'이다. 가능한 한 빠른 시간 안에 그를 물에서 꺼내야 한다. 그렇다면 인명구조원은 자신의 현 위치에서 조난자가 있는 곳까지 직선경로를 따라야 할까? 아니다. 사고현장까지 가려면 모래사장과 바닷물을 모두 거쳐야 하는데, 모래사장에서는 두 발로 뛸 수 있지만 일단 물속에 들어가면 헤엄을 쳐야 한다. 그런데 인명구조원이 돌고래가 아닌 한, 수영속도는 뛰는 속도보다 느리다. 따라서 시간을 줄이려면 뛰어가는 거리를 늘이고 헤엄치는 거리를 줄여야 한다(늘이고 줄이는 정도는 모래사장과 바다에서의 속도 차이에 따라 다르다).

그러나 빛이 최소시간경로를 따라가면서 중력에 의해 휘어진다면, 두 점을 잇는 최소시간경로는 직선이 아닌 곡선이다. 그리하여 아인슈타인은 다음과 같은 결론에 도달했다. 빛이 휘어진 경로를 따라간다는 것은 '공간 자체가 휘어져 있다'는 뜻이다.

휘어진 공간

아인슈타인은 '힘'이 순수한 기하학만으로 서술될 수 있다고 굳게 믿었다. 놀이공원의 회전목마를 예로 들어보자. 회전목마를 타다가 도중에 말을 갈아타기 위해 회전하는 바닥을 걷다 보면 무언가가 나를 잡아당기는 듯한 '힘'이 느껴진다. 원형바닥의 바깥쪽은 안쪽보다 속도가 빠르기 때문에 특수상대성이론에 의해 바깥쪽 테두리가 수축된다. 그런데 회전판의 테두리가 수축되면 회전판 자체가 휘어질 수밖에 없다. 그 위에 서 있는 사람이 볼 때 빛은 더 이상 직선경로를 따라가지 않는다. 마치 어떤 '힘'이 빛줄기를 원판의 테두리 쪽으로 밀어내는 것 같다. 이런 곳에서는 기존의 기하학이 성립하지 않는다. 따라서 회전판 위를 걸어갈 때 느껴지는 힘은 '회전판이 휘어지면서 나타난 현상'으로 이해할 수 있다.

아인슈타인은 '힘'의 개념을 순수기하학으로 설명한다는 리만의 목표를 혼자서 완수했다. 구겨진 종이 위에 사는 평면생명체들은 직선

이런 요인을 종합하여 최단시간 경로를 계산해보면 '꺾인 직선'이 얻어진다.

경로를 따라가고 싶어도 그럴 수가 없다. 걸음을 옮길 때마다 몸을 좌우로 밀어내는 '힘'이 작용하기 때문이다. 리만이 볼 때 힘이란 공간이 휘어지면서 나타난 결과였다. 그러므로 힘이란 원래 존재하지 않는다. 실제로 존재하는 것은 힘이 아니라 휘어진 공간이었다.

그러나 리만은 전기력과 자기력, 그리고 중력이 공간을 어떻게 휘게 만드는지 알 수 없었다. 그의 접근법은 순수하게 수학적이었기에, 공간의 휘어진 정도를 좌우하는 물리적 원리가 누락되어 있었다. 이 점에서 볼 때 아인슈타인은 성공했고, 리만은 실패했다.

팽팽하게 잡아당긴 고무판 위에 무거운 볼링공을 얹으면(단, 고무판은 허공에 떠 있다) 그 부분이 아래로 함몰되면서 완만한 굴곡이 형성된다. 이런 상태에서 고무판 위에 작은 구슬을 굴리면 볼링공 근처에서 궤적이 휘어지며 원이나 타원궤도를 그릴 것이다. 누군가가 먼 거리에서 이 광경을 보고 있다면 볼링공이 구슬에 '즉각적인 힘'을 행사하여 궤적을 바꿔놓았다고 생각할 것이다. 그러나 가까운 곳에서 자세히 들여다보면 진짜 내막을 알 수 있다. 즉, 볼링공은 구슬에 어떤 힘도 행사하지 않았다. 볼링공이 한 일은 고무판을 휘어지게 만든 것뿐이다. 구슬의 궤적이 바뀐 것은 힘 때문이 아니라, 고무판 자체가 휘어져 있기 때문이다.

이와 마찬가지로 행성이 태양 주변을 공전하는 것은 태양의 중력 때문에 그 근처의 공간이 휘어져 있기 때문이다. 또한 우리가 우주공간으로 날아가지 않고 지표면에 붙어 있을 수 있는 것도 지구의 중력에 의해 지표면 근처의 공간이 휘어져 있기 때문이다(그림 4.1).

아인슈타인은 이 원리에 입각하여 멀리 떨어진 별에서 날아온 빛이 태양 때문에 휘어질 수도 있다고 생각했다. 이것은 다음과 같은 과정

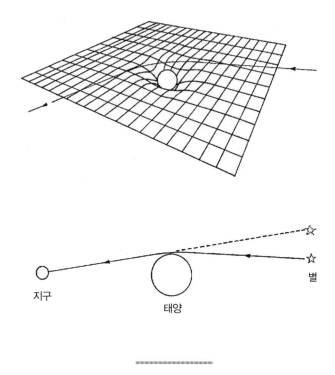

그림 4.1 》》 아인슈타인은 중력을 '공간이 휘어지면서 나타나는 현상'으로 해석했다. 그는 태양 주변에 있는 별(태양 근처에 있는 것처럼 보일 뿐, 실제로는 태양보다 훨씬 먼 거리에 있음)의 겉보기 위치가 태양의 중력 때문에 달라질 것으로 예측했고, 그의 예측은 여러 차례에 걸친 관측을 통해 사실로 확인되었다.

을 거쳐 실험적으로 확인 가능하다. (1)태양이 없는 밤에 특정한 별의 위치를 측정한다. (2)계절이 바뀐 후, 일식이 일어났을 때 그 별의 위치를 측정한다(단, 태양에 완전히 가려지면 곤란하므로 처음부터 태양의 테두리 근처에 있는 별을 선택해야 한다). 아인슈타인의 주장이 옳다면 별의 '상대적 겉보기 위치'는 태양에 의해 달라진다. 별빛이 지구를 향해 날아오다가 태양을 스쳐지나갈 때 태양의 중력에 의해 휘어질 것이기 때문이다. 그러므로 밤에 촬영한 별의 위치와 일식이 일어났을 때 촬영한 별의 위치를 비교하면 아인슈타인의 이론을 검증할 수 있다.

지금까지 언급된 내용은 아인슈타인이 일반상대성이론을 구축할 때 길잡이로 삼았던 '마흐의 원리Mach's principle'로 요약된다. 고무판의 휘어지는 정도가 그 위에 놓인 볼링공에 의해 결정되는 것처럼, 아인슈타인은 시공간의 곡률이 물질-에너지의 밀도에 의해 결정된다고 결론지었다. 이것이 바로 리만이 놓쳤던 부분이다. 시공간의 휘어진 정도는 그 안에 포함된 물질-에너지의 양과 직접적으로 관련되어 있다.

이 관계를 수학적으로 표현한 것이 그 유명한 '장방정식field equation'이다.[7]

물질-에너지 → 시공간의 곡률

여기서 화살표(→)는 '결정한다'는 의미이다. 아인슈타인의 장방정식은 인간의 정신이 이룩한 최고 업적 중 하나로 꼽힌다. 과학자들은 이 짧은 방정식 하나로 별과 은하의 운동을 비롯하여 블랙홀과 빅뱅, 심지어 우주의 운명까지 알아낼 수 있었다.

그러나 아인슈타인에게는 아직도 퍼즐 한 조각이 부족했다. 중력의 원리를 알아내긴 했는데, 그것을 표현할 수학적 도구가 없었던 것이다. 과거에 리만은 수학적 도구를 개발했으나 물리적 원리가 없었고, 아인슈타인은 물리적 원리를 발견했지만 수학적 도구가 없었다.

중력의 장이론

아인슈타인은 리만의 기하학을 모르는 채 물리적 원리를 발견했기 때문에 자신의 원리를 수학적으로 표현할 수 없었다. 그는 1912년부터 1915년까지 근 3년 동안 이 문제를 해결하기 위해 사투를 벌였으나 별다른 소득을 얻지 못했다. 친구인 마르셀 그로스만Marcel Grossman에게 보낸 편지에는 당시 아인슈타인의 절박한 심정이 매우 직설적으로 표현되어 있다. "그로스만, 제발 나 좀 도와줘. 나 지금 미쳐버릴 것 같아!"[8]

절박한 편지에 그로스만은 도서관을 이잡듯 뒤지다가 서가의 한 귀퉁이에서 리만의 논문을 발견했다. 아인슈타인이 그토록 찾아 헤매던 해답이 바로 리만의 계량텐서였던 것이다. 아인슈타인은 당시의 일을 다음과 같이 회고했다. "그로스만 덕분에 알게 된 사실이지만, 나를 괴롭혔던 문제는 리만과 리치Ricci, 레비치비타Levi-Civita 등의 수학자들에 의해 이미 해결된 상태였고, 그중에서 최고는 단연 리만이었다."

아인슈타인의 문제를 해결하는 결정적 열쇠는 리만의 그 유명한 1854년 강연이었다. 근 60년 동안 잊혀져왔던 리만의 기하학이 드디어 임자를 만난 것이다. 그리하여 가속운동을 고려한 상대성이론, 즉 '일반상대성이론general relativity'이 세상의 빛을 보게 되었다. 이것은 리만의 1854년 강연을 물리학적 관점에서 해석한 이론으로 $E = mc^2$보다 훨씬 포괄적인 내용을 담고 있으며, 여기 등장하는 장방정식은 과학 역사상 가장 심오한 방정식으로 알려져 있다.

리만의 최고 걸작은 공간의 모든 점에서 장場처럼 정의되는 계량텐서이다. 이것은 단순한 숫자가 아니라 10개의 숫자로 이루어진 행렬로서(사실은 16개인데 그중 6개는 다른 숫자와 같다), 1854년 강연록의 첫 페이지에 수록되어 있다. 맥스웰의 전자기장은 성분이 3개인 벡터로 표현되는 반면, 중력장은 10개의 성분을 갖는 계량텐서로 표현된다! 아인슈타인의 목적은 맥스웰이 전자기장 방정식을 유도한 것처럼 계량텐서장이 만족하는 방정식을 알아내는 것이었다.

아인슈타인의 방정식을 리만의 계량텐서로 표현하면 과학 역사상 전례를 찾아볼 수 없을 정도로 아름답고 우아해진다. 노벨상 수상자인 인도출신의 물리학자 수브라마니안 찬드라세카르Subrahmanyan Chandrasekhar는 일반상대성이론을 가리켜 "인류가 구축한 가장 아름다운 과학이론"이라고 했다. (일반상대성이론은 단순하면서도 강력한 이론의 최상급이다. 요즘 말로 표현하면 '가성비의 슈퍼 갑'이라 할 수 있다. 대체 어디서 그런 위력이 발휘되는지 물리학자들조차도 신기해할 정도이다. 이 점에 관하여 MIT의 물리학자 빅토어 바이스코프Victor Weisskopf는 다음과 같은 말을 한 적이 있다. "시골에서 올라온 촌뜨기가 기차를 처음 보았다. 공학자가 증기의 통로와 엔진의 작동과정 등 증기기관의 원리를 자세히 설명해주었더니, 촌뜨기가 고개를 끄덕이며 묻는다. '잘 알겠어요. 근데 기차를 끄는 말은 어디 있나요?' 아인슈타인의 일반상대성이론을 연구하다 보면 나 자신이 그 촌뜨기가 된 듯한 기분이 든다. 증기가 어디로 가고 엔진이 어떻게 작동되는지 자세한 사항은 다 이해하겠는데, 도대체 말이 어디 있는지 알 수가 없다.")[9]

아인슈타인이 등장하기 60년 전에 리만은 중력이론의 핵심에 거의 도달했었다. 필요한 수학적 도구는 1854년에 이미 완성되었고, 리만의 방정식은 임의의 차원에서 휘어진 시공간을 완벽하게 서술할 수 있었다. 그러나 그에게는 "물질-에너지가 시공간의 곡률을 결정한다"는 기본원리와 물리적 통찰력이 없었기에 '아인슈타인에게 필요한 도구를 앞서 개발한 천재수학자'로 만족해야 했다.

휘어진 공간에서 살아가기

언젠가 보스턴에서 아이스하키 경기를 관람한 적이 있다. 역시 듣던 대로 박진감 넘치는 스포츠였다. 그런데 선수들이 스틱을 이용하여 퍽을 주고받을 때마다 내 머릿속에는 분자 속에서 전자를 주고받는 원자가 연상되었다. 정말 심각한 직업병이다. 나는 긴박하게 진행되는 경기를 물끄러미 바라보다가 문득 '아이스링크는 경기에 직접 관여하지 않는다'는 평범한 사실을 떠올렸다. 얼음판은 선수들을 떠받치는 수동적 배경일 뿐, 퍽을 움직이거나 골을 넣지 못한다.

나의 직업병은 계속되었다. 아이스링크가 적극적으로 경기에 참여한다면 어떻게 될까? 얼음판에 오르막과 내리막이 있고 복잡한 굴곡까지 있다면 경기는 어떤 양상으로 진행될까?

아마도 하키경기는 훨씬 더 흥미로워질 것이다(선수들은 죽을 맛이겠지만…). 구불구불한 빙판에서 스케이트를 타느라 선수들의 몸은 위아래로 정신없이 흔들리고, 퍽은 뱀처럼 곡선을 그리면서 예측할 수 없는 방향으로 나아간다. 왜 그런가? 휘어진 빙판 자체가 선수들과 퍽에 '힘'을 가하기 때문이다.

나는 여기서 한 걸음 더 나아가 가로원통의 안쪽 면에서 진행되는 아이스하키를 상상해보았다. 머리 위의 얼음판을 지나갈 때에는 선수의 몸이 거꾸로 서겠지만, 속도가 충분히 빠르면 떨어지지 않고 한 바퀴 돌 수 있다. 이런 링크에서 경기를 한다면 위로 올라갔다가 떨어지면서 상대선수를 덮치거나 퍽이 나선을 그리며 나아가는 '스크류 샷' 등 새로운 전술도 구사할 수 있다. 얼음판이 휘어져 있으면 그 위에서 움직이는 물체를 서술할 때 얼음판 자체의 형태가 결정적 요인으로 부각될 것이다.

이와 비슷하게 우리의 우주가 휘어진 초공간, 즉 4차원의 초구(超球, hypersphere)라고 가정해보자.[10] 이런 우주에서 앞을 바라보면 빛이 구를 한 바퀴 돌아 우리 눈으로 되돌아온다. 구의 반지름이 충분히 작다면 당신 앞에는 당신과 똑같은 옷을 입은 사람이 등을 지고 서 있을 것이다. 그의 추레한 모습에 살짝 연민을 느낀 당신은 혼자 중얼거린다. "쯧쯧… 헤어스타일이 저게 뭐냐? 좀 빗고 다닐 것이지. 아차! 그러고 보니 나도 오늘 아침에 머리 빗는 걸 잊었네?"

앞에 있는 사람은 거울에 비친 허상일까? 당신은 사실을 확인하기 위해 오른손을 뻗어서 그의 어깨에 올려본다. 이크! 허상이 아니라 진짜 사람이다. 그런데 더 앞쪽을 내다보니 수많은 사람들이 일제히 같은 방향을 바라보며 일렬로 늘어서 있는 게 아닌가. 게다가 모든 사람들의 오른손이 그 앞에 있는 사람의 어깨에 얹혀 있다!

한동안 넋을 잃고 그 이상한 광경을 바라보고 있는데, 문득 오른쪽 어깨가 무거워진 듯한 느낌이 든다. 깜짝 놀라 뒤를 돌아보니 역시 당신과 똑같은 옷을 입은 사람이 당신의 어깨 위에 손을 올린 채 뒤를 돌아보고 있다. 게다가 뒤쪽으로도 무수히 많은 사람들이 일렬로 늘어서 있다.

대체 무슨 일이 벌어지고 있는 것일까? 초구 위에 사는 사람은 당신뿐이다. 따라서 눈앞에 등을 지고 서 있는 사람들은 당신일 수밖에 없다. 당신은 자신의 뒷모습을 보고 있었던 것이다. 앞사람의 어깨에 손을 올릴 때, 당신의 팔은 초구를 한바퀴 돌아 당신의 어깨에 닿았다. 즉, 당신은 손을 앞으로 뻗어 자기 어깨에 얹은 것이다.

우리의 직관과는 완전히 상반되지만 초구에서는 얼마든지 가능한 일이다. 요즘 대다수의 우주론 학자들은 우리의 우주가 거대한 초구라고 믿고 있다. 그 외에 초도넛(hyperdoughnut, 고차원 공간에 존재하는 도넛)이나 뫼비우스 띠에서도 이와 비슷한 현상이 일어난다. 이런 공간은 딱히 응용할 곳이 없지만 초공간에서의 삶을 상상하는 데에는 어느 정도 도움이 될 수 있다.

예를 들어 우리가 초도넛 위에 살고 있다고 가정해보자. 이런 세상에서 좌우로 눈을 돌리면 무수히 많은 사람들이 양쪽으로 늘어서 있는 장관을 보게 된다. 빛이 도넛의 길이방향을 따라 한바퀴 돌아서 출발점으로 되돌아오기 때문이다. 왼쪽으로 고개를 돌리면 왼쪽 사람의 오른쪽 옆모습이 보이고, 오른쪽으로 고개를 돌리면 오른쪽 사람의 왼쪽 옆모습이 보인다. 좌우뿐만이 아니다 앞쪽과 뒤쪽으로도 무수히 많은 사람들이 일렬로 늘어서 있고, 당신의 왼쪽과 오른쪽에 있는 사람의 앞뒤로도 똑같은 광경이 펼쳐진다. 무한히 큰 바둑판의 모든 정사각형마다 사람이 서 있는 형국이다. 그런데 다른 사람의 얼굴을 확인할 길이 없다. 고개를 아무리 빨리 돌려도 당신의 앞뒤와 좌우에 서 있는 사람들의 뒤통수만 보일 뿐이다(고개를 돌리지 않고 왼쪽으로 곁눈질을 하면 당신의 왼쪽에 있는 사람의 오른쪽 옆얼굴을 볼 수는 있다. 물론 그도 왼쪽으로 곁눈질을 하고 있을 것이다_옮긴이).

이제 당신이 양손을 좌우로 뻗으면 모든 사람들이 동시에 당신의 행동을 따라할 것이다. 간격이 충분히 좁으면 좌우에 서 있는 사람의 손을 잡아서 거대한 인간사슬을 만들 수 있다. 당신뿐만 아니라 모든

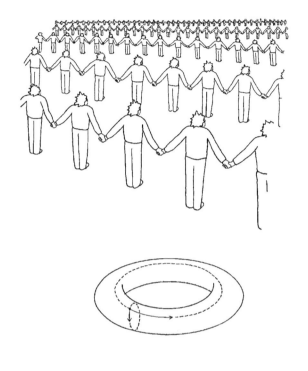

그림 4.2 〉〉〉 당신이 초도넛 위에 살고 있다면 무수히 많은 사람들이 늘어서 있는 장관을 보게 될 것이다. 물론 그들은 남이 아니라 당신 자신이다. 도넛의 표면에서는 빛이 진행하다가 출발점으로 되돌아오는 방법이 두 가지이므로(아래 그림 참조), 사람들의 행렬은 좌우방향뿐만 아니라 전후방향으로도 이어진다. 양손을 뻗어 옆사람의 손을 잡으면 도넛을 한 바퀴 돌아 인간사슬을 만들 수 있다.

사람들이 자신의 좌우에 있는 사람과 손을 잡고 있는 것이다. 당신의 앞과 뒤에도 모든 사람들이 좌우로 손을 잡은 채 인간사슬을 형성하고 있다.

이런 일이 어떻게 가능할까? 초도넛의 규모가 충분히 작으면 당신의 팔이 도넛을 한 바퀴 돌아 당신에게 도달할 수 있다. 그러므로 당

신이 잡은 것은 남의 손이 아니라 바로 당신의 손이다!(그림 4.2)

당신은 한동안 제스처 놀이를 하다가 문득 이상한 생각이 들었다. '가만, 혹시 이 인간들이 단체로 짜고 나를 놀리는 거 아냐? 누군가가 이 모습을 찍어서 SNS에 올리기라도 하면 난 완전히 바보가 될 텐데… 거 생각해보니 괘씸하네!' 갑자기 열 받은 당신은 주머니에서 총을 꺼내 앞사람을 겨누었다. 그 사람이 거울에 비친 가짜라면 총알은 그냥 통과할 것이고, 그렇지 않다면 총알은 우주를 한 바퀴 돌아 당신을 향해 날아올 것이다. 앞뒤를 따져보니 방아쇠를 당기는 것은 그리 좋은 생각이 아닌 것 같다.

또 다른 예로 뫼비우스 띠에 살고 있는 생명체를 생각해보자. 오른손잡이 평면생명체가 뫼비우스 띠를 따라 걷다가 출발점으로 되돌아오면 왼손잡이가 된다. 자주 쓰는 손뿐만 아니라 신체의 좌우가 거울에 비친 영상처럼 통째로 바뀐다. 조지 웰스의 소설 〈플래트너 이야기〉의 주인공처럼, 먼 여행을 떠났다가 지구로 돌아오면 왼쪽에 있던 심장은 오른쪽에 있고 출발 전에 기념 삼아 오른팔에 새겼던 문신은 어느새 왼팔로 옮겨왔을 것이다.

여기서 차원을 높여 당신이 어떤 폭발사건을 겪으면서 초뫼비우스 띠(뫼비우스 띠의 초공간 버전)로 떨어졌다고 가정해보자. 정신을 차리고 앞을 바라보니 누군가가 당신을 등진 채 서 있다. 정체는 모르겠지만 가르마의 방향이 반대인 것으로 보아 당신은 아닌 것 같다. 당신이 오른손을 뻗어 그의 어깨 위에 얹었더니, 그는 왼손을 뻗어서 자기 앞에 있는 사람의 어깨 위에 얹는다. 그 앞으로도 사람들이 길게 늘어서 있는데, 앞사람의 어깨 위에 얹은 손은 왼손-오른손-왼손 하는 식으로 바뀐다.

이번에는 당신이 친구들과 함께 초뫼비우스 띠로 떨어졌다고 가정해보자. 당신은 친구들과 헤어져 이상한 우주를 한 바퀴 돈 뒤 출발점으로 되돌아왔다. 그런데 친구들은 당신을 반기기는커녕, 대경실색하며 뒤로 물러선다. 가르마의 방향과 반지 낀 손이 바뀐 것은 애교로 봐주겠는데, 가슴에 달고 있던 명찰의 좌우가 뒤집어지고 왼쪽 목덜미에 있던 검은 점이 오른쪽으로 옮겨간 것은 도저히 이해할 수 없다. 친구들은 걱정스러운 표정으로 당신에게 묻는다.

친구: 대체 무슨 일이 있었던 거야? 몸은 괜찮아? 어라? 이 친구, 심장 위치까지 반대로 바뀌었잖아?

당신: 무슨 소리야? 난 멀쩡하다구. 좌우가 바뀐 건 내가 아니라 너희들이잖아!

친구: 몸뿐만 아니라 정신까지 뒤집어졌구만. 네 명찰을 봐. 그게 정상이냐?

당신: 명찰이 뭐가 어때서? 출발할 때 그대로잖아. 뒤집어진 건 너희들 명찰이라구. 너희들이야말로 내가 없는 사이에 무슨 일을 겪은 거야?

그렇다. 당신은 좌우가 바뀐 것을 인식하지 못한다. 뇌와 근육, 신경 등 모든 것의 좌우가 바뀌었으니 뒤집어진 명찰이 정상으로 보이는 것이다.

시공간이 휘어진 우주에서는 이처럼 상식을 벗어난 일이 수시로 일어난다. 공간은 수동적인 배경이 아니라, 우주의 드라마에 적극적으로 참여하여 운명을 좌우하는 능동적 배우였다.

지금까지 언급된 내용을 정리해보자. 아인슈타인은 60년 전에 리만이 시작했던 프로젝트, 즉 고차원을 도입하여 자연의 법칙을 단순화하는 원대한 프로젝트를 완수했다. 그러나 아인슈타인은 몇 가지 면에서 리만의 목표를 초과 달성했다. '힘'이 기하학의 결과라는 사실은 리만도 알고 있었지만, 아인슈타인은 기하학의 저변에 숨어 있는 물리학적 원리(물질-에너지의 밀도가 시공간의 휘어진 정도를 결정한다는 원리)까지 알아냈다. 또한 두 사람은 중력이 계량텐서장으로 표현된다는 사실을 잘 알고 있었지만, 그 장이 만족하는 방정식을 유도한 사람은 아인슈타인이었다.

대리석으로 만든 우주

아인슈타인은 특수상대성이론(1905년)과 일반상대성이론(1915년)을 연달아 터뜨리면서 물리학계에 자신의 이름을 알렸고, 1920년대 중반에는 자타가 공인하는 물리학의 아이콘으로 등극했다. 특히 '빛은 중력에 의해 휘어진다'는 아인슈타인의 주장이 1921년에 정밀한 관측을 통해 사실로 확인되면서 아인슈타인의 명성은 아이작 뉴턴에 견줄 정도로 높아졌다.

그러나 만족을 몰랐던 아인슈타인은 또 한 건의 '세기적 대박'을 터뜨릴 준비를 하고 있었다. 그가 생각했던 세 번째 이론은 빛과 중력을 포함하여 자연에 존재하는 모든 힘을 하나의 논리체계로 설명하는 만물의 이론theory of everything으로, 아인슈타인 자신은 그것을 '통일장이론unified field theory'이라 불렀다. 그러나 애석하게도 아인슈타인은 통일장이론을 완성하지 못하고 쓰다 만 논문만 잔뜩 남긴 채 세상을 뜨고 말았다.

아이러니하게도 아인슈타인이 실패한 것은 자신이 유도한 방정식의 구조적 특성 때문이었다. 장방정식의 좌변에 있는 시공간의 곡률은 기하학적 구조가 매우 아름답고 매끈하여, 아인슈타인은 그것을 '대리석'에 비유하곤 했다. 그에게 시공간의 곡률은 평화롭고 아름다운 그리스의 건축물과도 같은 존재였다. 반면 아인슈타인은 질량-에너지의 분포에 해당하는 우변을 거친 '나무'에 비유했다. 질량-에너지를 생성하는 기원이 다양한 데다 생긴 모습도 전혀 매끄럽지 않았기 때문이다. 시공간의 '대리석'은 더할 나위 없이 우아하고 깔끔한데, 물질-에너지의 '나무'는 소립자, 원자, 분자, 중합체, 결정체 등에서 바위와 행성, 그리고 별에 이르기까지 형태가 제각각이라 아름다움이나 우아함과는 거리가 멀어도 한참 멀다. 게다가 아인슈타인이 통일장 연구에 몰두했던 1920~1930년대에는 물질의 궁극적 특성에 대하여 알려진 내용이 거의 없었다.

아인슈타인은 물질의 기하학적 기원을 규명하여 거친 나무를 매끈한 대리석으로 바꾸고 싶었지만, 나무의 물리적 속성을 깊이 이해하지 않고서는 도저히 불가능한 일이었다. 예를 들어 공원 한복판에 홀로 서 있는 나무 한 그루를 상상해보자. 건축가들은 공원을 아름답게 꾸미기 위해 순수한 대리석으로 온갖 우아하고 매끈한 조형물을 만들어 나무를 에워쌌다. 그 와중에도 나무의 줄기, 뿌리, 잎 등과 무늬가 비슷한 대리석을 엄선하여 전체적인 조화를 유지했다. 즉, 나무의 존재가 주변 대리석의 패턴을 결정한 것이다. (이것이 바로 마흐의 원리이다!) 그러나 아인슈타인은 '거칠고 복잡하게 생긴 나무'와 '단순하고 순수한 대리석'으로 양분된 구조를 별로 좋아하지 않았다. 자연의 조화가 완벽하게 구현되려면 나무는 어떻게든 대리석으로 대치되어야 했다. 아인슈타인이 생각했던 이상적인 공원은 대리석으로 장식된 광장의 중심에 아름답고 대칭적인 대리석 나무가 우뚝 서 있는 공원이었다.

지금 우리는 아인슈타인이 어디서 실수를 범했는지 알고 있다. 앞에서 여러 번 강조한 대로 자연의 법칙은 고차원에서 더욱 단순해지고 통일하기도 쉬워진다. 아인슈타인은 이 원리를 처음 두 이론(특수상대성이론과 일반상대성이론)에 올바르게 적용했으나, 세 번째 이론을 구축할 때에는 더 이상 적용을 포기했다. 당시는 원자와 원자핵의 구조가 알려지기 전이었기에, 고차원 공간을 통일 원리로 사용할 수 없었던 것이다.

그래도 아인슈타인은 '물질은 시공간의 꼬임이나 진동, 또는 왜곡으로 해석할 수 있다'는 확고한 믿음하에 몇 가지 순수수학적 접근법을 시도해보았다. 공간이 한 곳에서 집중적으로 뒤틀리면 그 결과가 '물질'로 나타난다는 것이다. 나무와 구름, 별 등 우리 주변에 존재하는 모든 물질이 왜곡된 초공간이 만들어낸 환영幻影이라는 이야기다. 그러나 이를 뒷받침할 만한 실험적 증거가 없었기에 아인슈타인은 더 이상 진도를 나가지 못했다.

칼루자-클라인 이론의 탄생

1919년 4월의 어느 날, 아인슈타인은 한 통의 편지를 받고 그 자리에서 얼어붙었다.

편지를 보낸 사람은 독일 쾨니히스베르크대학교University of Königsberg 에 적을 두고 있는 무명의 수학자 테오도르 칼루자Theodor Kaluza였다 (쾨니히스베르크는 구소련의 칼리닌그라드Kaliningrad의 옛 이름이다). 몇 페이지에 불과한 짧은 편지에서 그 무명의 수학자는 20세기 물리학의 최대 현안에 명쾌한 해답을 제시했다. 5차원 시공간(네 개의 공간차원과 한 개의 시간차원)을 도입하면 아인슈타인의 중력이론과 맥스웰의 전자기학이 말끔하게 통일된다는 것이다!

칼루자는 힌턴과 췰너가 추구했던 네 번째 차원을 다섯 번째 차원으로 부활시켜 아인슈타인의 중력이론(일반상대성이론)을 한층 더 심오한 형태로 재구성했다. 과거에 리만이 그랬듯이 칼루자도 빛이 고차원 공간에서 발생한 교란의 결과라고 생각한 것이다. 리만, 췰너, 힌턴과 다른 점은 수학적 직관에 의존하지 않고 정식 장이론을 채택했다는 점이다.

칼루자의 편지는 아인슈타인의 중력장방정식을 4차원이 아닌 5차원 시공간에서 서술하는 것으로 시작된다(리만의 계량텐서는 4차원뿐만 아니라 임의의 차원에 적용될 수 있다). 그 후 칼루자는 자신이 유도한 5차원 방정식에 아인슈타인의 4차원 장방정식과 다른 요소가 완벽하게 포함되어 있음을 증명했다. 그런데 놀랍게도 그 다른 요소라는 것은 다름 아닌 '맥스웰의 빛 이론'이었다. 다시 말해서, 그 무명의 수학자가 5차원 시공간을 도입하여 과학 역사상 가장 위대한 두 개의 장이론(맥스웰의 전자기장이론과 아인슈타인의 중력장이론)을 하나로 말끔하게 통일한 것이다! 게다가 그것은 순수한 대리석(순수한 기하학)으로 이루어진 이론이었다.

칼루자의 편지에는 나무를 대리석으로 바꾸는 마법이 적혀 있었다. 다시 공원으로 돌아가서 생각해보자. 2차원 대리석광장의 중앙에 칙칙한 나무 한 그루가 있다. 공원관리자는 나무가 경관을 망치는 것 같아 어떻게든 조치를 취하고 싶은데 관련법규상 나무를 베어낼 수가 없다. 그런데 칼루자가 나타나 기막힌 아이디어를 제안한다. "대리석을 2차원 평면에 국한시키지 말고 3차원으로 확장하면 됩니다. 나무까지 대리석으로 덮으면 아름다운 대리석공원으로 거듭날 수 있어요."

독자들은 빛과 중력이 대체 무슨 관계라는 건지, 선뜻 이해가 가지 않을 것이다. 빛은 우리에게 매우 친숙하면서 사물의 다양한 색과 형태를 만들어내는 원천인 반면, 중력은 눈에 보이지 않고 우리 몸에 직접 작용하는 중력 외에는 느껴지지도 않는다. 지구에서 인간이 자연을 어느 정도 제어할 수 있었던 것은 중력이 아닌 전자기력 덕분이었다. 전자기력은 온갖 기계를 작동시키고, 도시의 밤을 밝히고, TV를 볼 수 있게 해준다. 반면에 중력은 행성의 길을 유도하고, 태양의 폭발을 방지하고, 태양계와 은하의 형태를 유지하는 등 주로 천문학적 스케일에서 위력을 발휘하고 있다. (실험실에서 빛과 중력의 상호관계를 최초로 연구한 사람은 마이클 패러데이였다. 그가 두 힘 사이의 관계를 관측할 때 사용했던 도구는 지금도 런던 피커딜리의 왕립학회에 보존되어 있다. 이 연구는 결국 실패로 끝났지만, 훗날 패러데이는 통일의 위력을 강조하면서 다음과 같은 글을 남겼다. "물리법칙이 통일된다면 힘에 대한 기존의 개념은 가히 혁명적인 변화를 겪게 될 것이며, 인류가 쌓아온 지식의 전당에도 새로운 장이 열릴 것이다.")[11]

수학적인 관점에서 봐도 빛과 중력은 물과 기름처럼 섞기 어려운 개념이다. 빛에 관한 맥스웰의 이론에는 4개의 장이 등장하는 반면,

아인슈타인의 중력이론에 등장하는 계량텐서는 10개의 성분을 갖고 있다. 그러나 칼루자의 5차원이론은 남의 이론에 별로 너그럽지 않았던 아인슈타인조차도 도저히 거부할 수 없을 정도로 우아하고 아름다웠다.

처음에 아인슈타인은 칼루자의 이론이 시공간의 차원을 4에서 5로 키우기만 한 싸구려 수학적 트릭이라고 생각했다. 네 번째 공간차원은 지금까지 단 한 번도 발견된 적이 없기 때문이다. 그런데 놀랍게도 칼루자의 5차원 장이론을 4차원으로 줄여도 맥스웰 방정식과 아인슈타인의 장방정식은 전혀 손상되지 않고 원형 그대로 살아남았다. 간단히 말해서 칼루자는 5차원에서 떨어져 나온 두 개의 직소퍼즐을 맞추는 데 성공한 것이다.

빛이란 고차원 공간의 기하학적 구조가 뒤틀리면서 나타난 결과였다. 힘을 '종이에 생긴 주름'으로 설명하려는 리만의 꿈이 실현된 것이다. 칼루자는 얼마 후 발표한 논문에서 다음과 같이 주장했다. "가장 중요한 두 이론을 통합한 나의 이론은 형식적인 면에서 최상의 통일전략을 제공하고 있다. 이토록 아름답고 단순한 이론이 우연의 일치일 가능성은 거의 없다고 본다."[12] 아인슈타인은 칼루자의 대담하고 간결한 편지에 깊은 감명을 받았다. 위대한 아이디어가 대부분 그렇듯이, 칼루자의 논리는 매우 우아하면서 간단명료했다.

칼루자의 이론을 '직소퍼즐 맞추기'에 비유한 데에는 그럴 만한 이유가 있다. 리만과 아인슈타인의 주무기는 공간의 모든 점에서 정의된 10개의 숫자행렬, 즉 계량텐서였다. 이것은 패러데이의 장을 자연스럽게 확장한 개념이다. 계량텐서에 포함된 10개의 숫자들은 그림 2.3과 같이 4×4 바둑판에 정방형으로 나열할 수 있다(사실은 10개가

$$\begin{pmatrix} g_{11} & g_{12} & g_{13} & g_{14} & A_1 \\ g_{21} & g_{22} & g_{23} & g_{24} & A_2 \\ g_{31} & g_{32} & g_{33} & g_{34} & A_3 \\ g_{41} & g_{42} & g_{43} & g_{44} & A_4 \\ \hline A_1 & A_2 & A_3 & A_4 & \end{pmatrix}$$

$$= \begin{pmatrix} \text{아인슈타인} & & \text{맥스웰} \\ & & \\ \hline & \text{맥스웰} & \end{pmatrix}$$

그림 4.3 》》》 칼루자는 리만의 계량텐서를 5차원으로 확장한다는 기발한 아이디어를 생각해냈다. 5×5 계량텐서의 다섯 번째 가로줄과 다섯 번째 세로줄은 맥스웰의 장에 해당하고, 나머지 4×4 블록은 아인슈타인의 4차원 계량에 해당한다. 칼루자는 '차원 추가'라는 단순한 아이디어로 중력이론과 빛의 이론을 하나로 통일할 수 있었다.

174 —— 초공간

아니라 16개지만, 그중 6개는 다른 숫자와 같고 독립적인 숫자는 10개뿐이다). 이 숫자를 $g_{11}, g_{12}\cdots, g_{44}$로 표기하자. 또한 맥스웰의 장은 공간의 모든 점에서 정의된 4개의 숫자로 이루어져 있는데, 이 숫자를 A_1, A_2, A_3, A_4라 하자.

칼루자의 이론을 이해하기 위해, 리만기하학의 5차원 버전을 생각해보자. 5차원 계량텐서는 5×5 바둑판에 나열할 수 있다. 이제 정의에 입각하여 칼루자가 도입한 장의 성분을 재배열하면 그림 4.3과 같이 아인슈타인의 장과 맥스웰의 장으로 깔끔하게 분리된다. 이것이 바로 아인슈타인을 놀라게 했던 칼루자의 핵심 아이디어다. 그는 맥스웰의 장과 아인슈타인의 장을 단순히 더함으로써 5차원 장으로 재구성했다.

리만의 5차원 중력에 포함된 15개의 성분은 아인슈타인 장의 성분 10개와 맥스웰 장의 성분 4개를 모두 포함할 수 있다! 따라서 칼루자의 기발한 아이디어는 다음의 간단한 식으로 요약된다.

15 = 10 + 4 + 1

(마지막 '1'은 스칼라입자scalar particle를 뜻하는데, 우리의 주제와 별 상관없으므로 신경쓰지 않아도 된다.) 5차원이론을 면밀히 분석하면 칼루자의 주장대로 맥스웰의 장이 리만의 계량텐서에 딱 맞게 포함된다는 것을 알 수 있다. 일견 순진해 보이는 이 방정식은 20세기를 대표하는 획기적 아이디어로 역사에 남게 된다.

결론적으로 말해서 5차원 계량텐서는 맥스웰의 장과 아인슈타인의 장을 모두 포함한다. 아인슈타인은 중력과 빛이라는 두 개의 핵심이론이 이 간단한 아이디어로 통합된다는 사실에 경악을 금치 못했다.

우연의 일치일까? 단순한 숫자놀음일까? 아니면 누군가 흑마술이라도 부린 것일까? 아인슈타인은 칼루자의 편지를 읽고 커다란 충격을 받았지만, 2년 동안 아무런 반응도 보이지 않았다. 이런저런 핑계로 중요한 논문의 출판을 미룬 것 치곤 꽤나 긴 시간이다. 결국 아인슈타인은 논문의 중요성을 인정하고 '물리학의 통일문제에 대하여On the Unity Problem of Physics'라는 제목으로 독일학술지 〈프로이센과학아카데미Sitzungsberichte Preußische Akademie der Wissenschaften〉에 원고를 보냈다.

물리학 역사상 네 번째 공간차원의 현실적 사용처를 제안한 사례는 단 한 번도 없었다. 리만 이후로 고차원수학의 아름다움은 널리 홍보되었지만, 어느 누구도 물리적 응용분야를 찾지 못했다. 그런데 듣도보도 못한 무명의 수학자가 나서서 과학 역사상 처음으로 네 번째 공간차원의 사용처를 제안한 것이다. 그것도 하찮은 곁다리 문제가 아니라 물리법칙을 통일하는 데 사용했다! 어떤 면에서 보면 칼루자는 아인슈타인의 4차원 시공간이 전자기력과 중력을 담기에 '너무 작다'는 사실을 지적했다고 할 수도 있다.

사실 칼루자의 5차원 통일이론은 갑자기 등장한 이론이 아니다. 대다수의 과학 역사가들은 칼루자의 업적을 논하면서 다섯 번째 차원이 '누구도 예상하지 못했던 독창적 아이디어'라고 주장한다. 실제로 물리학의 역사를 돌아보면 어느 날 갑자기 하늘에서 떨어진 듯 시대를 한참 앞선 이론이 종종 눈에 뜨인다. 그러면 역사학자들은 '전례없는 새 이론이 등장하여 과학의 새로운 지평을 열었다'며 이론의 독창성과 혁신성에 큰 점수를 주곤 한다. 그러나 이것은 과학 역사가들이 신비주의와 전위예술 등 비과학적인 분야에 대하여 아는 것이 별로 없는 상태에서 내린 섣부른 결론일 수도 있다. 당시의 문화 및 역사적 배경으로 미루어볼 때, 칼루자의 이론은 결코 느닷없이 등장한 이론이 아니었다. 앞서 말한 대로 힌턴과 췰너가 예견했던 고차원 공간은 문학과 예술을 통해 대중의 뇌리 속에 깊이 파고들었기에, 빛을 네 번째 차원의 진동으로 간주했던 힌턴의 아이디어가 구체적인 물리학이론으로 환생하는 것은 단지 시간문제일 뿐이었다. 리만의 기하학은 힌턴과 췰너를 통해 문학과 예술분야로 전파되었고, 그 영향이 다시 과학으로 옮겨와 칼루자의 이론을 낳은 것이다(최근에 피터 프로인트가 알아낸 바에 의하면 5차원 중력이론을 최초로 제안한 사람은 칼루자가 아니었다. 진짜 주인공은 아인슈타인의 학문적 라이벌이었던 군나르 노르츠트룀Gunnar Nordström이다. 그는 칼루자보다 먼저 5차원 장이론을 발표했지만, 아인슈타인과 맥스웰의 장이론을 포괄하기에는 부족한 점이 많았다. 그러나 칼루자와 노르츠트룀이 독립적으로 5차원을 떠올렸다는 것은 그 무렵에 고차원의 개념이 이미 대중문화 속으로 깊이 파고들었음을 의미한다. 이런 추세가 다시 칼루자나 노르츠트룀에게 영향을 주어 그와 같은 아이디어를 떠올렸을 수도 있다).[13]

다섯 번째 차원

물리학자들은 5차원을 처음 접했을 때 거의 예외 없이 큰 충격을 받는다. 프로인트도 자신이 고차원을 처음 접했던 순간을 지금도 생생하게 기억한다고 했다. 고차원이론은 프로인트의 사고방식에 지대한 영향을 미쳤다.

피터 프로인트는 루마니아 태생의 물리학자이다. 그는 구소련의 서기장이었던 스탈린이 사망하여 긴장이 크게 완화되었던 1953년에 대학에 조기 입학하여 게오르게 브른차누Gheorghe Vrănceanu의 강연을 들었다. 프로인트는 당시 브른차누가 제기했던 질문을 지금도 또렷하게 기억한다. "빛과 중력이 본질적으로 다른 이유는 무엇인가?" 그러고는 빛의 이론과 아인슈타인의 이론을 5차원에서 통합한 '칼루자-클라인 이론Kaluza-Klein theory'을 소개했다.

프로인트는 충격에 빠졌다. 비록 대학에 조기 입학한 신입생에 불과했지만, 궁금증을 참을 수 없었던 그는 상급생들이 보는 앞에서 대담한 질문을 날렸다. "다른 힘도 칼루자-클라인 이론으로 설명할 수 있을까요? 빛과 중력은 통일되었다 쳐도, 아직 핵력이 남아 있지 않습니까?" 그렇다. 칼루자-클라인 이론으로는 핵력을 다룰 수 없다. 프로인트는 이 사실을 잘 알고 있었다(냉전시대에 전 세계를 위협했던 수소폭탄은 전자기력도, 중력도 아닌 핵력을 이용한 무기이다).

브른차누가 미처 대답을 못하고 머뭇거리고 있는데, 프로인트가 큰소리로 외쳤다. "차원을 높이면 어떨까요?"

브른차누가 미간을 살짝 찌푸리며 되물었다. "차원을 얼마나 높인다는 겁니까?"

프로인트는 잠시 당황했다. 임기응변으로 멋진 제안을 하고 싶은데, 6차원이나 7차원은 이미 누군가가 선수를 쳤을 것 같았다. 그래서 그는 누구도 생각해보지 않았을 법한 숫자를 들이밀었다. "무한차원이요!"[14] (그러나 프로인트 자신이 보기에도 무한차원은 물리적으로 가능할 것 같지 않았다.)

원통 위에서 살아가기

5차원이론으로 한바탕 충격을 받은 전 세계의 물리학자들은 잠시 정신을 가다듬고 질문을 퍼붓기 시작했다. 그중에서도 가장 흔한 질문은 비전문가도 떠올릴 수 있는 질문이었다. "다섯 번째 차원은 대체 어디 있는가?" 지금까지 실행된 수많은 실험들은 우주가 3차원 공간과 1차원 시간으로 이루어져 있음을 명백하게 보여주고 있다. 주변 어디를 둘러봐도 다른 차원은 보이지 않는다. 이 간단하면서도 난해한 질문은 지금까지 해결되지 않은 채로 남아 있다.

생전에 이런 질문을 수 없이 받아온 칼루자는 궁리 끝에 기발한 해결책을 내놓았다. 그가 제시한 답은 '고차원은 우리가 알고 있는 기존의 차원과 근본적으로 다르다'는 힌턴의 주장과 일맥상통한다. 칼루자는 다섯 번째 차원이 원자보다 작은 초미세 영역에 원형으로 돌돌 말려 있어서 실험으로 관측되지 않는다고 생각했다. 그렇다면 다섯 번째 차원은 전자기력과 중력을 다루기 위해 도입된 수학적 트릭이 아니라, 두 개의 힘을 단단하게 묶는 접착제이자 현실세계에 존재하는 물리적 차원이 된다. 다만 그 크기가 너무 작아서 관측되지 않는 것뿐이다.

누구든지 다섯 번째 차원의 방향으로 걷다 보면 출발점으로 되돌아온다. 다섯 번째 차원은 위상수학적으로 원과 동일하기 때문이다. 그리고 우리의 우주는 위상적으로 길다란 원통과 동일하다.

포로인트는 이것을 다음과 같이 설명했다.

선으로 이루어진 세계, 즉 라인랜드Lineland에 사는 사람들을 상상해보자.

그들은 조상 대대로 온 세상이 선으로 이루어져 있다고 믿어왔다. 그러던 어느 날, 한 과학자가 나서서 "우리가 사는 세상은 1차원이 아니라 2차원이다!"라고 주장했다. 당황한 사람들은 그를 향해 질문 공세를 퍼부었다. "네가 말하는 두 번째 차원은 어디 있는가?" 그러자 과학자는 "아주 작은 영역에 동그란 모양으로 말려있다"고 대답했다. 알고 보니 그 세계는 기다란 선이 아니라 아주 가늘고 길다란 원통(호스)의 표면이었다! 그런데 원통의 지름이 너무 작아서 관측되지 않았으므로, 사람들은 자신의 우주가 1차원의 선이라고 믿어왔던 것이다.[15]

원통의 지름이 충분히 크다면, 라인랜드 사람들은 자신이 살던 세계를 벗어나 선과 수직한 방향으로 나아갈 수 있다. 다시 말해서, '차원간 이동'이 가능하다는 뜻이다. 선이 뻗은 방향과 수직한 방향으로 걷다 보면 자신의 세계와 공존해온 수많은 1차원 세계와 마주치게 될 것이고, 그 와중에 별다른 사고를 겪지 않는다면 결국 자신의 세계로 되돌아올 것이다.

이제 차원을 하나 높여서 평면세계로 가보자. 이곳에서도 한 과학자가 홀연히 나타나 세 번째 차원으로 여행할 수 있다고 주장한다. 원리적으로 평면세계인들은 평면을 이탈하여 세 번째 차원으로 날아오를 수 있다는 것이다. 이들이 세 번째 차원 방향으로 서서히 이동하면 무수히 많은 평행우주가 존재한다는 사실을 깨닫게 된다. 물론 이들의 눈은 평면밖에 볼 수 없으므로 모든 평행우주를 한눈에 조망할 수는 없고, 위로 이동함에 따라 자신의 세계와 비슷한 평면우주가 연속적으로 스쳐지나갈 것이다. 그러다 문득 향수병이 도지면서 너무 멀리 왔다고 느낄 때쯤 자신이 살던 세계로 되돌아올 것이다.

이제 우리가 살고 있는 3차원 공간에 또 하나의 공간차원이 존재한다고 가정해보자. 앞의 경우와 마찬가지로 네 번째 차원은 아주 작은 영역 안에 원형으로 말려 있다. 논리상의 편의를 위해, 네 번째 차원의 길이가 10m라고 가정하자. 당신이 네 번째 차원으로 뛰어오르면 다른 사람의 시야에서 갑자기 사라져버린다. 그리고 그 방향으로 10m만 나아가면 당신은 출발점으로 되돌아온다. 그런데 다섯 번째 차원은 왜 동그랗게 말려있는 걸까? 스웨덴의 이론물리학자 오스카 클라인Oskar Klein은 1926년에 발표한 논문에서 "다섯 번째 차원이 원형으로 말린 이유는 양자이론에서 찾을 수 있다"고 주장했다. 그리고 양자이론에 입각하여 다섯 번째 차원의 길이를 계산해보니 약 10^{-33}cm(플랑크 길이)였다. 이 정도면 아무리 정밀한 장비를 동원해도 도저히 측정할 수 없다(요즘 성행하는 10차원이론도 이와 비슷한 논리를 펼치고 있다).

다섯 번째 차원이 상상을 초월할 정도로 작다는 것은 일견 황당하긴 하지만, 지금까지 발견되지 않은 이유를 설명해주기도 한다. 즉, 이론과 실험 사이에 적어도 '정면충돌'은 일어나지 않는다는 이야기다. 그러나 지구상의 어떤 장비를 동원해도 그토록 작은 영역에는 도달할 수 없고 앞으로도 구현될 가능성이 거의 없으므로, 5차원이론은 '검증 불가능한 이론'이기도 하다(양자물리학자 볼프강 파울리Wolfgang Pauli는 누군가가 어설픈 주장을 펼칠 때 "그건 아예 틀렸다고 말할 수조차 없다It isn't even wrong"며 신랄한 비난을 퍼붓곤 했다. 이론이 너무 어설퍼서 옳고 그름을 판단할 수조차 없다는 뜻이다. 칼루자의 이론은 검증 자체가 불가능하므로, 파울리 같은 사람은 '틀렸다고 말할 수조차 없는 이론'이라고 주장할 것이다).

칼루자-클라인 이론의 종말

칼루자-클라인 이론은 자연에 존재하는 힘을 기하학적으로 서술하는 데 중요한 실마리를 제공했으나, 1930년대로 접어들면서 서서히 잊히다가 결국 아무도 거들떠보지 않는 죽은 이론이 되고 말았다. 무엇보다도 다섯 번째 차원의 존재를 믿는 물리학자가 거의 없었고, 있다고 해도 플랑크 길이 수준의 작은 영역에 말려 있다면 실험적 검증이 불가능하기 때문이다. 플랑크 길이 영역을 탐사하는 데 필요한 에너지를 '플랑크 에너지Planck energy'라 하는데, 그 값은 약 10^{19}GeV로서 양성자 질량에너지의 1,000억×10억 배에 달한다. 과학이 제아무리 빠르게 발달한다 해도 앞으로 수백 년 동안은 이런 무지막지한 에너지에 도달할 수 없다. 어떤 물리학자가 검증 불가능한 이론에 자신의 연구 인생을 걸겠는가?

물리학에 새로운 혁명이 불어닥친 것도 칼루자-클라인 이론에 악재로 작용했다. 원자 이하의 미시세계에 묻혀 있던 비밀이 조금씩 밝혀지면서 물리학자들의 관심이 그쪽으로 쏠린 것이다. 그렇다. 새로 등장한 주인공은 바로 양자역학이었다. 그 후로 물리학자들은 근 60년 동안 양자세계에 몰입했고, 칼루자-클라인 이론은 완전히 뒷전으로 밀려났다. 게다가 양자역학은 기하학적으로 해석되었던 힘을 '불연속적인 에너지 덩어리'로 대치하여, 마지막 남은 불씨마저 꺼버렸다.

리만과 아인슈타인에서 시작된 거대한 프로젝트는 결국 목적지에 도달하지 못한 채 막을 내리는 것일까? 그들의 생각이 틀렸던 것일까?

2부

10차원에서의 통일

5. 양자이론

> 양자이론을 접하고도 충격을 받지 않았다면
> 내용을 제대로 이해하지 못한 것이다.
>
> _닐스 보어 Niels Bohr

나무로 만들어진 우주

때는 1925년, 한동안 잠잠했던 물리학계에 새로운 이론이 등장했다. 이 이론은 그리스 시대부터 전수되어온 전통적 물질관을 삽시간에 뒤집었고, 지난 수백 년 동안 물리학자들을 괴롭혀왔던 난해한 문제들을 아주 간단하게 해결했다. 물질은 무엇으로 이루어져 있는가? 물질을 단단하게 붙잡아두는 힘의 원천은 무엇인가? 물질은 왜 기체, 금속, 바위, 액체, 결정체, 세라믹, 유리, 번개, 별 등등 다양한 형태로 존재하는가?

물리학자들은 새로 등장한 이론을 '양자역학quantum mechanics'이라 부르며 원자세계(정확하게는 원자 이하의 미시세계)의 비밀을 밝혀줄 강력한 후보로 떠받들었다. 지난 2천여 년 동안 금단의 영역이었던 미시세계가 양자역학의 등장과 함께 드디어 '연구 가능한 영역'으로 편입된 것이다.

1920년대만 해도, 일부 과학자들은 원자의 존재에 대하여 유보적 입장을 고수하고 있었다. 눈에 보이지 않고 실험실에서 관측된 적도 없으니, 그 존재를 인정할 수 없다는 것이다. 그러나 1925~1926년에 에르빈 슈뢰딩거Erwin Schrödinger와 베르너 하이젠베르크Werner Heisenberg를 비롯한 일단의 물리학자들이 원자의 거동을 서술하는 이론을 구축하여 수소원자의 다양한 물리적 특성을 오로지 수학만으로 계산할 수 있게 되었으며, 이들이 얻은 값은 실험결과와 거의 완벽하게 일치했다. 그리고 1930년에 영국의 이론물리학자 폴 디랙Paul A. M. Dirac은 "화학의 모든 내용은 하나의 기본원리로부터 유도될 수 있다"고 천명했고, 더욱 급진적인 물리학자들 중에는 "시간만 충분히 주어진다면 우주에 존재하는 모든 물질의 화학적 특성을 예견할 수 있다"고 주장하는 사람도 있었다. 이들의 주장이 옳다면 화학은 더 이상 기본과학이 아니라 물리학의 한 분야인 '응용물리학'으로 전락하게 된다(물론 양자역학은 옳은 이론이지만, 화학은 지금도 순수과학의 자리를 굳건하게 지키고 있다. 뿌리를 캐는 것도 중요하지만 필요한 열매를 맺는 것도 그 못지않게 중요하기 때문이다_옮긴이).

양자역학이 갑자기 등장하여 원자세계의 특성을 완벽하게 설명하면서 승승장구하는 동안 아인슈타인의 업적은 과학의 변방으로 밀려났다. 기하학에 기초한 아인슈타인의 우주이론이 양자혁명의 첫 번째 희생자였던 셈이다. 프린스턴 고등연구소의 젊은 물리학자들은 양자혁명이 아인슈타인을 압도했다면서 당대 최고의 물리학자를 뒷방 늙은이 취급했고, 상대성이론 대신 양자역학 논문을 읽으며 혁명에 적극적으로 동참했다. 프린스턴 고등연구소의 원장이었던 로버트 오펜하이머J. Robert Oppenheimer도 가까운 지인들에게 "아인슈타인의 연구는 시대에 뒤처졌다"며 그의 앞날을 걱정했다. 심지어 아인슈타인조차도 스스로를 '구시대의 유물'로 여길 정도였다.

아인슈타인의 꿈은 대리석으로 이루어진 우주, 즉 기하학으로 깔끔하게 설명되는 우주이론을 완성하는 것이었다. 앞에서도 말했지만 그는 혼란스럽고 무질서한 물질계를 '나무'에 비유하면서, 칙칙한 나무를 우주에서 말끔히 걷어내고 모든 것을 대리석으로 바꾸려 했다. 그의 궁극적 목표는 오로지 대리석만으로 이루어진 우주이론을 구축하는 것이었다. 그러나 끔찍하게도 양자이론은 오로지 나무로만 이루어진 이론이었다! 대리석 우주를 만들기 위해 평생을 바쳐왔는데 지금 세상을 휩쓸고 있는 양자역학은 정반대의 길을 가고 있으니, 그의 심정이 어땠을지 독자들도 대충 짐작이 갈 것이다.

다시 공원의 비유로 돌아가보자. 아인슈타인은 공원의 대부분을 대리석으로 장식한 후 공원 한복판에 있는 나무까지 대리석으로 덮어서 공원 전체를 대리석 공원으로 만들고 싶었다. 그러나 양자물리학자들은 애써 깔아놓은 대리석을 굴착기로 파서 말끔히 걷어내고, 공원 전체를 나무로 덮으려 하고 있다. 아인슈타인은 우주가 우아하기를 바랐는데, 양자물리학자들은 아름다움이나 우아함은 안중에도 없고 오로지 '관측결과와 일치하는 이론'을 구축하는 데 총력을 기울였다.

양자역학은 아인슈타인의 운명을 바꿔놓았다. 거의 모든 면에서 양자이론은 아인슈타인의 이론과 정반대이다. 아인슈타인의 일반상대성이론은 시공간의 매끈한 구조를 바탕으로 별과 은하의 거동을 서술하는 우주론인 반면, 양자이론은 아무것도 없이 텅 빈 시공간에서 입자처럼 춤추는 힘과 그 힘을 통해 결합된 입자를 서술하는 미시세계 이론이다. 게다가 뒤늦게 출현한 양자이론이 지난 50년 동안 애써 구축해놓은 '기하학에 입각한 힘 이론'을 압도해버렸으니, 문자 그대로 굴러온 돌이 박힌 돌을 빼낸 형국이었다.

지금까지 우리는 다양한 사례를 통해 '물리법칙은 고차원에서 더욱 단순해지고 통일하기도 쉬워진다'는 원리를 확인한 바 있다. 그러나 1925년에 양자이론이 등장한 후로 과학자들은 이 원리를 슬슬 의심하기 시작했다. 실제로 1920년대부터 1980년대 중반까지 근 60년 동안 양자 이데올로기는 전 세계 물리학계를 지배하면서 그 누구도 부인할 수 없는 눈부신 성과를 거두었으며, 그 와중에 기하학에 기초한 리만과 아인슈타인의 이론은 사람들의 뇌리에서 거의 잊혀졌다(저자는 '양자역학quantum mechanics'과 '양자이론quantum theory'이라는 두 단어를 별다른 규칙 없이 섞어서 쓰고 있다. 뒤로 가면 '양자물리학quantum physics'이라는 용어도 등장한다. 굳이 따지고 들면 각 용어의 의미상 차이를 정의할 수도 있지만, 대부분의 물리학자들은 별로 신경쓰지 않는다. 독자들도 이런 용어를 애써 구별하지 말고 같은 뜻으로 이해해주기 바란다_옮긴이).

양자역학은 우주 안에서 관측 가능한 모든 것을 서술하는 포괄적 이론체계를 빠른 속도로 갖춰나갔다. 모든 물질은 원자로 이루어져 있고 우주에는 약 100가지의 원자(또는 원소)가 존재하며, 이들이 결합하여 우주만물을 형성한다. 또한 원자는 원자핵과 그 주변을 도는 전자로 이루어져 있으며, 원자핵은 다시 양성자와 중성자로 이루어져 있다. 아인슈타인의 아름다운 기하학이론과 양자이론의 차이는 다음 네 가지 항목으로 요약된다.

1. 양자역학에서 '힘'은 양자quanta(quantum의 복수형_옮긴이)라는 불연속의 에너지 덩어리가 교환되면서 나타나는 현상이다.

아인슈타인의 기하학적 힘과는 대조적으로, 양자이론에서 빛은 '광자photon'라는 미세한 알갱이로 나뉘어져 있으며, 광자의 거동방식은 다른 입자들과 비슷하다. 두 개의 전자가 충돌했을 때 서로 밀어내는 것은 공간의 곡률 때문이 아니라, 광자라는 에너지 알갱이를 서로 교환하기 때문이다.

광자의 에너지는 '플랑크상수(Planck's constant, $\hbar \sim 10^{-27}$ erg·sec)'라는 단위로 측정된다. 플랑크상수는 지극히 작은 값이지만 0이 아니기 때문에 뉴턴의 법칙은 약간의 수정이 불가피하다. 이것을 양자보정quantum correction이라 하는데, 일상적인 거시세계에서는 고려할 필요가 없을 정도로 작다. 거시세계의 현상을 서술할 때 굳이 양자이론을 도입하지 않아도 정확한 결과를 얻을 수 있는 것은 바로 이런 이유 때문이다(예를 들어 NASA에서 우주선을 발사하여 달이나 화성으로 보낼 때에는 뉴턴의 고전역학으로 충분하다). 그러나 원자 이하의 미시세계를 다룰 때에는 양자보정이 결정적 역할을 하며, 이 과정을 거쳐야 원자세계의 온갖 기이한 현상을 설명할 수 있다.

2. 힘의 종류가 다르면 교환되는 양자의 종류도 다르다. 즉, 교환되는 양자가 힘의 종류를 결정한다.

예를 들어 약한 핵력(weak force, 약력)은 W입자가 교환되면서 발생하고(W는 'weak'의 첫 글자이다), 원자핵 안에서 양성자와 중성자를 묶어주는 강한 핵력(strong force, 강력)은 파이중간자π-meson라는 입자가 교환되면서 발생한다. W 보손(소립자는 크게 페르미온fermion과 보손

boson으로 구분된다. 페르미온은 물질을 구성하는 입자의 총칭이고, 보손은 힘을 매개하는 입자의 총칭이다_옮긴이)과 파이중간자는 원자분쇄기(입자 가속기)에서 발견되었으므로 여기에는 의심의 여지가 없다. 그리고 양성자와 중성자, 그리고 파이중간자까지 묶어주는 힘은 글루온gluon이라는 입자의 교환을 통해 발생한다(파이중간자는 기본입자가 아니라 쿼크와 반쿼크로 이루어진 복합입자이다. 양성자와 중성자도 쿼크로 이루어져 있으며, 글루온은 쿼크들 사이의 결합을 매개한다. 따라서 강력의 궁극적 매개입자는 글루온이다_옮긴이).

3. 입자의 위치와 속도는 '동시에 정확하게' 측정할 수 없다.
이것이 바로 양자이론에서 가장 많은 논란을 일으켰던 하이젠베르크의 불확정성원리uncertainty principle이다. 지난 반세기 동안 수많은 물리학자들이 이 원리를 반증하기 위해 온갖 다양한 실험을 시도했지만 성공한 사례는 단 한 번도 없었다.

불확정성원리에 의하면 우리는 전자의 위치와 속도를 동시에 정확하게 알아낼 수 없다. 이것은 관측장비의 성능이 떨어지거나 그것을 다루는 사람의 손재주가 부족해서 생기는 오차가 아니라, 원래부터 자연에 내재하는 '측정상의 한계'이다. 따라서 우리가 할 수 있는 최선은 전자의 위치와 속도를 정확하게 규명하는 것이 아니라, 전자가 특정 위치에서 특정 속도로 움직일 '확률'을 계산하는 것뿐이다. 하지만 상황이 그리 나쁜 것만은 아니다. 우리는 양자역학을 이용하여 전자가 발견될 확률을 수학적으로 매우 정확하게 계산할 수 있기 때문이다. 전자는 양자역학에서 점입자point particle로 간주되지만, 그와 동시에 슈뢰딩거의 파동방정식을 따르는 파동이기도 하다. 대충 말하자면 파동의 진폭이 클수록 그 지점에서 전자가 발견될 확률은 높아진다.

양자역학은 파동과 입자를 '한 객체의 두 가지 속성'으로 멋지게 결합시켰다. 자연을 구성하는 기본적 객체들은 입자의 속성을 갖고 있지만, 특정 시간, 특정 위치에서 입자가 발견될 확률은 확률파동 probability wave으로 주어진다. 그리고 이 파동은 수학적으로 엄밀하게 정의된 방정식, 즉 슈뢰딩거의 파동방정식을 만족한다.

양자이론이 우리의 상식에 부합되지 않는 이유는 모든 물리량을 확률로 바꿔버리기 때문이다. 예를 들어 구멍이 뚫린 스크린을 향하여 전자빔을 발사했을 때, 구멍을 통과하여 산란되는 전자가 몇 개인지는 정확하게 예측할 수 있지만, 어떤 전자가 어떤 방향으로 산란될지는 결코 알 수 없다. 이것은 측정 장치의 문제가 아니라 자연의 법칙이다.

물론 철학적으로는 논쟁의 여지가 다분하다. 뉴턴이 생각했던 고전적 우주는 '태엽을 감아놓은 시계'였다. 조물주가 우주라는 거대한 시계를 만든 후 태엽을 끝까지 감아놓고, 뉴턴의 세 가지 운동법칙에 따라 태엽이 풀리도록 조치를 취해놓았다는 것이다. 그러나 양자이론이 등장하면서 뉴턴의 결정론적 우주는 불확정성과 확률의 우주로 대치되었다. 양자이론은 '우주를 구성하는 모든 입자의 거동은 수학적으로 정확하게 예측할 수 있다'는 뉴턴의 꿈을 산산이 흩어놓았다.

양자이론은 우리의 상식에 전혀 부합되지 않는다. 뭐가 잘못되었을까? 아니다. 잘못된 것은 없다. 원래 자연은 인간의 상식에 아무런 관심도 없었다. 양자세계의 기이한 성질은 실험실에서 쉽게 확인할 수 있다. 그중에서 가장 유명한 것이 바로 '이중슬릿 실험double slit experiment'이다. 여기, 한 실험실에서 두 개의 슬릿이 뚫려 있는 차단막을 향해 전자빔이 발사되고 있다(슬릿은 '가늘고 길게 난 구멍'을 의미한다. 구멍이라기보다는 '가느다란 틈'에 가깝다_옮긴이). 차단막 뒤에는 고감도 인화지가 설치되어 있어서, 전자가 도달하는 곳에 뚜렷한 흔적이 남는다. 19세기 고전물리학에 의하면 인화지에는 전자빔의 출발점과 스크린의 구멍을 연결한 연장선상에 두 개의 작은 얼룩이 형성되어야 한다. 그런데 정작 실험을 해보면 인화지에 간섭무늬(검은 줄과 흰 줄의 반복)가 나타난다. 입자인 줄 알았던 전자가 파동처럼 행동했다는 뜻이다(그림 5.1). (간섭무늬는 집에서도 만들 수 있다. 욕조에 물을 채우고 수면을 때리면 거미줄 모양의 파동이 형성된다. 이때 수면을 연속적으로 때리면 파동이 연속적으로 형성되고, 욕조의 가장자리에 닿은 파동이 반사되어 돌아오다가 새로 형성된 파동과 충돌하면서 간섭무늬가 만들어진다.) 인화지에 나타난 무늬는 두 개의 구멍을 동시에 통과한 파동이 스스로 간섭을 일으키면서 만든 무늬와 똑같이 생겼다. 그런데 이 간섭무늬를 만든 주체는 수많은 전자의 집단(전자빔)이고, 두 개의 구멍을 동시에 통과한 파동만이 그와 같은 무늬를 만들 수 있으므로 우리가 내릴 수 있는 결론은 하나뿐이다. 전자는 두 개의 구멍을 '동시에' 통과했다. 뭐라고? 말도 안 된다! 전자가 무슨 수로 두 개의 구멍을 동시에 통과할 수 있다는 말인가? 점입자인 전자가 두 구멍을 동시에 통과하려면 동시에 두 곳에 존재하는 수밖에 없지 않은가? 옳은 지적이다. 그러나 양자이론에 의하면 점입자인 전자는 한 번에 하나의 구멍만을 통과할 수 있지만 전자의 파동함수wave function는 전 공간에 퍼져 있어서 두 구멍을 동시에 통과할 수 있다. 인화지의 간섭무늬는 그래서 생긴 것이다. 머릿속이 몹시 혼란스럽겠지만, 이 현상은 그동안 반복실험

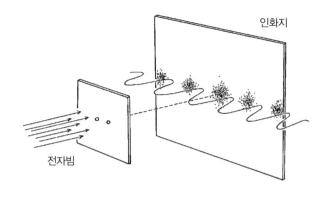

인화지

전자빔

그림 5.1 〉〉〉 두 개의 구멍이 뚫린 스크린을 향해 전자빔을 발사하면 스크린 너머 설치해놓은 고감도 인화지에 흔적이 남는다. 상식적으로 생각하면 두 개의 얼룩이 생길 것 같지만, 정작 실험을 해보면 놀랍게도 간섭무늬가 나타난다. 어떻게 그럴 수 있을까? 양자이론에 의하면 전자는 점입자이므로 두 개의 구멍을 동시에 통과할 수 없지만, 전자와 관련된 슈뢰딩거의 파동이 두 구멍을 동시에 통과하면서 스스로 간섭무늬를 만든다(이해는 가지만 믿을 수 없다면 이 장 첫머리의 인용구를 다시 읽어보기 바란다_옮긴이).

을 통해 틀림없는 사실로 확인되었다. 영국의 물리학자 제임스 진스 경Sir James Jeans은 이 실험을 접하고 다음과 같은 말을 남겼다. "전자가 몇 개의 방을 차지하는지 따지는 것은 공포나 불안, 또는 불확실성이 몇 개의 방을 차지하는지를 따지는 것만큼이나 무의미하다."[1] (독일에 갔을 때 다음과 같이 적힌 범퍼스티커를 본 적이 있다. "하이젠베르크가 여기 잠들었을지도 모른다." 역시 독일은 양자역학의 나라였다.)

4. 물체가 이동하다가 넘을 수 없는 벽을 만나면 뒤로 되튀거나 방향을 바꾼다. 그러나 양자세계에서 입자는 특정 확률로 방해물을 투과할 수 있다(이 현상을 양자도약quantum leap이라 부르기도 한다).

이것은 양자이론이 갖고 있는 놀라운 특성 중 하나로서, 역시 반복 실험을 통해 사실로 확인되었다. 흔히 '터널링(tunneling, 터널효과)'이라 부르는 이 현상은 현대과학의 다방면에 응용되고 있으며, 또 다른 이름인 '양자도약'은 일반대중들 사이에서 '갑작스러운 진전이나 개선'을 뜻하는 용어로 쓰이기도 한다.

양자터널효과는 간단한 실험으로 확인할 수 있다. 우선 조그만 상자 안에 전자 하나를 가둬놓는다. 전자는 에너지가 그리 크지 않기 때문에 상자를 뚫고 나올 수 없다. 고전물리학이 옳다면 전자는 상자 안에 영원히 갇혀 있을 것이다. 그러나 양자이론에 의하면 전자의 확률파동은 상자를 투과하여 바깥으로 유출된다. 이때 유출된 양은 슈뢰딩거의 파동방정식을 통해 정확하게 계산할 수 있다. 이것을 일상적인 말로 표현하면 다음과 같다. "상자에 갇힌 전자는 벽에 아무런 손상도 입히지 않은 채 탈출하여 밖에서 발견될 수도 있다. 이런 일이 발생할 확률은 매우 작지만 0은 아니다." 이 실험을 여러 차례 수행하여 상자 밖에서 전자가 발견될 확률 구해보면 양자이론에서 예견된 값과 정확하게 일치한다.

양자터널효과를 실생활에 응용한 대표적 사례로 터널다이오드 tunnel diode를 들 수 있다. 일반적으로 전기(전자의 흐름)는 터널다이오드를 통과할 만큼 충분한 에너지를 갖고 있지 않다. 그러나 전자의 확률파동은 다이오드 안의 장벽을 투과하여 계속 진행할 수 있다. 즉, 다이오드를 투과하여 전류가 흐르는 것이다. 물론 이런 현상이 일어날 확률은 그리 크지 않지만 결코 0은 아니며, 슈뢰딩거 방정식으로 예견된 확률은 매우 정확하기 때문에 전자기기의 일정한 성능을 보장할 수 있다. 라디오에서 흘러나오는 감미로운 음악은 수조 개의 전자들이 양자역학의 희한한 법칙에 따라 춤을 추면서 만들어낸 결과물이다.

양자역학이 틀린 이론이라면 TV와 컴퓨터, 라디오, 스테레오 등등 모든 전자기기들은 작동을 멈출 것이다. 아니, 애초에 만들어지지도 못했을 것이다(이 정도로 끝나지 않는다. 양자이론이 틀렸다면 우리 몸을 이루는 원자들이 붕괴되면서 몸 전체가 순식간에 입자 단위로 분해될 것이다. 맥스웰 방정식에 의하면 원자 안에서 원자핵 주변을 돌고 있는 전자는 전자기파의 형태로 에너지를 방출하면서 백만 분의 1초 내에 원자핵 속으로 빨려 들어가야 한다. 이는 곧 원자가 붕괴된다는 뜻이고, 모든 원자가 이런 식으로 붕괴된다면 물질이라는 것이 존재할 수 없다. 그러나 다행히도 실제 세상에서는 이런 대형사고가 일어나지 않는다. 양자이론이 원자의 붕괴를 막아주고 있기 때문이다. 그러므로 인간이 존재한다는 사실 자체가 양자이론의 타당성을 입증하고 있는 셈이다).

양자세계로 가면 '불가능'이 '가능'으로 바뀐다. 예를 들어 내가 이 자리에서 갑자기 사라졌다가 하와이의 해변가에 나타날 수도 있다. 확률은 작지만 결코 0이 아니다(그러나 실제로 이런 황당한 사건을 겪으려면 우주의 나이보다 긴 세월을 끈기 있게 기다려야 한다. 그러므로 휴가를 떠날 때 양자역학의 터널효과를 이용하겠다는 것은 별로 좋은 생각이 아니다).

맥스웰의 후계자, 양-밀스 장

양자물리학은 1930~1940년대에 걸쳐 과학사에서 전례를 찾아볼 수 없을 정도로 눈부신 성공을 거두었으나, 1960년대로 접어들면서 조금씩 김이 빠지기 시작했다. 원자핵의 내부구조를 탐사하기 위해 건설한 원자분쇄기(입자가속기)에서 새로운 입자가 무려 수백 종이나 발견되었기 때문이다. 많으면 좋은 거지, 뭐가 문제냐고? 아니다. 이것은 정말 심각한 문제였다. 양자이론으로는 입자의 종류가 그토록 많은 이유를 설명할 수 없기 때문이다. 물리학자들은 연일 쏟아지는 산더미 같은 데이터에 압사할 지경이었다.

아인슈타인은 오직 물리적 직관에 따라 일반상대성이론을 구축했지만, 1960년대의 입자물리학자들은 직관이고 뭐고 방대한 실험데이터를 분석하는 일이 급선무였다. 원자폭탄 설계자 중 한 사람인 엔리코 페르미Enrico Fermi는 한 강연회장의 식당에서 특정 소립자의 특성을 묻는 대학원생에게 이렇게 말했다. "젊은이, 내가 그 많은 입자목록을 다 외울 재간이 있다면 진작에 식물학자가 되었을 걸세."[2] (질문을 던진 학생은 훗날 노벨 물리학상을 수상한 리언 레더먼Leon Lederman이었다_옮긴이) 입자가속기에서 수백 종에 달하는 소립자가 발견되자 입자물리학자들은 입자의 다양성을 이론적으로 설명하기 위해 온갖 모형을 제안했지만 성공사례는 단 한 건도 없었다. 틀린 이론이 어찌나 많았는지, 물리학자들 사이에는 "새로 등장한 입자물리학이론의 반감기는 2년"이라는 자조 섞인 농담이 나돌 정도였다.

이 시기에 막다른 길에 봉착한 입자물리학의 처지를 생각할 때마다 과학자와 벼룩의 일화가 떠오르곤 한다.

한 과학자가 벼룩 한 마리를 생포하여 구멍이 뚫린 유리상자에 가둬놓고 벨이 울릴 때마다 뛰어오르도록 훈련을 시켰다. 다행히 훈련은 성공적이었다. 그 후 과학자는 현미경을 동원하여 벼룩의 다리 여섯 개 중 하나에 마취주사를 놓고 벨을 울렸다. 벼룩은 이전과 똑같이 점프에 성공했다.

과학자는 또 다른 다리를 마취시키고 벨을 울렸다. 역시 성공.

또 다른 다리, 또 다른 다리… 마취된 다리는 점점 늘어났고, 그때마다 벼룩은 점프에 성공했다.

마침내 멀쩡한 다리가 하나밖에 안 남았다. 과학자는 마지막 다리를 마취시키고 벨을 울렸는데… 옳거니, 벼룩이 꼼짝도 안 한다!

과학자는 실험데이터를 며칠 동안 신중하게 분석한 후 최종 결론을 내렸다. "그래, 벼룩은 다리로 듣는 게 틀림없어!"

1960년대의 고에너지 물리학자들은 아마도 이 과학자와 동병상련을 느꼈을 것이다. 그러나 1970년대에 들어서면서 물질의 속성을 설명하는 양자이론이 서서히 골격을 갖추기 시작했고, 1971년에는 네덜란드 위트레흐트대학교의 20대 대학원생이었던 헤리르트 엇호프트Gerard t'Hooft가 세 가지 양자적 힘(중력은 제외)을 통일하는 이론을 발표하여 침체된 이론물리학에 새로운 활기를 불어넣었다.

물리학자들은 빛의 양자인 광자가 전자기력을 매개한다는 사실에 착안하여, 약력과 강력도 '양-밀스 장Yang-Mills field'이라는 에너지양자를 교환하면서 발생한다고 믿었다. 1954년에 C. N. 양과 그의 제자 R. L. 밀스가 발견한 양-밀스 장은 거의 100년 전에 빛의 특성을 서술하기 위해 도입된 맥스웰 장을 일반화시킨 개념이다. 단, 맥스웰 장은 전기전하가 없는 반면(광자는 전하를 띠고 있지 않다), 양-밀스 장은 여러 개의 성분과 함께 전하까지 가질 수 있다. 예를 들어 약한 상호작용(약력)의 경우, 양-밀스 장에 해당하는 양자는 W입자로서 +1, 0, −1의 전하를 가질 수 있으며, 강력의 양-밀스 장에 해당하는 양자는 양성자와 중성자를 결합시키는 글루온gluon이다(glue는 접착제를 뜻하고 -on은 입자 이름 뒤에 붙는 접미사이다).

여기까지는 별 문제가 없었다. 그러나 1950~60년대의 물리학자들은 양-밀스 장이 재규격화renormalize되지 않는다는 사실에 크게 실망했다. 즉, 이 이론을 간단한 상호작용에 적용해도 사방에서 무한대가 튀어나왔다. 양자물리학이 제아무리 희한한 이론이라 해도, 물리량이 무한대라는 것은 어불성설이다. 이런 상태로는 약력과 강력을 양자이론으로 설명할 수 없다. 수십 년 동안 전성기를 구가해온 양자물리학이 벽에 부딪힌 것이다.

무한대가 발생한 이유는 두 개의 입자가 충돌하면서 일어나는 사건을 계산할 때 섭동이론(攝動理論, perturbation theory)을 사용했기 때문이다. 물리학자들은 주어진 문제가 너무 복잡하여 직접 공략을 할 수 없을 때 근사적인 방법으로 섭동이론을 사용한다. 예를 들어 전자와 뉴트리노(neutrino, 중성미자)가 충돌하는 경우를 생각해보자. 뉴트리노는 다른 입자와 상호작용을 거의 하지 않는 유령 같은 입자이다. 우선 이 상호작용은 전자와 뉴트리노 사이에 약한 상호작용의 양자인 W입자가 교환되는 그림(이것을 파인만 다이어그램Feynman diagram이라 한다)으로 나타낼 수 있다(그림 5.2-a). 여기서 계산된 값이 '1차 근사'에 해당하는데, 이것만으로는 실험에서 얻은 값을 정확하게 재현할 수 없지만 그런대로 대충 들어맞는다.

그러나 양자이론에 의하면 1차 근사에 또 다른 양자보정을 가해야 한다. 정확한 결과를 얻으려면 그림 5.2-b와 같이 '고리'를 포함하는 다이어그램 등, 상호작용이 일어날 수 있는 모든 가능한 다이어그램의 기여분을 계산하여 1차 근사에 더해줘야 한다. 이상적인 경우라면 보정된 값은 그리 크지 않다. 앞에서도 말했지만 양자이론은 고전물리학에 약간의 양자보정을 가할 뿐이다. 그런데 황당하게도 이 '고리

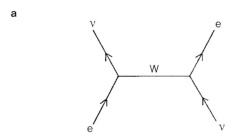

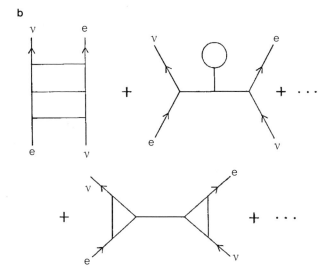

그림 5.2 ⟫⟫ (a) 양자이론에 의하면 충돌하는 두 입자는 양자라는 에너지 덩어리를 교환한다. 예를 들어 전자와 뉴트리노가 충돌할 때에는 약력의 양자인 W입자가 교환된다. (b) 전자와 뉴트리노의 상호작용을 정확하게 계산하려면 무한히 많은 파인만 다이어그램을 더해줘야 하는데, 뒤로 갈수록 양자가 교환되는 방식이 기하학적으로 복잡해진다. 이런 식으로 무한히 많은 파인만 다이어그램을 더하는 과정을 섭동이론이라 한다.

형 다이어그램'의 기여분이 작기는커녕, 무한대가 나온 것이다! 물리
학자들은 방정식을 이리저리 수정해보고, 그래도 여의치 않아 무한대
를 숨기려고 안간힘을 썼지만 모두 허사였다. 괴물 같은 무한대는 양
자보정을 할 때마다 약방의 감초처럼 끼어들어 모든 계산을 엉망으
로 만들어놓았다.

게다가 양-밀스 장은 맥스웰 장과 비교할 때 계산이 어렵기로 정
평이 나 있었다. 그런데 사실은 어려운 것이 아니라 그저 복잡할 뿐
이었다. 이 사실을 입증한 사람이 바로 20대의 나이에 물리학의 스타
로 떠오른 엇호프트이다. 그가 젊은 나이에 물리학자로 성공할 수 있
었던 이유 중 하나는 노련한 물리학자들의 편견에 쉽게 동화되지 않
았기 때문일 것이다. 엇호프트는 자신의 지도교수 마르티뉘스 펠트
만Martinus Veltman이 개발한 계산법을 사용하여 '대칭붕괴(symmetry
breaking, 이 내용은 나중에 따로 다룰 예정이다)를 도입하면 양-밀스 장
은 질량을 얻게 되지만 무한대는 발생하지 않는다'는 사실을 증명했
다. 고리 다이어그램에서 발생한 무한대는 다른 '마이너스 무한대'와
상쇄되거나, 이론에 해를 입히지 않는 범위 안에서 다른 양에 적당히
섞어 넣을 수 있다.

양-밀스 장이론은 처음 탄생한 지 거의 20년 만에 입자의 상호작
용을 서술하는 올바른 이론으로 판명되었고, 이 사실을 증명한 엇호
프트는 순식간에 물리학계의 스타로 떠올랐다. 노벨상 수상자인 셸던
글래쇼Sheldon Glashow는 이 소식을 전해듣고 큰 소리로 외쳤다. "이 친
구들(엇호프트와 펠트만), 완전 바보거나 불세출의 천재거나 둘 중 하
나일 거야!"[3] 일단 물꼬가 트이자 물리학자들은 너나할 것 없이 양-
밀스 장이론으로 뛰어들었고, 스티븐 와인버그Steven Weinberg와 압두

스 살람Abdus Salam이 1967년에 제안했던 약력이론은 올바른 이론으로 판명되었으며, 1970년대 중반에는 양-밀스 장이 강력에 적용되었다. 그리하여 1970년대는 '모든 핵물질의 비밀은 양-밀스 장으로 설명된다'는 사실이 밝혀진 시대로 역사에 기록되었다.

물리학자들은 드디어 빠진 퍼즐조각을 찾았다. 물질을 결합시키는 나무의 비밀은 아인슈타인의 기하학이 아니라 양-밀스 장이었던 것이다.

표준모형

오늘날 양-밀스 장은 물질을 설명하는 모든 이론의 모태로 자리잡았다. 물리학자들은 이 이론을 깊이 신뢰한 나머지 '표준모형standard model'이라는 거창한 간판까지 걸어주었다.

표준모형으로 계산된 값과 원자규모에서 얻은 실험데이터를 비교해보면, 에너지가 1조 eV를 넘지 않는 영역에서 입이 딱 벌어질 정도로 정확하게 일치한다. 전자 하나를 가속시켜서 얻는 에너지가 약 1조 eV이므로, 이 정도면 현재 가동 중인 입자가속기의 모든 데이터를 설명한 셈이다. 간단히 말해서 표준모형은 '과학 역사상 가장 성공적인 이론'으로 손색이 없다.

표준모형에 의하면 다양한 입자를 결합시키는 힘들(전자기력, 약력, 강력)은 각기 다른 종류의 양자를 교환하면서 발생한다. 지금부터 각 힘들을 하나씩 살펴보고, 나중에 다시 표준모형을 통해 하나로 합쳐보자.

강한 핵력(강력)

표준모형에 의하면 양성자와 중성자처럼 무거운 입자들은 단일입자가 아니라 두 개 이상의 쿼크quark로 이루어진 복합입자이다. 쿼크는 세 종류의 '색color'과 여섯 종류의 '향flavor' 중 하나를 가질 수 있으며, 쿼크의 반입자인 반쿼크antiquark도 있다(반입자는 입자와 전기전하만 반대이고 나머지 성질은 모두 똑같다. 반입자로 이루어진 물질을 반물질antimatter이라 하며, 물질과 반물질이 만나면 다량의 에너지를 방출하면서 무無로 사라진다). 따라서 자연에는 총 3×6×2=36가지의 쿼크가 존재한다.

쿼크끼리는 '글루온'이라는 작은 에너지 덩어리를 교환하면서 결합상태를 유지한다. 글루온에 대응되는 양-밀스 장은 당밀처럼 끈적한 형태로 '농축되어' 쿼크를 강하게 결합시킨다. 글루온 장은 매우 강력하기 때문에 한번 결합한 쿼크들은 절대로 떨어지지 않는다. 그래서 혼자 돌아다니는 '자유쿼크'는 지금까지 단 한 번도 발견된 적이 없다. 이것을 '쿼크속박quark confinement'이라 한다.

양성자와 중성자는 세 개의 쿼크로 이루어져 있으며(이런 입자를 중입자baryon라 한다_옮긴이), 내부구조는 Y자 모양의 볼라(bola, 한쪽 끝에 돌멩이를 묶은 끈 세 개를 하나로 연결한 투척무기. 주로 포획용으로 사용됨_옮긴이)와 비슷하다. 강력을 주고받는 입자 중 파이중간자π-meson 같은 중간자들은 쿼크와 반쿼크로 이루어져 있어서, 양끝에 돌멩이가 묶여 있는 끈에 비유할 수 있다(그림 5.3).

두 개, 또는 세 개의 쇠구슬이 단단하게 결합되어 있는 구조물에 충격을 가하면 다양한 형태로 진동할 것이다. 이때 나타나는 진동패턴은 무한히 많다. 양자세계에서는 진동패턴에 제한조건이 있어서 이들 중 일부만이 허용되지만, 그래도 가능한 진동패턴의 수는 거의 무

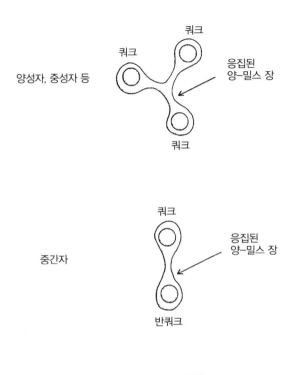

양성자, 중성자 등   쿼크

쿼크

응집된
양–밀스 장

쿼크

중간자

쿼크

응집된
양–밀스 장

반쿼크

그림 5.3 〉〉〉 강한 상호작용(강력)을 교환하는 입자들은 2개, 또는 3개의 쿼크로 이루어져 있다(쿼크와 반쿼크로 이루어진 입자를 중간자라 하고, 3개의 쿼크로 이루어진 입자를 중입자라 한다). 쿼크는 양–밀스 장으로 서술되는 끈적한 접착제(글루온)를 통해 강하게 결합되어 있다. 양성자와 중성자는 3개의 쿼크로 이루어진 중입자이고 파이중간자는 2개의 쿼크(쿼크와 반쿼크)로 이루어진 중간자이다.

한대에 가깝다. 그리고 각 진동패턴은 각기 다른 입자에 대응된다. 자연에 강력을 주고받는 입자가 그토록 많은 것은 바로 이런 이유 때문이다. 표준모형에서 강력의 작동원리를 설명하는 이론을 양자색역학(quantum chromodynamics, QCD)이라 한다. 색력(色力, color force)에 관한 양자이론이라는 뜻이다.

약한 핵력(약력)

표준모형에서 약력은 전자, 뮤온muon, 타우중간자tau meson, 그리고 이들의 뉴트리노 짝 등 렙톤(lepton, 경입자)의 거동을 좌우하는 힘으로, 'W 보손(W boson)'과 'Z 보손'이라는 양자를 교환하면서 발생하며 이들 역시 양-밀스 장으로 서술된다. 그러나 약력은 강력과 달리 강도가 매우 약하기 때문에 경입자를 공명상태에 묶어두지 못한다. 그래서 자연에는 렙톤의 종류가 그리 많지 않다(약력은 알파붕괴, 베타붕괴 등 모든 종류의 붕괴현상에 관여하는 힘이다_옮긴이).

전자기력

표준모형에는 맥스웰의 고전 전자기학에 다른 입자와의 상호작용까지 고려한 '전자기학의 양자버전'도 포함되어 있다. 전자와 빛의 상호작용을 설명하는 이 이론을 양자전기역학(quantum electrodynamics, QED)이라 한다. QED는 이론과 실험의 오차가 1천만분의 1이 채 안 될 정도로 정밀하여, '과학 역사상 가장 정확한 이론'이라는 타이틀을 보유하고 있다.

양자역학은 처음 탄생한 후 근 50년 동안 수억 달러의 정부지원을 받으며 중요한 사실을 알아냈다. '모든 물질은 쿼크와 렙톤으로 이루어져 있으며, 이들은 양-밀스 장으로 서술되는 몇 가지 형태의 양자를 교환하면서 힘을 행사한다.' 지난 100년 동안 물리학자들이 아원자(원자이하의 작은 영역) 규모의 미시세계를 연구하면서 겪었던 모든 희로애락이 이 한 문장에 축약되어 있다. 이제 우리는 이 간단한 청사진으로부터 오로지 수학만을 이용하여 오만가지 물질의 복잡하고 난해한 특성을 유도해낼 수 있게 되었다. (말은 쉽지만 사실은 가시밭길이었다. 노벨상 수상자인 스티븐 와인버그는 그 시절을 회상하며 다음과 같은 글을 남겼다. "이론물리학자들 사이에는 오래된 믿음이 하나 있다. 모든 사람들이 여기에 영향을 받지는 않았겠지만, 나에게는 지대한 영향을 미쳤다. 그 믿음이란 '강력은 인간이 다루기에 너무 복잡한 힘'이라는 것이다.")[4]

물리학의 대칭

이 책의 주제는 초공간이므로 표준모형의 내용을 장황하게 설명할 필요는 없을 것 같다(사실 길게 늘어놔봐야 지루하기만 하다). 흥미로운 것은 표준모형이 '대칭성에 기초한 이론'이라는 점이다. 물리학자들이 물질(나무)을 끈질기게 파고든 것은 개개의 상호작용에서 뚜렷한 대칭의 징후를 발견했기 때문이다. 표준모형에서 쿼크와 렙톤은 뚜렷한 패턴을 갖고 등장한다.

물론 대칭은 물리학의 전유물이 아니다. 화가와 음악가, 작가, 시인, 그리고 수학자들도 오래전부터 대칭의 아름다움에 매료되어왔다. 영국의 시인 윌리엄 블레이크William Blake는 〈호랑이The Tyger〉라는 시를 통해 대칭의 신비함과 두려움을 다음과 같이 표현했다.

호랑아! 호랑아!
밤의 숲에서 활활 타오르는 호랑아
그 어떤 불멸의 손과 눈이
너의 그 무시무시한 대칭을 만들었더냐[5]

수학자 루이스 캐럴에게 대칭은 친숙한 장난감과도 같았다. 그의 풍자시 〈스나크 사냥The Hunting of the Snark〉에는 대칭의 핵심개념이 잘 표현되어 있다.

> 네가 그것을 톱밥에 넣고 펄펄 끓이거나
> 풀반죽에 담아서 소금에 절이거나
> 메뚜기와 함께 눌러서 납작하게 만들어도
> 한 가지 속성만은 바뀌지 않을 거야
> 그건 바로 대칭성이지

물체를 특정방향으로 돌리거나 변형시켜도 변하지 않는 속성이 존재할 때(외형, 질량, 속도 등), 그 물체는 '대칭을 갖고 있다'고 말한다. 자연에는 다양한 종류의 대칭이 존재하는데, 우리 눈에 가장 쉽게 뜨이는 것이 회전대칭과 반전대칭이다. 예를 들어 눈의 결정은 가운데를 중심으로 $60°$씩 돌려도 겉모습이 변하지 않는다. 만화경과 꽃, 불가사리도 회전각도는 다르지만 이와 비슷한 대칭을 갖고 있다. 이런 종류의 대칭은 시간이나 공간을 회전시켰을 때 나타나기 때문에 '시공간대칭space-time symmetry'이라 한다. 특수상대성이론도 시간과 공간 사이의 회전을 서술하고 있으므로 시공간대칭을 갖고 있다.

물건이 배열된 순서를 섞을 때 나타나는 대칭도 있다. 콩 하나를 작은 컵으로 덮어놓고 똑같이 생긴 빈 컵 두 개와 함께 이리저리 섞은 후 콩이 든 컵을 찾는 게임을 생각해보자(말이 좋아 게임이지, 사실은 야바위이다). 이 게임이 어려운 이유는 컵을 나열하는 방법의 수가 많기 때문이다. 세 개의 컵을 일렬로 나열하는 방법은 모두 여섯 가지가 있다. 콩은 컵에 가려 보이지 않고 세 개의 컵은 모두 똑같이 생겼으므로, 게임 참가자는 여섯 가지 배열을 구별할 수 없다. 즉, 컵의 순서를 바꿔도 외형은 변하지 않는다. 수학자들은 각종 대칭에 일일이 이름을 붙여놓았는데, 방금 예를 든 야바위의 대칭은 S3이다. 좀 더 수학적으로 말하자면 S3은 '동일한 물체 세 개의 순서를 바꾸는 방법의 수'를 의미한다.

이제 컵을 쿼크로 바꿔보자. 입자물리학의 방정식은 쿼크의 순서를 바꿔도 동일한 형태를 유지해야 한다. 그런데 쿼크 세 개의 색이 모두 다른데도 순서를 바꿨을 때 방정식이 변하지 않는다면, 그 방정식은 SU(3) 대칭을 갖고 있다[여기서 말하는 쿼크의 색은 앞에 언급된 색전하(color charge)를 의미한다. 전자의 전기전하는 두 가지이므로 +와 −로 구별할 수 있지만, 쿼크의 전하는 3가지여서 다른 표기법이 필요하다. 그래서 물리학자들은 빛의 삼원색에 착안하여 R(적색), G(녹색), B(청색)로 표기하고 있다. 물론 쿼크가 붉거나 푸르다는 뜻은 아니고, 단지 전하의 이름일 뿐이다_옮긴이]. 여기서 '3'은 쿼크의 타입이 3가지라는 뜻이고, 'SU'는 대칭의 수학적 특성을 나타내는 기호이다.* 이런 경우에 우리는 세 개의 쿼크가 "하나의 다중항multiplet에 포함되어 있다"고 말한다. 쿼크를 서술하는 물리학이론은 다중항에 포함된 쿼크의 순서를 바꿔도 달라지지 않는다.

이와 비슷하게 약력은 전자와 뉴트리노의 특성을 좌우한다. 약력을 서술하는 방정식은 두 입자를 맞바꿔도 변하지 않는데, 이런 대칭

• SU는 'special unitary'의 약자이다. 여기서 'special'은 행렬matrix의 행렬식determinant이 1이라는 뜻이고, 'unitary'는 대상에 변환을 가해도 길이가 변하지 않는다는 뜻이다.

을 SU(2)라 한다. 즉, 약력의 다중항은 전자와 뉴트리노를 포함하며, 회전을 통해 서로 상대방으로 변할 수 있다. 마지막으로 전자기력은 U(1) 대칭을 갖고 있다. 즉, 장의 각 성분을 회전시켜도 다른 장으로 변하지 않고 자기 자신으로 되돌아온다.

개개의 대칭은 단순하면서도 우아하다. 그러나 표준모형은 각 힘들이 갖고 있는 대칭을 단순히 곱해서 만든 SU(3)×SU(2)×U(1)이라는 더 큰 대칭에 세 이론을 짜맞춰서 세 개의 기본 힘을 통일했고, 이 단순 무식해 보이는 방법은 수많은 논쟁을 야기했다(이것은 이빨이 맞지 않는 퍼즐조각 세 개를 강제로 짜맞춘 후 스카치테이프로 붙여놓은 것과 비슷한 형국이다. 미학적으로는 영 아니지만, 어쨌거나 표준모형에서 세 힘은 스카치테이프로 통일되어 있다). (퍼즐조각 세 개 중 두 개, 전자기력과 약력 SU(2)×U(1)은 그런대로 이빨이 잘 맞는 편이다_옮긴이)

모든 입자들이 단 하나의 다중항에 포함되는 '궁극의 이론'이 존재한다면 더할 나위 없이 좋을 것이다. 그러나 안타깝게도 지금의 표준모형에는 다중항이 세 개나 되어, 입자들이 세 개의 소그룹을 이룬 채 회전변환을 통해 자기들끼리만 섞이고 있다.

표준모형을 넘어서

표준모형으로 계산된 값들은 실험결과와 잘 일치하며, 예외적인 사례는 단 한 번도 없었다. 표준모형의 지지자들도 이 점을 강조한다. 그러나 표준모형이 궁극의 이론이라고 믿는 사람은 아무도 없다. 가장 열렬한 지지자들도 마찬가지다. 표준모형이 궁극의 이론으로 등극할 수 없는 데에는 몇 가지 이유가 있다.

첫째, 표준모형은 중력을 다룰 수 없기 때문에 태생적으로 불완전하다. 아인슈타인의 중력이론(일반상대성이론)을 표준모형에 포함시키면 무의미한 답만 줄줄이 쏟아져 나온다. 예를 들어 전자의 궤적이 중력장 안에서 휘어질 확률을 계산하면 무한대가 나오는 식이다. 확률이 무한대라니, 난센스도 이런 난센스가 없다. 물리학자들은 양자중력이론을 두고 '재규격화가 불가능하다'고 말하는데, 이는 곧 '사방에서 속출하는 무한대를 처리할 방법이 없다'는 뜻이다.

둘째, 표준모형은 완전히 다른 세 가지 상호작용(힘)을 강제로 붙여놓았기 때문에 외관이 전혀 아름답지 않다(이것이 가장 중요한 이유이다!). 나는 표준모형을 접할 때마다 노새와 코끼리, 그리고 고래를 합쳐놓은 변종동물이 떠오른다. 표준모형을 만든 사람들조차 당혹스러울 정도로 보기 흉하고 부자연스럽다. 사실 표준모형의 단점에 양해를 구하고 최종이론이 될 수 없음을 처음으로 시인한 사람은 그 이론을 만든 사람들이었다.

쿼크와 렙톤의 특성을 파고들면 표준모형의 결함이 더욱 극명하게 드러난다. 일단 표준모형에 등장하는 입자와 힘의 특성을 나열해보자.

1. 여섯 가지 '향'과 세 가지 '색전하'로 구별되는 쿼크는 $6 \times 3 = 18$종이고, 여기에 반입자까지 포함해서 총 36종의 쿼크들이 강력에 관여하고 있다.
2. 쿼크를 결합시키는 글루온은 8개의 양-밀스 장으로 서술된다.
3. 약력과 전자기력은 네 개의 양-밀스 장으로 서술된다.
4. 약력을 서술하는 렙톤은 총 6개이다(전자, 뮤온, 타우입자, 그리고 이

들의 뉴트리노 짝).

5. 각 입자의 질량 및 이와 관련된 상수들은 여러 개의 힉스입자
Higgs particle로 설명되는데, 아직 발견되지 않았다[다행히도 힉스입
자 중 하나는 2013년에 유럽입자물리연구소(CERN)의 대형 강입자충돌
기(LHC)에서 발견되었다. 힉스입자가 더 있는지는 아직 확실치 않다_옮
긴이].

6. 표준모형에는 입자의 질량과 상호작용의 강도(힘의 크기)를 좌우
하는 19개의 상수가 존재하는데, 각 상수의 값은 알고 있지만 이
들이 지금과 같은 값을 갖는 이유는 아직 알려지지 않았다. 즉, 지
금의 이론으로는 상수의 값을 결정할 수 없다.

쿼크와 렙톤은 세부 특성에 따라 세 가지 입자족(-族, particle family)
으로 나뉘는데, 실질적으로는 구별이 불가능하다. 게다가 세 입자족
은 각 위치마다 마치 다른 족의 입자를 복사해놓은 것처럼 매우 유사
한 입자들로 구성되어 있어서, '기본입자elementary particle'라는 용어를
무색하게 만든다. 한 가족이면 충분할 것 같은데, 왜 세 가족이 모여
서 우글대고 있을까?(그림 5.4) (복합입자를 포함하여 1940년대에 알려져
있던 입자의 수보다 지금 알려진 기본입자의 수가 훨씬 많다. 지금 우리가 알
고 있는 기본입자들은 정말 기본입자일까? 본질적으로 같은 입자인데 우리가
그 본질을 모르고 있는 것은 아닐까? 기본입자라고 하기에는 개수가 너무 많지
않은가!)

이런 점에서 표준모형은 아인슈타인의 이론과 아주 대조적이다. 아
인슈타인의 장방정식은 하나의 원리로부터 모든 것을 유추해낸다. 효
율성이 높을 뿐만 아니라 외형적으로도 매우 아름답다. 물리학자들이

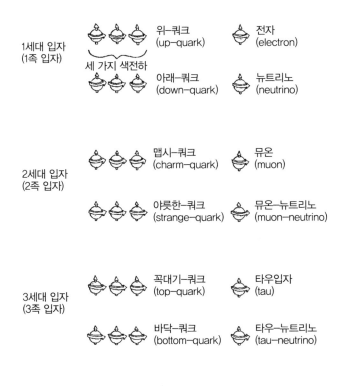

1세대 입자
(1족 입자)

위-쿼크
(up-quark)

전자
(electron)

세 가지 색전하

아래-쿼크
(down-quark)

뉴트리노
(neutrino)

2세대 입자
(2족 입자)

맵시-쿼크
(charm-quark)

뮤온
(muon)

야릇한-쿼크
(strange-quark)

뮤온-뉴트리노
(muon-neutrino)

3세대 입자
(3족 입자)

꼭대기-쿼크
(top-quark)

타우입자
(tau)

바닥-쿼크
(bottom-quark)

타우-뉴트리노
(tau-neutrino)

그림 5.4 〉〉〉 표준모형에서 1세대 입자(1족 입자)는 위-쿼크와 아래-쿼크(각 쿼크마다 세 가지 색전하 중 하나를 가질 수 있고, 반쿼크 쌍도 존재한다)와 전자, 그리고 뉴트리노로 구성되어 있다. 이런 세대 가 3개나 있고 각 세대에서 같은 위치에 있는 입자들은 질량을 제외하고 복사판처럼 똑같다. 한 세대 만 있어도 될 것 같은데, 비슷한 가족으로 구성된 세대가 무려 3개나 존재한다. 자연은 왜 이렇게 비효 율적으로 운영되고 있을까? 우리가 모르는 더 심오한 대칭이 어딘가에 숨어 있지는 않을까?

말하는 '아름다운' 이론들은 대체로 다음 두 가지 공통점을 갖고 있다.

1. 전체적으로 통일된 대칭성이 존재한다.
2. 간결한 수학적 표현으로 방대한 양의 실험데이터를 설명해준다.

표준모형은 이 두 가지 항목에서 모두 낙제점을 받았다. 앞서 확인한 바와 같이 표준모형의 대칭은 세 종류의 힘에 하나씩 대응되는 세 개의 작은 대칭을 강제로 붙여놓은 것에 불과하다. 게다가 표준모형은 생긴 모양이 깔끔하지 않아서 다루기가 몹시 불편하다. 방대한 양의 실험데이터를 설명해주긴 하는데, 방정식에 간결한 맛이 전혀 없다. 예를 들어 아인슈타인의 장방정식은 노트에 널널하게 써봐야 길이가 10cm를 넘지 않는다. 4장의 후주-7에 이 방정식을 적어놓았으니 궁금하면 확인해보라. 정말 한 줄이면 충분하다. 이 한 줄짜리 방정식으로부터 뉴턴의 고전물리학을 넘어 휘어진 시공간과 블랙홀, 그리고 빅뱅 등 천문학적으로 중요한 현상들을 수학적으로 유도해낼 수 있다. 그러나 표준모형에 등장하는 장방정식을 쓰려면 한 페이지를 통째로 할애해야 한다. 게다가 그 방정식은 난해한 기호로 가득 차 있어서 몇 초만 들여다봐도 현기증이 날 지경이다.

과학자들은 '경제적인' 자연을 선호한다. 아니, 자연의 본성이 원래 경제적이라고 믿는다. 엄밀한 증명은 할 수 없지만, 과거의 경험을 돌아보면 그렇지 않은 사례가 한 번도 없었다. 자연은 물리적, 생물학적, 화학적 구조물을 창조할 때 절대로 과잉공급을 하지 않는다. 판다나 단백질분자, 또는 블랙홀의 구조를 면밀히 들여다보면 '최소한의 설계로 최대의 효과를 얻는다'는 효율성의 철학이 곳곳에 배어 있다. 노벨상 수상자인 중국계 물리학자 양전닝(楊振寧, C. N. Yang)은 이 점과 관련하여 다음과 같은 글을 남겼다. "자연은 대칭의 단순한 수학적 표현을 최대한으로 활용하는 것 같다. 우아하고 아름다운 수학 논리와 복잡하고 광범위한 물리적 결과를 비교해보면 대칭이 얼마나 막강한 위력을 발휘하는지 실감할 수 있다."[6] 그러나 아름다움과 단순함에 대한 우리의 믿음은 자연의 가장 근본적인 단계에서 난관에 봉착했다. 비슷한 입자족이 세 개나 존재한다는 것은 표준모형이 갖고 있는 가장 불편한 진실 중 하나이다. 그렇다면 여기서 이의를 제기하지 않을 수 없다. 자연은 반드시 아름다워야 하는가? 아름다움은 우리의 희망사항일 뿐, 자연의 속성이 아닐 수도 있지 않은가? 그저 아름답지 않다는 이유만으로, 과학 역사상 가장 위대한 성공을 거둔 표준모형을 포기해야 하는가?

왜 아름다워야 하는가?

언젠가 보스턴을 방문했을 때 지인들과 함께 음악공연을 보러 간 적이 있다. 주 레퍼토리는 베토벤 교향곡 9번이었는데, 나를 포함한 청중들은 강력하고 인상적인 선율에 완전히 매료되어 숨조차 크게 쉬지 못했다. 공연이 끝난 후 속으로 멜로디를 되새기며 밖으로 나가다가 우연히 악단석 앞을 지나게 되었는데, 십여 명의 청중들이 그곳에 모여 웅성거리고 있었다. 궁금증이 발동하여 가까이 가보니 오케스트라 단원 중 한 명이 사용했던 악보가 보면대 위에 펼쳐져 있고, 사람들은 그 악보를 보며 신기한 듯 감탄을 자아내고 있었다.

제아무리 아름다운 곡의 악보라 해도, 음악에 무지한 사람에게는 다섯 가닥의 빨랫줄에 도저히 알아볼 수 없는 기호와 콩나물 한 바가지를 주렁주렁 매달아놓은 암호문일 뿐이다. 그러나 음악가들은 오선과 음자리표, 샤프과 플랫, 그리고 다양한 음표와 셈여림표를 보면서 아름다운 선율과 풍부한 음향을 마음속으로 '들을' 수 있다. 그들에게 악보는 빨랫줄과 콩나물의 조합이 아니라, 음악의 본질을 느끼는 가장 구체적인 수단이다.

이와 마찬가지로 시詩를 '작가의 주관적인 규칙에 따라 나열된 단어의 집합'이라고 정의한다면 시를 모르는 사람에게는 아무런 도움도 되지 않는다. 무미건조할 뿐만 아니라 아예 정의 자체가 틀렸다. 이런 식의 정의에는 시인과 독자 사이의 미묘한 교감이 누락되어 있기 때문이다. 시에는 작가의 느낌과 상상의 정수가 고농도로 축약되어 있기에, 종이에 인쇄된 문장 이상의 의미가 담겨 있다. 예를 들어 일본의 전통 3행시 하이쿠의 짧은 단어들이 독자의 마음으로 전달되면 새로운 느낌과 감각의 세계가 펼쳐진다.

이런 점에서는 수학도 크게 다르지 않다. 수학방정식은 음악이나 시처럼 정서적으로 깊은 감동을 주진 않지만, 과학자의 열정을 자극하는 '진보'와 '논리'를 선사한다. 일반대중들은 수학방정식을 봐도 별다른 감흥을 느끼지 않지만 과학자에게는 웅장한 교향곡이나 마찬가지다.

단순함과 우아함. 이것은 위대한 예술가들에게 창조적 영감의 원천이었고, 과학자들로 하여금 자연의 법칙을 탐구하게 만든 원동력이었다. 위대한 예술작품이나 마음속에 담아둔 시구詩句처럼, 방정식도 나름대로의 아름다움과 리듬을 갖고 있다.

노벨상 수상자인 물리학자 리처드 파인만Richard Feynman은 생전에 다음과 같은 말을 남겼다.

진리는 단순하고 아름답다. 이것은 진리와 진리가 아닌 것을 구별하는 기준이다. 자연의 단순함과 아름다움을 직접 경험한 사람들은 여기에 이의를 달지 않을 것이다. 자연을 탐구하다 보면 입력보다 출력이 많은 경우가 종종 있기 때문이다. (…) 경험이 부족하거나 유별난 사람들도 단순한 추론을 선호하는 경향이 있는데, 이런 경우에는 그들이 틀렸다는 것을 금방 알 수 있으므로 우리의 논지에서 제외한다. 그 외에 경험이 부족한 학생들은 진리가 매우 복잡하다고 생각하지만, 내가 아는 한 그렇지 않다. 진리는 항상 우리가 생각하는 것보다 단순하다.[7]

프랑스 수학자 앙리 푸앵카레Henri Poincaré는 좀 더 솔직하다. "과학자가 자연을 탐구하는 이유는 자연이 유용해서가 아니라 자연에서 행복과 즐거움을 느끼기 때문이다. 그리고 과학자가 자연에서 행복과 즐거움을 느끼는 이유는 자연이라는 것이 원래 아름답기 때문이다. 자연이 아름답지 않다면 굳이 알 만한 가치를 못 느꼈을 것이고, 우리의 삶도 무의미했을 것이다." 물리학에 등장하는 방정식은 자연이 쓴 시와 비슷하다. 모든 방정식은 원리에 따라 간결하게 정리되어 있으며, 그중 가장 아름다운 방정식에는 자연의 숨은 대칭이 담겨 있다.

예를 들어 맥스웰 방정식은 8개로 이루어져 있어서 외관상 별로 아름답지 않고 뚜렷한 대칭도 눈에 띄지 않는다. 겉모습은 너저분하지만, 그래도 이 방정식은 레이더와 라디오, 마이크로파, 레이저, 플라즈마 등을 갖고 노는 전 세계 물리학자와 공학자들의 굳건한 밥줄이다. 이들에게 맥스웰 방정식은 변호사의 소송장이자 의사의 청진기와 같다(즉, 없으면 굶어죽는다!). 그러나 시간을 네 번째 차원으로 간주하여 4차원 시공간을 배경으로 삼으면 너저분했던 8개의 방정식이 기적처럼 단 하나의 텐서방정식으로 축약된다. 이것이 바로 물리학자들이 말하는 '아름다움'이다. 아름다운 이론이 갖춰야 할 두 가지 조건(통일된 대칭성과 가성비)이 모두 충족되었기 때문이다. 차원을 높였더니 이론에 숨어 있던 4차원대칭이 드러났고, 방대한 양의 실험데이터를 하나의 방정식으로 설명할 수 있게 되었다.

앞에서도 여러 번 확인한 바와 같이, 차원을 추가하면 자연의 법칙이 단순해진다.

미시세계의 대칭은 오늘날 현대물리학이 직면하고 있는 가장 큰 미스터리이다. 출력 1조 eV짜리 강력한 입자가속기로 원자핵을 때렸을 때 튀어나온 입자들은 이 대칭성에 따라 분포된다. 원자 이하의 규모로 깊이 파고 들어갈수록 희귀하고 이상한 일들이 수시로 벌어지는 것이다.

그러나 과학의 임무는 자연의 우아한 모습에 경탄하는 것이 아니라 그 내막을 설명하는 것이다. 과거에 입자물리학자들은 입자가속기와 씨름을 벌이고 장방정식을 칠판에 빼곡하게 써내려가면서도, 미시세계에 대칭이 존재하는 이유를 설명하지 못했다.

이것이 바로 표준모형이 실패한 이유이다. 표준모형이 실험결과를 제아무리 정확하게 설명한다 해도, 대부분의 물리학자들은 더 수준 높은 이론으로 대치되어야 한다고 믿고 있다. 표준모형은 '아름다움'을 가늠하는 두 가지 테스트를 모두 통과하지 못했다. 대칭을 하나로 통합하지 못했고, 이론의 경제성도 크게 떨어진다. 그러나 더욱 중요한 것은 표준모형이 대칭의 근원을 설명하지 못했다는 점이다. 근원을 이해하지 못한 채 몇 가지 대칭을 대충 이어 붙여놓았으니, 아름다울 리가 없는 것이다.

GUTs

원자핵을 발견한 어니스트 러더퍼드Ernest Rutherford는 "모든 과학은 결국 물리학과 우표수집으로 귀결된다"고 했다.[8]

과학이 제아무리 잘게 세분화돼도, 결국은 두 종류로 집약된다는 뜻이다. 그중에서 물리학은 '원리와 법칙'이라는 기초 위에 지식을 쌓아가는 과학이고, 우표수집은 대상에 대하여 아무것도 모르는 채 겉모습이 비슷한 것들끼리 하나로 묶어서 정리하는 분류학을 의미한다. 러더퍼드의 이분법에 의하면 표준모형은 물리학보다 우표수집에 가깝다. 대칭의 근원을 전혀 모르는 채 피상적인 대칭만으로 모든 입자를 분류해놓았기 때문이다.

진화론의 원조 찰스 다윈이 자신의 책에 굳이 《종의 기원On the Origin of Species》이라는 제목을 붙인 이유는 단순한 분류를 넘어 '지구에 다양한 동물이 존재하는 이유'를 논리적으로 설명했기 때문이다. 1970년대의 물리학자들은 이에 필적하는 '대칭의 기원On the Origin of Symmetry'이 나와서 자연에 대칭이 존재하는 이유를 후련하게 설명해주기를 기대했다.

그래도 믿을 것은 표준모형뿐이었기에 물리학자들은 기존의 틀을 유지한 채 대칭을 통일하기 위해 다양한 시도를 감행했고, 그중 일부는 부분적으로나마 성공을 거두기도 했다. 1970년대 말에 등장하여 한동안 인기를 끌었던 대통일이론(Grand Unified Theory, GUT)이 대표적 사례이다. GUT는 더 큰 대칭군, 예를 들면 SU(5), O(10), E(6) 등을 도입하여 강력과 약력, 그리고 전자기력의 대칭을 통합하는 이론으로, 세 힘의 대칭군을 단순히 이어 붙이는 대신 이론으로 결정되지 않는 상수와 가정의 수를 줄이고 대칭의 규모를 키워서 통일을 도모했다. 그 결과 입자의 종류는 표준모형보다 훨씬 많아졌지만, 너저분했던 $SU(3) \times SU(2) \times U(1)$ 이론이 하나의 대칭군으로 깔끔하게 정리된 것은 분명히 좋은 소식이었다. GUT 중에서 가장 간단한 모형인 $SU(5)$에는 무려 24개의 양-밀스 장(양자 또는 매개입자)이 등장하지만, 이들은 기존의 표준모형처럼 세 그룹으로 나뉘지 않고 하나의 대칭군에 속한다.

GUT의 장점 중 하나는 강력을 교환하는 쿼크와 약력을 교환하는 렙톤을 동일한 기초에서 동등하게 다룬다는 것이다. 예를 들어 $SU(5)$에 등장하는 입자의 다중항은 3가지 색의 쿼크와 전자, 그리고 뉴트리노로 이루어져 있으며, 이들은 $SU(5)$의 회전변환하에서 이론에 영향을 주지 않은 채 다중항에 포함된 다른 입자로 바뀔 수 있다.

GUT가 처음 등장했을 때 물리학자들은 매우 회의적인 반응을 보였다. 세 개의 기본 힘이 하나로 통일되려면 에너지가 플랑크 에너지보다 조금 작은 10^{24}eV까지 올라가야 하는데, 지구상의 어떤 기기를 동원해도 이런 수준에는 도달할 수 없기 때문이다. 그러나 'GUT가 옳다면 반드시 나타나야할' 어떤 현상이 알려지면서 물리학자들의 관심이 집중되기 시작했다. 양성자붕괴proton decay가 바로 그것이었다.

표준모형의 $SU(3)$ 대칭군에서 세 개의 쿼크를 회전시키면 다른 입자와 섞이지 않고 자기들끼리 맞바뀐다. 즉 $SU(3)$의 다중항은 세 개의 쿼크로 이루어져 있다. 이는 곧 특별한 환경(양-밀스 입자의 교환 등)하에서 개개의 쿼크가 다른 쿼크로 변할 수 있음을 의미한다. 단 쿼크는 전자로 변신할 수 없다. 쿼크와 전자는 다른 다중항에 속해 있기 때문이다. 그러나 GUT의 $SU(5)$에서는 다섯 개의 입자(세 종류의 쿼크와 전자, 뉴트리노)가 하나의 다중항에 포함되어 있어서 회전을 통해 맞바뀔 수 있다. 다시 말해서, 쿼크로 이루어진 양성자가 전자나 뉴트리노로 변할 수 있다는 이야기다. 무한대의 시간이 흘러도 안정한 상태를 유지한다고 믿어왔던 중성자가 GUT로 인해 '언젠가 붕괴되어 사라지는' 덧없는 입자가 된 것이다. 만일 이것이 사실이라면 학교에서 안정하다고 배웠던 화학원소들은 모두 불안정한 원소로 수정되어야 하며, 우주에 존재하는 모든 원자는 결국 방사선으로 분해되어 사라질 것이다.

그렇다고 우리 몸이 당장 복사에너지를 방출하면서 분해된다는 뜻은 아니다. GUT를 이용하여 양성자가 전자로 분해될 때까지 걸리는 시간을 계산해보니, 약 10^{31}년이라는 답이 얻어졌다. 우주의 나이(약 10^{10}년)와는 비교조차 안 될 정도로 충분히 긴 시간이다. 아무리 길어도 그렇지, 양성자의 수명이 유한하다니! 이 충격적인 결과를 도저히 그냥 넘길 수 없었던 실험물리학자들은 어떻게든 사실 여부를 확인하기 위해 온갖 아이디어를 동원했고, 드디어 실행 가능한 관측법을 개발해냈다. 보통 크기의 물탱크 안에는 천문학적 숫자의 양성자가 들어 있지 않은가. 양성자가 붕괴될 확률이 제아무리 작다 해도 개수가 충분히 많으면 그중 몇 개는 관측 가능한 시간 안에 붕괴될 것이다. 양성자의 반감기가 10^{31}년으로 계산되었으니, 10^{31}개의 양성자를 탱크에 가둬놓으면 1년에 한 개꼴로 붕괴될 것이다. 따라서 우리는 붕괴 여부를 확인하는 감지기를 설치해놓고 끈기 있게 기다리기만 하면 된다. 뜬구름 잡는 이론으로 여겼던 GUT가 드디어 실험물리학자의 도마 위에 올라왔다. 자, 과연 성공할 수 있을까?

양성자붕괴 사냥

양성자붕괴가 알려진 지 불과 몇 년 만에 실험물리학자들은 네트워크를 가동하여 관측팀을 구성했고, 수백만 달러를 호가하는 장비가 세팅되었다. 붕괴되는 양성자를 잡아내려면 극도로 예민하고 복잡한 장비가 필요하다. 제일 먼저 필요한 것은 양성자를 담아둘 거대한 통이다. 이 통을 불순물과 오염물질을 말끔하게 걸러낸 액체(물이나 세제 등)로 가득 채운 후 지하 깊숙한 곳에 묻어야 한다. 고에너지 우주선(宇宙線, cosmic ray, 우주에서 초고속으로 지구를 향해 쏟아지는 입자들. 뮤온과 뉴트리노, 감마선 등이 포함되어 있다_옮긴이)이 탱크 안으로 침투하면 시료가 오염되기 때문이다. 그리고 마지막으로 양성자붕괴에서 방출된 입자를 잡아내는 초고감도 감지기 수천 개를 탱크 주변에 설치한다.

1980년대 말에는 일본의 카미오카Kamioka 감지기와 미국 오하이오주 클리블랜드에 있는 IMB(Irvine-Michigan-Brookhaven)을 비롯하여 총 6개의 감지기가 가동되고 있었다. 이 실험을 위해 동원된 세제의 양만 해도 거의 60~3,000톤에 달했다고 한다(그중 가장 큰 IMB 감지기는 이리호Lake Erie 지하의 소금광산갱도에 설치된, 한 변의 길이가 무려 20m인 거대한 통 안에 설치되어 있었다. 그 안에서 어떤 양성자든 자발적으로 붕괴되기만 하면 미세한 빛이 방출되어 2,048개의 광전관 중 일부에 도달한다).

양성자붕괴의 측정원리를 이해하기 위해, 미국의 인구를 예로 들어보자. 현재 미국인의 평균수명은 약 70년이다. 그러나 사람이 죽는 모습을 보기 위해 70년을 기다릴 필요는 없다. 미국의 인구는 무려 2억 5천만 명이나 되므로, 사망자는 몇 분당 한 명꼴로 발생할 것이다. GUT의 가장 단순한 SU(5) 이론은 양성자의 반감기를 약 10^{29}년으로 예측했다. 즉, 앞으로 10^{29}년이 지나면 우주에 존재하는 양성자 중 절반이 붕괴된다는 뜻이다.* (현재 우주의 나이보다 100억×10억 배쯤 긴 시간이다. 따라서 '우주 탄생 후 10^{28}년'이나 '지금부터 10^{28}년 후'나 별로 다를 것이 없다.) 물론 상상할 수 없을 정도로 긴 시간이지만 통에 저장된 양성자가 충분히 많으면, 미국인 사망자가 수시로 발생하듯이 양성자붕괴 사건도 짧은 시간 간격으로 일어날 것이다. 실제로 1톤의 물 안에는 10^{29}개의 양성자가 들어 있으므로, GUT가 옳다면 이것만으로도 양성자붕괴 사건은 평균 1년에 한 번씩 관측되어야 한다.

그러나 아무리 기다려도 양성자의 붕괴 징후는 단 한 번도 관측되지 않았고, 해가 거듭될수록 양성자의 반감기만 계속 길어졌다. 현재(1994년) 양성자의 반감기는 10^{32}년까지 길어진 상태이며, 물리학자들은 단순한 GUT 모형을 포기하고 좀 더 복잡한 GUT에 관심을 기울이고 있다.

실험 초기에는 물리학자들 못지않게 세간의 관심도 대단하여 각종 매스컴들이 실험의 원리와 진척 상황을 앞다투어 보도했고, TV 공영방송의 고정 프로그램 〈노바Nova〉를 비롯한 수많은 과학잡지와 작가들도 '통일이론을 향한 열정과 양성자붕괴'를 주제로 수많은 기사와 책을 쏟아냈다. 단 한 건, 단 한 번의 붕괴 사건만 발견돼도 물리학은 전 세계가 보는 앞에서 천문학적 세금을 갖다 쓰는 이유를 확실하게 해명할 수 있었다. 그러나 GUT가 등장한 지 10년이 지난 1980년대 말이 되도록 양성자붕괴는 단 한 번도 관측되지 않았고 세간의 관심

---

* 반감기half-life는 주어진 물질의 절반이 붕괴될 때까지 걸리는 시간이다. 예를 들어 반감기가 3년이면 3년 후에 절반이 남고, 6년 후에는 그 절반인 1/4이 남는다.

도 점차 시들해졌다. 수백만 달러를 들여가며 그토록 목을 빼고 기다렸건만, 양성자가 끝내 협조를 거부한 것이다.

그렇다고 해서 양성자가 붕괴되지 않는다고 단정지을 수는 없다. 물리학자들이 반감기를 너무 짧게 잡았는지도 모른다. 양성자는 언젠가 붕괴되고, GUT는 여전히 옳은 이론일 수도 있다. 그러나 지금 물리학자들은 몇 가지 이유에서 GUT를 더 이상 '궁극의 이론'으로 떠받들지 않는다. 첫째, 표준모형과 마찬가지로 GUT에는 중력이 누락되어 있다. 순진한 마음으로 GUT에 중력을 포함시키면 과거에 그랬듯이 사방에서 무한대가 속출한다. 즉 GUT는 재규격화가 불가능한 이론이다. 게다가 GUT는 중력적 효과를 무시할 수 없는 초고에너지 영역에서 정의되었기 때문에, 중력이 빠진 것은 치명적 결함이다. 둘째, GUT는 비슷한 입자족이 3세대에 걸쳐 존재하는 이유를 설명하지 못한다. 그리고 마지막으로 GUT는 쿼크의 질량과 같은 상수를 이론적으로 계산할 수 없다. 이론에 등장하는 기본상수들을 어떤 원리에 입각하여 예측할 수 있어야 하는데, 그런 능력이 결여되어 있는 것이다. 요란한 팡파르를 울리며 화려하게 등장했던 GUT도 결국은 우표수집으로 귀결되고 말았다.

양-밀스 장은 네 종류의 힘을 하나로 묶기에 역부족이었다. 양-밀스의 나무로는 이미 주변에 깔아놓은 대리석을 덮을 수 없었다. 과연 아인슈타인이 옳았던 것일까?

기대하시라. 50년의 긴 휴업을 청산하고, 드디어 '아인슈타인의 복수'가 시작된다!

6. 아인슈타인의 복수

Einstein's Revenge

> 초대칭은 모든 입자를 완벽하게 통일하는 궁극의 이론이다.
>
> _압두스 살람

칼루자-클라인의 부활

사람들은 그것을 '과학 역사상 가장 중요한 문제'라고 했고, 매스컴은 주저 없이 '물리학의 성배聖杯'라 불렀다. 양자이론을 중력과 통일시킨다면, 그것은 문자 그대로 '만물의 이론(Theory of Everything, TOE)'이된다. 이 문제는 20세기 최고의 물리학자들을 좌절의 나락으로 빠뜨리며 과학 역사상 최고의 난제로 군림해왔다. 누구든지 양자화된 중력이론을 완성한다면 노벨상은 이미 따놓은 당상이다.

1980년대에 물리학자들은 막다른 길로 몰리고 있었다. '우주의 모든 힘을 하나도 통일한다'는 캐치프레이즈를 내걸고 막대한 돈과 시간을 투자했는데, 20년이 다 되도록 아무런 성과도 올리지 못했기 때문이다. 중력은 무엇이 그렇게 고고한지, 다른 세 힘과 섞이기를 완강하게 거부하면서 난공불락의 성으로 숨어들었다. 고전물리학에서는 모든 힘들 중 그 얼개가 가장 먼저 밝혀진 힘이었건만, 양자 버전으로 업그레이드하려니 모든 힘들 중에서 가장 다루기 어려운 힘으로 둔갑했다.

한 시대를 대표하는 물리학의 대가들은 중력에 도전장을 내밀었다가 거의 예외 없이 완패를 당했다. 아인슈타인은 통일장이론을 연구하면서 생의 마지막 30년을 보냈고, 양자이론의 창시자 중 한 사람인 베르너 하이젠베르크도 말년에 자신만의 통일장이론을 연구하여 책까지 집필했다. 그는 1958년에 한 라디오 프로에 출연하여 자신과 파울리가 드디어 통일장이론을 완성했으며, 남은 것은 기술적인 세부사항뿐이라고 선언했다. [이 사실이 언론사의 기자들에게 알려지자 파울리는 하이젠베르크가 너무 성급했다며 펄펄 뛰었다. 얼마 후 파울리는 가까운 친구에게 편지 한 통을 보냈는데, 편지지는 텅 비어 있었고 한 귀퉁이에 다음과 같은 설명이 적혀 있었다. "이건 내가 티치아노(Titian, 16세기 이탈리아의 화가_옮긴이)와 거의 비슷한 수준의 그림을 그릴 수 있다는 증거라네. 보다시피 그림은 거의 완성됐어. 자세한 세부사항 몇 개만 추가하면 돼."][1]

그해 말에 파울리는 하이젠베르크가 말했던 통일장이론을 주제로 강연회를 개최했다. 소문이 사실이었나? 전 세계의 내로라하는 이론물리학자들은 '나머지 세부사항'을 듣기 위해 강연장으로 모여들었다. 그런데 강연이 끝나자 사람들의 반응은 극명하게 둘로 나뉘었고, 청중석에 앉아 있던 닐스 보어Niels Bohr는 더 이상 못 참겠다는 듯 벌떡 일어나 파울리를 향해 외쳤다. "우리는 자네가 미쳤다는 데 모두 동의했네. 이견이 있다면 자네가 얼마나 미쳤나 하는 것뿐이라고!"[2] 그 외에도 수많은 물리학자들이 중력의 양자화를 시도했으나, 매번 격렬한

반대에 부딪히곤 했다. 노벨상 수상자인 줄리언 슈윙거Julian Schwinger
는 훗날 당시의 일을 회상하며 이렇게 말했다. "물리학자들은 중요한
문제에 직면했을 때 '이 문제는 내가 죽기 전에 해결되어야 한다'고
자신을 다그치는 경향이 있다. 그 무렵에 양산된 양자중력이론은 이
런 강박관념의 산물이었다."[3]

거의 반세기 동안 대리석 공원을 나무숲으로 덮으면서 승승장구했
던 양자이론의 열기도 1980년대부터 서서히 잦아들기 시작했다. 나
는 그 무렵에 젊은 물리학자들이 기존의 이론에 염증을 느끼며 푸념
하던 모습을 지금도 생생하게 기억하고 있다. 사람들은 너나할 것 없
이 "표준모형은 분명히 성공적인 이론이지만 바로 그 성공 때문에 스
스로 발목을 잡혔다"며 이론물리학의 미래를 비관하고 있었다. 그도
그럴 것이, 당시 국제물리학회는 이미 충분히 입증된 표준모형의 타
당성을 또 다시 입증하는 강연으로 도배되었고, 강연자들은 새로 개
발했다는 지루한 실험차트를 보여주며 결말이 너무도 뻔한 강연을
기계처럼 되뇌고 있었다. 한번은 어떤 국제학회에 참석하여 강연을
듣다가 장내가 너무 조용하다 싶어 뒤를 돌아보니 청중의 절반 이상
이 졸고 있었다. 그런데도 강연자는 그런 풍경에 익숙하다는 듯 침착
하게 차트를 넘기며 설명을 이어나갔다. 물론 결론은 "표준모형 만
세!"였다.

당시 내가 느꼈던 감정은 19세기에서 20세기로 넘어오던 무렵에
물리학자들이 느꼈던 감정과 비슷하다. 그들도 "물리학이 모든 것을
알아냈다"고 자만하면서 다양한 기체의 스펙트럼선에서 누락된 칸을
채우거나 새로 개발된 복잡한 합금의 표면에서 맥스웰 방정식의 해
를 구하는 등 무의미하고 지루한 연구를 수십 년 동안 반복했다. 표준

모형에 등장하는 19개의 자유변수들은 라디오 다이얼을 맞추듯 임의로 조절할 수 있으므로, 나는 물리학자들이 변수다이얼을 돌리면서 또 다시 수십 년을 보낼 것이라고 생각했다.

이대로는 곤란하다. 무언가 극적인 변화가 필요하다. 바야흐로 혁명의 순간이 무르익은 것이다. 이 무료했던 시기에 차세대 물리학자들의 눈길을 끈 것은 나무가 아닌 대리석의 세계였다.

물론 양자중력이론에 도달하려면 몇 가지 어려운 난관을 극복해야 한다. 그중 하나는 중력이 너무나도 약한 힘이라는 것이다. 예를 들어 내 책상 위에 놓여 있는 종이 한 장을 지금 이 상태로 붙들어놓으려면 지구 전체의 질량이 필요하다. 종이의 무게란 지구와 종이 사이에 작용하는 중력이기 때문이다. 그러나 내가 머리를 빗은 후 빗을 종이에 가깝게 가져가면 지구의 중력을 가볍게 극복하고 종이를 들어올릴 수 있다. 조그만 빗에 들어 있는 전자의 전기력이 지구 전체가 발휘하는 중력보다 훨씬 강하다는 뜻이다. 만일 원자핵과 전자 사이에 전기력이 사라지고 중력만 남았는데, 이 힘만으로 전자가 계속 원자핵 주변을 공전하려면 원자 하나가 우주만큼 커져야 한다.

고전적으로 중력은 전자기력과 비교가 안 될 정도로 약하기 때문에 측정하기도 힘들다. 이것은 이미 잘 알려진 사실이다. 그러나 양자중력이론으로 가면 중력으로 인한 양자보정이 거의 플랑크 에너지(10^{28}eV) 수준으로 커진다! 지구에서 얻을 수 있는 에너지의 총량을 훨씬 능가하는 수치다. 이 난감한 상황은 그렇지 않아도 어려운 양자중력이론을 더욱 어렵게 만들고 있다. 앞에서도 말했듯이 중력을 양자화한다는 것은 중력을 미세한 에너지 덩어리인 양자quanta의 교환으로 설명하겠다는 뜻이다. 물리학자들은 중력의 양자를 아직 발견하지 못했지만 '중력자graviton'라는 이름은 붙여놓았다. 약력과 강력 등 기존의 이론과 같은 맥락에서 서술하자면 물질은 중력자를 빠르게 교환하면서 서로에게 중력을 행사하고 있다. 시속 1,000km가 넘는 속도로 자전하는 지구에서 우리 몸이 우주공간으로 날아가지 않고 땅바닥에 붙어 있는 이유는 지구와 우리가 수조 개의 중력자를 교환하고 있기 때문이다. 그러나 뉴턴과 아인슈타인의 중력이론에 간단한 양자보정을 가할 때마다 무한대라는 답이 얻어진다. 무한대, 무한대… 물리학 계산에서 무한대가 나왔다는 것은 '정신 차리고 계산을 다시 해보거나 이론 자체를 포기하라'는 뜻이다.

예를 들어 전기적으로 중성인 두 입자가 충돌할 때 어떤 일이 일어나는지, 가까운 거리에서 관찰해보자. 이 경우에 파인만 다이어그램을 계산하려면 5장의 그림 5.2와 비슷하게 근사적 접근법을 사용해야 한다. 일단은 시공간의 휘어진 정도가 아주 미미하여 리만 계량텐서가 거의 1에 가깝다고 가정하고, 첫 번째 요소를 $g_{11} = 1 + h_{11}$이라 하자. 여기서 1은 평평한 시공간에 해당하고, h_{11}은 중력자의 장을 의미한다. [아인슈타인은 양자물리학자들이 자신의 계량텐서를 이런 식으로 분해한 것을 보고 대경실색했다. 그에게 $g_{11} = 1 + h_{11}$은 아름다운 대리석(g_{11})을 망치로 두들겨 패서 산산조각($1 + h_{11}$) 낸 거나 다름없었다.] 절단수술이 끝나면 중력은 우리에게 친숙한 양자이론의 형태를 띠게 된다. 두 개의 중성입자가 중력의 양자(h)를 교환하는 다이어그램은 그림 6.1(a)와 같다.

문제는 고리가 섞인 다이어그램이다. 그림 6.1(b)의 고리형 다이어그램을 모두 더하면 무한대로 발산한다. 양-밀스 장의 경우에는 무한대를 서로 상쇄시키거나 관측될 수 없는 양에 숨기는 등 교묘한 트릭을 써서 피해갈 수 있었지만, 중력에서는 이런 방법이 통하지 않는다.

a

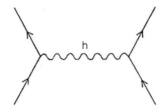

b

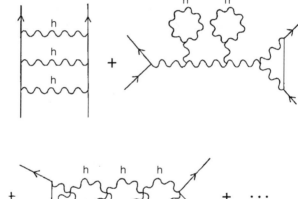

지난 50년 동안 물리학자들은 이 무한대를 제거하기 위해 온갖 방법을 동원해보았지만 한결같이 실패로 끝났다. 대리석을 부수려고 덤볐다가 무한대라는 무적의 복병과 마주친 것이다.

이론물리학계에는 1980년대 초부터 의미심장한 변화가 감지되기 시작했다. 중력을 다른 양자적 힘과 통일하는 데 실패를 거듭한 물리학자들이 새로운 탈출구를 찾다가, 고차원과 초공간에 대한 편견을 버리고 그쪽으로 관심을 갖기 시작한 것이다. 그들이 떠올린 대안은 근 60년 동안 서랍 속에서 잠자고 있던 칼루자-클라인 이론이었다.

몇 년 전에 타계한 미국의 물리학자 하인즈 페이겔스는 칼루자-클라인 이론의 부활을 다음과 같이 평가했다.

> 1930년대 이후로 칼루자-클라인 이론은 사실상 죽은 이론이나 다름없었다. 그런데 중력을 다른 힘과 통일하려는 시도가 모두 실패로 끝나자, 최근들어 부활의 조짐을 보이기 시작했다. 1920년대에는 중력과 전자기력의 통일이 뜨거운 이슈였지만, 요즘 물리학자들은 여기에 강력과 약력까지 통일한다는 의지를 불태우고 있다. 이 과업을 완수하려면 5차원 이상의 고차원 공간을 도입해야 한다.[4]

이미 1979년에 노벨상을 받은 스티븐 와인버그도 1980년대 초에 되살아난 칼루자-클라인 이론에 깊은 관심을 보였다. 그러나 일부 물리학자들은 고차원이론에 여전히 회의적인 시각을 갖고 있었다. 하버드대학교의 하워드 조자이Howard Georgi는 와인버그에게 초미세영역에 돌돌 말려 있는 차원을 관측하기가 얼마나 어려운지를 상기시키면서 다음과 같은 자작시를 들려주었다.

텍사스에서 온 스티브 와인버그가

넘쳐나는 차원으로 우리를 당혹스럽게 하네

하지만 남아도는 차원들이

작은 공 안에 말려 있다니

우리는 걱정 안 해도 되겠네.[5]

칼루자-클라인 이론은 다른 이론과 마찬가지로 재규격화가 불가능하다. 그런데도 물리학자들이 새삼스럽게 관심을 보인 이유는 '대리석 이론'을 구현해줄 유일한 후보였기 때문이다. 마구잡이로 우거진 나무숲을 우아한 대리석으로 바꾸는 것은 아인슈타인의 꿈이기도 했다. 1930~40년대에는 나무조차 미스터리였지만 1970년대에 표준모형이 완성되면서 마침내 비밀이 풀렸다. 물질은 쿼크와 렙톤으로 이루어져 있고, 이들은 양-밀스 장을 통해 결합하며, 양-밀스 장은 SU(3)×SU(2)×U(1) 대칭을 만족한다. 문제는 그 많은 입자들과 신비에 싸인 대칭을 대리석으로부터 이끌어내는 것이었다.

처음에는 도저히 불가능해 보였다. 대칭이란 결국 상호작용하는 점입자들이 만들어낸 결과가 아니던가. 다중항에 포함되어 있는 N개의 쿼크들이 회전을 통해 섞이면 SU(N) 대칭을 만족한다. 따라서 이 대칭은 대리석이 아니라 오로지 나무에만 적용되는 대칭이다. SU(N)은 기하학과 대체 어떤 관계에 있는 것일까?

나무를 대리석으로 바꾸다

첫 번째 실마리는 1960년대에 풀렸다. 일단의 물리학자들이 물리학에 대칭을 도입하는 새로운 방법을 발견한 것이다. 5차원 칼루자-클라인 이론을 N차원으로 확장하면 초공간에 대칭을 부여할 수 있는 여유가 생긴다. 과거에 다섯 번째 차원을 돌돌 말아서 리만의 계량텐서로부터 맥스웰 장을 얻은 것처럼, N차원을 둥글게 말았더니 표준모형의 핵심인 양-밀스 장이 얻어졌다!

공간에서 대칭이 출현하는 과정을 이해하기 위해, 평범한 비치볼(공)을 예로 들어보자. 비치볼은 완벽한 대칭을 갖고 있다. 가운데를 중심으로 아무렇게나 돌려도 외형이 변하지 않는다. 비치볼, 또는 구의 대칭은 3차원 회전대칭이며, 수학기호로는 O(3)으로 표현한다. 이와 비슷하게 더 높은 차원이나 초공간에서 가운데를 중심으로 회전시켜도 모양이 변하지 않는 고차원 구를 상상할 수 있다. 구체적인 형태는 머릿속에 그려지지 않겠지만, 일단 이런 구를 '초구hypersphere'라 부르기로 하자. 그러면 초구의 회전대칭은 O(N)으로 표기될 것이다.

이제 진동하는 비치볼을 상상해보자. 공의 표면에서 잔물결이 일어난다. 이럴 때 비치볼을 특정 방향으로 조심스럽게 흔들면 '공명resonance'이라 불리는 규칙적인 진동을 만들어낼 수 있다. 일반적인 물결과 달리 공명은 오직 특정 진동수로만 진동한다. 실제로 비치볼을 아주 빠른 속도(진동수)로 흔들면 특정 진동수의 음音을 만들어낼 수 있다. 비치볼의 대칭은 O(3)였으므로, 이 진동도 O(3) 대칭으로 분류된다.

비치볼처럼 텅 빈 구의 표면에 공명진동수가 존재하는 것은 일반적인 현상이다. 예를 들어 우리 목에 있는 성대는 고유진동수로 진동하거나 공명하는 일종의 막膜이어서, 악기처럼 고른음을 낼 수 있다. 소리정보를 입수하는 귀도 마찬가지다. 다양한 형태의 음파가 귀에 들어오면 고막이 특정 진동수로 공명을 일으키고, 이 진동이 전기신호로 변환되어 두뇌에 도달하면 비로소 소리로 인식된다. 전화의 원리도 크게 다르지 않다. 전선을 통해 들어온 전기신호가 금속판에 도달하면 역학적 진동(공명)을 일으키고, 이 진동이 주변 공기에 음파를 생성하여 우리 귀에 들리는 것이다. 스테레오 스피커와 오케스트라의 타악기(북, 심벌즈 등)도 같은 원리로 소리를 만들어낸다.

이 효과는 초구에서도 똑같이 나타난다. 초구는 진동하는 막처럼 다양한 진동수로 공명을 일으킬 수 있고, 진동수의 구체적인 값은 $O(N)$ 대칭에 의해 결정된다. 수학자들은 고차원 공간에서 복소수로 표현되는 복잡한 표면을 상정하고, 복소초구(복소수로 표현되는 고차원 구)의 대칭을 $SU(N)$으로 표현해왔다(복소수는 -1의 제곱근인 $\sqrt{-1}$이 섞여 있는 수이다).

여기서 핵심은 다음과 같다. 입자의 파동함수가 복소초구의 표면을 따라 진동하면 $SU(N)$ 대칭이 파동함수에 그대로 전달된다. 그러므로 원자물리학에 등장하는 신비한 $SU(N)$ 대칭은 초공간 진동의 부산물로 생각할 수 있다! 다시 말해서, 나무가 갖고 있는 신비한 대칭의 기원을 드디어 설명할 수 있게 된 것이다. 그것은 물리학자들이 도외시해왔던 대리석의 내부에 숨어 있었다.

칼루자-클라인 이론을 $4+N$차원으로 확장한 후 N차원을 둥글게 말면 방정식이 두 부분으로 나뉜다. 첫 부분은 예상했던 대로 아인슈타인의 장방정식이다. 과거에 5차원 칼루자-클라인 이론이 아인슈타인의 장방정식과 맥스웰 방정식을 통일했으니, 별로 놀라운 결과는 아니다. 정말로 놀라운 것은 두 번째 부분에서 맥스웰 방정식 대신 원자물리학의 기초가 되었던 양-밀스 방정식이 등장한다는 점이다! 바로 이것이 나무의 대칭을 대리석의 대칭으로 바꾸는 열쇠였다.

정말 이상하지 않은가? 오로지 시행착오를 통해(원자분쇄기에서 쏟아져 나온 파편을 일일이 분석해서) 어렵게 알아낸 나무의 대칭이 고차원에서 자동으로 유도되었으니 말이다. 쿼크와 렙톤을 그들끼리 섞으면서 발견한 대칭이 초공간에서 유도된 것은 거의 기적이나 다름없다. 간단한 예를 들어보자. 어린아이가 장난감용 찰흙덩어리를 이리저리 갖고 놀다가 싫증이 났는지 한쪽 구석에 던져놓았다. 그 덩어리를 아무리 자세히 들여다봐도 대칭적인 구석이라곤 전혀 없다. 그냥 제멋대로 생긴 찰흙덩어리일 뿐이다. 그런데 이것을 육각형 틀에 넣고 압력을 가하면 완벽한 대칭형으로 거듭난다. 가운데를 중심으로 $60°$씩 돌려도 모양이 변하지 않는다. 찰흙덩어리가 틀에 내재된 대칭을 물려받았기 때문이다. 이와 마찬가지로 물질은 시공간에 내재된 대칭을 물려받아 완벽한 대칭성을 가질 수 있다.

만일 이것이 사실이라면 지난 수십 년 동안 (대부분 우연히) 발견된 쿼크와 렙톤의 이상한 대칭은 초공간이 진동하면서 생긴 부산물로 간주할 수 있다. 예를 들어 보이지 않는 차원이 SU(5) 대칭을 갖고 있다면, SU(5) 대통일이론은 칼루자-클라인 이론으로 쓸 수 있다.

리만의 계량텐서에서도 이와 비슷한 현상이 발견된다. 계량텐서는 성분이 여러 개라는 것만 빼고 패러데이의 장과 비슷하며, 각 성분은 정사각형 바둑판에 나열할 수 있다. 여기서 다섯 번째 가로줄과 세로줄을 분리하면 맥스웰 장과 아인슈타인 장이 분리된다. 이 트릭을

4+N차원의 칼루자-클라인 이론에 적용해보자. 처음 4개의 가로-세로줄을 그 뒤에 이어지는 N개의 가로-세로줄과 분리하면 아인슈타인의 이론을 서술하는 계량텐서와 양-밀스 이론의 계량텐서가 얻어진다. 그림 6.2는 4+N차원 칼루자-클라인 이론의 계량텐서가 아인슈타인 장과 양-밀스 장으로 분할되는 원리를 보여주고 있다.

이 분할작업을 최초로 시도한 사람은 텍사스대학교에서 여러 해 동안 양자중력이론을 연구해온 브라이스 디윗Bryce DeWitt이었다. 일단 계량텐서를 분할하는 방법만 알려지면 양-밀스 장은 간단하게 추출된다. 디윗은 N차원 중력이론에서 양-밀스 장을 추출하는 계산이 1963년에 프랑스의 레 우슈Les Houches 여름 물리학강좌에서 학생들

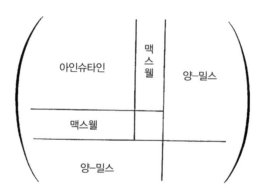

그림 6.2 ⟩⟩⟩ N번째 차원으로 가면 계량텐서는 N×N 바둑판에 나열된 N^2개의 숫자배열(이것을 행렬이라 한다)로 표현된다. 여기서 다섯 번째 그 이상의 가로-세로줄을 잘라내면 맥스웰의 전자기장과 양-밀스 장을 분리할 수 있다. 따라서 초공간이론을 도입하면 (중력을 서술하는) 아인슈타인 장과 (전자기력을 서술하는) 맥스웰 장, 그리고 (약력과 강력을 서술하는) 양-밀스 장을 하나로 통일할 수 있다. 이 네 가지 힘들은 초공간에서 퍼즐조각처럼 완벽하게 제자리를 찾아간다.

에게 내줬던 간단한 수학 연습문제 정도라고 생각했다(사실 오스카 클라인은 양과 밀스보다 훨씬 앞서서 1938년에 독자적으로 양-밀스 장을 발견했다. 이 사실은 최근 들어 피터 프로인트에 의해 세상에 알려졌다. 클라인은 '새로운 물리학이론'이라는 주제로 개최된 바르샤바학회에서 맥스웰의 이론을 더 큰 대칭 O(3)로 일반화할 수 있다고 주장했다. 그러나 당시는 2차 세계대전 중이었고 양자역학의 위세에 눌려 칼루자-클라인 이론이 사장된 후였기에 그의 이론은 별다른 반응을 얻지 못했다. 칼루자-클라인 이론은 양자역학 때문에 죽었는데, 양자역학의 기초인 양-밀스 이론이 칼루자-클라인 이론을 분석하면서 최초로 발견되었다는 것은 아이러니가 아닐 수 없다. 물리학자들이 양자이론에 너무 몰두하는 바람에 칼루자-클라인 이론의 핵심을 놓쳐버린 것이다).

칼루자-클라인 이론에서 양-밀스 장을 추출하는 것은 첫 걸음에 불과하다. 나무가 갖고 있는 대칭의 기원이 '보이지 않는 차원의 숨은 대칭'으로 밝혀졌으니, 이제 남은 일은 대리석으로부터 나무를 창조하는 것이다. 이 단계는 물리학자들 사이에서 '초중력supergravity'이라는 이름으로 불리게 된다.

초중력

나무를 대리석으로 바꾸는 작업은 여전히 난제로 남아 있었다. 표준모형의 모든 입자들이 공통적으로 갖고 있는 '스핀spin' 때문이다. 나무는 쿼크와 렙톤으로 이루어져 있고, 이들은 1/2 단위의 양자적 스핀을 갖고 있다(스핀의 단위는 플랑크상수 $\hbar$이다). 스핀이 반정수(1/2, 3/2, 5/2 등)인 입자를 페르미온fermion이라 한다(입자의 기이한 특성을 최초로 연구했던 엔리코 페르미의 이름에서 따온 용어이다). 그러나 힘을 서술하는 양자(광자, W, Z입자, 글루온, 중력자)는 정수 스핀을 갖는다. 예를 들어 빛의 양자인 광자와 양-밀스 장의 양자는 스핀이 1이고 아직 발견되지 않은 중력자의 스핀은 2이다. 스핀이 정수인 입자를 보손boson이라 한다(인도의 물리학자 사티엔드라 보스Satyendra Bose의 이름에서 따온 용어이다).

양자이론은 처음부터 페르미온과 보손을 완전히 다른 입자로 취급해왔기에, 나무를 대리석으로 바꾸다 보면 '페르미온과 보손은 각기 다른 세상에서 살고 있다'는 사실에 필연적으로 부딪히게 된다. 예를 들어 SU(N)은 쿼크를 자기들끼리 섞어놓지만 페르미온과 보손이 섞이는 일은 없다. 그래서 페르미온과 보손을 하나로 섞는 '초대칭supersymmetry'이 발견되었을 때 물리학자들은 엄청난 충격을 받았다. 초대칭이 반영된 방정식은 페르미온과 보손의 교환을 허락하면서도 방정식 자체는 변하지 않는다. 다시 말해서 초대칭의 다중항은 같은 수의 페르미온과 보손으로 이루어져 있으며, 하나의 다중항 안에서 페르미온과 보손을 섞어도 초대칭 방정식은 변하지 않는다.

그렇다면 우주에 존재하는 모든 종류의 입자를 하나의 다중항에 몰아넣을 수 있지 않을까? 얼마든지 가능한 이야기다. 노벨상 수상자인 압두스 살람은 초대칭이 "모든 입자를 통일하는 궁극의 이론"이라고 했다.

초대칭은 조금 유별난 수학에 기초하고 있다. 아니, 조금 유별난 정도가 아니라 초등학교 선생님들을 미치게 만들 정도로 희한하다. 어린 시절부터 일말의 의심 없이 사용해온 곱셈과 나눗셈이 초대칭에서는 적용되지 않는다. 예를 들어 a와 b가 두 개의 '초수super number'

일 때, $a \times b = -b \times a$이다. 물론 평범한 숫자라면 말도 안 된다. 초등학교 교사라면 이런 연산을 창밖으로 던져버리고 싶을 것이다. $a \times a = -a \times a$는 곧 $a \times a = 0$을 의미하기 때문이다. a가 평범한 수라면 결국 $a = 0$이 되어, 모든 수가 0이라는 끔찍한 결론에 도달하게 된다. 그러나 a가 초수라면 이런 불상사는 일어나지 않는다. 심지어 $a \neq 0$이어도 $a \times a = 0$이 될 수 있다. 이와 같이 초수는 초등학교 때 배운 대부분의 연산규칙을 따르지 않지만 그들만으로 자체모순이 없는 고도의 수체계를 이루며, 완전히 새로운 분야인 초해석학super calculus의 기초를 제공한다.

1976년, 스토니브룩에 있는 뉴욕주립대학교의 대니얼 프리드먼Daniel Freedman과 세르지오 페라라Sergio Ferrara, 그리고 페테르 판니우엔하위전Peter van Nieuwenhuizen이 초중력이론을 써내려갔다. 오직 대리석만으로 이루어진 세계를 구축하는 이론이 처음으로 탄생한 것이다. 초대칭이론에 의하면 모든 입자는 '스파티클(sparticle, 초대칭 동반입자)'이라는 초대칭짝을 갖고 있다. 스토니브룩 연구팀이 발표한 초중력이론에는 두 개의 장이 포함되어 있었는데, 하나는 스핀이 2인 중력자장(graviton field, 보손)이고 다른 하나는 그 초대칭짝에 해당하는 스핀 3/2짜리 그래비티노(gravitino, '작은 중력'이라는 뜻)였다. 그러나 이것만으로는 표준모형을 커버할 수 없었으므로, 더욱 복잡한 입자까지 포함하는 이론이 개발되어야 했다.

물질을 포함하는 가장 간단한 방법은 초중력이론을 11차원 공간에서 서술하는 것이다. 11차원에서 초 칼루자-클라인 이론super Kaluza-Klein theory을 전개하려면 리만 계량텐서의 성분을 크게 늘여서 초 리만 텐서super Riemann tensor로 만들어야 한다. 초중력이론이 나무를 대리석으로 바꾸는 과정을 시각적으로 이해하기 위해, 일단은 계량텐서를 써놓고 아인슈타인 장과 양-밀스 장, 물질장이 초중력이론에 맞아들어가는 과정을 살펴보자(그림 6.3). 이 그림의 핵심은 양-밀스 장방정식과 아인슈타인 장방정식에 등장하는 물질이 11차원 초중력이라는 하나의 장에 포함된다는 것이다. 초대칭은 초중력장 안에서 나무를 대리석으로 개조하고, 대리석을 다시 나무로 바꾸는 대칭이다. 따라서 나무와 대리석은 초힘superforce이라는 하나의 힘이 현실세계에 구현된 결과이다. 나무는 혼자 독립적으로 존재하는 객체가 아니라, 대리석과 섞여서 초대리석을 형성한다!(그림 6.4)

초중력이론의 창시자 중 한 사람인 물리학자 페테르 판니우엔하위

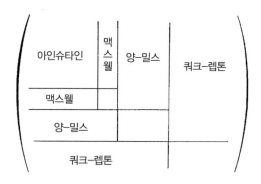

그림 6.3 〉〉〉 초중력은 우주에 존재하는 모든 힘과 입자를 오직 기하학만으로 유도한다는 아인슈타인의 꿈을 실현한 이론이다. 리만의 계량텐서에 초대칭을 부과하면 계량텐서가 2배로 커지면서 초 리만 텐서가 된다. 초 리만 텐서의 새로운 성분은 쿼크와 렙톤에 대응되며, 텐서를 성분 단위로 쪼개서 보면 아인슈타인의 중력과 양-밀스 장, 맥스웰 장, 그리고 쿼크와 렙톤 등 거의 모든 기본입자와 힘들이 포함되어 있음을 알 수 있다. 그러나 이 그림에는 일부 입자가 누락되어 있으며, 누락된 입자를 포함하기 위해 등장한 것이 '초끈이론'이다.

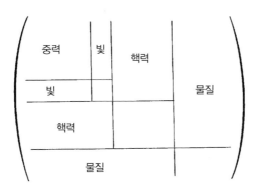

중력　빛
빛
핵력
핵력
물질
물질

||||||||||||||||||||||||||||||||||||||||||||||||||||

그림 6.4 〉〉〉 우리가 알고 있는 모든 힘(대리석)과 물질(나무)은 초중력을 통해 거의 완벽하게 통일된다. 이들은 리만의 계량텐서 안에서 퍼즐조각처럼 맞아 들어간다. 이것으로 아인슈타인의 꿈은 거의 실현되었다.

전은 이 '초통일superunification' 시나리오에 깊은 감명을 받고 다음과 같은 글을 남겼다. "대통일이론(GUT)과 중력을 통일한 초중력은 자유변수가 거의 없는 새로운 이론이다. 이것은 페르미온과 보손 사이에 국소게이지대칭local gauge symmetry이 존재하는 유일한 이론이며, 그 많은 게이지이론 중에서 가장 아름답다. 너무나 아름다워서 자연에게도 꼭 알려주고 싶다!"[6]

나도 이 무렵에 초중력학회에 자주 참석하여 연구결과를 발표하곤 했다. 쉬는 시간에 사람들이 삼삼오오 모여서 '지금이 물리학 역사상 가장 중요한 시기'라며 잔뜩 흥분했던 모습이 지금도 눈에 선하다. 모스크바 학회가 끝난 후에는 참석자들이 초중력의 성공을 자축하며 일제히 건배를 했다. 아인슈타인의 꿈이었던 대리석우주가 60년 만에 드디어 실현을 코앞에 두고 있으니, 물리학자들이 흥분한 것은 너무도 당연한 일이었다. 일부 참석자들은 반 농담 삼아 그것을 '아인슈타인의 복수'라 부르기도 했다.

1980년 4월 29일, 스티븐 호킹이 케임브리지대학교의 루카시언 석좌교수(Lucasian Professorship, 과거에 아이작 뉴턴과 폴 디랙도 이 자리에 있었다)로 부임하면서 "이론물리학은 거의 끝에 도달했는가?"라는 제목으로 공개강연을 했다. 그 자리에서 한 학생이 호킹을 대신하여 읽은 연설문 중에는 다음과 같은 내용도 있다. "물리학은 최근 몇 년 동안 장족의 발전을 이룩했다. 몇 가지 근거로 짐작건대, 아마 여기 참석한 사람 중 일부는 세상을 떠나기 전에 완벽한 물리학이론을 접할 수 있을 것이다."

초중력은 일반대중에게도 널리 전파되어 급기야 초중력을 섬기는 종교단체까지 생겼다. 예를 들어 초월명상(Transcendental Meditation, TM, 인도의 마하리시 마헤시가 창설하여 미국과 영국 등 전 세계로 퍼진 명상단체_옮긴이)의 지도자들은 '통일'의 개념을 명상의 핵심주제로 삼고 11차원 초중력이론의 방정식이 크게 인쇄된 홍보 포스터까지 만들었는데, 이들의 주장에 의하면 방정식의 각 항들은 '조화', '사랑', '형제애' 등을 의미한다(이 포스터는 지금도 스토니브룩의 이론물리학 연구실 한쪽 벽에 걸려 있다. 나는 이 포스터 덕분에 이론물리학의 추상적인 방정식이 종교에도 영향을 줄 수 있다는 사실을 처음으로 알게 되었다!).

초계량텐서

페테르 판니우엔하위전은 이론물리학자답지 않게 멋진 외모를 갖고 있다. 훤칠한 키에 살짝 검은 피부, 근육질 몸매에 빼어난 패션감각 등 초중력을 연구하는 물리학자가 아니라 TV에서 선탠로션을 광고하는 배우를 연상케 한다. 네덜란드 태생의 물리학자인 그는 엇호프트와 함께 펠트만의 제자였기에 오랫동안 통일문제를 연구해왔으며, 현재 스토니브룩의 교수로 재직 중이다. 그동안 수많은 물리학자를 만나봤지만, 수학에 관한 한 페테르는 단연 톱클래스에 속한다. 사실 웬만한 인내심으로는 초중력을 연구하기 어렵다. 19세기에 리만이 도입했던 계량텐서는 성분이 10개뿐이었지만 초중력 버전으로 확장된 초세량텐서는 성분이 수백 개에 달한다. 고차원 공간에서 모든 물질을 통일하는 이론이라면 이 정도는 기본이다. 그러나 성분이 많으면 방정식은 혀를 내두를 정도로 복잡해진다(자신이 창안한 계량텐서가 100년 후에 덩치를 몇 배로 키워서 초계량텐서로 진화한다는 사실을 미리 알았다면, 리만이 과연 어떤 표정을 지었을지 몹시 궁금하다).

초중력과 초계량텐서가 등장하면서 물리학과 대학원생들은 10년 전보다 몇 배나 더 고달파졌고, 이 분야의 물리학자들은 자신의 재능을 한계까지 밀어붙여야 했다. 스티븐 와인버그는 "초중력에서 무슨 일이 일어나고 있는지 한번 보라. 지난 10년간 초중력을 연구해온 사람들은 정말 똑똑하다. 그중에는 내가 만나본 사람들 중 가장 뛰어난 천재도 있다"고 털어놓았다.[7]

페테르는 계산의 달인이자 유행을 선도하는 사람이었다. 초중력 방정식을 풀다 보면 답을 구할 때까지 연구노트를 여러 장 써야 하기 때문에 이전 계산을 확인하기가 번거롭다. 그래서 페테르는 연구노트 대신 커다란 미술용 스케치북을 즐겨 사용했다. 하루는 페테르의 집을 방문했다가 그가 계산하는 모습을 본 적이 있는데, 스케치북의 왼쪽 위에서 시작하여 깨알같은 글씨로 방정식을 써내려가다가 한 페이지가 다 차면 다음 페이지로 넘어가 또 다시 왼쪽 위에서 시작하는 식으로 몇 시간 동안 계속되었다. 그 사이에 쉬는 시간이라곤 책상 위의 전동 연필깎이에 연필을 집어넣었을 때뿐이었다. 궁금증이 동하여 그의 서재에 들어가 보니 계산용 스케치북이 무슨 학술지처럼 책장에 빼곡하게 꽂혀 있었다. 페테르의 스케치북은 점차 학생들에게도 알려졌고, 얼마 지나지 않아 물리학과 대학원생들도 커다란 스케치북을 들고 다니기 시작했다. 그래서 당시 스토니브룩 학생들 사이에는 스케치북을 들고 다니는 것이 한동안 유행했다고 한다.

하루는 나와 페테르, 그리고 폴 타운센드(Paul Townsend, 지금은 케임브리지대학교의 교수이다)가 연구실에 모여 끔찍하게 어려운 초중력 문제를 풀고 있었다. 계산이 얼마나 복잡했는지 연구노트 수백 페이지가 순식간에 소모되었고, 우리 중 어느 누구도 계산이 맞는지 확신할 수 없었다. 그래도 확인은 해야겠기에, 퇴근 후 우리집에 모여 계산을 다시 한 번 검토하기로 했다. 그것은 정말로 끔찍한 계산이었다. 수천 개의 항들이 이리저리 상쇄되어 0이 되어야 하는데, 해본 사람은 알겠지만 이런 계산은 부호가 하나만 틀려도 말짱 도루묵이 된다(우리 같은 이론물리학자들은 이런 짓을 하도 자주 하기 때문에 웬만한 계산은 굳이 종이에 쓰지 않아도 머릿속으로 해치울 수 있다. 그러나 이 계산은 엄청나게 길면서 매우 예민했기 때문에, 모든 항과 부호를 일일이 확인해야 했다).

우리는 계산을 몇 구획으로 나눠서 분담하기로 했다. 부엌 식탁에

셋이 앉아 한 시간 남짓 계산을 확인한 후 서로 맞바꿔서 다시 한 번 확인했는데, 대부분은 2:1로 결과가 엇갈렸다. 그러면 다수결에 따라 혼자 다른 답을 낸 사람의 계산을 확인하고, 만장일치가 되면 다시 다음 단계로 넘어가서 세 사람의 답이 일치할 때까지 동일한 과정을 반복했다. 그래도 우리는 내심 불안했다. 세 사람이 똑같이 틀려서 모르고 넘어간다면 이 모든 수고가 물거품이 되기 때문이다. 지루한 작업이 밤 12시가 넘도록 이어지다가 드디어 마지막 결론에 도달했다. 최종적으로 얻은 답은 처음에 기대했던 대로 정확하게 '0'이었다! 우리는 간단하게 축배를 들고 뿌듯한 마음으로 헤어졌다. (인간계산기라 불리던 페테르도 이 문제를 풀면서 머리가 좀 이상해진 모양이다. 페테르는 우리 집을 나선 후 자기가 사는 아파트 호수가 생각나지 않아 이집 저집 초인종을 마구 누르며 미아처럼 헤매고 다녔다. 새로 이사한 지 얼마 안 되었다고는 하지만 해도 너무했다. 그날 페테르는 아예 아파트 동수를 잘못 찾아 들어갔다. 결국 그는 집 찾기를 포기하고 폴과 함께 스토니브룩으로 차를 몰았는데, 클러치 케이블 수리하는 것을 깜빡하여 도로에서 차가 먹통이 되었고, 페테르와 폴은 스토니브룩까지 차를 밀고 갔다. 그들이 학교에 도착한 시간은 새벽 5시였다!)

초중력의 쇠퇴

어느 순간부터 초중력의 문제점이 비평가들의 눈에 뜨이기 시작했다. 가장 큰 문제는 초대칭에서 예견된 스파티클(초대칭짝)이 한 번도 발견되지 않았다는 점이었다. 예를 들어 자연에는 스핀이 1/2인 전자가

존재하므로 스핀이 0인 초대칭짝 '셀렉트론selectron'도 어딘가에 있어
야 하는데, 그런 입자가 존재한다는 증거는 어디서도 찾을 수 없었다.
그러나 초중력이론의 지지자들은 에너지가 극도로 높았던 우주창조
의 순간에 모든 입자는 초대칭짝과 함께 존재했다고 굳게 믿고 있다.
초대칭의 세계는 초고에너지 상태에서만 볼 수 있다는 것이다.

　그러나 초중력은 몇 년 동안 초유의 관심사로 떠올랐다가 '올바르
게 양자화될 수 없다'는 사실이 알려지면서 조용히 사그라들고 말았
다. 오로지 대리석만으로 이루어진 물질세계를 구현하겠다며 화려하
게 등장했던 다른 이론들이 그랬듯이, 초중력이론을 무대에서 끌어
내린 주범은 그 악명 높은 '무한대'였다. 초중력으로 무언가를 계산할
때마다 의미 없는 무한대가 속출한 것이다. 물론 칼루자-클라인 이론
보다 무한대가 적긴 했지만, 여전히 재규격화가 불가능했기 때문에
더 이상 버틸 방도가 없었다.

　다른 문제도 있다. 초중력의 가장 높은 대칭은 O(8)인데, 표준모형
의 대칭을 수용하기에는 규모가 너무 작다. 결국 초중력이론은 우주
의 통일이론을 향한 긴 여정의 '또 다른 한 걸음'이었던 셈이다.

　초중력은 (나무를 대리석으로 바꾸는) 한 가지 문제를 해결하면서 몇
가지 심각한 문제를 양산했다. 그러나 이 이론이 사그라들 때쯤 과학
역사상 가장 기이하고 강력한 이론이 등장했으니, 그것은 바로 모든
만물을 '진동하는 끈'으로 설명하는 10차원 초끈이론superstring theory
이었다.

7. 초끈이론

Superstrings

초끈이론은 우연히 20세기에 발견된 21세기형 이론이다.

_에드워드 위튼Edward Witten

뉴저지주 프린스턴 고등연구소의 에드워드 위튼은 전 세계 이론물리학을 선도하는 탁월한 실력자이다. 그는 자타가 공인하는 '고에너지물리학의 선두주자'로서, 파블로 피카소가 현대미술의 갈 길을 결정했던 것처럼 현대 이론물리학의 첨단에 서서 키잡이 역할을 충실하게 수행하는 중이다. 지금도 수백 명에 달하는 물리학자들이 위튼의 혁신적 아이디어를 조금이라도 얻기 위해 경건한 마음으로 그를 따르고 있다. 프린스턴 고등연구소의 사무엘 트리먼Samuel Treiman은 자신의 연구동료인 위튼을 다음과 같이 평가했다. "이론물리학자 집단을 한 인간의 몸에 비유하면 위튼은 머리와 어깨에 해당한다. 모든 이론물리학자들이 그가 생각하는 방향으로 따라가기 때문이다. 그가 이루어낸 경이롭고 우아한 증명들은 보는 사람으로 하여금 감탄을 넘어 경탄을 자아내게 한다. 현존하는 과학자를 아인슈타인과 비교하는 것이 다소 무리이긴 하지만, 위튼의 경우라면 사정이 다를 수도…."[1]

위튼의 집안에는 물리학자가 많다. 그의 부친인 루이스 위튼Louis Witten은 신시내티대학교의 물리학과 교수이고(그는 종종 "내가 물리학에 남긴 가장 큰 업적은 위튼을 낳은 것"이라며 아들 자랑을 하고 다녔다), 위튼의 아내 키아라 내피Chiara Nappi도 프린스턴 고등연구소에서 입자물리학과 초끈이론을 연구하고 있다.

대부분의 물리학자들은 어린 시절부터(초등학생이나 중학생일 때) 물리학에 빠져들지만, 이 점에서 위튼은 화끈하게 다른 이력을 갖고 있다. 그는 브랜다이스대학교에서 역사를 전공했고 그나마 주 관심사는 언어학이었으며, 1971년에 학부를 졸업한 후에는 미국 대통령에 출마했던 조지 맥거번George McGovern의 선거캠프에 합류하여 유세운동을 펼쳤다. 결국 맥거번은 낙선했지만 위튼을 위해 대학원 입학 추천장을 써줄 정도로 그의 능력을 높이 평가했다. 또한 위튼은 〈더 네이션The Nation〉과 〈뉴리퍼블릭New Republic〉에 글을 게재하여 전문가들을 놀라게 했다. (당시 〈사이언티픽 아메리칸〉에서는 위튼의 인터뷰 기사 말미에 다음과 같은 해설을 달았다. "그렇다. 세계에서 가장 똑똑한 사람은 자유로운 민주당원이었다.")[2]

(물리학자들에게는) 다행히도 위튼은 뒤늦게 물리학자가 되기로 결심했다. 그는 뛰어난 두뇌로 끈질기게 물리학을 파고든 끝에 1973년에 프린스턴대학교의 대학원생이 되어 1976년에 학위를 받았고, 잠시 동안 하버드에서 학생들을 가르치다가 28세의 젊은 나이에 프린스턴대학교의 정교수가 되었다. 또한 그는 '천재에게 주는 상'으로 알려진 맥아더상을 수상했고, 물리학자이면서 수학에도 지대한 공을 세워 1990년에 '수학의 노벨상'으로 알려진 필즈상Fields Medal까지 받

았다.

그러나 위튼은 대부분의 시간을 창밖을 바라보며 보낸다. 시쳇말로 '멍 때리는' 게 아니라, 방대한 양의 방정식을 머릿속에서 이리저리 꿰어 맞추며 연구를 하는 것이다. 그의 아내는 이렇게 말한다. "그이는 모든 계산을 머릿속으로 하는 것 같아요, 종이에 쓰는 모습을 본적이 거의 없거든요. 나 같은 사람은 노트에 수식을 빼곡히 적어놓고 몇 번을 들여다봐야 내가 무슨 일을 하고 있는지 감이 잡히는데, 에드워드는 종이에 마이너스 부호나 '곱하기 2' 같은 것만 끄적이다 말곤하지요."[3] 내친 김에 본인의 말도 들어보자. "물리학을 전공하지 않은사람들은 물리학자가 엄청나게 복잡한 계산으로 하루를 보낸다고 생각하겠지만, 물리학의 핵심은 계산이 아니라 개념입니다. 이 세상이돌아가는 이치를 개념적으로 이해하는 것, 그것이 바로 물리학의 목적이기 때문입니다."[4]

요즘 위튼은 자신의 생애에서 가장 대담하고 야심찬 연구계획을 세워놓고 있다. 1980년대 중반에 등장한 초끈이론은 양자이론과 아인슈타인의 중력이론을 통일하는 가장 그럴듯한 후보를 자처하면서 전세계 이론물리학자들의 관심을 한몸에 받아왔다. 그러나 위튼은 지금(1994년)의 초끈이론에 만족하지 않고 '초끈의 기원을 찾아 창조의 비밀을 밝힌다'는 원대한 꿈을 꾸고 있다. 초끈이론에 막강한 위력을 부여한 이론적 기초는 '유별난 기하학'이었다. 간단히 말해서, 끈이 자체모순 없이 진동하려면 공간은 10차원이나 6차원이어야 한다.

입자란 무엇인가?

끈이론의 목적은 물질(나무)과 시공간(대리석)의 특성을 설명하는 것이다. 특히 끈이론은 과거에 어떤 이론도 답하지 못한 질문, "자연에는 왜 그토록 다양한 입자들이 존재하는가?"라는 질문에 드디어 납득할 만한 답을 내놓았다. 미시세계로 파고 들어갈수록 입자의 종류는 점점 많아진다. 이 '입자동물원'에는 수백 종의 입자들이 우글대고 있으며, 이들의 특성을 나열하면 책 한 권을 가득 채우고도 남는다. 표준모형에 등장하는 소립자(elementary particle, 더 이상 분해될 수 없는 최소단위입자)만 추려내도 머리가 돌 지경이다. 왜 이렇게 많은가? 끈이론이 제시한 답은 다음과 같다. 공간에는 양성자의 1,000억×10억분의 1밖에 되지 않는 미세한 끈이 진동하고 있다. 이들은 다양한 모드로 진동할 수 있으며, 끈의 각 진동모드는 하나의 입자(또는 공명입자)에 대응된다. 그런데 끈의 크기가 너무 작기 때문에 먼 거리에서 보면 '끈의 공명'과 '입자'를 구별할 수 없다. 입자를 엄청난 비율로 확대해서 본다면 점이 아니라 진동하는 끈이 모습을 드러낼 것이다.

이런 관점에서 보면 모든 입자는 각기 다른 진동수로 진동하는 '공명'일 뿐이다. 공명이라는 단어가 다소 낯설게 들릴 수도 있지만, 알고 보면 우리는 공명과 매우 친한 사이다. 샤워하면서 노래를 불러본 적이 있는가? 그런 적이 있다면 가수로 데뷔할 생각도 한 번쯤 해봤을 것이다. 원래 사람의 목소리는 작고, 약하고, 음정도 불안하지만 욕실에서 노래를 부르면 오페라 가수 뺨칠 정도로 목소리가 웅장해진다. 옷을 벗고 있어서 그런가? 아니다. 음파가 욕실 타일에 반사되어 벽과 벽 사이를 빠르게 오락가락하기 때문이다. 그중에서 욕실 크기에 잘 들어맞는 음파는 스스로 공명을 일으켜 몇 배로 증폭되고, 그 렇지 않은 음파는 상쇄되어 사라진다. 그래서 음치인 사람도 욕실에 서 노래를 부르면 음정이 평소보다 정확하고 음량도 커지는 것이다.

악기의 여왕이라는 바이올린도 마찬가지다. 바이올린은 한 줄만으 로도 C, D, E 등 다양한 음정을 낼 수 있다. 활로 바이올린 줄을 켜면 처음에는 다양한 진동이 발생하지만 그중 줄의 끝에서 진폭이 0인 진 동만 살아남고(줄의 끝은 나사로 고정되어 있으므로 진동할 수 없다), 그 외 의 진동은 자동으로 걸러진다. 이때 살아남은 진동이 줄의 양끝 사이 에서 정수 배로 요동치며 소리를 만들어낸다. 원리적으로 현(끈)은 임 의의 진동수로 진동할 수 있다. 사실 음 자체는 근본적 실체가 아니 다. C음은 G음보다 근본적이지 않으며, 그 반대도 마찬가지다. 근본 적인 것은 소리가 아니라 끈 자체이다. 그러므로 음의 원리를 이해하 기 위해 C, D, E를 분리하여 일일이 분석할 필요는 없다. 바이올린 줄 의 진동원리를 이해하면 무한히 많은 음정을 한 방에 이해할 수 있다.

이와 마찬가지로 우주에 존재하는 입자들은 근본적 실체가 아니다. 전자는 뉴트리노보다 근본적이지 않다. 이들이 근본적 실체처럼 보이 는 이유는 우리의 관측도구가 내부구조를 볼 수 있을 만큼 강력하지 않기 때문이다. 만일 초강력 현미경으로 입자를 확대할 수 있다면 진 동하는 조그만 끈이 보일 것이다(물론 끈이론이 옳다는 가정하에 그렇다). 끈이론에 의하면 물질은 진동하는 끈들이 만들어낸 화음일 뿐이다. 바이올린으로 들을 수 있는 화음이 무수히 많은 것처럼, 진동하는 끈 도 무한히 다양한 물질의 형태를 만들어낼 수 있다. 자연에 입자의 종 류가 많은 것은 바로 이런 이유 때문이다. 여기서 한 걸음 더 나아가 자연의 법칙도 끈의 화음법칙에 비유할 수 있다. 무수히 많은 '진동하는 끈'으로 이루어진 우주는 다양한 화음이 어우러져 한꺼번에 터져 나오는 교향곡과 비슷하다.

끈이론은 입자의 특성뿐만 아니라 시공간의 특성까지 설명해준다. 하나의 끈이 시공간에서 움직이면 더욱 복잡한 후속운동이 초래될 수 있다. 예를 들어 끈은 더 작은 끈으로 분리될 수도 있고, 두 개 이상의 끈이 충돌하여 더 긴 끈이 되기도 한다. 여기서 중요한 것은 이 과정에 해당하는 양자보정(고리형 다이어그램)이 유한하면서 계산 가능하다는 점이다. 따라서 끈이론은 우리에게 '유한한 양자보정을 제공한 최초의 양자중력이론'인 셈이다(아인슈타인의 일반상대성이론과 칼루자-클라인 이론, 초중력이론 등 과거의 모든 이론들은 이 결정적인 요건을 충족시키지 못했다).

이 복잡한 운동을 수행하려면 끈은 자체모순이 없는 여러 가지 조건을 만족해야 한다. 그리고 이 조건들은 시공간의 구조에도 커다란 제한을 가한다. 다시 말해서, 끈은 점입자와 달리 아무 시공간에나 존재할 수 없다는 뜻이다.

물리학자들은 끈의 제한조건을 시공간에 가하여 결과를 확인하고는 벌어진 입을 다물지 못했다. 바로 거기서 아인슈타인의 장방정식이 튀어나온 것이다! 놀랍지 않은가? 아인슈타인의 방정식을 머릿속에 떠올리지도 않았는데, 끈이론으로부터 마술처럼 유도되었으니 말이다. 그렇다. 아인슈타인의 방정식은 근본적인 방정식이 아니라, 끈이론으로부터 유도되는 부수적 결과였다.

끈이론이 옳다면 나무와 대리석의 오래된 미스터리도 해결된다. 오래전에 아인슈타인은 나무의 모든 특성을 대리석만으로 설명하는 날이 언젠가 반드시 올 거라고 믿었다. 그에게 나무는 시공간이 왜곡되거나 진동하면서 생긴 부수적 결과일 뿐, 그 이상도 이하도 아니었다. 그러나 양자물리학자들은 이와 정반대로 "대리석은 나무로 바뀔 수 있다"고 주장했다. 그들은 아인슈타인의 계량텐서가 중력장의 불연속 에너지다발인 중력자로 바뀔 수 있다고 확고하게 믿었다. 사람들은 두 진영의 관점이 너무 달라서 세월이 아무리 흘러도 타협은 불가능하다고 생각했다. 그러나 끈이론이 등장하면서 상황은 크게 달라졌다. 끈이야말로 나무와 대리석을 연결해주는 '잃어버린 고리'였던 것이다.

끈이론은 진동하는 끈으로부터 모든 물질입자를 유도했고, 끈이 자체모순 없이 이동하는 데 필요한 조건을 시공간에 부과하여 아인슈타인 방정식까지 유도해냈다. 그리하여 끈이론은 물질-에너지와 시공간을 모두 포함하는 포괄적 통일이론으로 자리매김하게 된다.

끈에 부과된 제한조건은 놀라울 정도로 엄격하다. 예를 들어 끈은 3차원이나 4차원에서 움직일 수 없다. 앞으로 알게 되겠지만, 이 '자체모순 없는 조건'은 끈이 움직이는 배경공간의 차원을 결정한다. 미리 얘기해두자면 끈에게 허용된 차원은 10차원과 26차원뿐이다. 다행히도 이런 고차원에서 정의된 끈이론은 모든 힘을 통일할 정도로 충분히 넓은 '방'을 갖고 있다.

따라서 끈이론은 자연의 모든 힘을 설명할 수 있을 정도로 풍부한 이론이다. 단순히 진동하는 끈에서 시작하여 논리를 전개해나가면 아인슈타인의 중력이론과 칼루자-클라인 이론, 초중력, 표준모형, 그리고 대통일이론(GUT)이 굴비처럼 줄줄이 엮여 나온다. 끈에서 출발하여 기하학적 논리만으로 지난 2천 년 동안 쌓아온 물리학을 재현할 수 있다는 것은 거의 기적에 가깝다. 이 책에서 논의된 모든 이론들은 끈이론에 자동으로 포함되어 있다.

1980년대 중반에 끈이론이 세계적인 관심을 끌 수 있었던 것은 캘리포니아 공과대학(칼텍)의 존 슈워츠John Schwarz와 런던 퀸즈메리대학교의 마이클 그린Michael Green의 선구적 연구 덕분이다. 그 전까지만해도 물리학자들은 끈이론에 중요한 결함이 있어서 자체모순 없는이론이 될 수 없다고 생각했다. 그런데 1984년에 그린과 슈워츠가 이문제를 해결하여 끈이론을 부활시킨 것이다. 그 후 낡은 이론에 염증을 느껴왔던 젊은 물리학자들이 이 분야에 관심을 갖기 시작하면서하나의 붐이 형성되었고, 1980년대 말에는 19세기 캘리포니아의 골드러시를 연상케 할 정도로 수많은 물리학자들이 끈이론으로 몰려들었다(당시 세계적으로 알려진 수백 명의 이론물리학자들은 남들보다 하루라도 먼저 끈이론으로 대박을 터뜨리기 위해 치열한 경쟁을 벌였다. 최근에 〈디스커버Discover〉지의 표지모델로 등장한 텍사스대학교의 끈이론 학자 나노풀로스Dimitri V. Nanopoulos는 공식석상에서 자신이 노벨 물리학상에 거의 다가갔다며 대놓고 자랑하곤 했다. 아직 검증되지 않은 이론을 연구하는 물리학자가노벨상을 언급하는 것은 결코 흔한 일이 아니다. 이것은 나노풀로스가 성급하다기보다, 끈이론이 물리학계에 그만큼 큰 영향을 미치고 있다는 증거이다).

왜 끈이어야 하는가?

언젠가 뉴욕의 한 중국식당에서 노벨상 수상자와 점심식사를 같이한 적이 있다. 처음에는 가볍게 물리학 전반에 관한 담소를 나누다가전채요리를 맛본 후 탕수육이 나왔을 때쯤 대화의 주제가 초끈이론으로 넘어갔는데, 그때부터 갑자기 그의 목소리 톤이 달라졌다. 그는 자세를 고쳐 앉더니 차분하고도 힘 있는 어조로 자신의 의견을 피력해나갔다. "요즘 젊은 이론물리학자들이 너나할 것 없이 초끈이론으로 몰려들고 있는데, 바람직한 현상은 아니라고 봅니다. 야생오리를 맨손으로 잡겠다고 이리저리 뛰는 것처럼 부질없는 짓이에요. 물리학의 역사를 통으로 뒤져봐도 이런 사례는 없었습니다. 정말 희한한 현상이죠. 이론 자체도 너무 이질적이고 기존과학의 경향과도 많이 다릅니다." 긴 토론을 거친 후 우리의 관심은 하나의 질문으로 요약되었다. "왜 하필 끈이어야 하는가? 진동하는 고체나 진동하는 방울은 왜 안 되는가?"

그는 진지한 표정으로 '물리적 세계는 동일한 개념을 반복해서 사용한다'는 점을 강조했다. 자연은 바흐나 베토벤의 음악처럼 하나의 주제를 제시한 후, 그것을 조금 바꾼 수많은 변주를 동반하는 식으로 운영된다는 것이다. 이런 점에서 보면 어느 날 하늘에서 갑자기 떨어진 듯한 끈이론은 자연의 기본개념이 아닌 것 같다.

예를 들어 '궤도'는 자연에서 다양한 형태로 등장한다. 코페르니쿠스의 지동설 이후로 궤도라는 주제는 가장 큰 은하에서 가장 작은 소립자에 이르기까지, 수많은 변주곡의 형태로 자신의 모습을 드러냈다. 패러데이의 장도 자연이 가장 선호하는 주제 중 하나이다. 장은 은하의 자기장과 중력장을 서술하고 맥스웰의 전자기학에서 핵심적 역할을 했으며, 리만과 아인슈타인의 계량텐서와 표준모형의 양-밀스 장에 또 다시 출현했다. 실제로 장이론은 아원자물리학의 공용어이자 우주의 공용어이기도 하다. 이론물리학이 소장하고 있는 가장 강력한 무기 하나를 꼽으라고 한다면, 나는 주저 없이 장의 개념을 꼽을 것이다. 우리가 알고 있는 물질과 에너지의 모든 형태는 장이론(장론)으로 설명할 수 있다. 주제와 후속변주로 이어지는 교향곡의 패턴은 자연에서도 끊임없이 반복되고 있다.

끈은 어떤가? 자연은 하늘을 설계할 때 끈의 개념을 적극적으로 활용하지 않은 것 같다. 우주 어디를 둘러봐도 끈처럼 생긴 구조는 눈에 띄지 않는다. 나의 동료교수들도 끈 이야기만 나오면 "우리는 어디서도 끈을 본 적이 없다"며 회의적 반응을 보이곤 한다.

하지만 좀 더 깊이 생각해보자. 눈에 보이는 것이 전부는 아니다. 자연은 만물의 기본형태로 '끈'을 선택하여 특별한 역할을 부여해왔다. 예를 들어 지구생명체의 기본단위이자 생명의 핵심정보가 담겨 있는 DNA 분자는 누가 봐도 끈처럼 생겼다. 아원자물질과 생명체를 창조할 때에는 끈이 완벽한 해결책인 듯하다. 두 경우 모두 다량의 정보가 단순하면서 복제 가능한 구조 속에 고밀도로 저장되어 있다. 기본적으로 끈은 방대한 양의 데이터를 저장하고 정보를 복제하는 데 가장 효율적인 형태 중 하나이다.

자연은 생명체를 만들 때 이중나선형으로 꼬인 DNA 분자를 사용한다. 이 나선구조가 풀어지면 두 가닥의 끈이 분리되어 서로 상대방을 복제한다. 또한 우리 몸에는 아미노산으로 이루어진 수십억×수십억 개의 단백질 끈이 존재한다. 어떤 의미에서 보면 인간의 신체는 뼈를 에워싸고 있는 수많은 끈(단백질)의 집합인 셈이다.

현악사중주단

현재 학계에 통용되고 있는 끈이론 중 가장 성공적인 버전은 프린스턴대학교의 물리학자 데이비드 그로스David Gross와 에밀 마티넥Emil Martinec, 제프리 하비Jeffrey Harvey, 그리고 라이언 롬Ryan Rohm의 공동작품이다. 이들은 종종 '프린스턴 현악사중주단Princeton string quartet'으로 불리기도 한다. 프린스턴에서 세미나가 열리면 위튼은 부드러운 목소리로 조곤조곤하게 질문하는 반면, 그로스는 쩌렁쩌렁한 목소리로 상대방을 구석으로 몰아세운다. 누구든지 프린스턴에서 세미나 강사로 연단에 서면 그로스의 입에서 기관총처럼 튀어나오는 신랄한 질문을 고스란히 받아내야 한다. 어떤 학회에 가도 이런 사람은 있기 마련이지만, 그로스는 경우가 좀 다르다. 그의 질문은 언제나 정곡을 찌른다! 그로스와 그의 동료들이 개발한 '이형 끈이론(異形-, heterotic string theory)'은 지금까지 제안된 칼루자-클라인 타입의 모든 이론들 중 통일잠재력이 가장 큰 이론으로 평가받고 있다.

그로스는 나무를 대리석으로 바꾸는 물리학의 숙원을 끈이론이 이룰 수 있다고 굳게 믿는 사람이다. 그는 한 인터뷰 자리에서 끈이론을 다음과 같이 설명했다. "끈이론이 추구하는 바를 간단하게 요약하면 물질의 기원을 기하학으로 설명하는 것이다. 아인슈타인이 기하학으로부터 중력을 유도했듯이, 우리가 개발한 이형 끈이론은 자연의 모든 힘과 물질의 구성입자를 기하학만으로 유도하는 일종의 중력이론이라 할 수 있다."[5]

앞에서도 말했지만 끈이론의 가장 놀라운 특징은 아인슈타인의 장방정식이 그 안에 이미 내포되어 있다는 점이다. 또한 닫힌 끈(고리형 끈, closed string)의 가장 작은 진동은 중력의 양자인 중력자에 대응된다. GUT는 아인슈타인의 중력이론을 가능한 한 피해왔지만, 초끈이론에는 아인슈타인의 이론이 반드시 포함되어야 한다(저자는 끈이론 string theory과 초끈이론superstring theory을 구별하지 않고 섞어서 쓰고 있다. 엄밀히 말하면 초끈이론은 '초대칭을 도입한 끈이론'을 의미한다. 자세한 설명은 뒤에 나올 것이다_옮긴이). 예를 들어 끈의 진동모드에서 아인슈타인의 중력이론을 제외시키면 끈이론에 당장 모순이 발생한다. 위튼이 끈이론에 매력을 느낀 것도 바로 이런 특성 때문이었다. 그는 1982년에 존 슈워츠의 논문을 읽고 초끈이론에 자체모순이 없으려면 중력이 반드시 포함되어야 한다는 놀라운 사실을 깨달았다. "그 순간, 나는 생애 최고의 전율을 느꼈다. 끈이론이 매력적인 이유는 중력을 자동으로 포함하기 때문이다. 지금까지 알려진 모든 끈이론에는 중력이 포함되어 있다. 양자이론은 중력을 다룰 수 없었지만, 끈이론에서 중력은 선택이 아닌 필수사항이다."[6]

그로스는 말한다. "아인슈타인이 살아 있다면 끈이론을 매우 좋아했을 것이다. 끈이론의 기하학적 특성은 아직 정확하게 밝혀지지 않았지만, 이론의 단순함과 아름다움이 기하학으로부터 기인했다는 점에서 일반상대성이론과 일맥상통하기 때문이다. 끈이론의 구현 방법은 아인슈타인의 입맛에 맞지 않을 수도 있지만, 적어도 이론의 목적만은 그의 마음에 들었을 것이다."[7]

위튼은 여기서 한 걸음 더 나아가 "물리학의 모든 위대한 아이디어는 끈이론의 부산물"이라고 주장했다. 오랜 세월 동안 구축해온 이론물리학의 핵심이 끈이론에 모두 포함되어 있다는 뜻이다. 심지어는 아인슈타인의 일반상대성이론이 끈이론보다 먼저 발견된 것을 두고

"장구한 지구 발달사에서 우연히 일어난 하나의 해프닝"이라고 했다. 끈이론에 인생을 건 사람이 아니면 좀처럼 하기 어려운 말이다. 위튼 의 주장은 계속된다. "외계의 다른 지적생명체들 중에는 끈이론을 발 견한 후 일반상대성이론을 발견한 종족도 어딘가에 있을 것이다."[8]

차원다짐(차원 줄이기)과 아름다움

이론물리학자들이 끈이론에 기대를 거는 이유는 입자물리학과 일반 상대성이론에서 발견된 대칭의 기원을 설명해주기 때문이다.

6장에서 보았듯이 초중력이론은 재규격화가 불가능하고 표준모형 의 대칭을 수용하기에는 방이 너무 작다. 따라서 초중력은 '자체모순 이 없는 이론self-consistent theory'이 아니며, 이미 알려진 입자를 사실적 으로 설명하지도 못한다. 그러나 끈이론은 이 두 가지 문제를 일거에 해결했다. 이제 곧 보게 되겠지만, 끈이론은 양자중력의 골치 아픈 무 한대를 제거하여 '유한한 양자중력이론'이라는 타이틀을 획득했다. 이것만으로도 끈이론은 우주를 서술하는 이론으로 손색이 없다. 그러 나 끈이론은 또 다른 장점을 갖고 있다. 끈이 존재하는 배경공간의 차 원을 줄이면 표준모형과 GUT의 대칭을 알맞게 수용할 수 있는 '방' 이 드러나는 것이다.

이형 끈이론은 시계방향과 반시계방향으로 진동하는 두 종류의 닫 힌 끈으로 이루어져 있는데(이들은 각기 다른 방식으로 다뤄야 한다), 시 계방향 진동은 10차원 공간에서 진행되고 반시계방향 진동은 26차원 에서 진행된다. 단, 26차원 중 16차원은 작은 영역에 복잡한 형태로 구겨져 있다(칼루자의 5차원이론에서도 다섯 번째 차원은 원형으로 말려 있었다). '이형 끈heterotic string'이란 시계방향과 반시계방향 진동이 각기 다른 차원에 존재하면서 이들이 결합하여 하나의 초끈이론을 구축한다는 뜻에서 붙여진 이름이다. 그리스어로 'heterosis'는 '잡종강세(hybrid vigor, 잡종 1세대가 생존력과 생식력 등에서 양친보다 우수한 형질을 나타내는 현상_옮긴이)'라는 뜻이다.

이형 끈이론에서 가장 흥미로운 것은 작은 영역에 숨어 있는 16차원이다. 칼루자-클라인 이론에서 축약된 N차원 공간은 회전하는 비치볼처럼 그에 해당하는 대칭을 갖고 있다. 그러므로 N차원에서 정의된 모든 진동(또는 장)에는 동일한 대칭이 자동으로 반영된다. 그 대칭이 SU(N)이었다면 공간에서 일어나는 모든 진동은 SU(N) 대칭을 갖고 있어야 한다(찰흙을 찍어서 육각형으로 만들었던 사례와 비슷하다). 이런 방법으로 칼루자-클라인 이론은 표준모형의 대칭을 수용할 수 있었다. 그러나 같은 방법을 초중력에 적용해보니 표준모형의 모든 대칭을 수용할 수 없었고, 결국 초중력은 물질과 시공간을 올바르게 서술할 수 없는 이론으로 판명되었다.

프린스턴 현악사중주단은 16차원 공간의 대칭이 지금까지 제안된 GUT의 대칭보다 훨씬 큰 E(8)×E(8) 대칭임을 알게 되었다.[9] 수학에 익숙하지 않은 독자들은 감이 잘 안 오겠지만, 이 정도면 거의 괴물 수준이다. 대칭이 크다는 것은 또 하나의 보너스였다. 끈의 모든 진동이 16차원 공간의 괴물 같은 대칭을 물려받으면 표준모형의 대칭을 충분히 포용할 수 있기 때문이다.

이형 끈의 반시계방향 진동이 일어나는 26차원 공간은 아인슈타인의 중력이론과 양자이론을 충분히 수용할 정도로 넓은 '방'을 갖고 있다. 이것은 '물리법칙은 고차원에서 더욱 단순해진다'는 교훈의 수학적 표현에 해당한다. 고차원 공간이 말리면서 나타난 대칭이 아원자세계에 구현될 수밖에 없는 이유를 기하학적으로 간단하게 설명한 것이다. 결국 '아원자세계의 대칭은 고차원 공간에서 유래된 대칭의 흔적'이었다.

이는 곧 자연에 존재하는 아름다움과 대칭이 궁극적으로 고차원 공간에서 유래되었음을 의미한다. 예를 들어 눈의 결정이 아름다운 육각형 형태를 띠는 것은 분자가 기하학적 규칙을 따라 나열되었기 때문이며, 이 규칙은 분자 속에 있는 전자의 궤도에 의해 결정된다. 그리고 전자의 궤도에는 양자이론의 회전대칭에 해당하는 O(3) 대칭이 반영되어 있다. 이처럼 우리가 알고 있는 모든 화학원소의 대칭은 표준모형에 의해 이미 분류되어 있으며, 표준모형의 대칭은 이형 끈의 차원다짐dimensional compactification을 통해 유도된다.

무지개와 꽃, 그리고 광물의 결정 등 주변에 존재하는 모든 대칭은 10차원이론의 단편이 우리 세계에 구현된 결과이다.[10] 과거에 리만과 아인슈타인은 물질의 특성과 운동상태가 힘에 의해 결정되는 이유를 기하학적으로 이해하려 했다. 그러나 두 거장은 나무와 대리석의 관계를 보여주는 핵심을 놓치고 있었다. 잃어버린 고리는 초끈이론일 가능성이 높다. 10차원 끈이론은 물질의 구조와 힘이 지금처럼 나타나는 이유가 끈의 기하학적 구조 때문임을 강하게 시사하고 있다.

21세기 물리학의 한 단편

대칭의 위력은 실로 막강하다. 그러므로 막강한 대칭을 탑재한 초끈 이론이 기존의 이론과 크게 다른 것도 그리 놀라운 일은 아니다. 사실 초끈이론은 1980년대 중반에 '아주 우연히' 발견되었다. 이때 발견되지 않았다면 초끈이론은 21세기가 되어서야 간신히 발견되었을 것이다. 대다수 물리학자들이 이렇게 생각하는 이유는 초끈이론의 기본 아이디어가 20세기에 개발된 여타 이론과 달라도 너무 다르기 때문이다. 20세기 물리학에는 뚜렷한 전통과 경향이라는 것이 있었는데, 초끈이론은 여기에 융화되지 않고 독불장군처럼 혼자 우뚝 서 있다.

이와는 대조적으로 일반상대성이론은 '정상적'이고 논리적인 진화 과정을 거쳤다. 아인슈타인은 제일 먼저 등가원리를 가정한 후 패러데이의 장과 리만의 계량텐서에 기초하여 등가원리를 수학적인 중력장이론으로 재구성했다. 그 후 여러 물리학자들이 중력방정식을 풀어서 블랙홀과 빅뱅 등 다양한 해解를 도출했고, 지금 한창 연구되고 있는 양자중력이론이 그 마지막 단계이다. 즉, 일반상대성이론은 아래와 같이 물리학 원리에서 출발하여 양자이론에 이르는 논리적 단계를 착실하게 밟아왔다.

기하학 → 장이론(장론) → 고전이론 → 양자이론

반면에 초끈이론은 1968년에 우연히 발견된 후로 상대성이론과 정반대의 길을 걸어왔다. 초끈이론이 대다수의 물리학자들에게 낯설게 느껴지는 이유는 걸어온 길 자체가 여타 이론과 판이하게 다르기 때문이다. 지금 끈이론 학자들은 아인슈타인의 등가원리에 대응되는 끈이론의 기본원리를 찾고 있다. 일반상대성이론은 등가원리가 출발점이었는데, 끈이론은 정반대다.

끈이론은 1968년에 젊은 이론물리학자 가브리엘레 베네치아노 Gabriele Veneziano와 스즈키 마히코Mahiko Suzuki에 의해 처음으로 탄생했다. 스위스 제네바에 있는 CERN에서 따로 연구를 진행하고 있던 두 사람은 강입자의 상호작용을 서술하는 데 적절한 함수를 찾기 위해 이리저리 수학책을 뒤지다가 우연히도 같은 함수에 눈이 꽂혔다. 그것은 19세기 수학자 레온하르트 오일러Leonhard Euler가 고안한 '오일러 베타함수Euler beta function'였는데, 희한하게도 강력을 교환하는 입자를 서술하는 데 더할 나위 없이 안성맞춤이었다.

언젠가 나는 캘리포니아에 있는 로렌스 버클리 연구소에서 아름다운 샌프란시스코 해변을 내려다보며 스즈키와 함께 점심식사를 한 적이 있다. 식사를 마친 후 1968년에 베타함수를 찾았을 때 소감을 물었더니, 그는 그토록 엄청난 잠재력을 가진 함수가 자신의 눈에 뜨인 것은 순전히 우연이라면서, 대부분의 물리학이론은 그런 식으로 시작되지 않는다고 했다.

스즈키는 자신이 찾은 오일러 베타함수를 CERN의 선배 물리학자에게 보여주었으나, 그는 "몇 주 전에 한 젊은 물리학자(베네치아노)가 이미 발견했다"며 논문 발표를 만류했다. 오늘날 이 베타함수는 '베네치아노 모형'이라는 이름으로 불리고 있으며, 수천 편에 달하는 후속논문을 낳으면서 '모든 물리법칙을 통일하는 이론'으로 등극했다. (스즈키는 그때 논문을 발표했어야 했다. 나는 그날 한 가지 교훈을 마음속에 새겼다. "선배의 충고를 너무 심각하게 받아들이지 말 것!")

오일러의 베타함수가 강력을 서술하는 데 안성맞춤인 것은 사실이지만, 그 이유는 오리무중이었다. 이런 우연이 어떻게 가능하단 말인가? 물리학자들은 베네치아노-스즈키 모형의 신비를 풀기 위해 다양한 가설을 내놓았으나 대부분이 변수를 수정하는 수준이어서 별다른 호응을 얻지 못했다. 그러던 중 1970년에 시카고대학교의 남부 요이치로Yoichiro Nambu와 니혼대학교의 고토 테츠오Tetsuo Goto가 수수께끼의 일부를 풀었다. 오일러 베타함수는 바로 진동하는 끈의 수학적 표현이었던 것이다!

끈이론은 우연히 발견된 후 다른 이론과 정반대의 길을 걸어왔기에, 물리학자들은 지금까지도 끈이론의 저변에 깔려 있는 물리적 원리를 모르고 있다. 이론의 마지막 단계(그리고 일반상대성이론의 첫 단계)가 누락되어 있는 것이다.

여기서 잠시 끈이론에 대한 위튼의 의견을 들어보자.

인간은 끈이론을 의도적으로 개발할 만큼 깊은 개념적 기반을 갖고 있지 않다. (…) 끈이론은 목적의식을 갖고 개발된 것이 아니라 운이 좋아서 우연히 눈에 뜨였을 뿐이며, 20세기 물리학자들에게는 과분한 이론이다. 끈이론은 우리의 지식이 그 개념을 수용하고 이해할 정도로 충분히 성숙해진 후에 발견되었어야 했다.[11]

고리

물리학자들은 베네치아노와 스즈키가 발견한 공식이 상호작용하는 입자를 서술해줄 것으로 기대했지만 아직은 부족한 점이 많았다. 특히 물리학이론의 기본조건인 '유니터리성(unitarity, 확률보존법칙)'을 만족하지 않았기에 베네치아노-스즈키 공식만으로는 입자의 상호작용에 대하여 올바른 답을 얻을 수 없었다. 물리학자들은 이론의 유니터리성을 회복시키기 위해 작은 양의 양자보정을 가했다. 끈이론의 두 번째 진화가 시작된 것이다. 1969년, 남부와 고토가 베네치아노-스즈키 공식에서 끈을 발견하기도 전에 세 명의 물리학자들(키카와 케이지Keiji Kikkawa, 사키타 분지Bunji Sakita, 미겔 비라소로Miguel A. Virasoro. 이들은 모두 위스콘신대학교의 교수였다)이 베네치아노-스즈키 공식에 '뒤로 갈수록 점점 작아지는' 여러 개의 보정항을 추가하여 유니터리성을 회복시켰다.

이들은 아무것도 모르는 상태에서 올바른 수열을 추측할 수밖에 없었지만, 전체적인 그림을 이해하고자 할 때에는 남부 요이치로의 끈 해석이 가장 유용하다. 예를 들어 꿀벌이 날아가면서 그리는 궤적은 구불구불한 선이고, 열린 끈이 이동하면서 그리는 궤적은 평면(또는 곡면)이다. 그리고 닫힌 끈이 이동하면 튜브와 비슷한 궤적을 그린다.

끈은 더 작은 끈으로 분리되어 다른 끈과 결합하면서 상호작용을 교환한다. 따라서 끈이 이동 중에 상호작용을 교환하면 그림 7.1과 같은 궤적을 그리게 된다. 그림에서 보다시피 두 개의 끈이 왼쪽에서 다가오다가(이들의 궤적은 두 갈래로 갈라진 튜브를 닮았다) 가운데에서 상호작용을 교환한 후 오른쪽으로 나아간다. 이것이 바로 튜브가 상호작용을 교환하는 방식이다. 물론 그림 7.1은 엄청나게 복잡한 수학적 과정을 단순하게 표현한 것이다. 구체적인 계산을 하려면 오일러 베타함수와 사투를 벌여야 한다.

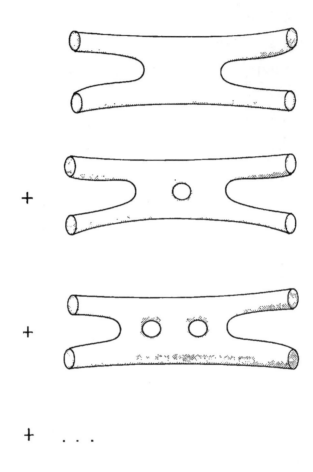

+

+

+ . . .

그림 7.1 〉〉〉 끈이론에서 중력은 닫힌 끈의 교환으로 서술되며, 이들은 공간에서 튜브 모양의 궤적을 그린다. 고리가 있는(튜브에 구멍이 뚫린) 다이어그램 무한개를 더해도 이론은 무한대로 발산하지 않고 유한한 양자중력이론이 된다.

키카와-사키타-비라소로(KSV)가 생각해낸 트릭은 끈이 충돌하고 갈라지는 '모든 가능한 다이어그램'을 더하는 것이었다. 물론 가능한 다이어그램은 무한히 많다. 무한개의 다이어그램을 모두 더하면 무한대가 되지 않을까? 아니다. 뒤로 갈수록 기여분이 빠르게 작아지기 때문에, 많이 더할수록 정답에 점점 더 가까워진다. 이것이 바로 양자물리학이라는 전쟁터에서 가장 강력한 무기로 알려진 '섭동이론 perturbation theory'이다(끈 다이어그램에는 기존의 물리학이론에서 찾아볼 수 없었던 2차원 등각대칭conformal symmetry이 존재한다. 이 대칭 덕분에 우리는 다이어그램을 고무처럼 잡아당기고, 늘이고, 구부리고, 줄일 수 있다. 튜브를 찢거나 자르지 않는 한, 아무리 심하게 변형시켜도 다이어그램의 수학적 표현은 달라지지 않는다).

KSV는 그림 7.1의 고리형 다이어그램을 모두 더하면 입자의 상호작용을 서술하는 정확한 수학공식을 얻을 수 있다고 주장했다. 그러나 이들의 주장은 아직 증명되지 않은 일련의 추론에 기초한 것이다. 누군가가 나서서 고리계산을 하지 않으면 KSV의 추론은 무용지물이 될 판이었다.

KSV의 연구에 흥미를 느낀 나는 이 문제를 직접 해결하기로 결심했으나, 결코 쉬운 일은 아니었다. 그 무렵에 나에게 떨어진 최고의 임무는 물리학이 아니라 '적의 총알을 피해 끝까지 살아남는 것'이었기 때문이다.

신병훈련소

KSV 논문이 발표되었던 1969년은 참으로 다사다난한 해였다. 그 무렵에 있었던 일련의 사건들은 지금도 내 기억에 또렷이 남아 있다. KSV는 계산의 세부사항을 공개하지 않은 채 다음 연구계획을 발표했고, 나는 모든 가능한 고리 다이어그램을 직접 계산하여 이 연구를 아예 끝내버리고 싶었다.

그러나 시기가 좋지 않았다. 베트남에서는 전쟁이 한창이었고 미국 본토도 정세가 불안정하여 켄트 주립대학교에서 파리대학교에 이르기까지, 모든 대학가가 극도로 혼란스러웠다. 그해에 나는 하버드대학교 학부를 졸업했고, 다음 해에 린든 존슨Lyndon Johnson 대통령이 대학원생의 징병연기 혜택을 중단하는 바람에 전국의 대학원생들이 패닉상태에 빠졌다. 친구들은 다니던 대학원을 그만두고 고등학교 교사가 되거나 짐을 싸서 캐나다로 떠났고, 개중에는 징병신체검사에서 불합격 판정을 받기 위해 일부러 건강을 해치는 친구들도 있었다.

어느 누구도 자신의 미래를 보장할 수 없었다. MIT에서 물리학을 공부했던 나의 친한 친구는 "베트남에 끌려가느니 차라리 감방에 가겠다"며 감옥에 있더라도 베네치아노 모형이 어떻게 발전하는지 알고 싶으니 〈피지컬 리뷰Phyhsical Review〉 학술지 복사본을 교도소로 보내달라고 했다. 그 당시 징병을 피해 대학원을 그만두고 고등학교 교사가 되었던 친구들은 지금도 교사로 남아 있다(그중에는 혀를 내두를 정도로 똑똑한 친구도 많았다. 불안한 정세 때문에 전도양양한 미래를 포기했던 친구들을 생각하면 지금도 마음이 아프다).

대학을 졸업하고 3일 후, 나는 케임브리지를 떠나 조지아주 베닝기지의 미국 육군훈련소(세계에서 가장 큰 보병훈련소였다)에 입소했고, 얼마 후 워싱턴에 있는 루이스기지로 이송되었다. 그곳에서 나는 군사훈련을 한 번도 받아본 적 없는 수만 명의 신병들과 함께 거의 실전에 가까운 훈련을 받았다. 고된 훈련이 끝나면 매일 500명의 미군이 죽어나가는 베트남으로 파병될 운명이었다.

어느 날, 조지아주의 뜨거운 태양 아래서 수류탄 투척 훈련을 하다가 죽음의 파편이 사방으로 튀는 광경을 바라보면서 머릿속이 혼란스러워졌다. 역사 이래 얼마나 많은 과학자들이 고통스러운 전쟁과 파괴에 직면했던가? 얼마나 많은 천재 과학자들이 젊디젊은 나이에 뜻을 펴지도 못하고 전장의 이슬로 사라졌던가?

독일의 천문학자 카를 슈바르츠실트Karl Schwarzschild는 아인슈타인의 방정식을 풀어서 블랙홀과 관련된 모든 계산의 기초가 되었던 중요한 해를 발견하고, 몇 달 후 카이저군대의 일원으로 1차 세계대전에 참전하여 러시아전선에서 전사했다(블랙홀의 실제 반지름을 의미하는 '슈바르츠실트 반지름Schwartzschild radius'은 그의 이름을 딴 것이다. 아인슈타인은 그의 사망소식을 듣고 1916년 프러시아 과학아카데미에 참석하여 그의 업적을 기리는 추모연설을 했다).

보병훈련은 정말 힘들었다. 원래 군사훈련이 다 그렇겠지만, 오로지 지휘관의 명령에 따라 움직이면서 온갖 무기를 다루다 보니 정신은 거칠어지고 사고력은 점점 퇴화되었다. 물론 치열한 전투의 와중에 상관의 명령에 이의를 제기한다면 전우들의 생명이 위태로워질 것이다. 나는 이 사실을 미리 짐작하고 집을 떠날 때 KSV의 논문을 챙겨갔다. 막사 조리실에서 감자를 깎거나 참호에서 기관총을 쏠 때, 마음을 다잡아줄 무언가가 필요했기 때문이다.

야간훈련을 받을 때는 장애물코스가 기다리고 있었다. 머리 위로 지나가는 총알을 피해 가시철망 아래를 낮은 포복으로 기어가는데, 바닥은 완전 진흙탕이었다. 총알에는 간간이 예광탄이 섞여 있어서, 진흙바닥에 드러누우면 불과 몇 미터 위에서 수천 개의 총알이 만들어내는 아름다운 붉은색 선들을 볼 수 있었다. 그러나 그 와중에도 내 머릿속은 KSV의 논문으로 가득 차 있었고, 그들의 연구가 어떤 식으로 진행될지 상상하다가 나도 모르는 사이에 장애물코스를 통과하곤 했다.

다행히도 KSV 프로젝트는 복잡한 숫자계산이 아니라 완벽한 위상수학이었다. 나는 양자보정에 필요한 고리 다이어그램을 이해하려면 위상수학이라는 새로운 언어를 물리학에 도입해야 한다는 사실을 깨달았다. 그전까지만 해도 물리학에 뫼비우스 띠나 클라인병(Klein bottle, 뫼비우스 띠를 말아서 만든 차원 곡면으로, 손잡이가 달린 병과 비슷하게 생겼지만 안과 밖의 구별이 없다_옮긴이)이 물리학에 도입된 사례는 단 한 번도 없었다.

사격훈련을 할 때는 종이나 연필을 휴대할 수 없었으므로, 나는 끈이 고리 모양으로 비틀어지고 안팎이 뒤집어지는 과정을 머릿속으로 그려보곤 했다. 훈련병이 기관총을 냅다 쏴대는 모습은 그리 평화로워 보이지 않지만, 사실 그 시간은 나에게 '연구하는 시간'이었다. 그리하여 기관총 사격훈련 프로그램이 끝날 때쯤, 나는 모든 고리 다이어그램 계산을 완수할 수 있다고 확신하게 되었다.

나는 백방으로 노력한 끝에 시간을 간신히 짜내어 캘리포니아대학교 버클리 캠퍼스를 방문할 수 있었다. 그곳에서 나는 머릿속에 담아뒀던 계산을 수백 시간 동안 수행해나갔고, 그것은 결국 나의 박사학

위논문이 되었다.

1970년, 드디어 수백 페이지에 걸친 계산이 끝났다. 나는 동료인 로-핑유Loh-ping Yu와 함께 지도교수 스탠리 만델스탐Stanley Mandelstam의 세심한 지도를 받으며 그때까지 알려진 모든 가능한 고리형 다이어그램을 계산해냈다. 그러나 KSV는 엄밀한 기본원리가 아닌 주먹구구와 직감만으로 고리 다이어그램을 유도했기 때문에, 우리의 계산결과를 100% 신뢰할 수 없었다. 앞에서도 말했듯이 끈이론은 베네치아노와 스즈키에 의해 우연히 발견된 후로 기존의 이론과는 반대방향으로 진화해왔다. 따라서 역주행의 다음 단계는 패러데이와 리만, 맥스웰, 그리고 아인슈타인이 했던 대로 '끈의 장이론'을 구축하는 것이었다.

끈의 장이론

마이클 패러데이가 물리학에 장(場, field)의 개념을 도입한 후로, 모든 물리학이론은 장을 통해 서술되었다. 맥스웰의 전자기학과 아인슈타인의 일반상대성이론은 물론이고, 현대의 입자물리학도 전적으로 장에 기초한 이론이다. 그때까지 장과 무관한 이론은 오직 끈이론뿐이었고, KSV 프로그램은 장이론이 아니라 사용하기 편리한 규칙의 집합이었다.

나는 이 불편한 상황을 어떻게든 타개하고 싶었다. 그런데 문제는 당대 최고의 물리학자들이 끈의 장이론을 반대한다는 점이었다. 이유는 간단하다. 과거에 유카와 히데키Hideki Yukawa와 베르너 하이젠베르크 같은 물리학의 거장들이 점입자에 기초하지 않은 장이론을 구축하기 위해 몇 년 동안 사투를 벌인 적이 있다. 자연의 기본입자가 점이 아니라 '진동하는 초미세 물질덩어리'라고 생각한 것이다. 그러나 아무리 애를 써도 덩어리에 기초한 장이론은 인과율에 위배되었다.

한 지점에서 작은 덩어리를 흔들면 상호작용이 빛보다 빠른 속도로 전파되어 특수상대성이론에 위배되고, 이로부터 온갖 종류의 시간역설이 튀어나온다. 그래서 덩어리에 기초한 비국소장이론nonlocal field theory은 엄청나게 어려운 문제로 알려져 있었다. 실제로 대다수의 물리학자들은 점입자에 기초한 국소장이론만이 유일하게 타당한 이론이라고 생각했다. 비국소장이론은 상대성이론에 위배되기 때문이다.

이보다 더 설득력이 강한 논리도 있다. 베네치아노 모형은 이전의 장이론에서 볼 수 없었던 마술 같은 성질을 갖고 있다(그중 하나가 '이중성duality'이다). 몇 년 전에 리처드 파인만은 임의의 장이론이 만족해야 할 일련의 규칙을 발표했는데, 그 규칙은 이중성에 정면으로 위배되었다. 그래서 대다수 끈이론 학자들은 끈에 장이론을 도입하면 베네치아노 모형에 위배된다고 생각하여 시도조차 하지 않고 있었다. 그들에게 끈이론은 '장이론으로 고쳐 쓸 수 없는 특이한 이론'이었던 것이다.

나는 키카와 케이지와 함께 이 어렵고도 중요한 문제를 파고들기 시작했다. 우리는 과거에 선배 물리학자들이 장이론을 구축할 때 밟았던 순서를 그대로 따라가면서 우리만의 장이론을 구축해나갔다. 제일 먼저 우리는 패러데이의 장을 4차원 시공간에서 정의했다. 그러나 우리가 다루는 입자는 점이 아닌 끈이었으므로, 패러데이의 장을 일반화하여 시공간에서 진동하는 끈의 모든 유형을 포함하는 장을 도입해야 했다.

두 번째 단계는 끈이 만족하는 장방정식을 유도하는 것이었다. 시공간에서 움직이는 단일 끈에 대한 방정식은 비교적 간단했다. 우리의 예상대로 장방정식에는 끈의 무한급수가 재현되었고, 각 항들은 입자에 대응되었다. 그 다음에 우리는 유카와와 하이젠베르크가 제기했던 문제점이 끈의 장이론에 의해 해결된다는 사실을 간파하고 크게 고무되었다. 끈을 흔들면 진동이 끈을 타고 전달되는데, 그 속도는 분명히 빛보다 느렸다.

그러나 우리는 곧 난관에 봉착했다. 상호작용하는 끈을 도입한 후로는 더 이상 베네치아노의 진폭을 재현할 수 없었던 것이다. 임의의 장이론에서 파인만이 제시했던 이중성과 다이어그램 셈법이 서로 상충되었기 때문이다. 비평가들이 예견했던 대로 파인만 다이어그램은 옳지 않았다. 지난 100년 동안 물리학의 기초를 튼튼하게 떠받쳐왔던 장이론이 정말 끈에는 적용되지 않는 것일까?

실망 가득한 표정으로 연구노트를 물끄러미 바라보던 그날 밤이 지금도 생생하게 기억난다. 나는 몇 시간에 걸쳐 다른 방법을 있는 대로 강구해보았지만 이중성이 깨지는 것만은 피할 길이 없었다. 그러다 문득 코난 도일의 소설 《네 사람의 서명The Sign of Four》에서 셜록 홈즈가 왓슨에게 한 말이 떠올랐다. "대체 몇 번을 말해야 알아듣겠나? 불가능한 것들을 모두 제거하고 나면 마지막 남은 게 진리라니까! 그게 아무리 허무맹랑하게 보여도 지넨 그걸 따라가야 해." 이 구절을 속으로 되뇌며 불가능한 것들을 하나씩 제거해나갔더니 결국 하나가 남긴 남았는데, 그것도 베네치아노-스즈키 공식의 특성을 만족하지 않았다. 아, 허탈… 나는 노트에 어지럽게 휘갈긴 수식을 원망스럽게 바라보며 한동안 멍하니 앉아 있었다.

새벽 3시경, 마침내 해결책이 떠올랐다. 베네치아노-스즈키 공식은 원래 두 부분으로 나누어지는데, 나를 포함한 많은 물리학자들이 그 사실을 간과해왔던 것이다. 두 부분은 파인만 다이어그램에 각각 대응되면서 이중성을 위반하지만, 이들의 '합'은 장이론의 모든 조건을 만족한다.

나는 아무 종이나 집어들고 다시 계산에 들어갔다. 그 후로 다섯 시간 동안 모든 가능한 경우를 이잡듯이 뒤져가며 확인에 확인을 거듭한 끝에 확실한 결론에 도달했다. 사람들이 생각했던 대로 장이론은 이중성을 위배하지만, 두 부분을 합하면 베네치아노-스즈키 공식이 정확하게 재현되기 때문에 위배해도 상관없다.

이로써 대부분의 문제는 해결되었다. 그러나 네 개의 끈이 충돌하는 경우의 파인만 다이어그램이 아직 빠져 있었다. 그해에 나는 뉴욕 주립대학교 학부생들에게 전자기학을 가르치고 있었는데, 때마침 그 무렵에 나가던 진도가 패러데이의 전기력선(電氣力線, line of force)이었다. 강의시간에 나는 다양한 전하분포를 제시하면서 학생들에게 전기력선을 직접 그려보도록 유도했고, 학생들은 19세기에 패러데이가 거쳤던 논리과정을 똑같이 거치면서 구불구불한 선을 힘들게 그려나가곤 했다. 그런데 문득, 바로 그 구불구불한 선의 위상적 구조가 충돌하는 끈과 정확하게 일치한다는 사실이 머릿속에 떠올랐다. 나는 대학 1학년생들의 실험실에 들어가 전하를 이리저리 재배열하면서, 네 개의 끈이 충돌하는 사건을 올바르게 서술하는 다이어그램을 떠올릴 수 있었다.

아니, 그게 이토록 간단한 문제였단 말인가?

나는 집으로 달려와 재차 확인했다. 모든 게 잘 들어맞는다. 오케이, 결국 내 생각이 옳았다. 대학교 신입생도 그릴 수 있는 간단한 그림을 이용하여 끈의 4중 상호작용이 베네치아노 공식 안에 숨어 있음을 입증한 것이다. 1974년 겨울, 키카와와 나는 그 옛날 패러데이가 사용했던 방법을 그대로 흉내내어 끈의 장이론을 완성했다. 그것은 끈이론에 장의 개념을 도입한 최초의 성공적 시도였다.

우리가 구축한 장이론은 끈이론의 모든 정보를 올바르게 구현했지만, 어쩔 수 없이 반대방향으로 구축하는 바람에 많은 대칭성이 모호한 상태로 남아 있었다. 예를 들어 우리의 장이론에는 특수상대성이론의 대칭이 존재하긴 했지만 형태가 분명치 않았고, 장방정식을 간소화하려면 많은 곳을 손봐야 했다. 그런데 보수작업을 시작하자마자 심각한 문제에 직면했다.

그해에 러트거스대학교의 물리학자 클로드 러브레이스Claude Lovelace는 보손끈(bosonic string, 정수 스핀을 서술하는 끈)에 자체모순이 없으려면 공간이 26차원이어야 한다는 사실을 발견했다. 그리고 다른 물리학자들은 러브레이스의 결과를 재확인한 후, 초끈(정수 스핀과 반정수 스핀을 모두 서술하는 끈)은 10차원에서 자체모순이 없음을 증명했다. 10과 26 이외의 다른 차원에서는 끈이론의 아름다운 수학적 특성이 물거품처럼 사라진다는 것이다. 이건 또 뭔 소리? 10차원이나 26차원이 우리가 사는 세계와 대체 무슨 상관이란 말인가? 아무리 마음에 안 들어도 수학적 '팩트' 앞에서는 어쩔 수가 없었다. 이 청천벽력 같은 카운터펀치 한 방으로 끈이론은 갑자기 가사상태에 빠졌고, 향후 10년 동안 겨울잠 모드로 들어가게 된다(나를 포함한 대부분의 물리학자들은 침몰하는 배에서 탈출하듯 끈이론을 포기했지만, 존 슈워츠와 조엘 셰르크Joël Scherk같은 일부 '다이하드'들은 끈이론을 포기하지 않고 바람직한 결과가 나올 때까지 끈질기게 수정을 가했다. 예를 들어 끈의 진동모드는 쿼크모형의 공명과 일치하기 때문에 초기의 끈이론은 강력을 서술하는 이론으로 여겨졌으나, 슈워츠와 셰르크 덕분에 강력뿐만 아니라 모든 힘을 서술하는 이론으로 밝혀졌다).

그 와중에도 양자중력이론은 다른 방향으로 진화하고 있었다. 끈이론이 사양길을 걷던 1974~1984년 사이에 다양한 형태의 양자중력이론이 새롭게 등장했고, 칼루자-클라인 이론과 초중력도 물리학자들 사이에서 많은 인기를 누렸다. 그러나 이 이론들은 재규격화가 불가능하다는 치명적 약점을 갖고 있기에 번번이 실패할 수밖에 없었다.

잠깐 나타났다가 사라지는 '죽은 이론'의 목록이 점점 길어지면서 물리학자들은 점점 회의에 빠지기 시작했다. 무엇이건 시도했다 하면 무조건 실패로 끝났으니, 충분히 그럴 만도 했다. 그나마 아직 살아 있는 칼루자-클라인 이론과 초중력은 올바른 길로 가고 있을지도 모르지만, 재규격화를 실현할 정도로 정교한 이론은 아니라는 것이 학계의 중론이었다. 사실 칼루자-클라인 이론과 초중력을 모두 포함할 수 있는 이론은 초끈이론뿐이었다. 그런데 이 시기에 이상한 변화가 감지되기 시작했다. 초공간에 대한 물리학자들의 거부감이 눈에 띄게 줄어든 것이다. 칼루자와 클라인의 혁명적인 이론 덕분에 초공간은 이론물리학에 깊이 파고들었고, 어느새 물리학자들과 꽤 깊은 친분을 쌓았다. 이제는 26차원도 '논리적으로 타당하다면' 얼마든지 수용 가능한 분위기가 형성된 것이다.

1984년, 마침내 그린과 슈워츠가 대박을 터뜨렸다. 두 사람은 자체모순이 없는 양자중력이론은 초끈이론뿐이라는 사실을 증명했고, 이 사실이 알려지면서 전 세계의 이론물리학자들은 초끈이론으로 벌떼처럼 모여들었다. 그 후 1985년에 에드워드 위튼은 끈의 장이론을 한 단계 발전시켜서 "이론물리학 역사상 최고 업적 중 하나"라는 찬사를 받았다. 그는 케이지와 내가 개발한 구식 장이론이 강력한 기하학정리(코호몰로지이론cohomology theory)를 통해 완벽한 상대론적 형태로 유도될 수 있음을 증명했다.

위튼의 새로운 장이론 덕분에 나와 케이지의 끈 장이론string field theory에 숨어 있던 진정한 수학적 아름다움이 만천하에 드러났고, 수백 편의 후속논문이 그 뒤를 이었다. 바야흐로 초끈이론의 혁명기가 도래한 것이다.[12] (string field theory를 '끈 장이론'으로 번역하긴 했지만 어감이 영 별로다. 옮긴이도 옛날에 초끈이론을 공부할 때 이 용어를 한국어로 부른 적은 한 번도 없었던 것 같다. 내 능력으로는 더 좋은 단어를 찾을 수 없어 계속 '끈 장이론'이나 '끈의 장이론'으로 표기할 것이니, 읽기에 다소 거슬리더라도 이해해주기 바란다_옮긴이)

똑똑한 사람이 없다!

끈 장이론이 옳다면 이론의 제1원리로부터 양성자 같은 입자의 질량을 계산하여 관측값과 비교할 수 있어야 한다. 두 값이 다르면 아무리 아깝더라도 이론은 폐기될 것이고, 두 값이 일치한다면 끈이론은 2천 년 물리학 역사를 통틀어 가장 획기적인 이론으로 등극할 것이다.

그러나 1980년대 말에 요란한 팡파르를 울린 후(당시에는 초끈이론이 향후 몇 년 안에 완성되어 10여 명의 노벨상 수상자를 배출할 것이라는 소문이 파다했다), 천하의 초끈이론도 냉혹한 현실에 직면했다. 이론은 수학적으로 잘 정의되어 있는데, 그것을 풀 수 있는 사람이 없었던 것이다. 똑똑한 천재가 많이도 필요 없고 단 한 명만 있으면 되는데, 그 한 명이 없다. 이렇게 답답한 경우가 또 어디 있을까!

문제는 그 누구도 끈의 장이론을 풀거나, 끈이론의 비섭동적 접근법(nonperturbative approach, 섭동이론을 도입하지 않고 완벽한 해를 직접 구하는 방법_옮긴이)을 개발할 정도로 똑똑하지 않다는 것이었다. 문제 자체는 잘 정의되어 있는데, 지구에서 가장 똑똑한 물리학자도 끈 장방정식의 해를 구할 수 없다니 기가 막힐 노릇이었다. 지금 우리에게는 완벽하게 정의된 끈이론이 주어져 있다. 이 이론은 고차원 공간과 관련된 모든 논쟁을 일거에 종식시킬 잠재력을 갖고 있다. 이론의 제1원리로부터 모든 것을 계산해낸다는 오랜 꿈이 코앞까지 다가왔다. 그런데 장방정식의 해를 구할 수가 없다. 유리문 너머로 산해진미가 차려져 있는데 문을 열 수가 없다. 문득 셰익스피어의 희곡《줄리어스 시저》에 나오는 대사가 생각난다. "브루투스여, 잘못은 별에게 있는 것이 아니라 우리 자신에게 있노라." 그렇다. 끈이론에는 아무 잘못도 없다. 수학이 문제다. 우리의 수학이 끈이론을 풀 수 있을 정도로 발전하지 못한 것이다.

가장 강력한 무기인 섭동이론의 실패가 결정적 요인이었다. 섭동이론은 베네치아노 스타일의 공식에서 출발하여 양자보정(고리형 다이어그램)을 가하는 식으로 진행된다. 끈이론 학자들은 이미 알려진 입자를 올바르게 서술할 수 있는 유일한 공간, 즉 4차원 시공간에서 베네치아노 스타일의 공식을 정의하고 싶었다. 소원을 이루었냐고? 물론 이루었다. 다만, 너무 과하게 이루었다는 게 문제다. 4차원에서 정의되는 베네치아노 스타일의 공식은 수십 개도 아니고 수천 개도 아닌 수백만 개나 되었다. 지금 끈이론 학자들은 섭동이론의 해에 빠져 익사하기 직전이다.

지난 몇 년 동안 끈이론의 앞길을 막아온 가장 큰 장애물이 바로 이것이었다. 수백만 개의 해들 중 어떤 것이 맞는지 알 길이 없는 것이다. 이들 중 일부는 현실세계를 놀라울 정도로 거의 정확하게 서술하고 있다. 약간의 가정을 세우면 끈의 한 가지 진동모드로부터 표준모형을 쉽게 도출할 수 있다. 실제로 몇몇 연구팀은 이미 알려진 입자데이터와 일치하는 해를 발견하기도 했다.

아무리 그래도 그렇지, 가능한 해가 수백만 개나 된다는 것은 도저히 용납이 안 된다(하나의 해는 하나의 우주에 해당한다_옮긴이). 개중에는 쿼크가 지나치게 많은 우주도 있고, 쿼크가 아예 존재하지 않는 우주도 있다. 그리고 대부분은 생명체가 도저히 존재할 수 없는 우주이다. 우리의 우주는 끈이론에서 발견된 수백만 개의 후보들 중 하나일 텐데, 대체 어디 박혀 있는지 알 수가 없다. 올바른 해를 찾으려면 비섭동적 방법을 쓰는 수밖에 없는데, 이건 또 너무 어렵다. 우리가 알고 있는 고에너지 물리학의 99%는 섭동이론으로 해를 구해왔으니, 어느 쪽을 둘러봐도 답이 나오지 않는다.

그러나 아직 약간의 희망은 남아 있다. 비교적 간단한 이론에 비섭동적 방법을 적용하여 구한 해들을 보면 대부분이 불안정하다. 이 부정확하고 불안정한 해들은 시간이 흐르면서 정확하고 안정한 해로 양자도약을 하게 될 것이다. 끈이론도 이런 경우에 속한다면 지금 발견된 수백만 개의 해들은 불안정한 해에 해당할 것이고, 시간이 흐르면 올바른 해로 귀결될 것이다.

끈이론 학자들의 처지를 이해하기 위해, 19세기 물리학자들에게 휴대용 컴퓨터가 주어졌다고 가정해보자. 생긴 모습이 낯설긴 하겠지만 조금 만지작거리다 보면 컴퓨터가 켜질 것이고, 마우스와 키보드를 이리저리 눌러보면서 OS도 쉽게 익힐 것이다(19세기의 물리학자들도 우리 못지않게 똑똑했다!). 아마 며칠이 지나면 게임을 하거나 내장된 교육용 프로그램을 시청하고 있을지도 모른다. 그래도 기술적으로는 우리보다 100년 이상 뒤처져 있으므로 컴퓨터의 환상적인 연산능력에 감탄을 자아낼 것이다. 실제로 인류가 19세기에 습득한 모든 과학지식은 컴퓨터 하드디스크 하나에 저장할 수 있다. 그들은 짧은 기간 안에 컴퓨터로 어려운 계산을 수행하여 아무것도 모르는 동료들을 깜짝 놀라게 할 것이다. 그러던 어느 날, 한 물리학자가 궁금증을 참지 못하고 컴퓨터를 분해해보았다. 눈이 돌아갈 정도로 복잡한 회로기판과 마이크로프로세서가 드러났는데, 19세기 물리학자로서는 대체 어디에 쓰는 물건인지 알 길이 없다. 어디를 봐도 생전 처음 보는 장치들뿐이다. 컴퓨터의 내부구조는 그들이 이해할 수 있는 한계를 넘어서 있다. 그는 컴퓨터가 어떤 원리로 작동하는지 아무런 실마리도 얻지 못한 채, 복잡한 회로기판을 공허한 눈으로 바라볼 것이다. 만일 이들에게 주어진 최대임무가 '컴퓨터 작동원리 알아내기'였다면, 좌절도 이런 좌절이 없다.

이들이 좌절하는 이유는 컴퓨터가 눈앞에 뻔히 주어져 있는데도 작동원리를 설명할 만한 지식이 없기 때문이다. 끈이론 학자들이 처한 상황도 이와 비슷하다. 위튼이 말한 대로 끈이론은 21세기에 발견되어야 할 이론이었는데, 우연히 20세기에 발견되는 바람에 물리학자들을 난처하게 만들고 있다. 다이얼을 이리저리 돌리고 버튼을 마구 잡이로 누르다 보면 초중력이나 칼루자-클라인 이론, 또는 표준모형이 튀어나올 수도 있지만, 작동원리는 여전히 오리무중이다. 끈의 장이론은 분명히 존재하는데, 우리는 그것을 풀 수 있을 정도로 똑똑하지 않다.

21세기 물리학은 있는데 21세기 수학이 없다. 이것이 문제다. 여기서 앞으로 더 나아가려면 21세기가 올 때까지 기다리거나, 지금 당장 21세기 수학을 개발해야 한다(초끈이론은 1984년에 탄생했다. 따라서 이들이 말하는 21세기란 2000년대 초반이 아니라 2080년대쯤 될 것이다_옮긴이).

왜 하필 10차원인가?

끈이론의 가장 은밀한 비밀 중 하나는 끈이 움직이는 배경공간의 차원이다. 왜 공간은 10차원 아니면 26차원이어야 하는가? 만일 끈이론이 평범한 3차원이론이었다면 '통일이론'을 자처할 수 없었을 것이다. 끈이론의 핵심은 고차원 기하학이다.

끈이 분해되었다가 재결합하는 과정을 N차원 공간에서 계산하다 보면, 이론의 놀라운 특성을 파괴하는 무의미한 항들과 계속해서 마주치게 된다. 그런데 다행히도 이 반갑지 않은 항 앞에는 '$N-10$'이라는 인수가 곱해져 있다. 따라서 끈이론에 변칙(anomaly, 이론을 망가뜨리는 요인의 통칭_옮긴이)이 존재하지 않으려면 N을 10으로 세팅하는 수밖에 없다. 사실 끈이론은 시공간의 차원을 자체적으로 결정하는 유일한 양자이론이다.

공간이 10차원이면 끈이론의 변칙은 사라진다. 그러나 안타깝게도 끈이론 학자들은 왜 하필 10차원이어야 하는지, 그 이유를 후련하게 설명하지 못하고 있다. 10차원으로 결정된 이유를 파고들다 보면 최종적으로 '모듈함수modular function'라는 수학 개념에 도달하게 된다. 상호작용하는 끈이 만들어낸 KSV의 고리형 다이어그램을 계산할 때마다 이상한 곳에 10이라는 숫자를 달고 다니는 모듈함수와 수시로 마주치기 때문이다. 이 함수를 집중적으로 연구했던 사람은 인도의 시골에서 태어나 훗날 영국 왕립학회의 회원으로 선출된 신비로운 인물이었다. 이 천재의 업적을 좀 더 깊이 들여다보면 우리가 지금과 같은 우주에서 살게 된 이유를 이해할 수 있을지도 모른다.

신비로운 모듈함수

스리니바사 라마누잔Srinivasa Ramanujan은 수학 역사상 아니, 과학 역사를 통틀어 가장 신비로운 인물일 것이다. 그는 수학의 가장 어둡고 심오한 분야에서 폭발하는 초신성supernova처럼 강렬한 빛을 발하다가 불과 33세의 젊은 나이에 폐결핵으로 세상을 떠났다. 당시 수학의 주류였던 유럽과 완전히 동떨어진 곳에서, 라마누잔은 100년치에 해당하는 서양 수학을 오로지 혼자 힘으로 유도해냈다. 안타까운 것은 그가 이미 알려진 사실을 재확인하는 데 길지도 않았던 삶의 대부분을 허비했다는 것이다. 그가 남긴 노트에는 수학 역사상 가장 낯설고 신비로운 모듈함수가 곳곳에 낙서처럼 휘갈겨 있다. 사실 모듈함수는 응용분야가 거의 없기 때문에 수학의 가장 후미진 곳에서 홀대받아 왔다. 오늘날 '라마누잔 함수Ramanujan function'로 알려진 함수는 모듈 함수이론에서 가장 빈번하게 등장하는 함수로서, 여기 속한 항들은 지수가 24까지 올라간다.

라마누잔의 연구노트에는 '24'라는 숫자가 시도 때도 없이 등장한다. 수학자들은 뚜렷한 이유 없이 자주 등장하는 숫자를 '매직넘버'라 부르는데, 라마누잔의 24가 바로 그런 경우이다. 게다가 이 함수는 끈이론에도 등장한다. 라마누잔 함수의 24라는 숫자는 끈이론에서 일어나는 '기적 같은 상쇄'의 원인이기도 하다. 끈이론에서 라마누잔 함수의 24개 모드는 끈의 진동모드에 일대일로 대응된다. 시공간에서 끈이 분리되었다가 다시 합쳐지는 등, 복잡한 운동을 할 때마다 엄청나게 복잡한 수학적 항등식을 만족해야 하는데, 이것도 라마누잔에 의해 처음으로 발견되었다(물리학자들은 상대성이론에 나타나는 진동의 총수를 헤아릴 때 두 개의 차원을 추가한다. 그래서 시공간의 차원이 24+2=26이 된 것이다).[13]

라마누잔 함수를 일반화시키면 숫자 24는 8로 대치된다. 따라서 초끈이론의 임계숫자는 8+2=10이며, 이것이 바로 10차원의 기원이다. 끈이론에 자체모순이 없으려면 일반화된 라마누잔 함수가 필요하고, 그 결과로 초끈은 10차원에서 진동해야 한다. 설명이 너무 어렵다고 느끼는 독자들을 위해, 간단히 줄이면 이렇다. "물리학자들은 끈의 배경공간으로 10차원과 26차원이 선택된 이유를 손톱만큼도 모르고 있다." 마치 함수 안에 아무도 모르는 수비학數秘學의 원리가 숨어 있는 것 같다. 시공간이 10차원으로 결정된 것은 바로 이 타원모듈함수elliptic modular function에 들어 있는 매직넘버 때문이다.

10차원이론의 기원은 라마누잔의 삶만큼이나 신비롭다. 누군가가 "자연은 왜 10차원인가?"라고 묻는다면, 물리학자가 할 수 있는 대답은 하나뿐이다. "모르겠는데요?" 우리는 그저 시공간의 무한한 가능성 중에서 일부 차원이 선택된 이유를 어렴풋이 짐작할 수 있을 뿐(다른 차원에서는 끈이 양자적으로 자체모순 없는 진동을 수행할 수 없다), 그게 왜 하필 10차원인지는 알 길이 없다. 혹시 라마누잔의 '잃어버린 노트' 속에 답이 들어 있지는 않을까?

한 통의 편지에 요약된 100년의 수학

스리니바사 라마누잔은 1887년에 인도 마드라스 근처의 작은 마을 에로데Erode에서 태어났다. 그의 가족은 힌두교 계급(카스트) 중 가장 높은 브라만이었지만, 소규모 의류업체의 사무원인 부친의 월급으로 간신히 먹고사는 정도였다(인도의 카스트는 부富와 무관하다. 계층이 다르면 가능한 한 접촉을 피하는 전통이 있기 때문에, 브라만의 하인도 브라만인 경우가 많다_옮긴이).

라마누잔의 천재성은 10살 때부터 겉으로 드러나기 시작했다. 과거에 리만이 그랬던 것처럼 어릴 적부터 계산의 신동으로 소문이 자자했던 라마누잔은 불과 10살의 나이에 삼각함수와 지수함수를 연결하는 오일러 공식을 유도할 정도로 뛰어난 천재였다.

젊은 나이에 과학자로 이름을 날린 사람들에게는 자신의 삶을 과학으로 인도한 계기가 있기 마련이다. 아인슈타인은 나침반 바늘을 관찰하면서 과학에 관심을 갖기 시작했고, 리만은 르장드르의《정수론》이라는 책을 읽으면서 수학의 세계로 빠져들었다. 라마누잔의 경우는 조지 카George S. Carr라는 수학자의 책이 계기였다는데, 유럽에서는 거의 알려지지 않은 무명의 책이었다. 그러나 라마누잔이 유명해진 후 '조지 카의 책은 어린 라마누잔이 서양 수학을 접할 수 있었던 유일한 창구였다'는 사실이 알려지면서 불티나게 팔렸다고 한다. 라마누잔의 누이는 이렇게 말했다. "그 책은 라마누잔의 재능을 일깨워준 고마운 책이에요. 그 안에 적혀 있는 어려운 공식들을 혼자 증명했지요. 다른 책은 구할 수 없었기 때문에 증명 하나 하나가 그 아이에겐 한 편의 논문이었을 겁니다. (…) 라마누잔은 나마칼의 여신이 꿈에 나타나 자기에게 증명을 알려준다고 말하곤 했지요."[14]

라마누잔은 장학금을 받고 고등학교에 입학했지만 수업이 너무 초보적 수준이어서 금방 지루함을 느꼈고, 수학을 제외한 다른 과목의 성적이 좋지 않아 결국 낙제를 하고 말았다(물론 장학금도 자동으로 취소되었다). 상심한 라마누잔은 한동안 집을 떠나 객지생활을 하다가 집으로 돌아왔으나, 병에 걸린 몸으로 재시험에 응시했다가 또 다시 낙방했다.

그는 친구들의 도움을 받아 마드라스의 트러스트 항구 관리실에 서기로 취직했다. 연봉이 20파운드밖에 안 되는 하급직이었지만 다른 직원들보다 시간을 자유롭게 쓸 수 있었기에 틈틈이 짬을 내어 수학 연구를 계속해나갔다. 그보다 10년쯤 전에 스위스 특허청의 말단 직원으로 일하면서 틈틈이 물리학 논문을 읽었던 아인슈타인과 비슷하다. 자신의 능력을 검증 받고 더 넓은 세상으로 나가고 싶었던 라마누잔은 어느 날 그동안 연구해왔던 수학적 결과들을 정리하여 영국을 대표하는 수학자 세 사람에게 보냈다. 그러나 그들 중 두 사람은 라마누잔의 편지를 읽어보지도 않고 쓰레기통에 던져버렸다. 하긴, 연구에 바쁜 세계적 석학이 정규교육도 제대로 받지 않은 인도의 시골 항구 말단직원이 보낸 편지까지 꼼꼼하게 읽어보긴 어려웠을 것이다. 남은 한 사람은 케임브리지대학교의 뛰어난 수학자 고드프리 하디 Godfrey H. Hardy였다. 워낙 명성이 높아서 평소 이상한 편지에 익숙했던 그는 라마누잔의 편지를 읽어보긴 했으나, 마구 휘갈긴 수식들 중 자신이 이미 알고 있는 정리를 몇 개 발견하고 역시 쓰레기통에 던져버렸다(아마추어 수학자의 어설픈 자랑이라고 생각했을 것이다). 그러나 무언가 개운치 않은 느낌이 계속해서 하디를 괴롭혔다. 한 번 쓰레기통에 버린 편지는 금새 잊히기 마련인데, 이상하게 그 편지는 머릿속에 남아 끊임없이 경종을 울려대고 있었다.

1913년 1월 16일, 하디는 동료교수 존 리틀우드John Littlewood와 저녁식사를 하다가 라마누잔의 이상한 편지 이야기를 꺼냈고, 결국 두 사람은 편지를 찾아서 자세히 읽어보기로 했다. 그 편지는 다음과 같은 솔직한 자기소개로 시작된다. "저는 인도의 마드라스 항구 관리사무소에서 연봉 20파운드를 받는 서기입니다…"[15] 그러나 마드라스 항구의 서기가 증명한 정리들은 결코 20파운드짜리가 아니었다. 그 편지에는 서구의 수학자들이 한 번도 본적 없는 정리를 포함하여 총 120개의 수학정리가 빼곡하게 적혀 있었다. 하디는 그중 일부를 증명하려고 시도했다가 완전히 좌절하고 말았다. 훗날 하디는 그날의 일을 다음과 같이 회고했다. "대다수가 생전 처음 보는 내용이었다. 처음에는 몰랐지만 다시 읽어보니 최고의 수학자만이 증명할 수 있는 정리들이었다."[16]

리틀우드와 하디는 똑같은 결론에 도달했다. "이것은 천재가 낳은 수학의 대작이다. 지난 100년 동안 유럽의 수학자들이 이룬 성과가 한 장의 편지에 요약되어 있다. 정규교육을 받지 않은 인도의 시골청년이 혼자 힘으로 유럽의 모든 수학지식을 습득했고, 어떤 부분에서는 우리보다 훨씬 앞서 있다."[17]

하디는 곧바로 라마누잔에게 답장을 보냈고, 담당자들을 어렵게 설득하여 1914년부터 라마누잔이 케임브리지에 머물 수 있도록 조치를 취했다. 무명의 인도 젊은이가 유럽의 내로라하는 수학자들과 어깨를 나란히 하게 된 것이다. 그때부터 라마누잔은 케임브리지의 트리니티 칼리지에서 3년 동안 하디와 공동연구를 하면서 폭발적인 연구결과를 쏟아냈다.

훗날 하디는 라마누잔의 능력을 솔직하게 평가한 적이 있다. 그는 19세기 서양수학의 1인자로 꼽히는 다비트 힐베르트David Hilbert에게 80점을, 라마누잔에는 100점을 주었다(자신은 25점으로 평가했다).

라마누잔의 천재적인 영감은 어디서 온 것일까? 그가 지금 살아 있다면 다방면으로 연구가 이루어졌을 텐데, 안타깝게도 하디는 라마누잔의 천재성을 따라가기도 급급하여 그의 사고과정이나 심리상태에 대해서는 별 관심을 갖지 않았다(관심이 없기는 라마누잔도 마찬가지였다. 하긴, 수학계를 발칵 뒤집을 정도로 획기적인 증명을 매일같이 쏟아내는데, 그런 '한가한' 생각을 할 겨를이 어디 있겠는가?). 훗날 하디는 라마누잔을 회고하며 자신의 책에 다음과 같이 적어놓았다. "그는 나에게 새로운 증명을 하루에 대여섯 개씩 보여주었고, 나는 그저 따라가기에 급급했다. 그런 상황에서 라마누잔이 어떻게 그런 생각을 해낼 수 있는지 따지고 드는 것은 바보짓이라고 생각했다."[18]

하디와 라마누잔 사이에 있었던 유명한 일화 하나를 여기 소개한다.

그(라마누잔)가 푸트니 병원에 입원해 있을 때 문병을 간 적이 있다. 그날 나는 택시를 타고 갔는데, 차량번호가 1729였다. 평범한 숫자라고 생각했지만 왠지 불길한 마음이 들어 라마누잔에게 이야기했더니, 그가 침대에 누운채 조용히 대답했다. "아뇨, 그건 아주 흥미로운 수입니다. 두 세제곱 수의 합으로 표현하는 방법이 두 가지인 수 중에서 제일 작은 수거든요."[19]

$1^3+12^3=1729$이고, $9^3+10^3=1729$이다. 현대의 컴퓨터를 동원해도 한참 걸릴 계산을 병석에 누운 몸으로 단 몇 초만에, 그것도 암산으로 해낸 것이다.

라마누잔은 선천적으로 몸이 허약하여 대부분의 시간을 병마와 싸우면서 보냈다. 게다가 1차 세계대전 중 대학의 지원도 많이 축소되어 요양원을 집처럼 들락거렸다(라마누잔은 채식주의자였는데, 학교측에서 이를 배려하지 않아 밥을 굶기가 일쑤였다). 라마누잔은 하디와 3년 동안 공동연구를 한 후 다시 병에 걸렸고, 그 후로 두 번 다시 회복하지 못했다. 집으로 돌아가고 싶었지만 1차 세계대전이 발발하면서 영국과 인도 사이의 여행이 금지되는 바람에 타향에서 병과 싸워야 했다. 그는 1919년에 간신히 고향으로 돌아갔으나, 불행히도 다음해에 지병인 결핵으로 33살의 젊은 나이에 세상을 떠나고 말았다.

모듈함수

라마누잔은 세 권의 연구노트를 남겼다. 총 400페이지로 이루어진 이 노트에는 무려 4,000여 개의 중요한 수학정리가 아무런 부가설명도 없이 빼곡하게 적혀 있다. 더욱 안타까운 것은 증명과정이 하나도 없다는 것이다. 그러나 1976년에 또 다른 연구노트가 발견되었다. 트리니티칼리지에 보관된 한 상자에서 130페이지짜리 종이묶음이 발견되었는데, 거기에는 라마누잔이 영국에 머물던 마지막 해의 연구결과가 요약되어 있었다. 이것이 바로 그 유명한 라마누잔의 '잃어버린 노트'이다. 수학자 리처드 애스키Richard Askey는 이 노트를 다음과 같이 평가했다. "병으로 죽어가는 사람이 1년 동안 남긴 업적인데, 현 시대의 가장 위대한 수학자가 평생 이룩한 업적과 비슷한 수준이다. 내 눈으로 보고도 믿을 수가 없다. 만일 라마누잔의 삶을 소설로 쓴다면 아무도 실화로 여기지 않을 것이다." 잃어버린 노트의 복원사업에 참여했던 영국의 수학자 조나단 보웨인Jonathan Borwein과 피터 보웨인Peter Borwein은 "우리가 아는 한 그토록 광범위하고 어려운 수학책은 한 번도 출판된 적이 없다"고 했다.[20]

라마누잔의 방정식이 전개되는 과정을 보면, 베토벤의 곡만 줄기차게 듣다가 갑자기 동양의 은은하고 아름다운 전통음악을 처음 접한 것 같은 느낌이 든다. 이런 느낌은 조나단 보웨인이 누구보다 잘 알고 있다. "그는 사고를 전개하는 방식이 정말 독특하다. 이 세상 어디에도 라마누잔처럼 생각하는 사람은 없을 것이다. 노트에 적힌 정리들은 머리를 쥐어짠 결과가 아니라, 그의 머릿속에서 자연스럽게 흘러나온 것 같다. 우리와는 다른 방식으로, 다른 언어로 생각을 정리한 후 우리가 알아들을 수 있는 문자와 언어로 친절하게 번역서비스를 해준 것이다. 마치 초대받지 않은 파티장에 몰래 숨어 들어가서 어떤 사람을 훔쳐보는 기분이다."

물리학자들은 대체로 우연을 믿지 않는다. 제아무리 희한한 사건도 어딘가에 원인이 있기 마련이다. 길고 어려운 계산을 수행하다가 수천 개의 항들이 이리저리 상쇄되어 기적처럼 0이 되었다면, 그럴 수밖에 없는 심오한 원인이 어딘가에 반드시 존재한다. 이럴 때 물리학자의 머릿속에 제일 먼저 떠오르는 것이 바로 '대칭'이다. 끈이론의 경우, 이 대칭은 끈이 그리는 궤적을 잡아당기고 비트는 등 변형을 가해도 방정식이 변하지 않는 등각대칭이다.

바로 이 부분에서 라마누잔의 수학이 끈이론에 등장한다. 등각대칭이 양자이론에 의해 붕괴되는 것을 방지하려면 일련의 수학 항등식이 기적처럼 만족되어야 하는데, 이 항등식이 라마누잔의 모듈함수로 이루어져 있다.

우리의 대전제는 자연의 법칙이 고차원에서 더욱 단순한 형태를 띤다는 것이었다. 그러나 양자역학의 관점에서 볼 때 이 전제는 약간의 수정이 필요하다. 올바른 전제는 다음과 같다. "자연의 법칙은 고차원에서 '자체모순 없이 서술될 때' 더욱 단순해진다." 여기서는 '자체모순이 없다'는 말이 핵심이다. 바로 이 조건 때문에 라마누잔의 함수를 도입할 수밖에 없고, 그 결과 시공간의 차원이 10으로 결정되는 것이다. 또한 이 조건은 우주의 기원에 대하여 중요한 실마리를 제공할 수도 있다.

아인슈타인은 스스로 자문하곤 했다. '신은 이 세상을 창조할 때 다른 선택의 여지가 없었을까?' 초끈이론을 연구하는 학자들은 "양자이론과 일반상대성이론이 하나로 통일된 우주를 창조하는 게 목적이었다면 선택의 여지는 없었다"고 주장한다. 우주에는 자체모순이 없어야 하기 때문에, 신은 지금과 같은 우주를 창조할 수밖에 없었다는 이야기다.

초끈이론은 복잡하고 난해하기 그지없는 수학을 도입하여 수학자들을 당혹스럽게 만들었지만, 비평가들은 이론의 약점을 집요하게 파고들면서 검증 불가능한 이론은 이론이 아니라고 주장하고 있다. 플랑크 에너지(10^{19}GeV) 수준에서 정의되는 이론은 검증 자체가 불가능하므로, 초끈이론은 이론의 조건을 갖추지 못했다는 것이다!

중요한 문제는 실험이 아닌 이론에 있다. 우리가 충분히 똑똑하다면 이론을 정확하게 풀어서 비섭동적 해를 찾을 수 있을 것이다. 그러나 누군가가 기적적으로 이 작업을 완수한다 해도, 초끈이론의 실험적 검증은 여전히 불가능하다. 이런 상황에서 초끈이론을 검증하려면 열 번째 차원에서 날아오는 신호를 기다리는 수밖에 없다.

8. 열 번째 차원에서 날아오는 신호

Signals from the Tenth Dimension

> 궁극의 이론이 우리가 살아 있는 동안 발견된다면
> 참으로 기쁘면서 당혹스럽고, 만감이 교차할 것이다.
> 자연의 궁극적 법칙이 발견되면 17세기에 탄생하여 꾸준히 발전해온
> 현대과학의 역사에 불연속의 방점이 찍히게 된다. 그것이 어떤 의미인지,
> 그리고 인류에게 어떤 영향을 미칠지 상상할 수 있겠는가?
> _스티븐 와인버그

아름다움은 물리학의 원리인가?

초끈이론은 우주에 대하여 꽤 설득력 있는 모형을 제시했지만, 지금의 기술로는 검증할 수 없다는 근본적 문제를 안고 있다. 초끈이론에 의하면 우주에 존재하는 모든 힘들은 플랑크 에너지 수준인 10^{19}GeV에서 하나로 통일된다. 지구에서 가장 강력한 입자가속기의 출력보다 거의 1천조 배나 큰 에너지다.

프린스턴 현악사중주단의 일원인 데이비드 그로스는 이 엄청난 에너지를 언급하면서 "전 세계의 보석을 싸그리 긁어모아도 도저히 실현할 수 없다. 그 정도 에너지에 도달하려면 문자 그대로 천문학적인 경비가 필요하다."[1]

간단히 말해서 물리학 발전의 원동력인 실험적 검증이 불가능하

다는 이야기다. 지금은 물론이고 앞으로 몇 세대가 지나도 초끈이론이 실험으로 검증될 확률은 거의 0에 수렴한다. 이는 곧 10차원이론이 통상적인 의미의 이론과 크게 다르다는 것을 의미한다. 그렇다면 다음의 질문을 제기하지 않을 수 없다. '초끈이론은 수학적으로 아름다우니, 그 미학적 가치로 증거부족이라는 단점을 커버할 수는 없을까?'

일부 물리학자들은 단호하게 "No!"라고 외친다. 그들은 초끈이론을 '관람용 물리학'이나 '여가용 수학'에 비유하면서 이론의 무용성을 부각시키고 있다. 초끈이론을 가장 신랄하게 비난하는 사람은 하버드 대학교의 교수이자 노벨상 수상자인 셸던 글래쇼이다. 그는 고차원 물리학을 연구하는 물리학자들 사이에서 파리처럼 성가신 존재로 소문이 자자하다. 글래쇼는 물리학자들이 끈이론에 모여드는 현상을 에이즈에 비유했다. 한마디로, 치유 불가능한 전염병이라는 것이다. 또한 그는 끈이론 학자들이 만들어낸 밴드왜건 효과(bandwagon effect, 유행에 따라 상품을 구매하는 소비현상_옮긴이)를 레이건 대통령의 스타워즈 프로그램(Star Wars program, 소련의 공격에 대비한 미국의 미사일 방어전략_옮긴이)에 비유하기도 했다.

문제: 혀를 내두를 정도로 복잡하여 연구개발에만 수십 년이 소요되고 현실세계에 아무런 도움도 되지 않는 두 개의 거대한 프로젝트는?

답 : 스타워즈 프로그램과 초끈이론!

두 프로젝트는 현재의 기술로 도저히 실현 불가능하며, 세월이 아무리 흘러도 목적을 이룰 수 없다. 인류가 소유한 자원을 총동원해도 턱없이 모자란다. 그런데도 러시아는 두 분야에서 미국을 따라잡기 위해 안간힘을 쓰고

있다.[2]

글래쇼는 논쟁을 부각시키기 위해 자작시까지 발표했는데, 그 끝부분은 다음과 같다.

> 만물의 이론이라며 과감하게 들이대려면
> 적어도 끈이론보다는 나아야겠지.
> 근데 너희들 두목은 나이들수록 고집불통이 되어가네.
> 이색적heterotic이라는 것만으로는 신뢰를 얻기 어렵지, (이색적인 것은 이형
> 끈이론을 빗댄 것이다_옮긴이)
> 나중에 좌절하지 않으려면 내말 잘 들어-
> 책은 아직 끝나지 않았고, 위튼이라는 이름으로 끝나지도 않을 거야.[3]

글래쇼는 "적어도 내가 학생들을 가르치고 있는 하버드대학교만은 끈이론에 오염되지 않도록 지켜내겠다"고 맹세했지만(그의 뜻대로 되지는 않았다), 자신과 같은 생각을 갖고 있는 물리학자가 수적으로 열세라는 사실만은 인정하지 않을 수 없었다. 스스로를 "갑자기 나타난 포유류 떼에 에워싸인 공룡"이라고 표현했을 정도였다.[4] (노벨상 수상자인 머리 겔만Murray Gell-Mann과 스티븐 와인버그는 글래쇼의 생각에 동조하지 않았다. 와인버그는 그의 저서인 《최종이론의 꿈Dreams of a Final Theory》에 "끈이론은 궁극의 이론으로 진화할 가능성이 있는 유일한 이론이다. 그런 이론을 젊고 똑똑한 물리학자들이 어떻게 외면할 수 있겠는가?"라고 적어놓았다.)[5]

통일이론의 실험적 검증여부를 놓고 벌어진 논쟁의 핵심을 이해하기 위해, 2차원 평면세계로 떨어진 3차원 보석 이야기를 예로 들어

보자.

3차원 공간에 아름답게 빛나는 완벽한 대칭형 보석이 있었다. 그런데 상태가 매우 불안정하여 외형을 간신히 유지해오다가 어느 날 기어이 산산조각 나고 말았다. 보석의 파편은 산지사방으로 흩어졌고, 얼마 후 2차원 평면세계로 비 오듯 쏟아져 내렸다. 갑자기 나타난 이 상한 물체에 호기심을 느낀 평면생명체들은 작은 조각들을 모아서 조립해보기로 결정하고 연구팀을 구성했다. 그들은 이 사건을 '빅뱅'이라고 불렀으나, 작은 조각들이 평면세계에 나타난 이유는 알 길이 없었다. 연구팀은 몇 년 동안 조각을 분석한 끝에 두 가지 종류로 분류했는데, 제1종은 한쪽 면이 매끄럽게 가공되어 있고(보석의 표면이 포함된 조각) 제2종은 매끈한 면 없이 불규칙한 모양(보석의 안쪽 부분)을 띠고 있었다. 그들은 매끈한 제1종을 '대리석'이라 불렀고, 불규칙한 제2종을 '나무'라고 불렀다(그들에게는 매끄러운 '면'이 아니라 매끄러운 '선'이었을 것이다_옮긴이).

시간이 흐르면서 평면생명체는 '대리석파'와 '나무파'로 나뉘었다. 대리석파는 매끄러운 조각을 열심히 끼워 맞추다가 원래 물체의 전체적인 외관이 드러나는 것을 보고 "무언가 강력한 기하학이 이 세상을 지배하고 있다"며 감탄사를 연발했다. 그들은 부분적으로 맞춰놓은 매끄럽고 커다란 덩어리를 '상대성 도형'이라 불렀다.

한편 나무파도 삐죽삐죽하고 불규칙한 조각들을 열심히 끼워 맞추면서 일련의 규칙을 발견했다. 그러나 작은 조각을 조립한 결과물은 여전히 불규칙적이었고, 그들은 이것을 '표준모형'이라 불렀다. 매끈한 결과물에 감탄했던 대리석파와 달리, 나무파에서는 표준모형을 애써 만들어놓고도 감탄하는 사람이 별로 없었다.

대리석파와 나무파는 각자 맞춰놓은 덩어리를 하나로 연결하기 위해 몇 년 동안 무진 애를 썼지만, 매끈한 덩어리와 삐죽삐죽한 덩어리는 좀처럼 아귀가 맞지 않았다. 이미 맞춰놓은 덩어리의 일부를 해체하여 재조립한 후 결합을 시도해도 결과는 달라지지 않았다.

그러던 어느 날, 천재로 소문난 한 평면생명체가 기발한 아이디어를 제안했다. 조각들을 평면에서만 갖고 놀지 말고 '위로', 즉 '세 번째 차원' 방향으로 쌓아올리면 대리석과 나무가 하나의 아름다운 덩어리로 조립될 수도 있다는 것이다. 대부분의 평면생명체들은 그가 하는 말을 이해하지 못했다. '위'라니? 우리가 사는 세계에 '위'가 어디 있다는 말인가? 답답해진 천재가 컴퓨터를 이용하여 대리석조각은 어떤 원형原型의 바깥부분이었기 때문에 매끈하고, 나무조각은 내부에 해당한다는 것을 그래픽으로 보여주었더니, 그제야 두 진영의 과학자들은 고개를 끄덕이며 그의 주장을 이해했다. 그리고 가상의 3차원 공간에서 모든 조각들이 완벽하게 결합하여 아름다운 3차원 대칭형 보석으로 완성되자 과학자들은 경악을 금치 못했다. 인위적으로 구별해놓았던 대리석조각과 나무조각은 알고 보니 하나의 3차원 물체에서 분리된 조각이었던 것이다. 그렇다. 모든 조각들은 원래 한 몸이었으며, 하나의 기하학으로 서술되는 입체도형이었다!

그러나 이 해결책은 여러 개의 후속 질문을 낳았다. 일부 과학자들은 모든 조각들이 하나의 보석에서 유래되었다는 가설의 타당성을 인정하면서도 누구나 납득할 수 있는 실험적 증거를 보여달라고 요구했다. 이들의 주장도 일리가 있었기에 이론전문가들이 나서서 조각을 세 번째 차원 방향으로 쌓는 데 필요한 에너지를 계산해보았는데, '평면세계에서 얻을 수 있는 총 에너지의 1,000조 배'라는 결과가 나왔다.

반면에 일부 과학자들은 이론적 계산만으로도 충분하다고 생각했다. 실험적 증거는 부족하지만, 가설의 '아름다움'만으로도 3차원 통일이론이 사실임을 인정하고도 남는다는 것이다. 그들은 "과거에도 어려운 문제에 대하여 여러 개의 해결책 주어졌을 때, 정답은 항상 가장 아름다운 것이었다"며, 3차원이론보다 아름다운 해결책은 존재할 수 없으니 그것이 정답이라고 주장했다.

그러자 다른 평면생명체들이 강하게 반론을 제기했다. "검증될 수 없는 이론은 이론이 아니다. 게다가 이 이론을 검증하려면 엄청난 재정과 인력이 필요하다. '눈감고 두더지 잡기'나 다름없는 일에 우리의 실력 있는 과학자와 소중한 자원을 낭비하는 것은 결코 바람직하지 않다!"

평면세계에서나 우리 세계에서 이런 류의 논쟁은 한동안 계속될 것이다. 물론 논쟁은 빨리 해결될수록 좋지만, 논쟁 자체가 꼭 나쁜 것만은 아니다. 18세기 프랑스 철학자 조제프 주베르Joseph Joubert는 "논쟁 없이 타협하는 것보다는 타협 없이 논쟁을 계속하는 편이 차라리 낫다"고 했다.

초전도 초충돌기: 창조의 순간을 엿보는 창문

18세기 영국 철학자 데이비드 흄David Hume은 "모든 이론은 실험적 증거에 기초해야 한다"고 주장했다가 "창조론은 어떻게 증명되어야 하는가?"라는 질문을 받고 난처한 상황에 처했다. 그가 주장했던 실험의 핵심이 '재현 가능성'이었기 때문이다. 하나의 이론이 공식적으로 인정받으려면 언제 어디서나 동일한 실험을 통해 반복적으로 검증될 수 있어야 한다(물론 매번 똑같은 결과가 나와야 한다). 그렇다면 창조론은 어떻게 되는가? 우주가 누군가에 의해 창조되었다면 동일한 과정을 재현할 수 있어야 하는데, 인간의 능력으로는 도저히 불가능하다. 그래서 흄은 다음과 같이 결론지었다. "창조론은 증명될 수 없다. 과학은 우주와 관련된 거의 모든 질문에 답을 줄 수 있지만 창조론만은 예외이다. 인간은 우주를 재창조할 수 없기 때문이다."

어떤 면에서 보면 우리는 18세기에 흄이 제기했던 문제의 '20세기 버전'에 직면하고 있다. 구체적인 내용은 업그레이드되었지만 핵심은 똑같다. 창조를 재현하는 데 필요한 에너지가 지구에서 얻을 수 있는 에너지의 한계를 한참 넘어선다. 그러나 10차원이론에 간접적으로 접근하는 방법이 몇 가지 있다. 가장 합리적인 방법은 초전도 초충돌기(Superconducting Supercollider, SSC)를 활용하는 것이다. 이 충돌기가 완성되었다면 초끈의 증거인 초대칭입자가 발견되었을지도 모른다. SSC로는 플랑크 에너지 영역까지 탐사할 수 없지만, 초끈이론의 타당성을 간접적으로 증명할 수는 있었다.

SSC 건설 프로젝트는 정치적인 이유로 도중에 폐기되었지만, 설계도상으로는 입자가속기의 한계에 도달한 괴물 중의 괴물이었다. 만일 이 기계가 예정대로 텍사스주의 워서해치Waxahachie에 건설되었다면 거대한 자석을 에워싼 둘레 50km짜리 튜브가 지하를 뚫고 지나갔을 것이다(자석이 맨해튼 중심에 있다면 튜브는 코네티컷과 뉴저지를 통과한다). 그리고 3천 명의 과학자와 스태프들이 워서해치에 모여 초대형 실험을 수행하고 데이터를 분석하느라 여념이 없을 것이다.

SSC의 목적은 튜브 안에서 두 개의 양성자빔을 광속에 가깝게 가속시킨 후 강렬한 충돌을 일으키는 것이었다. 두 빔은 시계방향과 반시계방향으로 선회하기 때문에, 에너지가 최대치에 도달했을 때 충돌시키는 것은 별로 어려운 일이 아니다(그러나 현장에서 가속기를 직접 다루는 실험물리학자 리언 레더먼Leon Lederman은 "두 명의 총잡이가 서로 마주보고 권총을 발사하여 총알끼리 충돌하게 만드는 것보다 훨씬 어렵다"고 했다_옮긴이). 이곳에서 양성자는 40조 eV(40TeV)의 에너지로 충돌하면서 온갖 파편과 입자를 산지사방으로 날려보내고, 이들은 자기장의 친절한 안내를 받으며 극도로 예민한 입자감지기에 도달한다. 이 정도로 극렬한 충돌은 빅뱅 이후로 한 번도 일어난 적이 없다(그래서 사람들은 SSC를 가리켜 '창조의 순간을 엿보는 창문'이라고 했다). 물리학자들은 충돌 후 튀어나온 파편 중에 물질의 궁극적 구조를 밝혀주는 입자가 섞여 있을 것으로 기대했다.

SSC는 물리학 및 공학적 기술을 한계까지 밀어붙인 최첨단시설이었다. 튜브 안에서 양성자와 반양성자의 궤적이 휘어지게 하려면 지구자기장의 10만 배에 달하는 초강력 자기장을 SSC가 작동하는 내내 동일한 강도로 걸어줘야 한다. 게다가 전선에 발생하는 저항과 열 때문에 생기는 사고를 방지하려면 자석은 절대온도 0K에 가까운 온도를 유지해야 한다. 또한 자석을 초강력 재질로 만들지 않으면 상상을 초월하는 자기장을 이기지 못하고 자석 자체가 변형될 수도 있다.

성능뿐만 아니라 비용도 상상을 초월했다. 처음에 SSC에 책정된 예산은 40억 달러였으나 도중에 설계가 변경되면서 110억 달러까지 불어났고, 처음에 우호적이었던 하원이 프로젝트 자체를 반대하고 나섰다. 순수한 과학적 동기에서 시작된 프로젝트가 정치적 쟁점으로 떠오른 것이다. 과거에도 입자가속기는 정치적 입김에 의해 운명이 좌우되곤 했다. 예를 들어 페르미연구소의 입자가속기 테바트론Tevatron이 일리노이주 시카고 근처의 바타비아Batavia에 건설된 것은 (〈피직스 투데이Physics Today〉에 실린 기사에 의하면) 린든 존슨 대통령이 베트남전 참전 여부를 결정하는 투표에서 당시 일리노이주 상원의원이었던 에버렛 덕슨Everett Dirksen의 표가 절실하게 필요했기 때문이다. 이 점에서는 SSC도 크게 다르지 않을 것이다. 여러 주들이 SSC 유치 경쟁에 뛰어들었지만 차기 대통령 당선자와 민주당의 부통령 후보가 텍사스주 출신이었기에, 최종부지로 텍사스의 웍서해치가 선정되었을 때 놀라는 사람은 별로 없었다.

그러나 SSC 프로젝트는 수십억 달러의 경비가 지출된 상태에서 중단되고 말았다. 1993년 10월에 미 하원에서 프로젝트를 폐기하기로 결정한 것이다(득표율은 찬성 1, 반대 2였다). 과학계에서는 유력 인사를 총동원하여 어떻게든 중단을 막아보려 했지만 역부족이었다. 미국의 회의 눈에 비친 SSC는 '수천 개의 일자리와 수십억 달러의 연방보조금을 텍사스주에 몰아주는 알토란'이거나, '경제적 가치가 전혀 없으면서 예산만 낭비하는 애물단지'일 뿐이었다. 의원들은 "물리학자들에게 값비싼 장난감을 선뜻 사줄 정도로 정부의 재정이 넉넉지 못하다"라고 잘라 말했다(과연 그럴까? 이 기회에 한번 공정하게 따져보자. 레이건 대통령의 스타워즈는 40억 달러짜리 프로젝트였고 항공모함을 한 번 수리하는 데 10억 달러가 소요된다. 우주왕복선이 한 번 왕복하는 데 들어가는 비용도 10억 달러이고, B-2 스텔스폭격기도 한 대에 10억 달러이다. '우주의 기원'이라는 정보의 가치가 폭격기 11대보다 못한 것일까?).

SSC가 완성되었다면 과연 무엇이 발견되었을까? 다른 건 몰라도 표준모형에서 예견된 힉스입자Higgs particle 정도는 발견되었을 것이다. 힉스입자는 표준모형의 게이지대칭을 붕괴시켜서 쿼크에 질량을 부여하는 입자이다. 따라서 우리는 질량의 기원을 설명할 수 있는 기회를 놓친 셈이다. 사실 힉스입자는 쿼크뿐만 아니라 모든 입자에 질량을 부여한다[SSC 프로젝트가 취소되면서 입자물리학의 중심은 미국에서 유럽으로 넘어갔다. 결국 힉스입자는 2013년에 CERN의 강입자 초충돌기(Large Hadron Collider, LHC)에서 발견되었다_옮긴이].

일부 물리학자들은 SSC가 표준모형을 초월하여 더욱 신비로운 입자를 발견할 수도 있다고 믿었다(암흑물질의 기원을 설명하는 '테크니컬러 입자Technicolor particle', 즉 액시온axion도 발견될 가능성이 있다). 그중에서 가장 흥미로운 것은 이미 알려진 입자의 초대칭짝인 초대칭입자이다. 예를 들어 중력자의 초대칭짝은 그래비티노gravitino이고, 쿼크와 렙톤의 초대칭짝은 각각 스쿼크squark와 슬렙톤slepton이다.

초대칭입자가 발견된다면 초끈의 흔적이 발견될 가능성도 있다(초대칭의 개념은 초중력이론이 탄생하기 전인 1971년에 초끈이론을 통해 처음으로 제기되었다. 사실 초끈이론은 초대칭과 중력이 자체모순 없는 방식으로 결합될 수 있는 유일한 이론일지도 모른다). 초대칭입자가 발견된다고 해서 초끈이론의 타당성이 입증되는 것은 아니지만, 증거가 없다는 이유로 초끈이론을 폄하하는 반대론자들의 입을 다물게 할 수는 있을 것이다.

외계에서 날아온 신호

SSC 프로젝트가 폐기되면서 초끈의 저에너지 공명입자를 발견한다
는 꿈도 물건너갔다. 그러나 지구로 쏟아지는 고에너지 우주선(宇宙線,
cosmic ray)에서 새로운 정보를 발견할 가능성은 여전히 남아 있다.
우주선이란 우주에서 초고속으로 날아오는 입자의 소나기로, 기원은
확실치 않지만 우리 은하보다 먼 곳에서 생성되었을 것으로 추정되
며, 지구에서 발견된 그 어떤 입자보다 에너지가 크다.

　입자가속기에서 인공적으로 생성된 입자와 달리 우주선은 에너지
가 무작위로 분포되어 있기 때문에 우리가 원하는 에너지를 갖고 있
을 가능성이 거의 없다. 입자가속기를 화재진압용 소방호스에 비유한
다면, 우주선으로 입자물리학 실험을 한다는 것은 화재를 진압하기
위해 폭풍우를 기다리는 것과 비슷하다. 물론 불을 끌 때는 소방호스
가 훨씬 편리하다. 소방호스는 우리가 원할 때에만 물이 나오도록 밸
브를 열거나 닫을 수 있고 수량을 조절할 수 있으며, 수압을 일정하게
유지할 수도 있다. 그러므로 소화전에서 나오는 물은 입자가속기에서
생성된 입자빔과 비슷하다. 반면에 폭풍우는 수량이 많아서 화재진압
능력이 소방호스보다 뛰어나지만 필요할 때 불러올 수 없고 수량을
예측할 수도, 조절할 수도 없다는 점에서 우주선과 비슷하다.

　우주선은 지금(1994년)으로부터 80년 전에 예수회 신부이자 물
리학자였던 테오도어 불프Theodor Wulf가 에펠탑 꼭대기에서 특정
물질의 방사능을 측정하던 중 그의 검전기에 우연히 검출되었다.
1900~1930년대에 일부 용감한 물리학자들은 장비를 들고 산꼭대기
에 올라가거나 기구를 타고 우주선을 관측했다. 그러나 1930년대에

어니스트 로런스Ernest Lawrence가 실험실 안에서 우주선보다 강력한 입자빔을 만들어내는 사이클로트론cyclotron을 발명한 후로 우주선 관측에 목숨을 걸 필요가 없어졌다. 예를 들어 100MeV짜리 우주선이 관측될 확률은 비가 내릴 확률과 비슷하며, 매 초마다 1제곱인치(약 6.5cm²)당 3, 4개가 대기로 유입된다. 그러나 로런스의 사이클로트론을 이용하면 입자의 에너지를 10~100배까지 키울 수 있고, 필요할 때마다 인공적으로 만들어낼 수 있으므로 우주선보다 훨씬 효율적이다.

다행히도 우주선 관측실험은 테오도어 불프가 목숨을 걸고 에펠탑에 올라간 후로 크게 개선되었다. 요즘은 로켓이나 인공위성을 대기권 위로 띄울 수 있으므로, 대기의 방해를 받지 않고 우주선을 관측할 수 있다. 고에너지 우주선이 대기에 진입하면 공기를 구성하는 원자와 분자를 교란시켜서 다량의 이온이 생성되고, 이들이 샤워처럼 쏟아져 내리다가 지상에 설치된 감지기에 도달한다. 현재 시카고대학교와 미시간대학교는 대규모 우주선 관측실험을 공동으로 실행하고 있는데, 유타주 솔트레이크시티Salt Lake City에서 남동쪽으로 130km 거리에 있는 생화학병기 실험소 근처에 1,089개의 고성능 감지기를 4km²에 걸쳐 설치해놓고 우주선 샤워가 쏟아지기를 기다리고 있다.

이 감지기는 성능이 매우 뛰어나서 입자의 에너지가 충분히 크면 우주선의 발생지를 알아낼 수 있다. 지금까지 알려진 우주선 발생지는 시그너스(Cygnus, 백조자리) X-3별과 헤라클레스(Hercules) X-1별이다. 이들은 빠르게 자전하는 중성자별이나 블랙홀일 것으로 추정되며, 근처에 있는 동반성(쌍성계를 이루는 두 개의 별들 중 큰 별을 '주성', 작은 별을 '동반성'이라 한다_옮긴이)을 서서히 잡아먹으면서 거대한 에너지 소용돌이를 일으키고, 그 와중에 다량의 복사(양성자 등)를 우주공간으로 방출하고 있을 것이다.

지금까지 관측된 우주선 중 에너지가 가장 큰 것은 무려 10^{20}eV에 달한다. 이 정도면 SSC에서 생성된(사실은 '생성될 예정이었던') 입자의 에너지보다 1천만 배나 크다. 금세기(20세기) 안에 인공적으로는 도저히 도달할 수 없는 수치다. 물론 이것도 10차원을 탐사하는 데 필요한 에너지의 1억분의 1에 불과하지만, 우리 은하에 있는 블랙홀의 내부 에너지는 플랑크 에너지와 거의 비슷한 수준일 것으로 예상되고 있다. 거대궤도 우주탐사선이 개발되면 이 막대한 에너지원의 내부구조를 분석할 수 있고, 잘하면 그보다 큰 에너지가 감지될 수도 있다.

일부 천문학자들은 우리 은하의 중심에 백조자리 X-3이나 헤라클레스 X-1보다 훨씬 큰 에너지원이 존재한다고 믿고 있다. 이곳에는 수백만 개의 블랙홀이 똘똘 뭉쳐 있을 것으로 예상된다. SSC는 이미 물건너갔으니, 10차원의 증거를 찾으려면 우주로 눈길을 돌리는 수밖에 없다.

검증할 수 없는 것을 검증하다

과학의 역사를 돌아보면 물리학자들이 '실험불가능'이나 '검증불가능'으로 판정한 사례가 꽤 많았음을 알 수 있다. 그러나 플랑크 에너지에 도저히 도달할 수 없다며 포기하는 대신, '구체적인 내용은 알수 없지만 무언가 중요한 발견이 미래에 이루어져서 플랑크 에너지 수준에서 일어나는 사건을 간접적으로 관측하게 될지도 모른다'는 긍정적 마인드를 가질 필요가 있다. 무턱대고 긍정하라는 이야기가 아니다. 과학의 역사가 그 필요성을 입증하고 있다.

19세기에 일부 과학자들은 밤하늘의 별을 '가까이 하기엔 너무 먼 연구대상'이라고 생각했다. 거리가 너무 멀어서 실험적 관측이나 측정이 불가능하다고 생각한 것이다. 1825년에 프랑스의 철학자이자 사회비평가인 오귀스트 콩트Auguste Comte는 그의 저서《실증철학강의 Cours de philosophie positive》에 다음과 같이 적어놓았다. "별은 우리로부터 너무 멀리 떨어져 있으므로 '밤하늘에 빛나는 작은 점'이라는 것 외에는 어떤 것도 알아낼 수 없다. 지금의 관측장비는 물론이고, 미래에 발명될 그 어떤 장비들도 별까지 도달하는 것은 불가능하다."

그 시대에는 별의 구성성분을 알아내는 것이 과학의 영역을 넘어선 일이라고 생각했는데, 비슷한 시기에 독일의 물리학자 요제프 폰 프라운호퍼Joseph von Fraunhofer가 그 불가능한 일을 해냈다는 것은 아이러니가 아닐 수 없다. 그는 프리즘과 분광기를 이용하여 별에서 날아온 백색광을 여러 개의 단색광으로 분리했고, 이 데이터를 분석하여 별의 화학성분을 알아냈다. 모든 화학원소들은 자신만의 고유한 스펙트럼 빛을 방출하기 때문에, 스펙트럼선의 분포를 알면 원소의 종류를 알 수 있다(각 원소의 스펙트럼 분포는 사람의 '지문'에 해당한다). 프라운호퍼는 간단한 아이디어로 '불가능한' 일을 해낸 것이다. 알고 보니 별의 주성분은 모든 원소 중 가장 단순한 수소였다.

시인 이안 부시Ian D. Bush는 프라운호퍼의 연구에서 영감을 얻어 다음과 같은 시를 발표했다.

반짝 반짝 작은 별

네가 뭔지 난 알아

분광기로 봤더니

결국 수소였잖아.[6]

콩트는 로켓을 타고 별에 갈 수 없으므로 별의 정체를 알아낼 수 없다고 단정지었지만(이건 지금의 기술로도 불가능하다), 중요한 것은 에너지가 아니었다. 별의 내부구조를 알아내는 게 목적이라면 그곳에서 방출된 빛을 관측하는 것만으로도 충분했다. 이와 마찬가지로 플랑크 에너지 영역(우주선이나 미지의 천체 등)에서 날아온 신호를 분석하면 굳이 입자가속기의 출력을 무리하게 키우지 않아도 열 번째 차원의 특성을 알 수 있을지도 모른다.

'모든 물체는 원자로 이루어져 있다'는 원자론도 처음에는 검증 불가능한 가설이었다. 19세기에 원자가설은 화학과 열역학법칙을 이해하는 데 핵심적인 역할을 했지만, 사실 대다수의 과학자들은 원자의 존재를 믿지 않았다. 눈에 보이지도 않는 것을 어떻게 믿으라는 말인가? 독일의 철학자이자 과학자였던 에른스트 마흐Ernst Mach는 원자가설을 '현실세계와 우연히 맞아떨어진 계산용 도구'쯤으로 여겼다(지금도 원자를 직접 볼 수는 없고, 간접적인 관측만 가능하다. 하이젠베르크의 불확정성원리에 의해 원자의 정확한 위치를 결정할 수 없기 때문이다). 그러나 1905년에 아인슈타인이 브라운운동(Brownian motion, 액체에 떠다니는 먼지입자의 불규칙적인 운동)을 수학적으로 서술하면서 원자의 존재가 간접적으로나마 입증되었다.

이와 비슷하게 미래의 물리학자들은 10차원 물리학을 간접적인 방법으로 검증하게 될지도 모른다. 실물 사진이 아닌 그림자만으로 분석이 가능할 수도 있기 때문이다. 입자가속기에서 얻은 저에너지 데이터는 10차원 물리학의 그림자에 불과하지만, 스펙트럼선에서 별의 성분을 알아내고 브라운운동으로부터 원자의 존재를 간접적으로 확인했던 것처럼, 수집 가능한 데이터를 면밀하게 분석하면 그림자의 실체를 간접적으로나마 확인할 수 있을지도 모른다.

뉴트리노도 처음에는 관측될 가능성이 거의 없는 가설 속의 입자였다.

1930년, 오스트리아 태생의 미국 물리학자 볼프강 파울리는 중성자가 양성자로 변하는 베타붕괴를 연구하던 중 붕괴 전과 붕괴 후의 에너지가 같지 않다는 사실을 발견하고, 물리학의 제1원칙인 '질량-에너지 보존법칙'을 유지하기 위해 '뉴트리노neutrino'라는 가상의 입자를 도입했다. 그러나 파울리는 뉴트리노의 상호작용이 너무 약하기 때문에 실험실에서 관측하기가 거의 불가능하다고 생각했다. 지구와 알파 센타우리(Alpha Centauri, 태양 이외에 지구에서 가장 가까운 별. 지구와의 거리는 약 4광년, 약 40조 km이다) 사이의 공간을 납으로 가득 채우고 한쪽 끝에서 여러 개의 뉴트리노를 발사하면 그중 몇 개는 반대쪽 끝을 뚫고 나올 정도이다. 투과력이 이렇게 막강하니, 지구를 통과하는 것쯤은 일도 아니다. 지금도 태양에서 날아온 수조 개의 뉴트리노들이 우리의 몸을 관통하고 있다. 그래서 파울리는 뉴트리노의 존재를 예견한 후 이렇게 말했다. "나는 물리학자들에게 큰 죄를 지었다. 절대로 관측될 수 없는 입자를 예견했기 때문이다."[7]

미국의 시인 존 업다이크John Updike는 잡힐 듯 잡히지 않는 뉴트리노에서 영감을 얻어 〈우주의 무뢰한Cosmic Gall〉이라는 시를 발표했다.

너무도 작은 중성미자여

전하도 없고 질량도 없구나

게다가 남들과 상호작용도 하지 않으니

너에게 지구는 있으나마나한 공일 뿐이겠지

수챗구멍으로 씻겨 내려가는 먼지처럼

또는 유리를 통과하는 광자처럼

그 누구의 방해도 받지 않는구나

세상에서 제일 예민한 기체도

세상에서 제일 견고한 벽도

차가운 금속도, 놋쇠 나팔도 네 앞에서는 아무것도 아니구나

마구간에 갇힌 종마를 무색하게 만들고

계층간의 장벽을 비웃으며

내 몸을 사정없이 뚫고 지나가는구나!

고통 없는 커다란 단두대처럼

내 머리를 뚫고 바닥으로 떨어지네

밤이 오면 너는 네팔Nepal로 날아가

연인들 사이를 뚫고 들어가네

침대 밑에서 들려오는 너의 목소리

멋지긴 하지만 너무 엉성해요[8]

뉴트리노는 상호작용이 너무 약하여 관측될 가능성이 거의 없었지
만, 지금은 아예 입자가속기에서 뉴트리노빔을 만들어내는 수준까지
도달했다. 뿐만 아니라 물리학자들은 핵반응기에서 방출되는 뉴트리
노를 이용하여 각종 실험을 수행하고 있으며, 지하갱도에서 뉴트리노

를 수시로 검출하고 있다(1987년에 초신성이 폭발하여 남반구의 밤하늘을 밝게 비췄을 때, 물리학자들은 지하광산에 설치해놓은 검출기에서 뉴트리노의 흐름을 확인했다. 이것은 천문관측에 뉴트리노가 사용된 최초의 사례로 기록되었다). 검증 불가능했던 아이디어가 불과 30년 만에 현대물리학의 견인차 역할을 하고 있는 것이다.

문제는 실험이 아니라 이론이다

나는 초끈이론을 낙관적으로 바라볼 만한 이유가 충분히 있다고 생각한다. 과학의 역사가 그것을 증명하고 있다. 초끈이론의 선두주자인 위튼은 언젠가 플랑크 에너지 영역을 탐사할 날이 반드시 온다고 믿고 있다.

쉬운 문제와 어려운 문제를 구별하는 것이 어려울 때도 있다. 19세기에는 물이 100도에서 끓는 이유조차 영원히 풀리지 않을 수수께끼였다. 19세기 과학자에게 "20세기가 되면 물이 끓는 이유는 물론이고 구체적인 과정까지 계산할 수 있다"고 말해봐야, 그에게는 동화처럼 들릴 것이다. (…) 양자장이론도 처음에는 너무 어려워서 25년 동안 아무도 믿지 않았다.

위튼의 관점에서 보면 "좋은 아이디어는 항상 검증 가능하다."[9]
영국의 천문학자 아서 에딩턴Arthur Eddington은 무엇이건 검증되어야 한다는 과학자들의 주장에 제동을 걸었다. "대부분의 과학자들은 자신의 믿음이 이론이 아닌 관측에 기초한 것이라고 주장한다. (…) 그러나 나는 실제로 그런 과학자를 한 번도 본 적이 없다. (…) 관측만으로는 충분하지 않은 것이다. (…) 사실 그들은 관찰보다 이론에 더 많은 영향을 받고 있다."[10] 노벨상 수상자인 폴 디랙은 좀 더 직설적이다. "방정식은 실험과 일치하는 것보다 미학적 외관을 갖추는 것이 더 중요하다."[11] CERN의 물리학자 존 엘리스John Ellis의 말도 마음에 새겨둘 만하다. "언젠가 사탕 포장지를 펼쳤더니 '이 세상에서 무언가를 이루는 사람은 낙천주의자들이다'라고 적혀 있었다."

이렇게 낙관론을 펼치고는 있지만, 실험적 증거가 없는 것은 부인할 수 없는 사실이다. 10차원이론이 간접적으로나마 검증되려면 21세기까지 기다려야 한다는 회의론자들의 주장에 나 역시 동의하는 바이다. 초끈이론은 결국 '창조의 이론'이므로 이론을 검증하려면 실험실에서 빅뱅을 재현해야 하는데, 이 정도 규모의 실험을 금세기 (20세기)에 실현하는 것은 불가능하다.

그러나 나는 입자가속기와 우주탐사선이 10차원을 간접적으로 탐사할 수 있을 때까지 기다릴 필요가 없다고 생각한다. 앞으로 몇 년이내에, 또는 현역 물리학자들이 세상을 떠나기 전에 어디선가 똑똑한 친구가 나타나 끈의 장방정식을 비섭동적 방법으로 풀어서 10차원이론의 진실 여부를 가려줄 것이다. 문제는 실험이 아니라 이론이다.

똑똑한 물리학자가 끈의 장방정식을 풀어서 우리가 알고 있는 우주의 특성을 모두 유도해낸다 해도 의문은 여전히 남는다. 우리는 언제쯤 초공간이론을 현실에 유용하게 써먹을 수 있을까? 가능한 시나리오는 다음 두 가지다.

1. 동원 가능한 에너지가 지금의 1,000조 배 이상 커질 때까지 기다

린다.
2. 이미 초공간을 완전히 정복한 외계문명과 조우하여 기술을 전수
받는다.

패러데이와 맥스웰의 전자기이론이 에디슨의 전구로 응용될 때까지는 약 70년이 걸렸다. 현대문명은 지금도 전자기력에 전적으로 의존하고 있다. 핵력은 20세기 초에 발견되었으나, 핵융합을 제어하는 기술은 80년이 지난 지금도 여전히 숙제로 남아 있다(100년이 지난 지금도 마찬가지다_옮긴이). 통일장이론을 활용하려면 혁신적인 기술이 개발되어야 하는데, 일단 이 단계에 돌입하면 인류의 삶은 상상을 초월할 정도로 개선될 것이다.

근본적인 문제는 초끈이론의 활동무대가 플랑크 에너지 영역임에도 불구하고, 많은 물리학자들이 '일상적인 수준의 증거'를 요구한다는 점이다. 우주가 플랑크 에너지 영역에 도달했을 때는 오직 창조의 순간뿐이었다. 다시 말해서 초끈이론은 자연의 일상적인 모습을 서술하는 이론이 아니라, 우주가 창조되던 순간에 적용되는 이론이라는 것이다. 동물원 우리에 갇힌 치타에게 재롱을 기대할 수는 없지 않은가. 원래 치타의 고향은 아프리카의 드넓은 초원이었고, 초끈이론의 고향은 창조의 순간이었다. 앞으로 우주탐사선의 성능이 크게 향상된다면 초끈이론의 고향을 방문하는 길이 열릴지도 모른다. 초끈이론을 탐사하는 최후의 실험실, 그것은 바로 우주의 메아리이다!

9. 창조 이전

> 태초에 우주의 '알'이 있었다.
> 그 내부는 혼란스러웠고 그 속에 신성한 태아인 반고盤古가 자라고 있었다.
> _〈반고신화〉(중국, 3세기)

> 신이 우주를 창조했다면, 그 전에 신은 어디에 있었는가?
> 시간이 그러하듯이, 이 세상에는 시작과 끝이 존재하기 마련이다.
> _〈마하푸라나Mahapurana〉(인도, 9세기)

"하나님은 엄마가 없었어요?"

한 어린아이가 창조신화를 듣고 제일 먼저 던진 질문이다. 이 간단한 질문에 성직자와 신학자들은 쥐구멍부터 찾는다. 대부분의 종교는 매끈하게 다듬어진 창조신화를 갖고 있지만, 어린아이도 떠올릴 수 있는 이 간단한 질문에는 아무런 답도 할 수 없다. 교리를 확대 해석하여 나름대로 답을 제시할 수는 있겠으나, 제3자를 논리적으로 설득하기에는 역부족이다.

신은 무소불위의 능력을 갖고 있으니, 하늘과 땅을 정말로 7일 만에 창조했을 수도 있다. 그런데 이 세상이 창조되기 전에는 무슨 일이 있었을까? 신에게 어머니가 있었음을 인정하면 그 어머니의 어머니, 또 그 어머니의 어머니로 질문은 끝없이 계속된다. 그러나 신에게 어머니가 없었다고 단정지으면 훨씬 난해한 질문에 직면한다. '그렇다

면 신은 어디서 왔는가? 신은 영원히 존재하는가? 아니면 아예 시간을 초월한 존재인가?'

과거에도 교회로부터 작품을 의뢰받은 화가들은 이 문제 때문에 골머리를 앓았다. 아담과 이브, 또는 신을 그릴 때 배꼽을 그려넣어야 할까? 인간의 배꼽은 탯줄의 흔적이고 탯줄이 있었다는 것은 어머니의 뱃속에서 탄생했다는 뜻이므로, 신이나 아담과 이브는 탯줄이 없어야 한다. 미켈란젤로도 시스티나 성당의 천장에 〈천지창조〉와 〈낙원 추방〉 같은 대작을 그릴 때 배꼽 때문에 딜레마에 빠졌다. 결론은? 신과 아담, 그리고 이브에게는 어머니가 없었으므로 배꼽을 갖고 있지 않다.

신의 존재를 증명하다

13세기 성직자 성 토마스 아퀴나스St. Thomas Aquinas는 교회의 이념에서 심각한 문제점을 발견하고, 〈신의 존재에 대한 증명proofs of the existence of God〉에서 모호한 신화와 교리를 엄밀한 논리의 수준으로 격상시켰다.

그의 증명은 다음의 시로 요약된다.

> 모든 것은 움직인다. 그러므로 세상에는 최초로 움직인 무언가가 있었다.
> 모든 것에는 원인이 있다. 그러므로 세상에는 첫 번째 원인이 존재한다.
> 모든 것은 존재한다. 따라서 모든 것을 창조한 창조주도 존재한다.
> 완벽한 선은 존재한다. 그러므로 선에는 기원이 있다.

모든 것은 계획되었다. 따라서 모든 것에는 목적이 있다.[1]

(처음 3행은 신에 대한 '우주론적 증명cosmological proof'을 조금 변형한 것이고 네 번째 행은 신의 존재에 대한 도덕적 근거를, 다섯 번째 행은 목적론적 근거를 제시하고 있다. 그러나 도덕은 각 지역의 전통에 따라 달라질 수 있으므로 도덕적 증명이 제일 취약하다.)

신의 존재에 대한 아퀴나스의 '우주론적 증명'과 '목적론적 증명'은 지난 700년 동안 골치 아픈 신학적 질문이 제기될 때마다 모범답안으로 제시되어왔다. 그 사이에 과학이 대약진을 이룩하면서 아퀴나스의 증명은 틀린 것으로 판명되었지만 13세기에는 더 이상 이견의 여지가 없는 진리였으며, 자연철학에 엄밀한 논리를 도입한 그리스인들의 영향력을 보여주는 사례이기도 했다.

아퀴나스의 우주론적 증명은 '신은 최초로 움직인 주체이자 최초의 창조자'라는 가정에서 출발한다. 이 가정이 타당하려면 '신은 누가 창조했는가?'라는 질문에 답을 해야 하는데, 아퀴나스는 "그런 질문은 무의미하다"며 교묘하게 피해갔다. 신은 최초의 존재이기 때문에 별도의 창조주 없이 존재할 수 있다. 이것으로 끝이다. 그의 우주론적 증명에 의하면 무언가가 움직인다는 것은 그것을 '움직이도록 밀어낸' 다른 무언가가 존재한다는 뜻이다. 그렇다면 그 '다른 무언가'도 또 다른 무언가에 밀려서 운동을 시작했을 것이고, 이런 식으로 따지다 보면 최종질문에 도달하게 된다. "최초의 '밀어내기'는 무엇에 의해 시작되었는가?"

당신이 공원벤치에 앉아 상념에 잠겨 있는데, 울타리에 나 있는 문으로 조그만 손수레가 등장했다. 당연히 어떤 아이가 수레를 밀고 있으려니 생각했는데, 수레 뒤에 또 다른 수레가 등장한다. 그 뒤에도, 또 그 뒤에도. 기대했던 아이는 보이지 않고 수레만 계속 나타난다. 수레들이 어떻게 스스로 움직이는 걸까? 궁금해진 당신은 수레가 입장하는 문 쪽으로 걸어가 긴 수레행렬의 끝을 바라보았다. 수백 대의 수레들이 기차처럼 연결되어 있을 뿐, 지평선 끝에도 아이의 모습은 보이지 않는다. 과연 이 많은 수레들이 저절로 움직이고 있을까? 아니다. 그런 일은 절대로 불가능하다. 눈에 보이진 않지만 수레행렬의 끝에서 어린아이가 밀고 있거나, 힘에 부치면 어른이 밀고 있거나, 사람이 없다면 마지막 수레에 모터라도 달려 있어야 한다. 그 모든 수레를 움직이게 만든 '최초의 원인'이 존재해야 한다는 뜻이다. 그러므로 신은 존재해야 한다.

목적론적 증명은 이보다 좀 더 그럴듯하게 '최초의 설계자'를 내세운다. 예를 들어 당신이 화성의 사막 위를 걷고 있다고 상상해보자. 지난 수천만 년 동안 바람과 모래폭풍에 시달려온 화성은 산, 평지, 분화구 등 어디를 둘러봐도 척박함 외에는 떠오르는 단어가 없다. 당신이 어렵게 모래언덕을 오르고 있는데, 무언가가 발길에 차인다. 어? 이게 뭐지? 모래를 파보니 놀랍게도 그곳에 고성능 카메라가 묻혀 있는 게 아닌가! 렌즈는 깨끗하게 닦여 있고 셔터도 완벽하게 작동한다. 이렇게 정교한 물건이 화성의 폭풍에 의해 저절로 만들어졌을 리 없다. 무언가 지능을 보유한 생명체가 카메라를 만들었을 것이다. 당신은 카메라를 들고 계속 걸어가다가 이번에는 토끼와 마주쳤다. 토끼의 눈은 카메라의 렌즈보다 훨씬 복잡하고, 토끼의 눈을 움직이는 근육도 카메라의 셔터보다 훨씬 복잡하다. 따라서 토끼의 창조자는 카메라 제작자보다 훨씬 우월한 존재여야 한다. 아마도 그는 신일 것이다.

이제 지구에 있는 기계를 생각해보자. 모든 기계는 그보다 훨씬 우월한 인간에 의해 창조되었다. 인간이 기계보다 복잡하고 정교하다는 데에는 이견의 여지가 없다. 그러므로 인간을 만든 창조주는 인간보다 훨씬 복잡하면서 우월한 존재여야 하며, 따라서 신은 존재한다.

1078년, 캔터베리의 주교였던 성 안셀무스St. Anselm은 최초의 운동자나 최초의 설계자를 도입하지 않고 순수한 논리만을 이용하여 신학 역사상 가장 정교한 '존재론적 증명ontological proof'을 완성했다. 그는 신을 '상상할 수 있는 가장 완벽하고 강력한 존재'로 정의했는데, 이 정의만 놓고 보면 현실세계에 우리와 함께 살지 않는 '존재하지 않는 신'도 가능하고, 우리와 함께 살면서 강줄기를 바꾸거나 죽은 자를 되살리는 등 온갖 기적을 행하는 '존재하는 신'도 상상할 수 있다. 물론 우리 입장에서는 두 번째 신(존재하는 신)이 첫 번째 신(존재하지 않는 신)보다 훨씬 완벽하고 강력하다.

그러나 우리는 신을 '상상할 수 있는 가장 완벽하고 강력한 존재'로 정의했으므로, 첫 번째 신보다 두 번째 신이 정의에 더 잘 들어맞는다. 따라서 신은 존재한다. 다시 말해서 신을 '우리가 상상할 수 있는 그 무엇보다 위대한 존재'로 정의한다면, 신은 반드시 존재해야 한다는 것이다. 그런 신이 존재하지 않으면 그보다 더 위대한 신을 또 상상할 수 있기 때문이다. 안셀무스의 증명은 토머스 아퀴나스보다 논리적으로 정교하면서 창조의 행위와 무관하다. 그저 '완벽한 존재'를 정의하기만 하면 된다.

신이 존재한다는 안셀무스의 '존재론적 증명'은 과학자와 논리학자들의 다양한 반론에도 불구하고 무려 700년 동안 굳건하게 살아남았다. 논리가 완벽해서가 아니라, 물리학과 생물학의 기본법칙이 충분히 알려지지 않았기 때문이다. 그러나 18세기부터 자연의 중요한 법칙이 알려지기 시작하면서 안셀무스의 증명은 심각한 도전에 직면하게 된다.

우주론적 증명은 최초의 운동자(최초로 혼자 움직인 주체)를 가정하고 있지만, 질량과 에너지 보존법칙을 이용하면 굳이 운동자를 도입하지 않아도 운동의 기원을 설명할 수 있다. 예를 들어 기체분자는 자신을 밀어주는 동력이 없어도 용기의 내벽에 부딪히면서 운동을 계속한다. 원리적으로 이런 분자의 운동은 시작도 끝도 없이 영원히 계속될 수 있다. 그러므로 질량과 에너지가 보존되는 한, 최초의 운동자나 최후의 운동자를 도입할 필요가 없다.

토마스 아퀴나스의 목적론적 증명은 진화론의 도전을 받았다. 다윈의 진화론에 의하면 원시적 생명체는 자연선택과 우연(돌연변이)을 통해 더욱 복잡한 형태로 진화해왔다. 지구 최초의 생명체는 창조주의 도움 없이 원시지구의 바다에서 단백질 분자가 자발적으로 합성되면서 탄생했다. 1955년에 스탠리 밀러Stanley L. Miller는 실험용 플라스크에 메탄과 암모니아 등 원시대기와 비슷한 기체를 담고 불꽃방전을 일으켜서 탄화수소와 아미노산(단백질분자의 전 단계) 등 복잡한 유기물을 합성하는 데 성공했다. 그러므로 최초의 설계자는 생명체가 탄생하는 데 반드시 필요한 조건이 아니다. 생명체는 무기물로부터 형성될 수 있다. 시간만 충분히 주어지면 얼마든지 가능하다.

수백 년에 걸친 논쟁 끝에 존재론적 증명의 오류를 처음으로 지적한 사람은 프러시아의 철학자 이마누엘 칸트Immanuel Kant였다. 그는 "무언가가 실제로 존재한다고 해서 더 완벽하다는 보장은 없다"고 주장했다. 예를 들어 존재론적 증명을 문자 그대로 받아들이면 유니콘이 존재한다는 것을 증명할 수 있다. 일단 유니콘을 '상상할 수 있는 가장 완벽한 말'로 정의하자. 유니콘이 현실세계에 존재하지 않는다 해도 '실존하는 유니콘'을 머릿속으로 상상할 수는 있다. 그러나 "유니콘은 존재한다"고 말한다고 해서 그 유니콘이 '존재하지 않는 유니콘'보다 더 완벽하다는 뜻은 아니다. 그러므로 유니콘은 반드시 존재할 필요가 없다. 신도 마찬가지다.

토마스 아퀴나스와 안셀무스 이후로 우리는 논리적 진전을 이루었을까?

그런 면도 있고, 그렇지 않은 면도 있다. 현대의 창조론을 떠받치는 두 개의 주춧돌은 양자이론과 아인슈타인의 중력이론이다. 창조론을 논리적으로 다루기 시작한 지 거의 1,000년 만에 종교적 논리에 입각한 증명을 열역학과 입자물리학으로 설명할 수 있게 되었다. 그러나 신의 창조 행동을 빅뱅으로 대치한 것은 하나의 문제를 또 다른 문제로 대치한 것이나 마찬가지다. 아퀴나스는 신을 최초의 운동자로 정의함으로써 '신 이전에 무엇이 있었는가?'라는 질문을 잠재웠지만, 지금 우리는 빅뱅 이전의 상황에 대하여 아는 것이 하나도 없다.

안타깝게도 아인슈타인의 장방정식은 초기우주의 초단거리와 초고에너지에서 제대로 작동하지 않는다. 10^{-33}cm보다 짧은 거리에서는 양자적 효과가 아인슈타인의 이론을 압도하기 때문이다. 그러므로 시간의 시작과 관련된 철학적 질문에 답하려면 10차원이론에 의존하는 수밖에 없다.

나는 이 책의 전반에 걸쳐 '고차원에서는 물리법칙을 통일하기가 쉬워진다'는 점을 여러 번 강조해왔다. 그런데 빅뱅을 연구하다 보면 그 반대의 길을 따라가게 된다. 앞으로 보게 되겠지만 빅뱅은 10차원

우주가 4차원과 6차원으로 분리되면서 발생한 것으로 추정된다. 그러므로 빅뱅의 역사는 10차원 공간의 붕괴의 역사이자 대칭붕괴의 역사이기도 하다.

그래서 빅뱅과 관련된 역학을 하나로 모으기란 결코 쉬운 일이 아니다. 시간을 거슬러 가는 것은 10차원우주에서 흩어져 나온 조각들을 재조립하는 것과 같다.

빅뱅의 증거

빅뱅은 지금으로부터 약 150억~200억 년 전에 일어났다. 천체물리학자들은 이 사실을 뒷받침하는 실험적 증거를 여러 개 발견했는데, 그중 일부를 소개하면 다음과 같다.

첫째, 모든 별들은 우리로부터 엄청나게 빠른 속도로 멀어져가고 있다. 이것은 별에서 날아온 빛의 편이shift를 관측함으로써 반복적으로 확인된 사실이다[멀어지는 별에서 방출된 빛은 파장이 긴 쪽(색 스펙트럼에서 붉은색 쪽)으로 편이된다. 당신으로부터 멀어져가는 앰뷸런스의 사이렌 소리가 낮은 음으로 들리는 것도 같은 이치다. 이 현상을 도플러효과Doppler effect라 한다. 허블의 법칙Hubble's law에 의하면 멀리 있는 별일수록 멀어지는 속도도 빠르다. 이 사실은 1929년에 미국의 천문학자 에드윈 허블Edwin Hubble에 의해 처음으로 발견되었으며, 그 후로 50년 동안 다양한 관측을 통해 여러 번 재확인되었다]. 멀리 떨어진 은하에서 날아온 빛이 청색편이를 일으키면 우주가 수축한다는 뜻인데, 이런 사례는 단 한 번도 발견된 적이 없다.

둘째, 우리 은하를 구성하고 있는 화학원소들의 분포 상태가 빅뱅과 별의 내부에서 생성된 무거운 원소의 이론적 분포와 거의 일치한다. 빅뱅 초기에는 온도가 극단적으로 높았기 때문에 수소원자핵(양성자)들이 엄청나게 빠른 속도로 충돌하여 두 번째로 단순한 원소인 헬륨이 형성되었다. 빅뱅이론으로 계산된 수소와 헬륨의 비율은 대략 75:25인데, 이 값은 실제 관측결과와 정확하게 일치한다.

셋째, 우주에서 가장 오래된 물질의 나이(100억~150억 년으로 추정됨)가 빅뱅 후 흐른 시간과 거의 일치한다. 빅뱅보다 오래된 물질은 지금까지 단 한 번도 발견된 적이 없다. 방사성 물질은 일정한 비율로 붕괴되기 때문에(붕괴 과정에 관여하는 힘은 약력이다) 다른 물질과 비교한 상대적 양으로부터 특정 물질의 나이를 알아낼 수 있다. 예를 들어 탄소의 동위원소인 C-14의 반감기(초기 양의 절반이 붕괴될 때까지 걸리는 시간)는 5,730년이며, 이로부터 고고학적 유물의 제작연대를 알 수 있다(유물에 포함된 C-12와 C-14의 비율을 측정하면 된다). 그 외에 반감기가 40억 년인 우라늄(U-238)은 아폴로 우주선이 가져온 월석月石으로부터 달의 나이를 계산하는 데 사용되었다. 지구에서 가장 오래된 암석과 운석의 나이는 40억~50억 년이며, 이 값은 태양계의 나이와 거의 비슷하다. 또한 탄생 후 진화과정이 알려진 별의 질량을 계산하면 우리 은하의 나이를 알 수 있는데, 지금까지 알려진 값은 약 100억 년이다.

넷째, 천문학자들은 빅뱅이 남긴 '메아리'를 관측하여 빅뱅이 실제로 일어난 사건이었음을 확실하게 입증했다. 벨 전화연구소의 아노 펜지어스Arno Penzias와 로버트 윌슨Robert Wilson은 빅뱅의 여파로 우주 전역에 골고루 퍼진 마이크로파 배경복사microwave background radiation

를 발견하여 1978년에 노벨상을 공동 수상했다. '빅뱅이 일어나고 수십억 년 후부터 빅뱅의 메아리가 우주공간을 배회한다'는 아이디어를 처음으로 제안한 사람은 조지 가모프George Gamow와 그의 제자인 랄프 알퍼Ralph Alpher, 그리고 로버트 허먼Robert Herman이었으나, 시기가 좋지 않았고 실험적 증거도 없었기에 학계의 호응을 얻지 못했다. 2차 세계대전이 끝난 직후, 전쟁의 상처가 채 아물기도 전에 창조의 메아리를 관측한다는 것은 어느 모로 보나 무리한 발상이었을 것이다.

그러나 이들의 논리는 매우 설득력이 있었다. 임의의 물체에 열을 가하면 예외 없이 복사에너지를 방출한다. 철을 용광로에 넣고 달궜을 때 붉은색을 띠는 것도 붉은색 단색광에 해당하는 복사에너지(빛)가 방출되기 때문이다. 철의 온도가 높을수록 복사광의 진동수가 높아지는데, 이때 빛의 진동수(색)와 온도의 관계는 스테판-볼츠만 공식Stefan-Boltzmann formula을 통해 계산된다(실제로 과학자들은 멀리 떨어진 별의 색으로부터 표면온도를 추정하고 있다). 이와 같은 복사를 '흑체복사blackbody radiation'라 한다.

뜨거웠던 철이 식으면 방출되는 복사의 진동수가 서서히 감소하다가 가시광선 영역을 넘어서면 철의 원래 색으로 돌아온다. 그러나 이 상태에서도 철은 적외선복사를 계속 방출하고 있다. 이것이 바로 군인들이 사용하는 야간투시경의 원리이다. 밤이 되면 대부분의 물체가 눈에 보이지 않지만 적군의 몸이나 탱크의 엔진과 같이 따뜻한 물체에서는 적외선 흑체복사가 계속 방출되고 있기 때문에 특수 제작된 적외선 고글을 착용하면 적군의 동태를 파악할 수 있다. 더운 여름에 자동차가 뜨거워지는 것도 같은 원리이다. 차를 주차해놓고 오랫동안 방치하면 창문을 통해 유입된 햇빛이 차의 내부를 뜨겁게 달구고, 계기판과 시트 등 내부구조물은 적외선의 형태로 흑체복사를 방출하기 시작한다. 그런데 적외선은 유리 투과력이 떨어지기 때문에 차의 내부에 갇힌 채 이리저리 반사되면서 온도를 잔뜩 높여놓는다. 이럴 때 차문을 열었다가 숨막히는 열기에 기겁했던 경험이 누구나 한두 번쯤 있을 것이다(온실효과도 흑체복사 때문에 일어나는 현상이다. 화석연료에서 나온 이산화탄소가 대기에 누적되면 자동차 내부의 적외선이 유리창 때문에 탈출하지 못하는 것처럼, 지표면에서 방출된 적외선이 대기 중에 갇히면서 지구를 서서히 가열시킨다).

가모프는 빅뱅 초기의 뜨거운 우주를 이상적인 흑체로 간주하고, 현재 남아 있을 것으로 예상되는 복사의 온도를 계산했다. 1940년대의 관측장비로는 창조의 메아리처럼 우주 전역에 퍼져 있는 희미한 복사를 관측할 수 없었지만, 그는 "관측장비가 개선되면 복사의 '화석'을 감지할 수 있을 것"이라고 장담했다. 그가 우주배경복사의 존재를 확신한 데에는 그럴 만한 이유가 있었다. 빅뱅 후 30만 년경, 우주의 온도가 충분히 낮아지면서 전자가 양성자 주변을 선회할 수 있게 되었고, 이 과정에서 탄생한 원자는 더 이상 복사에 의해 분해되지 않았다. 그 전까지만 해도 우주는 엄청나게 뜨거웠기 때문에 어쩌다가 원자가 만들어져도 강렬한 복사에너지 속에서 금방 분해되곤 했다. 이는 곧 우주 전체가 두터운 안개에 덮인 것처럼 불투명했음을 의미한다. 그러나 빅뱅 후 30만 년이 지난 후에는 복사에너지가 약해져서 더 이상 원자를 분해하지 못했고, 그 덕분에 빛은 방해물 없이 먼 거리까지 도달할 수 있게 되었다. 다시 말해서, 우주가 갑자기 검고 투명해진 것이다(지금 우리는 밤하늘이 검은 것을 당연하게 생각하지만, 초기우주는 불투명한 복사에너지의 소용돌이로 가득 차 있었다).

빅뱅 후 30만 년경, 전자기복사는 물질과의 상호작용이 크게 약해지면서 흑체복사가 되어 사방으로 흩어졌고, 우주가 식어감에 따라 복사의 진동수도 서서히 감소했다. 가모프와 그의 제자들은 약간의 계산을 수행한 후 다음과 같이 예측했다. "우주의 복사에너지가 지금까지 남아 있다면 그 진동수는 마이크로파와 비슷하다. 따라서 하늘을 광범위하게 탐사하면 빅뱅의 메아리인 마이크로파 복사를 감지할 수 있을 것이다."

가모프의 주장은 한동안 완전히 잊혔다가 1965년에 마이크로파 배경복사가 발견되면서 천문학의 중요한 이슈로 떠올랐다. 뉴저지주 홀름델Holmdel에서 펜지어스와 윌슨이 사각뿔 모양의 전파망원경을 수리하다가 모든 공간에 골고루 퍼져 있는 배경복사를 우연히 발견한 것이다. 처음에 그들은 그 이상한 신호가 안테나에 묻은 새의 배설물 때문에 생긴 정전기라고 생각하여 며칠 동안 안테나를 열심히 닦아보았지만, 이상한 신호는 여전히 수신되고 있었다. 이와 비슷한 시기에 프린스턴대학교의 물리학자 로버트 디키Robert Dicky와 제임스 피블스James Peebles는 가모프의 계산을 검토하고 있었는데, 그 결과가 펜지어스와 윌슨에게 알려지면서 모든 것이 명백해졌다. 그들을 성가시게 했던 신호는 새의 배설물 때문에 생긴 잡음이 아니라 빅뱅의 메아리였던 것이다! 펜지어스와 윌슨이 관측한 배경복사의 온도는 과거에 가모프와 제자들이 예견했던 3K(절대온도 3도, 또는 -270°C)와 정확하게 일치했다.

COBE와 빅뱅

그러나 뭐니뭐니해도 빅뱅의 가장 확실한 증거는 1992년에 COBE 위성Cosmic Background Explorer이 수집한 관측데이터였다. 그해 4월에 조지 스무트George Smoot가 이끄는 캘리포니아대학교 버클리 캠퍼스의 연구팀은 빅뱅이론의 가장 확실하고 드라마틱한 증거를 세상에 공개했고, 미국의 모든 일간지는 이 사실을 일제히 헤드라인으로 보도했다. 평소 물리학과 신학에 별 식견이 없던 기자들도 갑자기 무슨 영감을 받았는지, 사진 밑에는 '신의 얼굴'이라는 멋진 타이틀이 붙어 있었다.

  COBE 위성은 펜지어스와 윌슨, 피블스, 디키 등 수많은 과학자들이 얻은 값을 크게 보완하여 우주배경복사와 관련된 모든 의구심을 한 방에 날려버렸다. 프린스턴의 우주론 학자 제레미아 오스트리커Jeremiah Ostriker는 이렇게 말했다. "바위 속에서 발견된 화석은 생명체의 근원을 분명하게 말해주고 있다, 이제 COBE 위성이 우주의 화석을 발견했으므로, 우주의 기원도 곧 알게 될 것이다."[2] 1989년에 발사된 COBE 위성은 가모프가 예견했던 마이크로파 우주배경복사를 관측하기 위해 특수제작된 탐사선으로, 배경복사와 관련된 또 하나의 수수께끼를 푸는 임무까지 띠고 있었다.

  펜지어스와 윌슨의 초기 연구는 부족한 점이 많았다. 두 사람이 발표한 첫 논문의 핵심은 '배경복사가 10% 오차 안에서 균일하다'는 것이었고, 여기에 부족함을 느낀 과학자들이 배경복사를 면밀히 분석한 끝에 '잔주름이나 얼룩 없이 매우 균일하게 분포되어 있다'는 결론에 도달했다. 그런데 이것이 문제였다. 균일한 것까진 좋은데, 마치 눈에 보이지 않는 안개가 우주 전역을 덮고 있는 것처럼 지나치게 균일했던 것이다. 과학자들은 이 사실을 지금까지 얻은 천문관측 데이터와 조화롭게 연결하기 위해 무진 애를 썼지만, 우주배경복사가 그토록 균일한 이유는 설명할 수 없었다.

1970년대에 천문학자들은 거대한 은하지도를 작성하기 위해 망원경으로 하늘을 샅샅이 뒤지다가 놀랍게도 빅뱅 후 10억 년쯤 지났을 때 은하와 은하단이 이미 형성되었고, '공동(空洞, void)'이라는 거대한 빈 공간이 존재했음을 알게 되었다. 하나의 은하단에는 무려 수십억 개의 은하가 포함되어 있었고, 공동은 수백만 광년에 걸쳐 뻗어 있었다.

이것은 커다란 미스터리였다. 빅뱅이 균일하게 진행되었다면, 불과 10억 년 만에 우주가 그토록 거대한 은하단과 공동으로 분리될 수는 없기 때문이다. '균일한 빅뱅'과 '불규칙한 질량분포'를 어떻게 연결시킬 수 있을까? 빅뱅이론 자체는 의심의 여지가 없다. 문제는 빅뱅 후 10억 년 사이에 일어난 우주의 진화과정을 이해하는 것이다. 그러나 당시에는 우주배경복사를 관측할 만한 위성이 없었기 때문에 천문학자들은 궁금증을 참으며 기다릴 수밖에 없었다. 1990년경에는 배경지식이 부족한 일부 과학기자들이 독자들의 관심을 끌기 위해 '빅뱅이론에서 심각한 오류가 발견되었다'는 기사를 남발했고, 빅뱅이론 때문에 곁다리로 밀려났던 이론들이 언론에 소개되기 시작했다. 심지어 〈뉴욕타임즈New York Times〉조차도 "빅뱅이론, 심각한 위기에 처하다"라는 기사를 헤드라인으로 내보낼 정도였다(훗날 이 기사는 틀린 것으로 판명되었다).

이처럼 빅뱅이론이 사실 여부와 상관없이 궁지에 몰려 있었기에, COBE의 관측데이터는 과학자들뿐만 아니라 일반대중에게도 커다란 관심거리였다. COBE 위성은 10만분의 1의 변화까지 잡아낼 정도로 예민한 감지기를 십분 활용하여 역사상 가장 정확한 배경복사지도를 완성했고, 뜬소문으로 궁지에 몰린 빅뱅이론을 완벽하게 부활시켰다.

그러나 스무트의 연구팀은 COBE가 수집한 데이터를 분석하던 중 커다란 난관에 부딪혔다. 가장 어려운 문제는 지구가 배경복사 속을 헤쳐 나가면서 일으킨 부수적 효과를 제거하는 것이었다. 태양계는 배경복사 속을 초속 370km로 이동하고 있으며, 우리 은하 안에서도 움직이고 있다. 게다가 우리 은하도 은하단 안에서 움직이고 있으니, 이 모든 운동을 고려하여 배경복사에 대한 지구의 속도를 계산하는 것은 결코 만만한 작업이 아니었다. 그럼에도 불구하고 스무트의 연구팀은 여러 차례에 걸쳐 컴퓨터의 성능을 개선한 끝에 몇 가지 놀라운 결과를 얻어냈다. 첫 번째 결과는 배경복사의 온도분포가 조지 가모프의 예상과 0.1%의 오차범위 안에서 정확하게 일치한다는 것이다. 그림 9.1의 실선은 이론으로 계산된 값이고 x표는 COBE 위성이 관측한 실제 값을 나타낸다. 수천 명의 천문학자들이 운집한 대강당에서 이 그래프가 처음 공개되었을 때, 사람들은 일제히 일어나 우레와 같은 박수로 화답했다. 단순한 그래프 하나로 세계적인 석학들의 기립박수를 받은 것은 과학 역사상 처음일 것이다.

스무트의 연구팀이 일궈낸 두 번째 쾌거는 마이크로파 배경복사 분포도에서 미세한 얼룩을 발견한 것이다. 바로 이 작은 얼룩 덕분에 천문학자들은 빅뱅 후 10억 년 만에 거대한 은하와 공동이 형성된 이유를 설명할 수 있었다(COBE 위성이 이 작은 얼룩을 발견하지 못했다면 빅뱅 후 우주를 서술하는 이론은 대대적인 수정이 불가피했을 것이다).

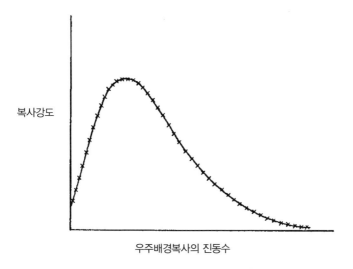

복사강도

우주배경복사의 진동수

그림 9.1 》》 우주배경복사의 진동수에 다른 강도분포. 그래프의 실선은 빅뱅이론에서 예견된 값으로, 마이크로파 영역에서 흑체복사 그래프와 비슷하다. x표는 COBE 위성이 수집한 데이터인데, 보다시피 빅뱅이론과 거의 완벽하게 일치하고 있다.

셋째, COBE 위성이 수집한 데이터는 초기우주의 팽창을 새로운 관점에서 서술한 인플레이션이론Inflation theory과 정확하게 일치한다 (MIT의 앨런 구스에 의해 처음으로 제안된 이 이론에 의하면 빅뱅 직후의 우주는 원래 빅뱅이론에서 예견된 것보다 훨씬 빠르게 팽창했다. 이것이 사실이라면 우리의 우주는 애초에 짐작했던 것과 비교가 안 될 정도로 방대하며, 현재 망원경으로 관측 가능한 우주는 전체우주의 극히 일부분에 불과하다).

창조 이전: 오비폴드?

COBE의 데이터가 알려진 후로 물리학자들은 우주의 기원을 빅뱅 후 0,000…001초까지 추적할 수 있었다. 그러나 "빅뱅은 왜 일어났는가?"라거나 "빅뱅 전에는 어떤 일이 있었는가?"라고 물으면 세계최고의 석학들도 심기가 불편해진다. '빅뱅의 순간'이라는 극단적인 상황에서는 일반상대성이론도 비상식적인 답을 쏟아낸다. 아인슈타인은 자신의 중력이론이 초단거리에서 제대로 작동하지 않는다는 사실을 간파하고 한층 더 포괄적인 이론으로 업그레이드하기 위해 혼신의 노력을 기울였다.

빅뱅이 일어나던 순간에는 양자적 효과가 중력을 압도했을 것으로 예상된다. 그러므로 빅뱅의 기원을 밝히는 열쇠는 중력의 양자역학 버전인 양자중력이론이 쥐고 있는 셈이다. 그리고 빅뱅 이전의 미스터리를 풀어줄 후보는 지금으로선 10차원 초끈이론뿐이다. 그래서 요즘 과학자들은 10차원우주가 4차원과 6차원으로 분리된 과정을 집중적으로 연구하고 있다. 물론 우리는 그중 4차원우주에 살고 있다. 우리의 우주와 쌍둥이로 태어난 6차원우주는 과연 어떻게 생겼을까?

하버드대학교의 캄란 바파Cumrun Vafa는 이 분야의 대표적 물리학자이다. 그는 지난 몇 년 동안 10차원우주가 작은 우주로 분리된 이유를 꾸준히 연구해왔는데, 아이러니하게도 그의 인생 역시 두 세계로 분리되어 있다. 그는 현재 매사추세츠주의 케임브리지에 살고 있지만, 원래는 지난 10년 동안 정치적 불안에 시달려온 이란 사람이었다. 그는 조국의 정세가 안정되어 고향으로 돌아갈 날을 기다리면서, 다른 한편으로는 빅뱅의 혼란 속에서 태어난 6차원우주를 추적하고 있다.

그는 6차원우주를 간단한 비디오게임에 비유했다. 내가 탄 전투기는 눈앞에 나타난 적기를 격추시키며 종횡무진 활약하다가, 화면 오른쪽 끝으로 사라지면 왼쪽 끝의 같은 높이에서 다시 등장한다(팩맨packman이라는 게임이 바로 그렇다_옮긴이). 또 전투기가 화면 아래로 사라지면 위에서 다시 나타난다. 즉, 화면 안에 독립적인 우주가 존재하고 있다. 전투기를 아무리 격렬하게 조종해도 이 우주를 벗어날 수 없다. 그러나 게임에 몰입한 청소년들은 이런 우주가 실제로 어떻게 생겼는지 아무런 관심도 없다. 캄란 바파는 게임용 스크린의 수학적 위상topology이 튜브와 같다고 했다!

비디오 스크린이 얇은 종이라고 가정해보자. 방금 말한 게임에서 스크린의 위쪽 끝은 아래쪽 끝과 연결되어 있으므로, 종이를 말아서 위와 아래를 풀로 붙여도 게임의 양상은 달라지지 않는다. 이로써 스크린은 가늘고 긴 튜브가 되었다. 그런데 스크린의 왼쪽 끝과 오른쪽 끝도 연결되어 있으므로, 튜브를 동그랗게 말아서 양쪽 끝을 연결해도 게임은 똑같이 진행된다(그림 9.2).

이로써 스크린은 도넛 모양이 되었다. 스크린을 종횡무진 누비던 전투기는 도넛의 면 위를 누비는 전투기로 대치된다. 전투기가 오른쪽(또는 아래)으로 사라졌다가 왼쪽(또는 위)에서 나타날 때 그리는 경로는 튜브의 접착부위를 지나가는 경로에 해당한다.

바파는 우리의 6차원 자매우주가 '비틀린 6차원 원환체(torus, 도넛 모양의 도형을 일컫는 수학용어_옮긴이)'일 것으로 추측했다. 바파와 그의 동료들은 우리의 자매우주를 수학적으로 서술하기 위해 '오비폴드orbifold'의 개념을 도입했는데, 이들의 가설은 실제 관측데이터와 잘 일치하는 것 같다.[3]

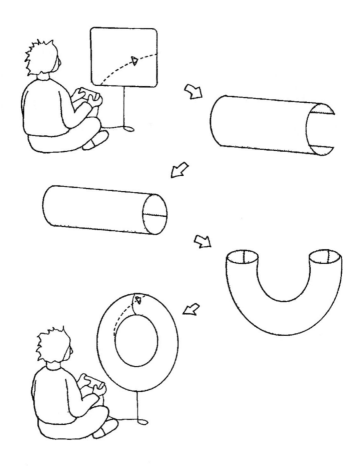

그림 9.2 〉〉〉 비디오게임 속 전투기가 화면 오른쪽으로 사라지면 왼쪽에서 다시 나타나고, 위로 사라지면 아래에서 나타난다. 스크린이 얇은 종이로 만들어졌다면, 위쪽 끝과 아래쪽 끝의 모든 점을 연결하여 튜브 모양으로 만든 후 튜브의 양끝을 연결하여 도넛 모양으로 만들어도 게임의 양상은 달라지지 않는다. 따라서 비디오게임용 스크린의 수학적 위상은 도넛과 동일하다.

오비폴드를 시각화하기 위해, 원주를 따라 360° 도는 상황을 떠올려보자. 물론 한 바퀴 돌면 출발점으로 되돌아온다. 추석날 강강술래 대열에 끼어 360° 돌면 당연히 같은 지점으로 돌아올 것이다. 그러나 오비폴드 위에서는 원주를 따라 360°를 채 돌지 않아도 출발점으로 되돌아온다. 언뜻 듣기에는 완전 난센스 같지만, 사실 오비폴드는 누구나 쉽게 만들 수 있다. 예를 들어 원뿔의 표면에 사는 평면생명체를 상상해보자. 이들은 원뿔의 꼭지점을 중심으로 360°까지 돌지 않아

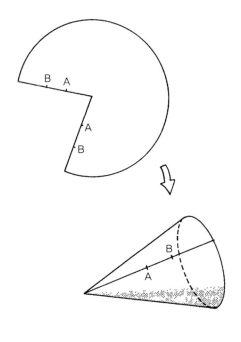

그림 9.3 〉〉〉 A와 B를 각각 이으면 오비폴드의 가장 간단한 형태인 원뿔이 만들어진다. 초끈이론에 의하면 우리의 4차원우주는 6차원 쌍둥이우주(또는 자매우주)를 갖고 있으며, 그 우주의 위상은 오비폴드와 같다. 그러나 6차원우주는 규모가 너무 작기 때문에 어떤 도구를 동원해도 관측이 불가능하다.

도 출발점으로 돌아올 수 있다. 오비폴드는 원뿔을 고차원 공간으로 확장한 개념이다(그림 9.3).

오비폴드를 좀 더 실감나게 느끼기 위해 Z-오비폴드(Z-orbifold, 축제현장이나 시장에서 쉽게 볼 수 있는 사각형 땅콩봉지와 비슷하다) 위로 떨어진 평면생명체를 상상해보자. 처음에 이들은 모든 것이 정상이라고 느끼겠지만, 조금 있으면 이상한 세계에 와 있다는 것을 금방 알아차릴 것이다. 예를 들어 임의의 방향을 계속 걷다 보면 마치 원을 따라 걸은 것처럼 출발점으로 돌아오게 된다. 이뿐만이 아니다. 땅콩봉지의 네 귀퉁이에서 (360°가 아니라) 180° 돌면 출발점으로 되돌아온다.

바파의 오비폴드에 몇 가지 가정을 추가하면 쿼크를 비롯한 소립자의 특성이 유도된다(앞에서 보았듯이 칼루자-클라인 이론에 의해 공간의 대칭이 쿼크에 그대로 반영되기 때문이다). 이 정도면 올바른 길로 가고 있다는 확신을 가질 만하다. 만일 오비폴드가 의미 없는 결과를 양산했다면, 우리는 무언가 잘못되었음을 직관적으로 느꼈을 것이다.

만일 끈이론의 해에 표준모형이 누락되어 있다면 이론을 폐기할 수밖에 없다. 보기엔 그럴듯하지만 궁극적으로 틀린 이론임이 분명하기 때문이다. 그러나 끈이론은 표준모형에 매우 가까운 해를 조금씩 보여주면서 물리학자들을 흥분시키고 있다(한 번에 다 보여주면 더할 나위 없이 좋을 텐데 아주 조금씩, 감질나게 보여준다).

20세기 초에 프랑스의 수학자 앙리 푸앵카레Henri Poincaré가 위상수학을 도입한 후로, 지난 80년 동안 수학자들은 고차원에서 이 이상한 표면을 연구해왔다. 10차원이론은 그동안 변방으로 밀려나 있던 수학 개념들을 대폭 수용하여 정식 무대에 올려놓았으니, 수학자들에게도 고마운 이론일 것이다.

입자는 왜 3세대로 존재하는가?

19세기의 수학자들이 열심히 쌓아온 수학정리들은 딱히 써먹을 데가 없어서 수십 년 동안 창고에 방치되어 있다가 드디어 제철을 만났다. 입자가 3세대나 존재하는 이유를 설명하는 데 그 정리들이 필요하기 때문이다. 앞서 말한 대로 대통일이론(GUT)은 쿼크와 렙톤이 무려 3세대나 존재하는 이유를 설명하지 못하여 심각한 난관에 봉착했다. 그러나 캄란 바파를 비롯한 일부 물리학자들은 오비폴드가 그 문제를 해결해줄 것으로 기대하고 있다.[4]

바파와 그의 연구동료들은 끈방정식에서 실제 물리적 세계와 매우 비슷한 여러 개의 해를 발견했다. 사실 그들은 끈이론에서 출발하여 최소한의 가정만으로 표준모형을 유도해냈다. 이 분야에서는 매우 중요한 진전이다. 그런데 이것은 초끈이론의 장점이면서 약점이기도 하다. 끈 방정식에서 수백만 개의 해를 추가로 찾아냈으니 좋은 일이긴 하지만, 그렇지 않아도 많은 후보가 더욱 많아졌으니 정답을 찾기가 더 어려워졌다.

초끈이론의 근본적인 문제는 논리적으로 타당한 우주가 너무 많다는 것이다. 그 많은 후보들 중 어떤 우주가 우리의 우주인가? 여기서 잠시 데이비드 그로스의 말을 들어보자.

3개의 공간차원을 갖는 해가 수백만 개나 된다. 고전적으로 가능한 해가 엄청나게 많다. (…) 그러나 이것은 이형 끈heterotic string과 비슷한 종류의 끈이론이 현실세계와 매우 비슷하다는 증거이므로 오히려 기뻐해야 할 일이다. 이 해들은 시공간이 4차원이라는 것을 비롯하여 쿼크와 렙톤의 종류, 상호작용의 종류 등 여러 가지 면에서 우리가 살고 있는 세계와 매우 비슷하다. (…) 2년 전에 그들이 그토록 흥분한 것도 무리가 아니었다.[5]

바파가 찾은 해들 중 일부는 표준모형에 매우 가깝지만, 물리적으로 타당하지 않은 해도 많다. 데이비드 그로스는 이 점을 강조하면서 다음과 같이 말했다. "엄청나게 많은 해 중에서 정답을 고를 수 없으니 참으로 난처한 상황이다. 이 해들은 바람직한 특성을 갖고 있지만, 이론물리학에 일대 재난을 불러올 수도 있는 위험요소도 함께 갖고 있다."[6] 이 말을 처음 듣는 사람은 당연히 이렇게 묻고 싶을 것이다. "끈이 어떤 해를 선호하는지 계산해보면 알 것 아닌가? 끈이론은 잘 정의된 이론인데, 왜 그런 계산을 시도하지 않는가?"

물리학자들이 그런 생각을 왜 안 했겠는가! 그럴 수만 있다면 수천, 수만 번이라도 했을 것이다. 그러나 초끈이론에는 이론물리학 최강의 무기인 섭동이론을 적용할 수 없다. 섭동적 방법(뒤로 갈수록 점점 작아지는 항들을 순차적으로 더해나가는 방법)으로는 10차원이론을 4차원과 6차원이론으로 분리할 수 없기 때문이다. 그래서 비섭동적 방법을 쓰는 수밖에 없는데, 이게 또 어렵기로 악명이 자자하다. 초끈이론이 더 이상 진도를 나가지 못하는 것은 바로 이런 이유 때문이다. 앞에서도 말했지만 키카와와 내가 개발하고 위튼이 개선했던 끈의 장이론은 비섭동적 방법으로 해를 구할 수 없다. 아직은 그 정도로 똑똑한 사람이 나타나지 않았다.

학창시절, 역사학을 전공하는 나의 룸메이트가 이런 말을 한 적이 있다. "앞으로 물리학자들은 죄다 실업자가 될 거야. 모든 계산을 컴퓨터가 해줄 테니까. 안 그래?" 수학자들이 물리학의 모든 질문을 컴퓨터에 입력하고 나면, 물리학자들은 직업소개소 창구 앞에 줄을 서야 한다. 그 친구는 이 모든 것이 단지 시간문제일 뿐이라고 했다.

나는 갑자기 허를 찌르는 공격에 아무런 대응도 하지 못했다. 물리학자에게 컴퓨터란 복잡한 덧셈기계이자 무해한 멍청이에 불과하다고 생각해왔기 때문이다. 컴퓨터는 계산을 빠르게 수행할 수 있지만 지성이 없다. 컴퓨터에게 계산명령을 내리려면 그 전에 모든 이론을 입력해야 한다. 컴퓨터가 스스로 이론을 구축할 수는 없기 때문이다.

올바른 이론을 입력한다 해도 컴퓨터가 문제를 푸는 데 무한대의 시간이 걸릴 수도 있다. 사실 물리학의 모든 흥미로운 질문에 컴퓨터가 답을 구하려면 무한히 긴 시간이 소요된다. 바파와 그의 동료들이 수백만 개의 가능한 해를 구하긴 했지만, 컴퓨터가 이들 중 올바른 답을 골라내려면 무한대의 시간이 걸릴 것이다. 굳이 초끈이론이 아니더라도 양자적 현상 중 가장 어렵다는 '터널효과tunneling effect'를 계산하는 것도 현실적으로 불가능하다.

시공간 터널효과

이론의 최종분석 단계에 이르면 1919년에 칼루자가 제기했던 질문을 다시 떠올리게 된다. "다섯 번째 차원은 어디 있는가?" 그 사이에 차원이 높아지긴 했지만 질문의 본질은 똑같다. 1926년에 클라인이 지적했던 대로, 해답은 양자이론에서 찾아야 한다. 양자이론의 가장 놀라운(게다가 복잡한) 결과는 아마도 터널효과일 것이다.

지금 나는 의자에 앉아 있다. 그런데 어느 순간 내 몸이 분자 단위로 분해되어 벽을 통과하더니, 엉뚱한 사람의 아파트 거실에서 재조립된다. 별로 즐거운 상상도 아니고, 그럴 가능성도 없다. 그러나 양자역학에 의하면 밤에 침대에서 편하게 잠들었다가 다음날 아침 아마존 정글 속에서 깨어날 수도 있다. 물론 이런 일이 일어날 확률은 엄청나게 작지만 분명히 0은 아니다. 양자세계에서는 제아무리 희한한 일도 얼마든지 일어날 수 있다.

벽을 뚫고 지나가는 것은 과학이론이라기보다 공상과학에 가깝다. 그러나 터널효과는 과학실험실에서 수시로 관측되고 있으며, 방사성 붕괴의 수수께끼를 푸는 열쇠이기도 하다. 자연에 존재하는 대부분의 원자핵은 물리적으로 안정한 상태를 유지하고 있다. 핵 속에서 양성자와 중성자가 핵력을 통해 단단하게 결합되어 있기 때문이다. 그러나 양성자와 중성자가 핵력이라는 초강력 담벼락을 뚫고 결합 상태에서 풀려날 가능성도 있다. 확률은 작지만 0이 아니다. 대부분의 경우 모든 원자핵은 안정한 것으로 취급해왔지만, 우라늄 원자핵이 붕괴되는 것도 부인할 수 없는 사실이다. 그 내막을 들여다보면 '붕괴될 수 없는데도' 붕괴되고 있다. 원자핵 안의 중성자가 장애물을 통과할 때, 에너지 보존법칙이 일시적으로 위배되기 때문이다.

그러나 사람과 같이 큰 물체의 경우에는 터널효과가 일어날 확률이 너무나도 작다. 당신의 몸이 벽을 뚫고 나갈 확률도 물론 작지만, 이런 광경을 '우주가 수명을 다 하기 전에 목격할 확률'도 거의 0에 가깝다. 그러므로 나는 '내가 살아 있는 동안 내 몸이 벽을 뚫고 나가는 황당한 사건은 절대로 일어나지 않을 것'이라고 장담할 수 있다. 이와 마찬가지로 우리의 우주는 불안정한 10차원우주에서 출발하여 터널효과를 통해 4차원과 6차원우주로 붕괴되었을 수도 있다.

이와 같은 형태의 터널효과를 이해하기 위해, 찰리 채플린이 등장하는 흑백 무성영화의 한 장면을 떠올려보자. 새로 사온 침대보를 매트리스 위에 펼쳤는데 사이즈가 좀 작다. 그런데 다행히 침대보의 네 귀퉁이에 고무줄이 달려 있으니, 이것을 매트리스의 네 귀퉁이에 묶으면 대충 커버가 될 것 같다. 그는 어렵게 이 임무를 완수하고 만족스럽게 웃는다. 그러나 고무줄에 과도한 장력이 걸렸는지 한쪽 귀퉁이가 풀어지면서 침대보가 다시 오그라들었다. 풀어진 곳을 다시 묶었더니 이번에는 또 다른 귀퉁이가 풀어진다. 그곳을 묶으면 또 다른 귀퉁이가 풀어지고… 아무리 열심히 묶어도 끝날 기미가 보이지 않는다.

이것이 바로 '대칭붕괴symmetry breaking'이다. 네 귀퉁이가 팽팽하게 당겨진 침대보는 높은 대칭을 갖고 있다. 이런 침대보는 가운데를 중심으로 $180°$ 돌려도 모양이 변하지 않는다. 이렇게 대칭이 높은 상태를 '가짜진공false vacuum'이라 한다. 가짜진공은 높은 대칭성을 갖고 있지만 안정하지 않다. 침대보는 팽팽하게 당겨진 상태를 별로 좋아하지 않는다. 장력이 너무 세고 에너지도 너무 크다. 그래서 고무줄이 하나만 풀려도 곧바로 대칭이 붕괴되면서 주글주글한 상태로 돌아간다. 이런 침대보는 대칭성이 낮고 에너지도 작다. 가운데를 중심으로 $180°$ 돌리면 모양도 달라진다.

이제 침대보를 궁극적 대칭을 보유한 10차원 시공간으로 대치해보자. 시간이 시작될 때 우주는 완벽한 대칭을 갖고 있었다. 그 무렵에 생명체가 있었다면 10차원의 모든 방향으로 무한정 나아갈 수 있었을 것이다. 중력과 약력, 강력, 그리고 전자기력은 초끈을 통해 하나로 통일되어 있었으며, 모든 물질과 힘은 동일한 끈의 다중항에 포함되어 있었다. 그러나 이 대칭은 오래 지속되지 못했다. 10차원우주는 완벽한 대칭형이었으나 팽팽하게 당겨진 침대보처럼 불안정한 상태였기 때문이다. 다시 말해서, 10차원우주는 가짜진공 상태에 있었다. 그러므로 터널효과를 통해 에너지가 낮은 상태로 옮겨가는 것은 이미 정해진 수순이었다. 그리하여 마침내 터널효과가 발생했고, 10차원우주에 위상변화(位相-, phase transition)가 일어나면서 완벽했던 대칭이 사라졌다.

대칭을 포기한 우주는 4차원과 6차원으로 갈라지기 시작했고, 그중 6차원은 고무줄이 풀려서 말려든 침대보처럼 작은 영역에 돌돌 말려들어갔다. 그러나 침대보는 어느 쪽 귀퉁이가 먼저 풀리는가에 따라 네 가지 방법으로 말릴 수 있다. 10차원우주의 경우에는 말리는 방법이 수백만 가지나 된다. 10차원우주가 이들 중 어떤 것을 선호하는지 알아내려면 위상변화이론을 이용하여 끈의 장이론을 풀어야 한다. 이것은 양자이론에서 가장 어려운 문제에 속한다.

대칭붕괴

위상변화는 전혀 새로운 개념이 아니다. 멀리 갈 것도 없이, 우리 삶에서도 쉽게 찾을 수 있다. 미국의 기자이자 작가인 게일 쉬이Gail Sheehy는 그녀의 저서 《행로Passage》에서 "흔히 그렇듯 인생은 경험의 연속이 아니라 다양한 갈등과 목표로 정의되는 몇 가지 단계로 진행된다"고 했다. 간단히 말해서, 삶은 완만한 경사길이 아니라 계단이라는 것이다.

독일 태생의 심리학자 에릭 에릭슨Erik Erikson은 인간의 심리적 발달단계에 관한 이론을 제시했는데, 그 골자는 '근본적인 갈등의 종류에 따라 단계가 형성된다'는 것이다. 하나의 갈등이 적절하게 해소되면 다음 단계로 넘어가고, 갈등이 해소되지 않으면 상처로 남으면서 이전 단계로 퇴보한다. 스위스의 심리학자 장 피아제Jean Piaget는 이와 비슷한 맥락에서 유년기의 정신적 성장이 매끄럽게 진행되지 않고 대상을 개념화하는 능력에 따라 계단식으로 진행된다고 주장했다. 예를 들어 생후 한 달된 아이는 구르는 공을 눈으로 쫓아가다가 공이 시야에서 사라지면 더 이상 바라보지 않는다. 공이 보이지 않아도 어딘가에 존재한다는 사실을 인지하지 못하기 때문이다. 그러나 두 달이 되면 공이 소파 뒤로 사라져도 여전히 그곳을 바라본다.

이것이 바로 변증법의 핵심이다. 변증법적 철학에 의하면 모든 사물(인간, 기체, 우주 등)은 일련의 단계를 거치게 되어 있다. 이때 각 단계마다 두 개의 상반된 힘, 정(正, thesis)과 반(反, antithesis)이 충돌을 일으키고, 충돌의 종류가 그 단계의 특성을 결정한다. 충돌(갈등)이 원만하게 해결되면 사물은 한 단계 상승하는데, 이 상태를 합(合, synthesis)이라 한다. 정正과 반反이 충돌하여 합合에 도달하면 그것을 다시 정正으로 삼아 동일한 과정을 반복하면서 더 높은 단계로 발전하게 된다.

철학자들은 이 과정을 "양(量, quantity)에서 질(質, quality)로의 변화"라고 부른다. 작은 양적 변화가 누적되어 질적인 변화를 초래한다는 뜻이다. 이 이론은 사회현상에도 그대로 적용된다. 18세기말에 프랑스의 긴장된 사회분위기가 질적인 변화를 낳은 것도 같은 맥락에서 이해할 수 있다. 당시 굶주림에 지친 농부들의 분노는 인내의 한계

점으로 치닫다가 결국 폭발했고, 귀족들은 성 안으로 도망쳤다. 사회적 긴장이 최고조에 달하여 양에서 질로 위상변화가 일어난 것이다. 농부들은 무기를 들고일어나 바스티유 감옥을 습격했고, 결국 파리를 점령하게 된다.

위상변화는 파괴적 형태로 일어날 수도 있다. 강줄기를 막고 있는 댐을 예로 들어보자. 저수지에 물이 가득 차면 댐에 엄청난 압력이 가해진다. 이 상태는 매우 불안정하기 때문에 가짜진공에 비유할 수 있다. 그러나 물은 진짜진공을 선호하기 때문에, 약간의 틈만 보여도 사정없이 댐을 허물고 낮은 에너지상태로 이동한다. 물의 입장에서는 지극히 당연한 행동이지만, 이런 일이 발생하면 신문에는 '초대형 참사'라는 머리기사가 실리기 마련이다.

댐보다 더 파괴적인 위상변화도 있다. 원자폭탄이 바로 그것이다. 불안정한 우라늄 원자핵은 가짜진공 상태에 있다. 폭탄 속의 우라늄은 안정한 것 같지만, 다이너마이트 같은 화학폭탄보다 수백만 배 강력한 에너지가 원자핵 안에 갇혀 있다. 이런 상태에서 어쩌다가 원자핵이 터널효과를 통해 낮은 에너지상태로 이동하면 핵 자체가 작은 조각으로 분해되는데, 이것을 방사성 붕괴라 한다. 그러나 방사성 붕괴가 자발적으로 일어날 때까지 기다리지 않고 중성자를 빠른 속도로 우라늄 원자핵에 발사하면 누적된 에너지를 한꺼번에 방출시킬 수 있다. 이것을 네 글자로 줄인 것이 '원자폭탄'이다.

과학자들은 위상변화가 일어날 때마다 대칭이 붕괴된다는 사실을 알아냈다. 노벨상 수상자인 압두스 살람은 특히 다음의 비유를 좋아했다. 원탁에 사람들이 둘러 앉아 있고, 모든 사람의 양옆에는 샴페인 잔이 놓여 있다. 여기에는 뚜렷한 대칭이 존재한다. 거울을 통해 원탁을 바라봐도 모든 사람들의 양옆에는 샴페인 잔이 놓여 있다. 거울 대신 원탁을 회전시켜도 마찬가지다. 원탁에 6명이 앉아 있다면, 원탁을 60°의 배수만큼 돌려도 사람과 샴페인 잔의 배열상태는 달라지지 않는다.

이제 대칭을 붕괴시켜보자. 원탁에 둘러앉은 사람 중 한 명이 오른쪽에 있는 잔을 집어들며 건배를 건의했다. 그러자 모든 사람들이 자신의 오른쪽에 놓인 잔을 들고 일제히 "건배!"를 외쳤다. 그런데 이 광경을 거울을 통해 바라보면 모든 사람들이 오른쪽이 아닌 왼쪽 잔을 들고 있는 것처럼 보인다. 간단히 말해서, 좌우 대칭이 깨진 것이다.

대칭붕괴의 사례는 오래된 동화에서도 찾을 수 있다. 한 공주가 마녀에게 납치되어 거대한 수정구의 꼭대기에 갇혔다. 구의 꼭대기에 커다란 새장이라도 설치했냐고? 아니다. 공주는 그냥 커다란 수정구 위에 서 있을 뿐이지만, 실제로는 갇힌 거나 다름없다. 수정구의 표면이 너무 매끄러워서 조금이라도 움직이면 아래로 굴러 떨어지기 때문이다. 수많은 왕자들이 공주를 구하기 위해 나섰지만 모두 실패했다. 구의 꼭대기에 서 있는 공주는 완벽한 대칭상태에 놓여 있다. 구면 상의 모든 점은 완전히 동등하고, 임의의 한 점에 서서 바라볼 때 모든 방향도 동등하기 때문이다. 수정구를 임의의 방향으로 임의의 각도만큼 회전시켜도 구의 외형은 달라지지 않는다(지금은 공주가 꼭대기에 서 있으므로 함부로 돌릴 수 없지만, 구의 중심을 지나는 수직선을 회전축으로 삼으면 공주를 떨어뜨리지 않고 수정구를 돌릴 수 있다_옮긴이). 그러나 공주가 구의 꼭대기에서 어떤 방향이건 발을 조금이라도 내딛으면 아래로 떨어지면서 대칭이 붕괴된다. 예를 들어 공주가 서쪽으로 떨어졌다면 회전대칭은 붕괴되고, 모든 방향 중 '서쪽'이 특별한 의미를 갖게 된다.

따라서 최대한의 대칭이 존재하는 상태는 대체로 불안정한 상태이며, 이는 곧 가짜진공에 대응된다. 공주가 수정구 꼭대기에 서 있는 상태는 가짜진공이고, 굴러 떨어진 상태가 진짜진공이다. 그러므로 위상변화(공주 추락사건)는 대칭붕괴(서쪽방향이 선택됨)를 동반한다.

초끈이론을 연구하는 물리학자들은 (아직 증명은 못 했지만) 10차원 우주가 불안정한 상태에 있다가 터널효과를 통해 4차원과 6차원으로 분리되었다고 가정하고 있다. 즉, 원래 우주는 대칭이 최고조에 달한 가짜진공 상태에 있었고, 지금의 우주는 대칭이 붕괴된 진짜진공 상태라는 것이다.

그렇다면 문득 이런 의문이 떠오른다. 현재 우리의 우주가 진짜진공이 아니라면 무슨 일이 벌어질 것인가? 초끈이 일시적으로 우리 우주를 선택했을 뿐이고, 진짜진공은 수백만 개의 오비폴드 중 하나라면 우리의 운명은 어떻게 되는가? 만일 이것이 사실이라면 대재앙을 피할 길이 없다. 후보로 선정된 오비폴드 중에는 표준모형을 포함하지 않는 것도 많이 있는데, 진짜진공이 이들 중 하나라면 우리가 알고 있는 물리학과 화학의 모든 법칙은 미래의 어느 날 완전히 붕괴될 것이다.

이런 일이 벌어지면 우리 우주에 갑자기 작은 기포가 나타날 것이다. 그 기포 안에서는 표준모형이 아닌 다른 법칙이 적용되고, 물질은 수시로 분해되었다가 희한한 방식으로 재결합된다. 게다가 이 기포는 별과 은하를 삼키면서 빛의 속도로 팽창하다가 결국 우주 전체를 먹어치울 것이다.

그러나 우리는 기포의 공격을 감지하지 못한다. 빛의 속도로 팽창하면 관측할 수가 없기 때문이다. 결국 우리는 누구에게 당하는지도 모르는 채 종말을 맞이하게 될 것이다.

얼음조각에서 초끈까지

주방용 오븐에 얼음조각을 넣고 스위치를 켠다. 그 뒤에 어떤 일이 일어날지는 초등학생도 알고 있다. 그런데 오븐의 온도를 수조×조 °C 까지 올리면 어떻게 될까?

오븐의 스위치를 켜고 잠시 기다리면 얼음이 녹아내리면서 물로 변한다. 즉, 일종의 위상변화(상전이)가 일어나는 것이다. 물이 끓을 때까지 온도를 계속 올리면 또 한 차례의 위상변화가 일어나 기체(수증기)가 되고, 오븐 속의 압력이 점차 높아진다. 여기서 온도를 수백 °C 까지 높이면 분자의 에너지가 결합에너지를 초과하여 수소와 산소가 분리된다.

온도가 3,000K에 도달하면(K는 절대온도의 단위이며, 이 값에서 273을 빼면 섭씨 °C 단위가 된다. 즉, K와 °C는 한 눈금의 간격이 같다. 따라서 온도가 수천 K를 넘어가면 절대온도와 섭씨온도를 구별하는 것이 별 의미가 없다_옮긴이) 전자가 원자핵의 구속에서 풀려나 플라즈마(plasma, 이온기체) 상태가 된다. 플라즈마는 고체, 액체, 기체에 이어 '제4의 상태'로 불리기도 한다. 일상생활 속에서는 플라즈마를 볼 기회가 거의 없지만 사실은 태양이 표면의 바로 플라즈마 상태이며, 우주에서 가장 흔한 물질상태이기도 하다.

플라즈마에 계속 열을 가하여 10억 K까지 올리면 원자핵이 분해되어 양성자와 중성자로 이루어진 기체가 된다. 중성자별neutron star의 내부가 바로 이런 상태이다.

핵자(nucleon, 양성자와 중성자의 통칭_옮긴이)의 기체에 계속 열을 가하여 10조 K까지 올리면 양성자와 중성자가 쿼크 단위로 분해된다. 이제 오븐 속은 쿼크와 렙톤(전자와 뉴트리노)의 기체로 가득 차 있다.

여기서 온도를 1,000조 K까지 올리면 전자기력과 약력이 약전자기력electroweak force으로 통일되면서 $SU(2) \times U(1)$ 대칭이 나타나고, $10^{28}K$에 도달하면 약전자기력과 강력이 통일된다. 이 시점에 도달하면 GUT의 대칭[$SU(5)$나 $O(10)$, 또는 $E(6)$]이 모습을 드러낼 것이다.

마지막으로 온도가 $10^{32}K$에 이르면 모든 힘이 하나로 통일되면서 10차원 초끈의 모든 대칭이 드러난다. 이 시점이 되면 오븐 속은 초끈의 기체로 가득 차고, 엄청난 압력이 시공간의 기하학적 구조를 왜곡시킨다. 게다가 초끈이 등장하면서 시공간의 차원은 이미 10차원으로 바뀌었다. 오븐 바깥은 안전할까? 아니다. 오븐 주변의 시공간도 불안정해져서 부분적으로 찢어지거나 웜홀이 생길 수도 있다. 당신이 아직도 부엌에 남아 있다면, 앞뒤 볼 것 없이 무조건 탈출하는 게 상책이다!

빅뱅 식히기

평범한 얼음도 꾸준히 열을 가하면 초끈으로 변신한다. 일반적으로 물질에 열을 가하면 다양한 단계를 거치면서 상태가 변하고, 에너지가 커질수록 더 많은 대칭이 복구된다.

이 과정이 거꾸로 진행된 것이 바로 빅뱅이다. 얼음조각에 열을 가하는 대신 초고온의 물질이 식는 과정을 단계별로 분석하면 빅뱅 후 우주가 거쳐온 역사를 머릿속으로나마 재현할 수 있다. 우리의 우주는 창조의 순간부터 지금까지 대충 다음과 같은 단계를 거쳤다.

빅뱅 후 10^{-43}초

10차원우주가 4차원과 6차원으로 분리되어 6차원우주는 10^{-32}cm 규모로 말려 들어갔고, 4차원우주는 급속도로 팽창했다. 이때의 온도는 10^{32}K였다.

빅뱅 후 10^{-35}초

하나로 통일되어 있던 GUT 힘(전자기력, 약력, 강력)이 강력과 약전자기력(전자기력+약력)으로 분리되었고, 이와 함께 SU(3) 대칭도 붕괴되었다. 이때 우주의 아주 작은 부분이 찰나의 순간에 10^{50}배로 팽창하여 오늘날의 '관측 가능한 우주'가 되었다.

빅뱅 후 10^{-9}초

우주의 온도가 10^{15}K까지 떨어졌고, 약력대칭이 SU(2)와 U(1)으로 붕괴되었다.

빅뱅 후 10^{-3}초

쿼크들이 결합하여 양성자와 중성자가 탄생했고, 온도는 약 10^{14}K까지 떨어졌다.

빅뱅 후 3분

양성자와 중성자가 결합하여 물리적으로 안정한 원자핵이 형성되었으며, 입자의 속도가 많이 느려져서 원자핵끼리 충돌해도 더 이상 분해되지 않았다. 그러나 이온ion이 빛을 차단하여 우주는 아직 불투명한 상태였다.

빅뱅 후 30만 년

전자가 원자핵 주변에 모여들어 원자가 형성되기 시작했다. 그 후로 빛의 산란과 흡수가 더 이상 일어나지 않아 우주가 지금처럼 투명해졌으며, 빛이 도달하지 않는 대부분의 공간은 암흑천지가 되었다.

빅뱅 후 30억 년

최초의 퀘이사(quasqr, 준항성체)가 탄생했다.

빅뱅 후 50억 년

최초의 은하가 탄생했다.

빅뱅 후 100억~150억 년

우리의 태양계가 형성되고, 그로부터 수십억 년 후 지구에 최초의 생명체가 등장했다.

별로 특별할 것 없는 은하에서 별 볼일 없는 별의 세 번째 행성에 살고 있는 '지적인 원숭이'가 자신의 태양계에서 결코 찾아볼 수 없는 초고온, 초고압의 '우주 창조의 순간'을 재구성했다는 것은 정말 놀라운 일이 아닐 수 없다. 그들의 길을 인도한 것은 약력과 전자기력, 그리고 강력을 서술하는 양자이론이었다.

　창조의 과정도 경이롭지만, 다른 우주로 통하거나 과거와 미래를 연결하는 웜홀이 이론적으로 가능하다는 것은 더욱 경이롭고 신기하다. 평행우주는 정말로 존재하는가? 타임머신을 타고 과거로 날아가 이미 정해진 과거를 바꿀 수 있을까? 양자중력이론으로 무장한 물리학자라면 답을 줄 수 있을지도 모른다.

3부

웜홀―다른 우주로 통하는 문

10. 블랙홀과 평행우주

Black Holes and Parallel Universes

보라, 우리 옆에 지옥 같은 우주가 있다. 모두 함께 가보자!

_에드워드 커밍스e. e. cummings

블랙홀: 시공간의 터널

그 많고 다양한 천체들을 대상으로 인기투표를 한다면, 1위는 단연 블랙홀일 것이다. 죽은 별의 마지막 단계인 블랙홀은 아인슈타인의 방정식을 통해 그 존재가 처음 예견된 후로 수많은 책과 다큐멘터리로 제작되면서 최고의 인기를 누려왔다. 그러나 블랙홀에 관심이 많은 일반대중들도 그것이 다른 우주로 통하는 입구일 수도 있다는 사실은 잘 모르는 것 같다. 실제로 과학자들은 오래전부터 블랙홀을 이용한 시간여행의 가능성을 신중하게 타진해왔다.

블랙홀은 흥미로운 천체임이 분명하지만 결코 쉽게 발견되는 천체가 아니다. 블랙홀을 찾는 것이 얼마나 어려운 일인지 이해하려면 별이 빛을 발하는 이유와 최후를 맞이하는 과정부터 알아야 한다. 별(항성)은 우리의 태양계보다 훨씬 크고 무거운 수소기체가 자체중력으로 수축되면서 탄생한다. 수소기체가 중력에 의해 압축되면 중력에너지가 수소원자의 운동에너지로 전환되면서 온도가 상승한다(기체의 온도는 구성입자의 운동에너지의 평균을 수치화한 것이다_옮긴이). 일상적인 환경에서는 양성자(수소원자의 핵)들 사이의 전기적 척력이 충분히 강해서 수소원자들이 일정 거리를 유지할 수 있지만, 온도가 1천만~1억 K에 이르면 양성자의 운동에너지가 전기적 척력을 극복하여 양성자들 사이에 충돌이 일어나기 시작한다. 전자기력의 지배를 받던 수소기체가 핵력의 영향권 안으로 들어오는 것이다. 두 개의 양성자가 빠른 속도로 충돌하면 핵융합반응이 일어나 헬륨원자핵으로 변신하고, 그 부산물로 막대한 양의 에너지가 방출된다.

그러니까 별은 수소원료를 초고온으로 태워서 헬륨이라는 '재'를 남기는 핵용광로인 셈이다. 또한 별은 두 개의 엄청난 힘이 아슬아슬하게 균형을 이루고 있는 '잠재적 폭탄'이다. 구성입자들 사이의 중력은 별을 안쪽으로 사정없이 수축시키고, 핵력은 수조 개의 원자폭탄에 맞먹는 위력으로 모든 입자를 바깥쪽으로 밀어내고 있다. 흔히 말하는 '늙은 별'이란 수소원료가 얼마 남지 않은 별이라는 뜻이다.

핵융합을 통해 에너지가 생성되는 과정과 별이 죽어서 블랙홀이 되는 과정을 이해하기 위해, 우선 그림 10.1을 봐주기 바란다. 이 그림은 현대과학에서 가장 중요한 그래프 중 하나인 '결합에너지곡선binding energy curve'으로, 가로축은 수소에서 우라늄에 이르는 각 원소의 원자량이고 세로축은 대충 말해서 원자핵에 들어 있는 양성자의 '평균 무게'를 나타낸다. 보다시피 그래프의 양끝에 있는 수소와 우라늄은 중간에 있는 다른 원소들보다 양성자의 평균무게가 크다.

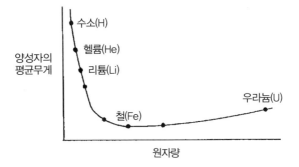

그림 10.1 ⟩⟩⟩ 수소나 헬륨과 같이 가벼운 원소의 원자핵에 포함되어 있는 양성자의 평균 '무게'는 다른 원소의 양성자보다 크다. 그러므로 별의 내부에서 핵융합반응이 일어나 수소가 헬륨으로 변하면 여분의 질량이 남게 되고, 이 질량은 아인슈타인의 $E = mc^2$를 통해 에너지로 변환된다. 살아 있는 모든 별들이 빛을 발하는 것은 바로 이 에너지 덕분이다. 그러나 별의 내부에서 융합되는 원료는 시간이 흐를수록 점차 무거운 원소 쪽으로 이동하다가 철(iron, Fe)에 도달하면 더 이상 에너지를 방출할 수 없게 된다(그래프에서 보다시피 철의 양성자의 평균질량이 가장 작기 때문이다_옮긴이). 이 시점이 되면 별은 안으로 수축되어 엄청난 양의 에너지를 방출하면서 초신성폭발을 일으키고, 산지사방으로 흩어진 파편들은 새로 태어날 별의 씨앗이 된다. 가벼운 원소에서 출발하여 점차 무거운 원소를 만들어내고, 장렬하게 폭발한 후 다시 처음부터 반복되는 것이 오락실의 핀볼게임을 닮았다.

우리의 태양은 주성분이 수소인 황색별이다. 빅뱅 초기에 그랬던 것처럼, 태양은 수소의 원자핵인 양성자를 융합시켜서 헬륨을 만들어 내고 있다. 그런데 수소 속의 양성자는 헬륨 속의 양성자보다 무겁기 때문에 핵융합반응이 완료되면 여분의 질량이 남고, 이것이 아인슈타인의 그 유명한 $E = mc^2$를 통해 에너지로 변환된다. 바로 이 에너지가 수소→헬륨 융합반응에서 방출된 에너지로서 태양을 빛나게 하는 원동력이다.

그러나 수소는 수십억 년에 걸쳐 서서히 소비되기 때문에, 태양과 같은 황색별은 핵융합반응의 부산물인 헬륨이 긴 세월 동안 누적되다가 더 이상 핵융합을 계속할 수 없는 시점이 찾아온다. 이때가 되면 힘의 균형이 무너져서 별이 중력에 의해 수축되고, 엄청난 압력 때문에 온도가 높아지면서 헬륨을 원료로 삼아 핵융합 제2라운드가 시작된다. 리튬과 탄소 등 무거운 원소들은 이 단계에서 만들어진 부산물이다. 여기서 눈여겨볼 것은 헬륨보다 무거운 원소끼리 핵융합을 일으켜도 에너지는 여전히 방출된다는 점이다. 그림 10.1의 그래프에서 양성자의 평균 무게가 철(Fe)에 도달할 때까지 꾸준히 감소하기 때문이다. 다시 말해서, 헬륨을 태우고 남은 재를 다시 태우는 셈이다(나무나 종이가 타고 남은 평범한 재도 특별한 환경이 조성되면 다시 탈 수 있다). 별이 이 단계에 도달하면 몸집이 아주 작게 줄어들지만 온도가 크게 상승하여 대기층이 엄청난 규모로 팽창하게 된다. 우리의 태양도 수소 원료를 모두 소진하고 헬륨 핵반응이 시작되면 대기층은 화성까지 삼킬 정도로 팽창할 것이다. 이런 별을 적색거성red giant이라 한다. 태양이 적색거성이 되면 지구는 태양의 대기에 편입되어 한 순간에 증발해버릴 것이다. 그러므로 지구의 운명은 그림 10.1의 그래프에 의해 결정되는 셈이다. 우리의 태양은 약 50억 년 전에 탄생했으므로 지구를 삼킬 때까지 50억 년은 더 버틸 수 있다(태양이 지구를 잡아먹는 다고 해서 태양을 원망할 필요는 없다. 원래 지구는 태양의 모태가 되었던 뜨거운 기체구름의 소용돌이 속에서 태어났다. 태양으로부터 태어났으니, 엉뚱한 곳에서 객사하는 것보다 태양의 품으로 돌아가는 것이 더 운치 있지 않은가?).

마지막으로 헬륨이 모두 소진되면 핵 용광로가 또다시 작동을 멈추고, 별은 중력에 의해 대책 없이 수축되어 백색왜성white dwarf이 된다. 훗날 태양이 백색왜성이 되면 질량은 그대로인 채 지구만 한 크기로 압축될 것이다.[1] 그러나 백색왜성은 그림 10.1의 곡선에서 거의 가운데에 도달한 단계이므로 핵융합 에너지가 별로 크지 않아서 밝은 빛을 내지는 못한다(그래프의 중앙부는 기울기가 완만하다. 즉, 이 영역에서는 핵융합반응으로 생성된 핵의 양성자 무게와 재료로 사용된 핵의 양성자 무게에 큰 차이가 없다. 이는 곧 $E = mc^2$에 투입될 질량 m이 작다는 뜻이므로 방출되는 에너지도 작다).

우리의 태양은 앞으로 수십억 년 후에 백색왜성이 되었다가 핵연료를 소진하면서 서서히 죽어갈 것이다. 마지막 종착점은 탈 대로 다 타서 더 이상 빛을 발하지 못하는 검은 왜성, 즉 '죽은 별'이다. 이야 깃거리가 더 있으면 좋겠지만, 태양은 원래 체중이 미달이어서 이것으로 끝이다. 그러나 질량이 충분히 큰 별(우리 태양의 3~4배 이상)은 백색왜성이 된 후에도 핵융합을 계속하여 점점 무거운 원소를 만들어내다가, 그림 10.1의 그래프에서 가장 낮은 부분인 철까지 도달한다. 이 단계에서는 핵융합으로 더 이상 에너지를 생산할 수 없기 때문에 핵 용광로는 완전히 작동을 멈추고, 무자비한 중력이 별을 안으로 내파시키면서 온도가 수조 K까지 치솟는다. 그 후 철로 이루어진 별의 중심부는 계속 안으로 수축되고 백색왜성의 바깥층은 은하 전체를 밝게 비출 정도로 강렬한 폭발을 일으키는데, 이것이 바로 초신성이다. 하나의 초신성이 폭발하면 1천억 개의 별로 이루어진 은하보다 밝은 빛을 방출한다.

초신성이 폭발한 자리에는 맨해튼 크기의 죽은 별인 중성자별이 남는다. 중성자별의 내부에는 중성자들이 거의 '맞닿을 정도로' 빽빽하게 배열되어 있어서 밀도가 엄청나게 높다. 중성자별은 빛을 방출하지 않고 덩치도 작기 때문에 망원경에 거의 포착되지 않지만, 그래도 관측할 방법은 있다. 이들은 빠른 속도로 자전하면서 약간의 복사를 방출하기 때문에 캄캄한 우주에서 등대 같은 역할을 하고 있다. 이와 같이 자전하는 중성자별을 '펄서pulsar'라 한다(무슨 공상과학소설처럼 들리겠지만, 1967년부터 지금까지 발견된 펄서는 무려 400여 개에 이른다!).

철보다 무거운 원소의 대부분은 초신성의 초고온, 초고압 상태에서 합성될 수 있다. 이것은 컴퓨터 계산을 통해 확인된 사실이다. 별이 폭발하면 무거운 원소로 이루어진 파편들이 우주공간에 골고루 흩어지면서 수소기체와 섞이고, 이것이 누적되면 중력에 의해 수축되면서 소위 말하는 '2세대 별'이 탄생한다. 이들은 빅뱅 후 처음 탄생했던 1세대 별과 달리 무거운 원소들을 다량으로 함유하고 있으며, 개중에는 우리의 태양과 같이, 무거운 원소로 이루어진 행성을 거느리는 별도 있다.

이것은 우주론의 오래된 수수께끼를 해결해준다. 우리 몸을 구성하는 원소들 중에는 철보다 무거운 것도 많은데, 태양은 무거운 원소를 핵융합으로 생산할 만큼 뜨겁지 않다. 태양과 지구가 하나의 수소구름에서 탄생했다면, 우리 몸의 무거운 원소들은 대체 어디서 온 것일까? 답은 자명하다. 우리 주변의 무거운 원소들은 태양이 생성되기 전에 폭발한 초신성에서 합성되었다. 수십억 년 전에 어느 이름 없는 초신성이 폭발하면서 태양의 모태가 되었던 수소구름에 생명의 씨앗을 뿌려놓은 것이다.

별의 진화과정은 그림 10.1의 그래프를 따라 진행되는 핀볼게임과 비슷하다. 위에서 떨어진 구슬은 제일 먼저 수소에 튕긴 후 헬륨, 리튬, 탄소 등 점점 더 무거운 원소로 옮겨가면서 각 단계에 해당하는 별을 만들어내다가 게임기의 구멍 속으로 빠진다. 구멍 속에는 폭발 직전의 초신성이 대기하고 있다가 구슬이 떨어지면 대폭발을 일으키면서 구슬을 다시 밖으로 튕겨내고, 핀볼게임기 화면으로 되돌아온 구슬은 다시 수소에서 시작하여 이전의 과정을 되풀이한다.

그런데 그림 10.1의 그래프에서 철에 도달하는 방법은 두 가지가 있다. 수소에서 출발하여 원자량이 증가하는 쪽으로 이동하다가 철에 도달할 수도 있고, 우라늄에서 출발하여 원자량이 감소하는 쪽으로 이동하다가 철에 도달할 수도 있다. 전자의 경우가 지금까지 말한 핵융합이고, 후자는 원자핵이 쪼개지면서 에너지를 방출하는 핵분열 nuclear fission에 해당한다. 핵분열로 생성된 세슘Cs이나 크립톤Kr의 양성자의 평균무게는 우라늄 원자핵의 양성자 평균무게보다 가볍기 때문에, 핵분열 후 남은 여분의 질량이 $E = mc^2$를 통해 에너지로 전환되는 것이다. 원자폭탄과 원자력발전소 등 우리가 활용하는 핵에너지의 대부분은 핵분열을 통해 얻어진다.

그러므로 그림 10.1의 결합에너지곡선은 별의 탄생과 죽음을 설명했을 뿐만 아니라, 원자폭탄과 수소폭탄까지 가능하게 만들었다! ("수소폭탄이나 원자폭탄 외에 다른 핵폭탄을 만들 수는 없는가?"라고 묻는 사람들이 종종 있는데, 결합에너지곡선에서 알 수 있듯이 답은 당연히 "No"이다. 예를 들어 산소나 철은 그래프의 바닥 근처에 있기 때문에 핵융합을 강제로 일으켜도 폭탄으로 쓰기에는 여분의 질량이 너무 작다. 가끔씩 뉴스에 등장하는 중성자탄은 원자폭탄과 수소폭탄을 조금 변형한 것이다.)

별의 진화이론을 처음 듣는 사람은 살짝 회의적인 생각이 들지도 모른다. 모든 이론은 실험과 관측을 통해 입증되어야 하고, 별의 수명은 100억 년에 가까운데, 어느 누가 그 긴 세월 동안 별을 관측한다는 말인가? 그럴 듯한 반론이지만 사실은 아무 문제 없다. 하늘에는 별이 엄청나게 많아서, 모든 단계의 별들이 어디에나 존재하기 때문이다(예를 들어 1987년에 남반구에서 맨눈으로도 관측이 가능했던 초신성은 천문학자들에게 왜성붕괴와 관련된 귀중한 데이터를 제공해주었다. 또 1054년 7월에는 중국에서도 거대한 초신성폭발이 관측되었는데, 지금 그 자리에는 중성자별이 남아 있다).

요즘은 컴퓨터 프로그램이 매우 정교해져서 별의 진화과정을 수치적으로 예측하는 단계까지 도달했다. 대학원생 시절에 천문학과 학생과 기숙사를 같이 쓴 적이 있는데, 평소 얼굴 보기가 하도 어려워서 뭐가 그렇게 바쁘냐고 물었더니 "오븐 속에서 별을 배양하는 중"이라고 했다. 처음에는 농담인 줄 알았는데, 알고 보니 그 오븐이 컴퓨터라는 것만 빼고는 모두 사실이었다. 열역학 방정식과 핵융합 방정식, 그리고 수소기체의 질량을 비롯한 여러 초기 조건을 컴퓨터에 입력한 후 실행 버튼을 누르면 컴퓨터가 알아서 별을 만들어준다는 것이다. 이런 식으로 '배양된' 별을 실제 관측데이터와 비교하면 이론의 타당성을 검증할 수 있다.

블랙홀

질량이 태양의 10~50배에 달하는 대형 별은 중성자별이 된 후에도 중력이 강하게 작용한다. 그런데 이에 대항할 만한 에너지원이 없으므로, 수축이 계속 진행되어 결국 블랙홀이 된다.

사실 블랙홀이 존재한다는 것은 그리 놀라운 일이 아니다. 앞서 말한 대로, 모든 별은 중력과 핵력이라는 두 힘의 합작품이다. 중력은 별을 안으로 수축시키고, 핵융합은 마치 안에서 수소폭탄이 터진 것처럼 별의 구성물을 바깥쪽으로 강하게 밀어내고 있다. 별이 거치는 모든 단계는 중력과 핵융합의 균형이 미세하게 변하면서 나타난 결과이다. 덩치 큰 별이 핵융합을 계속하다 보면 언젠가는 연료가 바닥나 중성자만 남을 것이고, 이때가 되면 중력에 의한 수축을 막을 도리가 없기 때문이다. 그리하여 중성자별은 가차없는 중력에 으깨지다가 결국 무無로 사라진다. 수소기체가 자체 중력에 의해 응축되어 별이 탄생하고, 핵융합으로 찬란한 빛을 발하면서 전성기를 누리다가, 연료가 고갈되면 다시 중력에 의해 수축되면서 윤회의 한 주기를 마감한다.

블랙홀은 밀도가 너무 높아서(중력이 너무 강해서) 빛조차도 빠져 나올 수 없다. 지표면에서 위로 던진 야구공이 지구를 탈출하지 못하고 다시 지면으로 떨어지는 것과 같은 이치다. 빛은 블랙홀의 무지막지한 중력장을 탈출할 수 없기 때문에, 외부 관찰자의 눈에는 완전히 검은 색으로 보인다. '빛조차 탈출할 수 없을 정도로 강한 중력을 발휘하는 죽은 별.' 이것이 블랙홀의 일반적 정의이다.

모든 천체는 자신만의 탈출속도escape velocity를 갖고 있다. 천체의 중력권에서 완전히 벗어나기 위해 요구되는 최소한의 속도를 탈출속도라 한다. 예를 들어 우주탐사선이 지구의 중력을 이기고 우주공간으로 날아가려면 속도가 4만 km/h를 넘어야 한다. 인류의 메시지를 싣고 태양계를 벗어나 우주공간을 향해 중인 보이저호Voyager는 가장 빠를 때 태양의 탈출속도를 초과했었다(우리가 산소로 호흡할 수 있는 것은 산소분자의 확산속도가 지구의 탈출속도보다 느리기 때문이다. 그렇지 않았다면 산소는 진작에 지구의 대기를 탈출했을 것이고, 지구에는 산소로 호흡하는 생명체가 탄생하지 못했을 것이다. 태양계 형성 초기에 목성과 토성은 원시 수소기체를 붙잡아놓을 정도로 탈출속도가 충분히 컸기 때문에, 주성분이 수소인 가스행성으로 진화했다. 이처럼 탈출속도는 지난 50억 년에 걸친 태양계 행성의 진화과정을 설명하는 데 중요한 일익을 담당하고 있다).

뉴턴의 중력이론에 의하면 천체의 질량과 탈출속도 사이에는 명확한 관계가 있다. 행성의 질량이 크고 반지름이 작을수록 탈출속도는 커진다. 1783년에 영국의 천문학자 존 미첼John Michell은 이 관계에 입각하여 "우주에는 탈출속도가 빛보다 빠른 천체가 존재할 수도 있다"고 주장했다. 이런 천체에서 방출된 빛은 중력권을 탈출하지 못하고 다시 흡수되거나 궤도를 돌 것이므로, 외부 관측자에게는 완전히 검은 색으로 보인다. 미첼은 18세기의 첨단 과학자식을 총동원하여 블랙홀의 질량을 계산했지만,* 학계의 인정을 받지 못하고 곧 잊혀졌다.

• 존 미첼은 〈왕립학회 회보Philosophical Transactions of the Royal Society〉에 다음과 같은 글을 게재했다. "밀도가 태양과 같으면서 반지름이 태양의 500배인 천체가 있다고 가정하자. 무한히 높은 곳에서 이 천체를 향해 물건을 떨어뜨리면 표면에 도달할 때 물체의 속도는 광속보다 빨라진다. 그러므로 빛이 중력의 영향을 받는다고 가정하면, 이런 천체에서 방출된 빛은 외부로 탈출하지 못하고 지면으로 떨어질 것이다."[2]

그러나 20세기에 백색왜성과 중성자별이 망원경에 포착된 후로, 천문학자들은 블랙홀의 존재를 거의 확신하고 있다.

블랙홀이 검은 이유는 두 가지 방법으로 설명할 수 있다. 하나는 고전적인 방법으로, '별과 빛 사이의 중력이 너무 강해서 빛의 궤적이 원형으로 휘어진다'고 생각하면 된다. 다른 하나는 아인슈타인의 일반상대성이론을 도입하는 것이다. 중력이 강한 영역에서는 두 점을 잇는 최단거리가 직선이 아닌 곡선이며, 빛은 여전히 최단거리를 따라갈 뿐이다. 빛의 궤적이 원이라는 것은 그 일대의 공간이 원형으로 휘어 있다는 뜻이므로, 블랙홀이 주변의 시공간을 '찢어서' 외부의 시공간과 단절시켰다고 생각할 수 있다.

아인슈타인-로젠 다리

블랙홀을 일반상대성이론에 처음으로 적용한 사람은 독일의 천문학자 카를 슈바르츠실트Karl Schwarzschild였다. 1916년, 그는 아인슈타인의 일반상대성이론이 발표된 지 불과 몇 달 만에 중력장방정식을 '움직임이 없는 무거운 별'에 적용하여 정확한 해를 얻어냈다.

슈바르츠실트의 해는 몇 가지 흥미로운 성질을 갖고 있다. 첫째, 블랙홀 주변에는 '귀환불능점point of no return'이라는 가상의 구형 경계면이 존재하여, 어떤 물체건 블랙홀을 향해 접근하다가 이 경계면을 넘어서면 절대로 탈출할 수 없다. 미래의 우주관광객이 블랙홀 주변에서 우주유영을 하다가 실수로 귀환불능점을 통과한다면, 그의 몸은 가공할 중력에 끌려 가차없이 으깨질 것이다. 오늘날 이 반지름은 '슈바르츠실트 반지름' 또는 '사건지평선event horizon'으로 알려져 있다.

둘째, 블랙홀의 사건지평선 안으로 진입하면 시공간의 '반대편'에서 '거울우주'를 목격하게 된다(그림 10.2). 왠지 문제의 소지가 있는 듯하지만, 아인슈타인은 "거울우주가 존재한다 해도 교신이 불가능하기 때문에 물리적으로 아무런 문제가 없다"며 무시해버렸다. 블랙홀의 중심부는 공간의 곡률이 무한대이다. 다시 말해서, 중력이 무한대라는 뜻이다. 이런 곳에 물체가 진입하면 완전히 으스러져서 흔적조차 남지 않는다. 전자는 원자에서 분리되고, 원자핵 속의 양성자와 중성자도 분리된다. 그리고 블랙홀에 진입한 탐사선이 중심부를 관통하여 거울우주에 도달하려면 빛보다 빠른 속도로 이동해야 하는데, 이것도 불가능하다. 그러므로 슈바르츠실트의 해解에 거울우주가 존재한다 해도, 물리적으로는 결코 관측될 수 없다.

블랙홀 안에서 원래의 우주와 거울우주를 연결하는 통로를 '아인슈타인-로젠 다리Einstein-Rosen bridge'라 한다(아인슈타인과 네이선 로젠 Nathan Rosen의 이름에서 따온 용어이다). 아인슈타인을 비롯한 대대수의 물리학자들에게 이것은 단순한 수학적 흥밋거리일 뿐이었다. 블랙홀에 대한 중력방정식의 해가 수학적으로 타당하려면 이 다리가 있어야 하지만, 건너편의 거울우주에 도달하는 것은 불가능하다. 한스 라이스너Hans Reissner와 군나르 노르츠트룀이 전기전하를 띤 블랙홀에 아인슈타인의 장방정식을 적용하여 얻은 라이스너-노르츠트룀 해에도 아인슈타인-로젠 다리가 등장했지만, 일반상대성이론의 명성에 묻혀 더 이상 관심을 끌지 못했다.

그러나 1963년에 뉴질랜드의 수학자 로이 커Roy Kerr가 아인슈타인의 장방정식에서 또 하나의 완전해(exact solution, 근사적 방법이 아닌

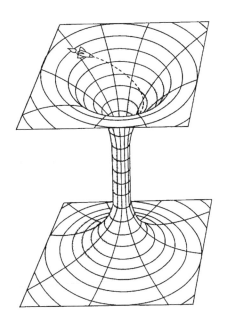

그림 10.2 ⟫⟫⟫ 아인슈타인-로젠 다리는 서로 다른 두 개의 우주를 연결한다. 아인슈타인은 '다리로 진입한 로켓은 가공할 중력에 의해 완전히 으스러지기 때문에, 두 우주 사이에 정보를 교환하는 것은 원리적으로 불가능하다'고 생각했다. 그러나 최근에 '다리를 건너기가 어렵긴 하지만 가능할 수도 있다'는 연구결과가 발표되어 새로운 관심을 끌고 있다.

정공법으로 얻은 완벽한 해_옮긴이)를 발견하면서 분위기는 반전되었다. 스케이트 선수가 양팔을 뻗은 채 회전하다가 팔을 오므리면 회전속도가 빨라지는 것처럼, 자전하는 별이 중력에 의해 수축되면 자전속도가 빨라진다. 그러므로 슈바르츠실트가 아인슈타인의 방정식을 풀어서 얻은 해는 블랙홀에 대한 최선의 해가 아니었다.

커Kerr의 해는 발표 즉시 이론물리학 최대의 관심사로 떠올랐다. 그 무렵에 인도 태생의 미국 물리학자 수브라마니안 찬드라세카르

Subrahmanyan Chandrasekhar는 다음과 같은 말을 남겼다.

나의 45년 과학인생을 통틀어 가장 놀라웠던 일은 뉴질랜드의 수학자 로이 커가 아인슈타인의 방정식의 완전해를 구한 것이다. 그의 해는 우주 곳곳에 퍼져 있는 수많은 블랙홀을 수학적으로 완벽하게 표현하고 있다. 아름다운 계산 결과와 마주하는 것도 굉장한 경험이지만, 그 아름다운 결과가 자연에 그대로 재현되어 있다는 사실을 생각하면 온몸에 전율이 느껴진다. 인간의 가장 깊고 심오한 내면을 자극하는 것은 역시 '아름다움'인 것 같다.[3]

그러나 커는 회전하는 별이 하나의 점으로 수축되지 않는다는 사실을 깨달았다. 별이 빠른 속도로 회전하면 회전축에 수직한 방향으로 점점 납작해지다가 결국은 고리ring 모양으로 압축된다. 우주탐사선이 이런 블랙홀과 마주쳤을 때 옆으로 진입하면 고리에 충돌하면서 완전히 분해된다. 고리의 옆에서 시공간의 곡률은 무한대이기 때문이다. 조금 문학적으로 표현하면 '죽음의 고리'쯤 될 것이다. 그러나 탐사선이 고리의 위나 아래쪽에서 접근을 시도하면 상황이 달라진다. 이 방향에서는 시공간의 곡률이 무한대가 아니기 때문에 살아날 가능성이 있다. 다시 말해서, 고리의 회전축과 나란한 방향으로는 중력이 유한하다는 뜻이다.

그렇다면 아인슈타인-로젠 다리를 건널 수 없다는 기존의 주장도 수정되어야 한다. 탐사선이 회전하는 블랙홀의 회전축 방향으로 진입을 시도하면 중심부에서 엄청난 중력을 느끼겠지만 무한대가 아니기 때문에 살아날 가능성이 있다. 그리고 이 여세를 몰아 계속 전진하면 멀쩡한 상태로 거울우주에 도달할 수 있다. 아인슈타인-로젠 다리가 시공간의 두 지역을 연결하는 통로 역할을 한 셈이다. 이것이 바로 웜홀이다! 커의 블랙홀은 다른 우주로 가는 입구였던 것이다.

당신을 태운 우주로켓이 아인슈타인-로젠 다리로 진입했다고 가정해보자. 북극에서 내려다보니 무서운 속도로 회전하는 도넛 모양 블랙홀이 시야에 들어온다. 처음에는 금방 추락하여 산산조각 날 것 같지만, 고리에 접근할수록 거울우주에서 날아온 빛이 더욱 또렷하게 감지된다. 레이더를 비롯한 모든 전자기파는 블랙홀 주변을 공전하기 때문에, 거울우주에서 날아온 신호는 블랙홀 주변을 여러 번 선회한 후 당신의 감지기에 도달할 것이다. 이 효과는 모든 벽이 거울로 도배된 방에서 나타나는 현상과 비슷하다. 이런 방에 들어가면 빛이 반사되면서 만들어낸 수많은 허상 때문에 정신이 혼란스러워진다.

커의 블랙홀을 통과할 때에도 이런 현상이 일어난다. 똑같은 빛이 블랙홀을 여러 번 선회한 후 감지기에 도달하기 때문에, 실제로 존재하지 않는 수많은 허상들이 블랙홀 주변을 선회하는 것처럼 보일 것이다.

워프 팩터 파이브

그렇다면 〈스타트렉〉 같은 SF영화처럼 블랙홀을 이용하여 시간여행을 할 수 있을까?

앞서 말한 대로 특정 공간의 곡률은 그 공간에 포함된 질량-에너지의 양에 의해 결정된다. 질량-에너지가 주어졌을 때 아인슈타인의 장방정식을 풀면 시공간이 휘어진 정도(곡률)를 정확하게 알아낼 수 있다.

〈스타트렉〉에서 커크 선장이 "워프 팩터 파이브!warp factor five!"를 외치면 다이리튬 결정체가 우주선 엔터프라이즈호에 동력을 공급하여 기적 같은 시공간 구부리기를 실행한다. 이는 곧 시공간을 프리첼(긴 막대를 구멍 뚫린 하트 모양으로 꼬아놓은 과자_옮긴이)처럼 구부릴 수 있는 막대한 에너지가 다이리튬에 저장되어 있다는 뜻이다.

엔터프라이즈호는 알파 센타우리Alpha Centauri로 갈 때 매우 효과적인 항해술을 사용한다. 엔터프라이즈호가 그 멀고먼 공간을 가로질러 가지 않고, 알파 센타우리가 엔터프라이즈호에게 다가오도록 만드는 기술이다. 당신이 바닥에 깔린 카펫 위에 앉아서 몇 미터 거리에 있는 탁자 다리에 올가미를 걸어 잡아당기는 모습을 상상해보자(탁자도 카펫 위에 놓여 있다). 바닥이 충분히 매끄럽고 탁자도 그리 크지 않다면, 당신 코앞까지 탁자를 끌어당길 수 있다. 물론 이 과정에서 카펫은 당신과 탁자 사이에 언덕처럼 솟아오를 것이다. 당신과 탁자 사이의 거리가 가까워지면서 카펫에 '굴곡'이 생겼다. 이제 카펫 언덕만 살짝 뛰어넘으면 탁자를 만질 수 있다. 다시 말해서, 당신은 굳이 먼 거리를 이동하지 않고(그래봐야 몇 미터였지만) 당신과 탁자 사이의 거리를 수축시켜서 탁자에 도달한 것이다. 이와 비슷하게 엔터프라이즈호는 알파 센타우리까지 직접 날아가지 않고, 둘 사이의 시공간을 구부려서 목적지가 나에게 다가오도록 만든다. 물론 그 대가로 시공간에 커다란 변형이 생기겠지만, 구부러진 시공간을 뛰어넘는 것쯤은 커크 선장이 알아서 해결해줄 것이다. 이제 아인슈타인-로젠 다리로 떨어졌을 때 겪게 될 일을 좀 더 정확하게 예측하기 위해, 잠시 웜홀의 위상topology에 대해 알아보자.

다중연결된 공간multiply connected space을 시각화하기 위해, 지금부터 상상의 세계로 들어가보자. 어느 맑은 날 아침, 당신은 곧 다가올 승진시험을 걱정하며 뉴욕시 5번가를 거닐다가 허공에 둥둥 떠다니는 유리창을 보고 깜짝 놀랐다. 언뜻 보니 어릴 적 읽었던 《거울나라의 앨리스》에 나오는 창문처럼 생겼다(이 창문을 통해 다른 세계로 가려면 지구를 산산조각 낼 정도로 막대한 에너지가 필요하지만, 신경쓸 것 없다. 언제 앨리스가 그런 걱정을 하던가?).

궁금해진 당신은 창문 앞으로 가까이 다가갔다가 거의 비명을 지를 뻔했다. 창문 너머에 무시무시한 티라노사우루스 렉스가 입을 쩍 벌린 채 당신을 노려보고 있지 않은가! 이럴 땐 무조건 도망치는 게 상책이다. 아랫배가 나온 후로 뛰어본 적이 거의 없지만, 그런 거 따질 때가 아니다. 그런데 잠깐… 뭔가 좀 이상하다. 티라노사우루스의 얼굴과 앞발은 보이는데, 몸통과 꼬리가 보이지 않는다. 혹시나 해서 창문 아래쪽을 내려다보니 그냥 평범한 보도블록밖에 없다. 용기를 내어 창문 뒤쪽으로 걸어가봤는데, 티라노사우루스는 여전히 보이지 않는다. 그런데 이전과 반대방향에서 창문을 들여다보니 티라노사우루스 대신 초식공룡 브론토사우루스가 당신을 바라보고 있다!(그림 10.3)

연타석으로 놀란 당신은 창문 주변을 다시 한 바퀴 돌아본다. 그런데 옆에서 바라보니 창문도, 공룡 두 마리도 온데간데없다. 몇 번을 돌아도 마찬가지다. 창문을 앞에서 바라보면 티라노사우루스의 무시무시한 머리와 앙증맞은 앞발이 보이고, 창문을 우회하여 뒤에서 바라보면 브론토사우루스와 눈이 마주치고, 옆에서 보면 아무것도 없다.

대체 뭐가 어떻게 된 것일까?

우리와 멀리 떨어진 다른 우주에서 티라노사우루스와 브론토사우루스가 각자 먹이를 찾다가 운명적으로 마주쳤는데, 둘 사이에 갑자기 창문이 나타났다. 짐짓 놀란 티라노사우루스가 창문을 바라보니 곱슬머리에 희멀건 얼굴의 소형 포유류가 두 눈을 동그랗게 뜨고 있

그림 10.3 〉〉〉 당신 앞에 다른 세계로 가는 창문(또는 웜홀)이 열렸다고 가정해보자. 창문 너머에는 티라노사우루스가 당신을 노려보고 있다. 그러나 창문 반대쪽으로 걸어가서 바라보면 브론토사우루스가 나타난다. 왜 이렇게 되었을까? 창문 너머의 세계에서 티라노사우루스와 브론토사우루스가 길을 가다가 우연히 마주쳤는데, 두 공룡 사이에 웜홀(당신이 살고 있는 세계로 가는 창문)이 열린 것이다. 공룡들은 갑자기 나타난 창문 안에서 이상하게 생긴 소형 포유류가 혼비백산하는 모습을 보고 있을 것이다.

다. 바로 당신이다. 그런데 얼굴만 보이고 몸통은 보이지 않는다. 그러나 브론토사우루스의 눈에 비친 창문 너머에는 뉴욕 5번가의 상점과 길게 늘어선 자동차밖에 없다. 티라노사우루스가 사냥감을 당신으로 바꾸려는 순간 당신의 모습은 사라지고, 몇 초 후 브론토사우루스가 바라보는 창문 쪽에서 나타난다.

한 명의 인간과 두 마리의 공룡이 창문 하나를 놓고 혼란에 빠진 사이, 갑자기 뉴욕시에 일진광풍이 불어 당신이 쓰고 있던 모자를 창문 너머로 날려버렸다. 당신 눈에는 창문 너머 다른 세계로 날아가는 모자가 뚜렷이 보이지만, 5번가의 어떤 곳에서도 그 모자는 보이지 않는다. 며칠 전에 생일선물로 받은 명품 모자인데, 이대로 포기할 순 없다. 당신은 숨을 한번 깊이 들이마시고 용기를 내어 창문 속으로 오른손을 집어넣었다. 티라노사우루스의 관점에서 보면 창문에서 갑자기 모자가 튀어나오고, 잠시 후에 팔 하나가 불쑥 튀어나와 모자를 더듬고 있다.

당신의 오른팔이 간신히 모자에 닿으려는 순간, 바람의 방향이 바뀌어 모자가 반대방향으로 날아갔다. 당신은 급한 마음에 오른팔을 그대로 둔 채 몸을 돌려서 반대방향으로 왼팔을 집어넣었다. 마치 창문을 옆에서 끌어안은 듯, 어정쩡한 자세가 연출되었지만 모자만 찾을 수 있다면 아무래도 상관없다. 그런데 당신 눈에는 창문 안으로 집어넣은 양팔이 보이지 않는다.

공룡의 눈에는 이 광경이 어떤 모습으로 보일까? 창문 양쪽으로 팔이 하나씩 튀어나와서 무언가를 찾고 있는데, 몸은 보이지 않는다(그림 10.4).

이것이 다중연결된 공간에서 일어날 수 있는 상황이다. 건너편 세

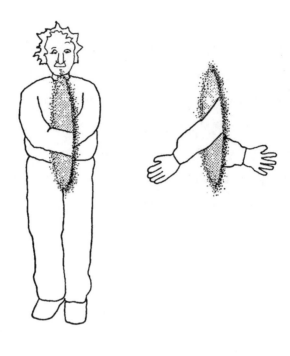

그림 10.4 〉〉〉 창문의 양쪽 방향으로 두 팔을 집어넣으면 당신의 눈에는 팔이 사라진 것처럼 보일 것이다. 몸은 멀쩡한데 팔이 없다. 그러나 창문 너머 세계에서는 창문 양쪽으로 두 팔만 나와서 허우적거릴 뿐, 몸은 보이지 않는다.

계에서 마주친 생명체가 공룡보다 훨씬 똑똑한 지성체였다 해도, 창문 양쪽을 동시에 볼 수 없으므로 상황을 정확하게 판단하기는 어려울 것이다.

웜홀 닫기

"시간과 공간은 고차원에서 하나로 통일되고, '힘'은 시공간의 왜곡으로 설명된다." 이 간단한 아이디어에서 출발하여 그토록 풍부한 결과가 유도되었다는 것은 정말 놀라운 일이 아닐 수 없다. 그러나 다중연결된 공간과 웜홀의 개념이 대두된 후로, 물리학은 일반상대성이론이 다룰 수 있는 한계 영역으로 접어들었다. 웜홀이나 차원통로는 상상을 초월할 정도로 높은 에너지상태에서 생성되기 때문에, 그 영역에서는 양자적 효과가 중요한 역할을 할 것으로 예상된다. 그리고 여기에 양자보정을 가하면 웜홀의 입구가 닫히면서 차원간 여행이 불가능해질 수도 있다.

웜홀은 정말로 존재하는가? 차원간 여행은 단지 공상일 뿐인가? 양자이론과 일반상대성이론만으로는 명확한 결론을 내릴 수 없다. 진실을 규명하려면 10차원이론이 완성될 때까지 기다려야 한다. 그러나 양자보정과 10차원이론의 문제를 논하기 전에, 가던 길을 잠시 멈추고 웜홀이 낳은 가장 신기하고 놀라운 결과를 살펴볼 필요가 있다. 웜홀은 다중연결된 공간을 만들기도 하지만, 원리적으로는 시간여행의 수단이 될 수도 있다.

지금부터 다중연결된 공간이 낳은 이상한 세계로 들어가보자. 바로 타임머신이 존재하는 세상이다.

11. 타임머신 만들기

To Build a Time Machine

> 우리처럼 물리학을 믿는 사람들은 과거와 현재, 그리고 미래를
> 구별하는 것이 '떨쳐버리기 어려운 환상'임을 잘 알고 있다.
>
> _알베르트 아인슈타인

시간여행

간단한 질문으로 시작해보자. 시간을 거슬러 과거로 갈 수 있을까?

또는 허버트 조지 웰스의 소설 《타임머신》의 주인공처럼 기계장치의 다이얼을 돌려서 서기 802701년으로 뛰어넘거나, 영화 〈백 투 더 퓨처〉의 주인공 마이클 J. 폭스Michael J. Fox처럼 플루토늄으로 작동하는 스포츠카를 타고 과거와 미래를 종횡무진 넘나들 수 있을까?

시간여행이 가능해지면 그동안 상상밖에 할 수 없었던 온갖 판타지가 현실로 둔갑한다. 영화 〈페기 수 결혼하다Peggy Sue Got Married〉의 여주인공 캐슬린 터너Kathleen Turner처럼, 누구나 과거로 돌아가 실수를 바로잡고 싶은 '비밀스러운 소원'을 갖고 있다. 시인 로버트 프로스트Robert Frost는 그의 대표작 〈가지 않은 길The Road Not Taken〉을 통해 삶

370 ——— 초공간

의 중요한 갈림길에서 다른 선택을 했다면 지금의 내가 어떻게 달라 졌을지 은유적으로 묻고 있다. 시간여행이 가능하다면 군이 시를 쓸 필요 없이 삶의 분기점으로 되돌아가서 실수를 만회하고, 다른 사람과 결혼하고, 다른 직장을 구할 수도 있다. 또는 역사적 사건이 벌어진 날로 돌아가 핵심요인에 영향을 줘서 인류의 역사를 송두리째 바꿀 수도 있다.

영화 〈슈퍼맨Superman〉의 클라이맥스에서 캘리포니아에 지진이 일어나 도시가 붕괴되고 슈퍼맨이 보는 앞에서 그의 사랑하는 여인 로이스 레인Lois Lane이 수백 톤짜리 바위 밑에 깔린다. 평소 인간사에 관여하지 않겠다고 맹세했지만, 슬픔과 분노를 가누지 못한 그는 결연한 표정으로 하늘 높이 날아올라 지구 주변을 빛보다 빠른 속도로 돌기 시작한다. 그 바람에 시공간의 구조에 변화가 생겨 시간이 천천히 흐르다가 멈추더니, 어느 순간부터 거꾸로 흐르기 시작한다! 슈퍼맨의 초광속 비행 덕분에 캘리포니아는 지진 전의 멀쩡한 모습으로 되돌아오고 슈퍼맨의 여인도 살아났다. 역시 슈퍼맨은 슈퍼맨이다.

그러나 이것은 어디까지나 영화일 뿐, 현실세계에서는 절대 있을 수 없는 일이다. 속도가 빠를수록 시간이 느려지는 것은 사실이지만, 제아무리 슈퍼맨이라 해도 빛보다 빠르게 날 수는 없다(따라서 과거로 갈 수도 없다). 특수상대성이론에 의해 속도가 광속에 도달하면 질량이 무한대가 되기 때문이다. 간단히 말해서, 초광속 비행은 특수상대성이론에 정면으로 위배된다.

영국의 세균학자 불러A. H. R. Buller는 특수상대성이론에 깊은 감명을 받고 다음과 같은 오행시를 발표했다.[1]

브라이트라는 젊은 여인이 있었다네,

빛보다 훨씬 빠른 여인이었지,

어느 날 그녀는 여행을 떠나,

상대성의 길을 거쳐,

전날 밤에 돌아왔다네.

　아인슈타인의 방정식을 직접 다뤄보지 않은 과학자들은 시간여행을 외계인납치 못지않은 난센스로 받아들이는 경향이 있다. 타임머신이 아직 발명되지 않았고 빛보다 빠르게 달릴 수도 없으니 그렇게 생각하는 편이 안전할 것이다. 그러나 시간여행을 부정하던 과학자들도 내막을 알고 나면 생각이 달라진다.

　특수상대성이론만 보면 시간여행이 불가능할 것 같지만, 일반상대성이론까지 고려하면 상황이 급반전된다. 여기서 명심할 것은 일반상대성이론이 특수상대성이론보다 훨씬 포괄적이고 적용범위가 넓은 이론이라는 점이다. 특수상대성이론은 텅 빈 우주공간에서 등속운동을 하는 물체에 한하여 적용되는 반면, 일반상대성이론은 이보다 훨씬 강력하여 엄청나게 무거운 별이나 블랙홀 근처에서 가속운동하는 로켓까지 묘사할 수 있다. 그러므로 특수상대성이론에서 얻어진 단순한 결론 중 일부는 일반상대성이론으로 대치되어야 한다. 일반상대성이론의 범주 안에서 타임머신의 가능성을 신중하게 타진해본 물리학자들은 확실한 결론을 내리지 못하고 있다. 놀라운 것은 그 누구도 'No'라는 확답을 내리지 못한다는 것이다.

　시간여행 지지자들은 아인슈타인의 장방정식이 특정한 형태의 시간여행을 허용한다고 주장한다. 그러나 그들도 시간을 원형으로 구부리면 엄청난 에너지가 개입되어 아인슈타인의 방정식이 더 이상 적용되지 않는다는 사실을 잘 알고 있다. 시간여행이 가능한 에너지영역에서는 일반상대성이론보다 양자이론이 훨씬 중요하게 부각된다.

아인슈타인의 방정식에 의하면 시공간의 곡률(휘어진 정도)은 우주에 존재하는 물질-에너지의 양에 의해 결정된다. 실제로 방정식을 풀면 시간여행이 가능할 정도로 시간을 극단적으로 구부리는 데 필요한 물질-에너지의 양을 계산할 수 있다. 그러나 그 양이 너무 방대하여 일반상대성이론은 효력을 잃고, 양자이론이 바통을 넘겨받게 되는 것이다. 그러므로 초강력 중력장에서 위력을 상실하는 일반상대성이론은 시간여행의 가능성에 최종판결을 내릴 수 없다.

바로 이 시점에서 초공간이론이 새로운 증인으로 등장한다. 양자이론과 아인슈타인의 중력이론은 10차원 공간에서 하나로 통일되기 때문에, 시간여행의 열쇠는 초공간이론이 쥐고 있는 셈이다. 차원통로와 웜홀의 사례에서 보았듯이, 최종판결문의 마지막 장은 초공간이론이 풀가동되었을 때 비로소 쓰일 것이다.

시간여행의 가능성을 논리적으로 따지기 전에, 시간여행을 둘러싼 논쟁과 그로부터 필연적으로 발생하는 미묘한 역설부터 알아보기로 하자.

인과율의 붕괴

한 개인이 과거로 가면 어떤 일이 벌어질까? 공상과학물에서 흔히 볼 수 있는 상황이다. 대부분의 스토리는 표면상으로 제법 그럴듯해 보인다. 그러나 타임머신이 상용화되어 수백만 명의 사람들이 마치 승용차를 몰듯이 타임머신을 상습적으로 사용한다면 어떻게 될까? 길게 말할 것도 없다. 한마디로 혼돈, 그 자체다. 우주의 구조가 갈가리 찢겨 나가고 세상은 엉망진창, 아수라장이 된다. 수많은 사람들이 자신의 과거와 남의 과거를 바꾸기 위해 과거로 몰려가고, 개중에는 적의 부모가 후손을 낳기 전에 암살하겠다며 무기를 가져가는 극성맞은 사람도 있을 것이다. 물론 각 시대별 인구현황 자료도 완전 무용지물이 된다.

시간여행의 가장 큰 부작용은 인과율이 붕괴된다는 것이다. 인과율이 사라지면 역사도 사라진다. 링컨 대통령의 암살을 막겠다며 수천 명의 현대인들이 타임머신을 타고 포드 극장으로 날아가 진을 치고, 노르망디 상륙 작전을 촬영하기 위해 수천 명의 시간여행자들이 카메라를 들고 해변에서 대기하는 장면을 상상해보라. 어디 그뿐이겠는가? 역사를 바꾸면 안 된다고 주장하는 또 한 무리의 시간여행자들이 역사의 현장에서 먼저 온 시간여행자들과 충돌하여 자기들끼리 싸움을 벌일지도 모른다.

역사에 남은 유명한 전쟁도 난장판이 된다. 기원전 331년, 알렉산더 대왕은 가우가멜라 전투에서 5만 명이 채 안 되는 병력으로 다리우스 3세가 이끄는 20만 대군을 격파하여 페르시아를 점령했고, 이 전쟁은 향후 천년 동안 서양문화가 세계로 뻗어나가는 계기가 되었다. 그러나 현대식 무기로 완전무장한 용병 1개 중대가 타임머신을 타고 그곳으로 파견되었다고 상상해보라. 로켓포 몇 발만 날리면 알렉산더의 병사들은 혼비백산 흩어질 것이고, 지금 독자들은 아랍어로 쓰인 책을 읽고 있을 것이다. 물론 누군가가 또 그곳으로 날아가서 상황을 바꿔놓을 수도 있다.

이처럼 시간여행은 역사를 무용지물로 만든다. 역사책은 결코 완성될 수 없고, 쓰는 것조차 불가능하다. 누군가가 타임머신을 타고 1860년으로 날아가 율리시스 그랜트Ulysses S. Grant장군을 암살한 후, 다시 1930년대의 독일로 날아가 나치당 간부에게 원자폭탄 설계도를 넘겨주면 단 한 사람에 의해 세계사가 송두리째 바뀌게 된다.

칠판을 지우듯이 세계사를 지우고 다시 쓸 수 있다면 이 세상이 어떻게 되겠는가? 우리의 과거는 바닷가 모래알처럼 이리저리 휩쓸릴 것이고, '역사'라는 개념 자체가 사람들의 머릿속에서 사라질 것이다. 생각해보라. 누구나 과거를 바꿀 수 있는 세상에서 역사라는 것이 어떻게 존재할 수 있겠는가?

타임머신을 신중하게 연구하는 과학자들에게도 이런 상황은 결코 반갑지 않다. 역사가 무의미해질 뿐만 아니라, 과거나 미래로 진입할 때마다 역설적 상황이 발생한다. 우주론 학자 스티븐 호킹은 이 상황을 시간여행이 불가능하다는 증거로 제시했다. 그는 "인류는 지금까지 미래에서 온 시간여행자를 단 한 번도 본 적이 없으므로 시간여행은 불가능하다"고 주장했다.

시간역설

시간여행과 관련된 역설은 크게 두 가지로 요약된다.

1. 자신이 태어나기도 전에 부모를 만나는 것.

2. 과거가 없는 사람.

첫 번째 유형의 시간여행은 이미 일어난 사건을 바꿀 수 있기 때문에, 시공간의 구조를 심각하게 망가뜨린다. 영화 〈백 투 더 퓨처〉에서 주인공(고등학생)은 과거로 갔다가 자기와 비슷한 또래의 어머니를 만난다. 미래의 아버지는 그녀와 같은 학교 학생인데 성격이 너무 소극적이어서 여학생에게 별로 인기가 없고, 설상가상으로 어머니는 주인공(미래의 아들)에게 호감을 느낀다. 본의 아니게 부모님이 연인 사이로 발전하는 것을 본인이 방해하게 된 것이다. 사랑하는 여인을 붙잡도록 아버지에게 용기를 북돋워주고, 어머니가 아버지에게 관심을 갖도록 유도하지 않으면 자신의 존재가 사라질 판이다. 두 사람이 결혼을 하지 않으면 주인공은 태어날 수 없기 때문이다.

두 번째 역설은 '시작 없이 일어난 사건'과 관련되어 있다. 여기, 한 가난한 발명가가 세계최초로 타임머신을 만들기 위해 어수선한 지하실에서 비지땀을 흘리고 있다. 그런데 갑자기 말쑥하게 차려입은 노신사가 나타나 시간여행 방정식과 타임머신 설계도, 그리고 넉넉한 자금을 건네주고 사라졌다. 그 덕분에 발명가는 얼마 후 타임머신 개발에 성공했고, 그것을 혼자 십분 활용하여 큰 부자가 되었다(이 세상에는 증권시장, 경마, 도박, 복권 등 미래의 정보를 미리 알면 큰돈을 벌 수 있는 건수가 사방에 널려있다). 수십 년 후, 억만장자 노인이 된 그는 자신의 운명을 실현하기 위해 타임머신을 타고 과거로 돌아간다. 가난하고 젊은 과거의 자신에게 타임머신 설계도와 돈을 줘야 하기 때문이다. 나이가 다른 동일인 두 사람이 같은 시간, 같은 장소에서 만나는 것까지는 그렇다고 치자. 그런데 이 모든 사건의 원인이 되었던 타임머신 설계도는 대체 누가 작성한 것인가?

두 번째 유형의 역설을 가장 적나라하게 드러낸 작품은 아마도 로버트 하인라인의 단편소설 〈너희 모든 좀비들은…All you Zombies〉일 것이다.

1945년, 갓난아이가 클리블랜드의 한 고아원 앞에 버려진다. '제인'이라는 이름으로 불린 그 여자아이는 부모가 누구인지도 모르는 채 18년을 살다가 1963년에 우연히 마주친 한 부랑자에게 원인 모를 연정을 느낀다. 제인은 곧 그와 사랑에 빠졌고, 불행했던 과거를 보상받는 듯했으나 얼마 후 일련의 재앙이 그녀를 덮친다. 제인이 임신을 한 상태에서 그 부랑자는 자취를 감춰버렸고, 병원에서 아이를 낳던 중 그녀가 남녀의 성기를 모두 갖고 있는 양성구유androgyne임이 밝혀진 것이다. 게다가 분만 도중에 문제가 발생하여 산모의 목숨이 위태로워지자 의사는 생명을 구하기 위해 제인의 여성성을 제거했다. 소녀였던 제인이 아이를 낳은 '남자'가 된 것이다. 그리고 그 와중에 정체 모를 괴한이 나타나 신생아실에 누워 있는 제인의 아기를 훔쳐간다.

아기와 연인을 모두 잃고 졸지에 남자가 된 제인은 삶을 포기한 채 이리저리 떠돌다가 결국 술주정꾼 부랑자가 되었다. 다시 세월이 흘러 1970년, 그(제인)는 '팝스 플레이스'라는 주점에서 술을 마시다가 나이 지긋한 바텐더에게 자신의 과거를 모두 털어놓는다. 그런데 길고 긴 넋두리를 조용히 듣고 있던 바텐더가 그에게 놀라운 제안을 했다. 시간여행 클럽에 가입하겠다고 약속하면 그(제인)를 임신시키고 도망간 '원조 부랑자'에게 복수할 기회를 주겠다는 것이다. 그리하여 두 사람은 타임머신에 오르고, 바텐더는 그(제인)를 1963년에 내려주었다. 그런데 복수의 대상을 찾기도 전에 우연히 마주친 10대 후반의 고아 소녀에게 마음을 빼앗기고, 결국 그녀를 임신시킨다.

이 사실을 알게 된 바텐더는 타임머신을 타고 9개월 후로 날아가 병원 신생아실에서 갓난 여자아기를 납치한 후 1945년으로 날아가 한 고아원 앞에 버려놓는다. 그러고는 자기가 데려왔던 부랑자(제인)를 시간여행 클럽에 가입시키기 위해 강제로 타임머신에 태워서 1985년으로 날아온다. 알고 보니 그 클럽은 철저한 비밀하에 타임머신을 운용하는 시간여행자들의 모임이었다. 그곳에서 부랑자(제인)는 삶의 안정을 찾고 클럽에서도 존경받는 원로회원이 되었다. 이제 그에게 남은 일은 단 하나, 타임머신을 타고 1970년의 팝스 플레이스 주점으로 날아가 한 부랑자의 넋두리를 들어주는 것이다. 모든 것을 잃고 폐인이 된 바로 자신의 넋두리를 말이다.

아무리 소설이라지만 스토리가 꼬여도 너무 꼬였다. 제인의 어머니는 누구이며 아버지는 누구인가? 할아버지와 할머니, 손자와 손녀는 또 누구인가? 고아 소녀와 원조 부랑자, 바텐더는 모두 동일인물이다. 제인의 족보를 생각하면 머리에 쥐가 날 지경이다. 실제로 제인의 가계도를 그려보면 모든 가지(화살표)가 제인을 향해 되돌아온다. 그녀는 자신의 어머니이자 아버지이며, 아들이자 딸이다. 모든 직계가족이 자기 자신인 것이다!(이 소설은 영화로 제작되어 2014년에 〈타임 패러독스Predestination〉라는 제목으로 개봉되었다. 상황 설정은 현대식으로 조금 바뀌었지만 기본 틀은 원작과 비슷하다. 독자들도 짐작하겠지만 이 영화를 제대로 감상하려면 절대 사전 스포일에 노출되면 안 된다. 그러나 이미 늦었다. 원망은 역자가 아닌 저자에게 해주기 바란다_옮긴이)

세계선

상대성이론을 도입하면 시간여행에서 초래되는 모순의 핵심이 뚜렷하게 드러난다. 지금부터 아인슈타인이 도입했던 '세계선world line'의 개념을 따라가보자.

아침 8시, 당신은 요란한 자명종 소리에 눈을 떴다. 그런데 어제 너무 과로를 했는지 몸이 움직이질 않는다. 당신은 약간의 갈등 끝에 결정을 내렸다. '에라, 모르겠다. 좀 더 자자!' 별로 좋은 생각은 아닌 것 같지만 나는 당신의 결정을 존중한다. 이제 당신은 침대에 누워 꼼짝도 하지 않는다. 살짝 물리적으로 말하자면 공간에서 움직임이 전혀 없다. 그러나 이런 상황에서도 당신은 시공간에 '세계선'을 그리며 나아가고 있다.

그래프용지 한 장을 펼쳐놓고 십자 모양으로 교차하는 두 직선을 그려보자. 가로선은 '거리'이고 세로선은 '시간'을 나타낸다. 당신이 오전 8시에서 12시까지 침대에 누워 있었다면 당신의 세계선은 세로 방향으로 나아간다(즉, 세로선을 따라간다). 거리상으로는 전혀 움직이지 않은 채 시간만 4시간만큼 미래로 이동한 것이다(그러므로 만일 가족 중 누군가가 소파에 누워 있는 당신에게 게으르다고 핀잔을 준다면 이렇게 대답하라. "잘 모르나본데, 난 지금 아인슈타인의 상대성이론에 입각하여 4차원 시공간에서 세계선을 그리며 부지런히 이동하는 중이야!").

낮 12시, 당신은 드디어 침대에서 일어나 오후 1시에 직장에 도착했다. 그렇다면 정오에서 오후 1시 사이에 당신이 그린 세계선은 수직 방향이 아니라 비스듬하게 기울어진 방향으로 진행하게 된다. 시간만 미래로 이동한 게 아니라 공간상의 이동도 함께 일어났기 때문

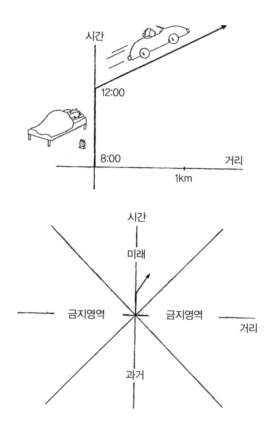

이다. 그림 11.1에서 왼쪽 아래가 당신의 집이고 오른쪽 위는 직장이다. 승용차를 타고 출근했다면 좀 더 이른 12시 30분에 도착했을 것이다. 즉, 이동속도가 빠를수록 당신이 그리는 세계선은 수직 방향에서 점점 더 멀어진다(그러나 아무리 빨라도 빛보다 빠를 수는 없으므로, 시공간에는 당신의 세계선이 침범할 수 없는 '금지영역'이 존재한다).

이로부터 제일 먼저 얻을 수 있는 결론이 하나 있다. 당신의 세계선은 시작도, 끝도 없다는 것이다. 당신이 죽은 후에도 몸을 구성하는 분자들은 계속해서 세계선을 그리며 나아간다. 물론 태어날 때에도 각자 다른 길을 걸어온 여러 분자들의 세계선이 하나로 합쳐지면서 태아가 되었으니, 당신은 무無에서 창조되지 않았다. 세계선은 시공간에서 갑자기 나타나거나 사라지지 않는다.

간단한 예를 들어보자. 1950년, 어머니 A와 아버지 B가 사랑에 빠져 C가 태어났다. 즉, A와 B의 세계선이 충돌하여 세 번째 세계선(C)이 갈라져 나왔다. 물론 C의 세계선은 무에서 창조된 것이 아니라 A와 B의 세계선 중 일부가 방향을 바꾼 것뿐이다(C가 A의 뱃속에 있을 때에도 외부에서 A로 유입된 세계선들인 음식 분자 중 일부가 C와 합쳐지면서 본격적인 '분기'를 준비해왔다). 그로부터 약 80년 후 C가 죽으면 몸이 분자 단위로 분해되면서 C의 세계선도 수십억 개로 분리된다. 이런 점에서 볼 때 인간은 '일시적으로 합체된 분자의 세계선들의 집합'으로 정의할 수 있다. 이 세계선들은 산지사방으로 흩어졌다가 다른 생명체와 합쳐지기도 하고, 생명이 없는 광물의 세계선과 하나가 되기도 한다. 다른 사람의 세계선과 합쳐졌다면 또 다시 그의 일생을 따라가다가 그가 죽으면 동일한 과정을 되풀이한다. 성경을 인용하면 '먼지에서 먼지로'의 이동이고, 상대론적 관점에서 보면 '세계선에서 세계선으로' 이동하는 셈이다(우리 몸의 세포는 살아 있는 동안에도 끊임없이 물갈이되고 있으므로 인간의 정확한 정의는 '분자의 세계선들의 집합'이라기보다, '자잘한 세계선들의 이합집산'에 더 가깝다. 이 혼란스러운 와중에 '나'라는 인식이 한결같이 유지되는 비결은 상대성이론이 아닌 다른 곳에서 찾아야 할 것이다_옮긴이).

당신의 세계선에는 당신의 몸이 거쳐온 모든 역사가 담겨 있다. 세계선을 거슬러 따라가면 당신에게 일어난 모든 사건(처음 자전거를 타던 날, 첫 데이트, 첫 출근 등)이 그대로 재현된다. 평소 아인슈타인의 상대성이론으로 풍자를 즐겼던 러시아의 우주론 학자 조지 가모프는 《나의 세계선My World Line》이라는 제목으로 자서전을 출간했다.

세계선을 도입하면 시간을 거슬러 과거로 갔을 때 어떤 일이 발생하는지, 좀 더 논리적으로 추정할 수 있다. 예를 들어 당신이 타임머신을 타고 과거로 가서 아직 결혼하지 않은 당신의 어머니를 만났다고 하자. 그런데 황당하게도 당신의 어머니는 교제중인 당신의 (미래의) 아버지를 외면하고 당신에게 관심을 보인다. 그렇다면 영화 〈백 투 더 퓨처〉처럼 당신이라는 존재가 사라질 것인가? 아니다. 세계선이 존재하는 한, 그런 일은 절대로 일어나지 않는다. 당신이 사라지면 당신의 세계선도 사라져야 하는데, 앞서 말한 대로 세계선은 절대로 도중에 끊어질 수 없다. 그러므로 상대성이론에 의하면 과거를 바꾸는 것은 불가능하다.

과거를 재창출하는 두 번째 역설도 흥미로운 문제를 야기한다. 예를 들어 당신이 과거로 가면 예정된 사건이 일어나도록 협조할 수는 있어도, 그것을 방해할 수는 없다. 따라서 시간여행자의 세계선은 하나의 닫힌 고리를 형성한다. 그의 세계선은 과거를 바꾸는 대신 과거

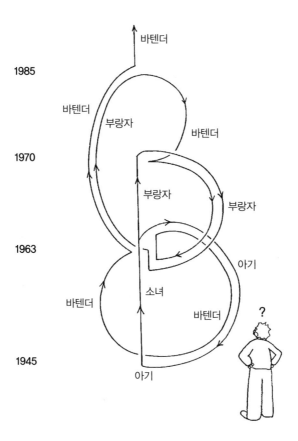

그림 11.2 〉〉〉 시간여행이 가능하다면 시간여행자의 세계선은 닫힌 고리를 형성한다. 1945년에 여자아이가 태어나고, 그 아이가 자라서 1963년에 딸을 출산한다(이 과정에서 수술을 받고 남자가 된다). 그 후 1970년에 그는 부랑자가 되어 1945년으로 돌아가 자신을 만난다. 한편 1985년에 그는 시간여행자가 되어 1970년으로 돌아가 술집에서 대화를 나누던 부랑자(자신)를 타임머신에 태워 1963년에 내려주고, 자신은 갓 태어난 아이(자신)를 납치하여 1945년으로 데려다 놓는다. 이로써 모든 사건이 처음부터 다시 반복된다. 그 여인은 자신의 아버지이자 어머니고, 할아버지이자 할머니며, 아들이자 딸이고… 등등이다.

를 '실현한다.'

자신의 어머니이자 아버지였고, 자신의 아들이자 딸이었던 제인의 세계선은 이보다 훨씬 복잡하다(그림 11.2).

다시 한 번 강조하건대, 우리는 과거를 바꿀 수 없다. 세계선을 따라 과거로 거슬러 가다 보면 이미 알고 있는 과거의 사건들이 재현될 뿐이다. 이런 우주에서 과거의 당신과 만나는 것은 얼마든지 가능하다. 당신이 닫힌 세계선을 따라 한 바퀴 돌다 보면 젊은 남자(또는 젊은 여자)였던 자신과 마주치고 '어디서 본 것 같다'고 생각할 것이다. 그런데 기억을 더듬어보니 당신이 젊었을 때 우연히 마주친 한 중년 남자(또는 여자)에게 원인 모를 친밀감을 느꼈던 일이 생각난다.

이처럼 우리는 과거로 가더라도 이미 일어난 일을 재현할 수 있을 뿐, 그것을 바꿀 수는 없다. 앞에서 강조한 대로 세계선은 도중에 잘라지거나 끝나지 않으며, 닫힌 고리가 될 수는 있어도 변형될 수는 없다.

그림 11.1의 아래와 같은 그림을 광원뿔light cone 다이어그램(거리를 나타내는 가로축을 2차원 평면으로 확장하면 금지된 영역의 경계선이 원뿔모양이 되기 때문에 이런 이름이 붙었다_옮긴이)이라 한다. 물론 이 다이어그램은 특수상대성이론의 범주 안에서 통용된다. 특수상대성이론을 도입하면 과거로 갔을 때 어떤 일이 일어나는지 예측할 수 있지만, 시간여행의 가능성을 검증하기에는 역부족이다. 시간여행이 정말로 가능한지 확인하려면 특수상대성이론보다 훨씬 포괄적이고 미묘한 일반상대성이론의 세계로 들어가야 한다.

그림 11.2처럼 복잡하게 꼬인 세계선은 일반상대성이론에서도 허용된다. 물리학자들은 닫힌 세계선을 '닫힌 시간꼴 곡선(closed timelike curve, CTC)'이라는 난해한 이름으로 부르고 있다. 문제는

CTC가 일반상대성이론뿐만 아니라 양자이론에서도 허용되는가 하는 점이다.

일반상대성이론의 훼방꾼

1949년, 아인슈타인에게 골칫거리가 생겼다. 그와 함께 프린스턴 고등연구소에 있던 빈 출신의 수학자 쿠르트 괴델Kurt Gödel이 비상식적인 해를 찾아냈기 때문이다. 괴델은 아인슈타인의 방정식을 이리저리 갖고 놀다가 새로운 해를 발견했는데, 놀랍게도 그 해는 시간여행을 허용하고 있었다. 과학 역사상 처음으로 시간여행을 뒷받침하는 수학이론이 탄생한 것이다.

괴델은 일부 학자들 사이에 골치 아픈 문제만 골라서 찾아내는 훼방꾼으로 알려져 있었다. 그는 1931년에 '임의의 산술체계에 자체모순이 없음을 증명하는 것은 불가능하다'는 그 유명한(사실은 악명 높은) 불완전성정리를 발표하여 전 세계 수학자들을 공포의 도가니로 몰아넣었다. 그 전까지만 해도 수학자들은 '모든 수학은 자체모순 없는 공리로 축약될 수 있으며, 이로부터 모든 정리를 증명할 수 있다'고 하늘같이 믿어왔는데, 괴델이 그 믿음을 떠받치는 주춧돌을 통째로 제거해버렸다. 유클리드에서 출발하여 지난 2천 년 동안 쌓아온 모든 수학적 성취가 괴델의 정리 한 방에 물거품이 될 위기에 처한 것이다.

괴델은 고도의 수학적 논리를 이용하여 '임의의 산술체계에는 공리만으로 옳고 그름을 증명할 수 없는 정리가 반드시 존재한다'는 사실을 증명했다. 다시 말해서, 모든 산술체계는 태생적으로 불완전하다는 뜻이다. 이것은 수학 역사상 가장 놀랍고도 끔찍한 결과였다.

모든 과학 중에서도 가장 순수하면서 정확하고, 투박한 물질계로부터 멀리 떨어져 고고함을 유지해왔던 수학이 하루아침에 '불확실한 기초 위에 쌓은 모래성'이 되어버렸다(대충 말하자면 괴델의 정리는 논리체계의 이상한 역설을 증명하는 것으로 시작된다. 예를 들어 '이 문장은 거짓false이다'라는 문장을 생각해보자. 만일 이 문장이 참이라면 말 그대로 문장은 거짓이고, 거짓이라면 참이 된다. '나는 거짓말쟁이다'라는 문장도 마찬가지다. 이 말이 참이면 나는 진실을 말했으므로 거짓말쟁이가 아니지만 의미상 거짓말쟁이가 되고, 이 말이 거짓이면 거짓말쟁이의 본분에는 충실했으나 의미상 거짓말쟁이가 아니다. 괴델이 떠올린 것은 '이 문장은 참true으로 증명될 수 없다'는 문장이었다. 이 문장이 참이면 거기 적힌 대로 참이라는 것을 증명할 수 없다. 괴델은 이런 종류의 역설을 정교하게 쌓아나간 끝에 '모든 산술체계에는 산술적 방법으로 증명될 수 없는 참인 명제가 반드시 존재한다'는 결론에 도달했다).

괴델은 수학의 가장 소중한 꿈을 망가뜨린 후, 아인슈타인의 방정식에 대한 기존의 통념까지 무너뜨렸다. 아인슈타인의 이론에서 시간여행이 허용된다는 사실을 발견한 것이다.

그의 논리는 우주가 회전하는 기체와 먼지구름으로 가득 차 있다는 가정에서 출발한다. 고성능 천체망원경으로 먼 우주공간을 바라보면 가장 흔하게 발견되는 것이 기체와 먼지구름이므로 이 가정에는 별 문제가 없다. 그러나 괴델이 구한 해는 두 가지 면에서 과학자들의 심각한 우려를 자아냈다.

첫째, 괴델이 찾은 해는 마흐의 원리에 위배된다. 괴델은 하나의 기체-먼지구름 분포에 대하여 두 개의 해가 존재한다는 것을 증명했다 (이는 곧 마흐의 원리에 보이지 않는 가정이 숨어 있어서 논리적으로 불완전하다는 것을 의미한다).

더욱 심각한 문제는 아인슈타인의 방정식에서 특정 형태의 시간여행이 허용된다는 것이었다. 괴델의 우주에서 한 입자의 궤적을 따라가다 보면, 결국 그 입자의 과거와 마주치게 된다. 괴델은 그의 논문에 다음과 같이 적어놓았다. "우리의 우주에서 로켓을 타고 완만한 곡선을 그리며 왕복여행을 하면 임의의 과거와 현재, 그리고 임의의 미래를 모두 거칠 수 있다."[2] 일반상대성이론에서 최초로, 닫힌 시간꼴 곡선, 즉 CTC가 발견된 것이다.

과거에 뉴턴은 시간이 '절대로 과녁을 벗어나지 않는 화살'처럼 똑바른 경로를 따라 나아간다고 생각했다. 뉴턴의 시간이란 한번 시위를 떠나면 그 어떤 것에도 방해받지 않는 절대적 개념이었다. 그러나 아인슈타인은 시간이 강물과 같아서 한 방향으로 흐르되, 산이나 계곡을 만나면 경로가 완만하게 휘어질 수도 있다고 생각했다. 일반상대성이론에서 물질과 에너지는 시간의 경로를 일시적으로 바꿀 수 있지만, 시간이 갑자기 끊어지거나 거꾸로 흐르는 경우는 없다. 그런데 훼방꾼으로 유명한 괴델이 나타나서 '시간의 강은 완만하게 휘어서 닫힌 원을 그릴 수 있다'고 주장한 것이다. 그의 주장이 옳다면 시간의 강은 소용돌이도 칠 수 있다. 강의 본류는 한 방향으로 흐르겠지만, 가장자리에는 원운동을 하는 웅덩이가 항상 존재한다.

물리학자들은 이 소식을 듣고 대경실색했으나, 무턱대고 무시할 수도 없었다. 괴델의 주장은 아인슈타인의 장방정식을 정상적으로 풀어서 얻은 결과였기 때문이다. 아인슈타인도 이론적으로는 반박할 여지가 없었지만 '실험적 증거가 없다'는 이유로 괴델의 주장을 수용하지 않았다.

괴델의 해는 기체와 먼지구름이 서서히 회전한다는 가정하에 얻어진 것이다. 그런데 천체관측을 통해 기체와 먼지구름이 포착된 사례는 꽤 많았지만, 회전하는 경우는 관측된 적이 없다. 천문관측 데이터를 분석해보면 우주는 팽창하고 있을 뿐, 회전하는 것 같지는 않다. 그래서 우주론 학자들은 가슴을 쓸어내리며 '가능한 우주 목록'에서 괴델의 해를 지워버렸다(그래도 괴델의 해가 맞을 가능성은 여전히 남아 있다. 우리의 우주가 회전하고 있다면 CTC와 시간여행이 가능해진다. 찜찜하긴 하지만 관측데이터를 더 많이 수집하여 철저히 분석하는 것 외에는 다른 방법이 없다).

아인슈타인은 실험적 증거가 없다는 이유를 내세우며 자신이 유도한 방정식의 골치 아픈 해를 카펫 밑으로 쓸어서 덮어버렸다. 그도 마음이 썩 개운하진 않았겠지만, '아직 결혼하지 않은 아버지와 어머니를 누구나 만날 수 있는 우주'를 정식 과학이론에서 배제시킨 것으로 만족해야 했다.

이상한 우주

1963년에 에즈라 뉴먼Ezra Newman과 시어도어 언티Theodore Unti, 그리고 루이스 탐부리노Louis Tamburino는 아인슈타인의 장방정식을 연구하던 중 괴델의 해보다 훨씬 황당무계한 해를 발견했다. 이들이 발견한 우주는 괴델의 우주처럼 먼지로 가득 차 있으면서 회전하는 우주

가 아니라, 외형적으로 전형적인 블랙홀에 가까웠다(아인슈타인의 장
방정식을 푼다는 것은 천문관측을 통해 알아낸, 또는 이론적으로 추정되는 질
량-에너지 밀도를 방정식에 대입하여 시공간의 곡률을 계산한다는 뜻이다. 그
런데 방정식을 풀기가 매우 어렵기 때문에, 정확한 해를 구할 수 있는 질량-에
너지 밀도가 그리 많지 않다. 20세기 중반에는 '아인슈타인 장방정식에서 해가
깔끔한 형태로 얻어지는 질량-에너지 분포'를 하나만 알아내도 큰 이슈로 떠
올랐다. 그리고 각각의 해들은 시공간의 곡률정보, 즉 형태를 담고 있으므로 하
나의 우주에 해당한다_옮긴이).

　뉴먼-언티-탐부리노 우주는 괴델의 우주와 마찬가지로 CTC와 시
간여행을 허용했으나, 블랙홀을 중심으로 한 바퀴 돌았을 때 원위치
로 돌아오지 않는 희한한 우주였다. 마치 나선형 계단처럼. 한 바퀴
돌면 우주의 다른 층으로 이동하게 된다. 이런 우주에서 사는 것은 한
마디로 악몽 그 자체다. 출발점으로 돌아갈 수 없으니 어디를 가도 길
을 잃을 것이며, 한 번 집밖으로 나가면 귀가가 불가능하다. 아니, 집
이라는 것이 아예 존재하지도 않을 것이다. 황당한 주장에 기가 질린
과학자들은 그 이상한 우주를 제안자(뉴먼-언티-탐부리노)의 이름 첫
자를 따서 'NUT 우주'라 불렀다('nut'은 흔히 견과류를 의미하지만 '괴짜'
나 '얼간이'라는 뜻도 있다_옮긴이).

　상대성이론 추종자들은 괴델의 해를 거부했던 것처럼 NUT의 해도
무시해버렸다. 우리의 우주가 그 정도로 이상하지 않다는 것은 누구
나 인정하는 사실이고, NUT를 입증할 만한 뚜렷한 증거도 없었기 때
문이다. 그러나 10년쯤 지난 후부터 아인슈타인의 방정식에서 시간
여행을 허용하는 이상한 해들이 봇물 터지듯 쏟아져 나오기 시작했
다. 괴델의 해가 알려지기 훨씬 전인 1936년에 스코틀랜드의 물리학

자 반 스토쿰w. J. van Stockum은 아인슈타인의 방정식에서 회전하는 무한원통형 해를 발견했는데, 1970년대 초에 뉴올리언스 툴레인대학교 Tulane University의 프랭크 티플러Frank Tipler가 스토쿰의 해를 재분석하다가 인과율에 위배된다는 사실을 알게 되었다.

심지어는 로이 커의 해(블랙홀을 가장 현실적으로 서술하는 해)조차도 시간여행을 허용하는 것처럼 보였다. 커 블랙홀의 내부로 진입한 우주선spaceship은 (중력에 의해 파괴되지 않는다면) 인과율을 위배할 수 있다.

얼마 후 물리학자들은 임의의 블랙홀이나 팽창하는 우주에 NUT 타입의 특이점(singularity, 중력이 무한대인 점_옮긴이)이 존재할 수 있음을 알게 되었고, 지금은 아인슈타인 방정식을 만족하는 이상한 해들이 사방에 넘쳐나고 있다. 예를 들어 아인슈타인 방정식의 웜홀해 wormhole solution는 특정한 형태의 시간여행을 허용한다.

상대론 전문가인 프랭크 티플러는 자신의 저서에 "장방정식의 해는 어떤 형태도 될 수 있다. 당신이 상상할 수 있는 가장 희한한 우주도 얼마든지 가능하다"고 적어놓았다.[3] 아인슈타인이 알면 기절초풍할 일이다.

아인슈타인의 방정식은 트로이 목마와 비슷하다. 외형상으로는 중력에 의해 빛이 휘어지는 현상과 우주의 기원을 설명하는 깔끔한 이론 같지만, 그 안에는 웜홀과 시간여행 등 온갖 비상식적인 요소들로 가득 차 있다. 물리학자들은 아인슈타인이 남겨준 선물상자를 열어서 우주의 은밀한 비밀을 살짝 엿보는 대가로 '우주는 단순연결되어 있고simply connected 역사는 바뀌지 않는다'는 가장 보편적인 믿음과 상식을 포기할 수밖에 없었다.

그래도 의문은 여전히 남아 있다. 과연 우리는 닫힌 시간꼴 곡선

(CTC, 닫힌 고리형 세계선)을, 관측된 사례가 없다는 이유로 무시할 수 있을까? 혹시 누군가가 이 가능성을 끝까지 밀어붙여서 타임머신을 만들어낼 수도 있지 않을까?

타임머신 만들기

1988년 6월, 세 사람의 물리학자(캘리포니아 공과대학의 킵 손과 마이클 모리스Michael Morris, 그리고 미시간대학교의 울비 유르체버Ulvi Yurtsever)가 타임머신과 관련된 논문을 발표했다. 전문 물리학자들이 타임머신을 진지하게 연구하는 것도 드문 일이지만, 놀라운 것은 이들의 논문이 세계최고의 권위를 자랑하는 물리학 학술지 〈피지컬 리뷰 레터스〉에 게재되었다는 점이다(그 전에도 물리학 주요학술지에 시간여행에 관한 논문이 여러 편 제출되었지만 물리학적 근거가 부족하여 심사를 통과하지 못했다). 이들은 장이론에 입각하여 논리를 전개한 후 자신이 내세운 가정의 문제점을 신중하게 분석해나갔다.

학계의 반감을 무마하기 위해 킵 손과 그의 동료들이 가장 신경을 많이 쓴 부분은 '웜홀을 타임머신으로 이용한다'는 아이디어에 물리적 타당성을 부여하는 것이었다. 무엇보다도 블랙홀의 중력이 너무 커서 우주선이 그 안으로 진입하기만 하면 산산이 부서진다는 것이 문제였다. 시간여행이 수학적으로 가능하다 해도 논문의 주제가 타임머신인 이상, 무언가 현실적인 대안을 제시해야 했다.

두 번째로 신경써야 할 부분은 '웜홀의 안정성'이었다. 아인슈타인의 장방정식에서 웜홀에 해당하는 해는 매우 불안정하기 때문에, 약간의 충격만 가해도 아인슈타인-로젠 다리는 순식간에 붕괴된다. 그러므로 사람을 태운 우주선이 블랙홀 안으로 진입했을 때 웜홀의 입구가 멀쩡하게 남아 있을 가능성은 거의 없다.

세 번째 문제는 웜홀을 통과하여 반대쪽에 도달하려면 빛보다 빠르게 날아가야 한다는 것이다.

넷째, 웜홀의 입구는 외부의 충격이 없어도 엄청난 양자적 효과에 의해 스스로 닫힐 수도 있다. 예를 들어 블랙홀의 입구에서 방출되는 강력한 복사에너지는 그곳으로 접근하는 우주선을 파괴할 뿐만 아니라 입구 자체를 막아버린다.

다섯째, 웜홀에 가까이 다가갈수록 시간이 천천히 흐르다가 중심에 도달하는 순간 시간이 멈춰버린다. 이 광경을 외부에서 바라보면 우주선이 점점 느려지다가 블랙홀의 중심에서 완전히 멈추고, 승무원들도 마치 얼음땡 놀이를 하듯 전혀 움직이지 않을 것이다. 다시 말해서, 웜홀을 통과하는 데 무한대의 시간이 걸린다는 뜻이다. 이 모든 난관을 극복하고 웜홀을 통과하여 지구로 귀환한다 해도, 지구의 시간은 이미 수백만 년, 혹은 수십억 년이 흘렀을 수도 있다.

이처럼 웜홀해는 수학적으로 별 문제가 없지만 현실에 적용하기가 거의 불가능하기 때문에, 물리학자가 자신의 경력을 걸고 연구할 만한 주제는 아니었다.

킵 손도 이 논문을 쓰기 전까지는 타임머신을 허무맹랑한 가십거리쯤으로 생각했으나, 1985년에 칼 세이건Carl Sagan의 부탁을 받고《콘택트Contact》라는 소설의 초고를 읽으면서 생각이 달라지기 시작했다. 《콘택트》는 칼 세이건이 직접 저술한 공상과학소설로서, 지구인이 외계의 지적생명체와 접촉하면서 겪는 일련의 사건을 매우 정교하면서도 서정적으로 묘사한 걸작이다. 대부분의 과학자들은 가끔씩 외계 생명체의 존재 가능성을 신중하게 고려하다가도 '빛보다 빠를 수 없다'는 아인슈타인의 금지령에 막혀 더 이상 진도를 나가지 못한다. 아인슈타인의 특수상대성이론에 의하면 우주에 존재하는 그 어떤 것도 빛보다 빠르게 이동할 수 없으므로, 기존의 우주선을 타고 다른 별에 도달하려면 수천 년의 시간이 소요된다. 칼 세이건은 소설을 쓰면서 이 부분이 마음에 걸렸다. 지구인과 외계인을 어떻게든 만나게 하고 싶은데 현실적인 방법이 떠오르지 않아서 고민하다가 킵 손에게 SOS를 친 것이다.

킵 손은 세이건의 부탁을 받고 생전 처음으로 시간여행에 흥미를 느꼈다고 한다. 과학의 대중화를 위해 노력하는 칼 세이건을 돕는 일이었으니, 그보다 순수한 동기도 찾기 힘들었을 것이다. 일반적으로 물리학자들은 천문 관련 현상을 연구할 때 중성자별이나 블랙홀, 빅뱅 등 대상을 구체적으로 선정한 후 아인슈타인의 장방정식을 적용하여 시공간의 곡률을 계산한다. 앞에서도 말했지만 특정한 질량-에너지 분포에 대하여 아인슈타인 방정식을 풀면 주변 시공간의 휘어진 정도인 곡률을 알 수 있다.

그러나 킵 손과 그의 동료들은 전통적인 방식을 따르지 않았다. 연구동기 자체가 학술적 결과를 얻기 위한 것이 아니라 공상과학소설의 완성도를 높이는 것이었기에, 원인(질량-에너지 분포)이 아닌 결과(시공간의 곡률, 웜홀)를 출발점으로 삼은 것이다. 웜홀을 통한 시간여행이 현실적으로 가능하려면 우주선이 블랙홀의 조력(潮力, tidal force)에 의해 갈가리 찢겨나가지 않아야 하고, 웜홀의 입구가 여행 도중 갑자기 닫히지 않을 정도로 충분히 안정적이어야 하며, 웜홀을 통한 왕복여행이 수백만 년이나 수십억 년이 아닌 단 며칠 만에 완료되어야 한다. 킵 손은 '시간여행자는 웜홀에 진입한 후에도 정신적, 육체적으로 편안해야 한다'는 대전제하에, 위의 조건을 만족하는 웜홀이 생성되는 데 필요한 에너지의 양을 계산했다.

현재의 기술로 불가능하다거나 비용이 지나치게 비싼 것은 문제가 되지 않았다. 이들의 관심은 시기가 언제이건 '공학적으로 구현 가능한' 타임머신을 설계하는 것이었다. 킵 손과 그의 동료들은 논문의 도입부에 다음과 같이 적어놓았다.

물리학자들은 묻는다. '물리학의 법칙은 무엇인가?' '이 법칙은 우주에 대하여 무엇을 예측할 수 있는가?' 그러나 우리가 본 연구에서 제기한 질문은 이런 것이 아니라 '극도로 발달한 문명세계조차도 극복할 수 없는 물리법칙에는 어떤 것이 있는가?'였다. 이 질문의 답을 생각하다 보면 법칙 자체와 관련하여 몇 가지 흥미로운 후속 질문이 떠오르는데, 그중 하나가 바로 웜홀이다. 극도로 발달한 문명은 우주여행의 수단으로 웜홀을 만들고 유지할 수 있을까? 우리의 연구는 이 질문에서 시작되었다.[4]

이 글의 키워드는 '극도로 발달한 문명'이다. 물리법칙으로부터 알 수 있는 것은 실용성이 아니라 가능성이다. 즉, 우리는 물리법칙으로부터 가능한 것과 불가능한 것을 구별할 수 있지만, 실용적인 것과 비실용적인 것을 구별할 수는 없다. 물리법칙의 가능성과 그것을 검증하는 데 들어가는 비용 사이에는 아무런 관계도 없다. 이론적으로는 가능하지만 그것을 구현하는 데 필요한 비용이 지구 총생산의 수백만 배가 넘을 수도 있다. 킵 손과 그의 동료들은 "우주여행에 웜홀을 활용하려면 문명이 무한정으로 발전하여 에너지의 양에 상관없이 모든 실험을 수행할 수 있어야 한다"고 조심스럽게 주장했다.

그들은 모든 요구조건을 만족하는 해를 의외로 쉽게 구할 수 있었다. 게다가 그 해는 블랙홀이 아니었기에, 과도한 중력 때문에 우주선이 찢겨져나갈 걱정도 없었다. 킵 손은 이것을 여타의 횡단 불가능한 웜홀과 구별하기 위해 '횡단가능웜홀transversible wormhole'로 명명했다(실제로 칼 세이건의 《콘택트》에는 킵 손의 연구결과가 부분적으로 인용되어 있다). 처음에는 칼 세이건을 돕기 위해 가벼운 마음으로 시작한 연구였지만, 놀랍게도 이들이 발견한 해는 물리학과 대학원 신입생도 한눈에 이해할 수 있을 정도로 단순했다. 실제로 킵 손은 칼텍의 1985년도 1학기 일반상대성이론 기말고사에 아무런 설명 없이 자신이 찾은 웜홀해를 제시하고 물리적 특성을 서술하라는 문제를 제출했다(대부분의 학생들이 답을 대충 적어내긴 했으나, 시간여행을 허용한다는 결정적 사실까지 적은 학생은 한 명도 없었다고 한다).

학생들이 조금만 더 깊이 생각했다면 킵 손이 제시한 웜홀해에서 시간여행의 가능성을 간파했을 것이다. 사실 킵 손의 해에 등장하는 웜홀은 아주 평온하여, 마치 상용 여객기를 타고 지나가는 것처럼 편안하게 통과할 수 있다. 여행자의 몸에 가해지는 중력은 지구에서 느끼는 중력과 비슷하다. 게다가 여행 도중에 행여 웜홀 입구가 닫히지 않을까 노심초사할 필요도 없다. 킵 손의 웜홀은 영원히 열려 있기 때문이다. 킵 손과 마이클 모리스는 웜홀을 횡단하는 데 소요되는 시간을 약 200일로 추정했다.[5] 외계생명체의 평균수명이 얼마나 긴지는 알 수 없지만, 이 정도면 충분히 시도해볼 만하다.

킵 손의 논문에는 다음과 같이 적혀 있다. "우리가 찾은 웜홀해에는 시간여행과 관련된 역설이 나타나지 않는다. 과거로 가서 자기 자신을 죽이는 등 공상과학물의 역설적 시나리오에 익숙한 사람들은 CTC가 상식적으로 불가능한 경로를 만들어낸다고 생각하겠지만, 사실은 그렇지 않다."[6] 이 논문에서 그는 웜홀에 등장하는 CTC가 과거를 바꾸거나 역설을 야기하지 않고, 오히려 과거를 '충족시킨다'는 것을 입증했다.

킵 손과 그의 동료들이 아인슈타인의 장방정식에서 발견한 웜홀은 인간이 통과할 수 있는 것으로 판명되었다. 물론 순수한 이론이긴 하지만, 이들의 논문은 전문 물리학자가 웜홀 여행을 진지하게 연구한 첫 번째 사례로 기록되었다.

킵 손의 연구결과가 사실이라면 우리는 왜 아직 타임머신을 만들지 못했을까? 이유는 간단하다. 우리는 '극도로 발달한 문명'이 아니기 때문이다. 킵 손은 계산의 마지막 단계에서 횡단 가능한 웜홀이 생성되는 데 필요한 물질-에너지의 양을 계산하다가 특이물질이 웜홀의 중심에 존재해야 한다는 사실을 간파하고 다음과 같이 적어놓았다. "이 특이물질은 우리가 아는 물질과 많이 다르지만 기존의 물리법칙을 위배하지 않는다. 미래에 어떤 물리학자에 의해 특이물질이 존재하지 않는 것으로 판명될 수도 있지만, 문명이 극도로 발달하면 특이물질을 인공적으로 만들어서 사용하게 될지도 모른다. 그러므로 극도로 발달한 문명에서는 웜홀을 이용하여 과거로 여행하는 타임머신을 만들 가능성이 얼마든지 있다."

타임머신 설계도

조지 웰스의 《타임머신》을 흥미롭게 읽은 독자들은 킵 손의 타임머신이 별로 만족스럽지 않을 것이다. 하지만 이것이 현실이다. 거실 의자에 편안히 앉아 가고 싶은 시간대를 입력하면 불이 번쩍거리면서 역사에 남은 위대한 전투장면과 문명의 흥망성쇠가 파노라마처럼 스쳐 지나가다가 아기예수가 누워 있는 마구간 앞에 사뿐히 안착하면 좋겠지만, 소설은 어디까지나 소설일 뿐이다.

킵 손의 타임머신은 두 개의 방으로 이루어져 있으며, 각 방에는 두 개의 평행한 금속판이 설치되어 있다. 금속판 사이에는 엄청나게 강한(지금의 기술로는 도저히 구현할 수 없는) 전기장이 걸려 있어서 그 안의 시공간이 찢어지고, 이로부터 두 방 사이의 공간을 연결하는 터널이 형성된다. 둘 중 하나의 방은 로켓과 함께 빛보다 빠른 속도로 가속되고, 두 번째 방은 지상에 남아 있다. 웜홀은 시간대가 각기 다른 두 방을 연결할 수 있으므로, 첫 번째 방의 시계가 두 번째 방의 시계보다 느려도 연결상태는 지속된다. 또한 시간은 웜홀의 양끝에서 다른 속도로 흐르고 있으므로, 둘 중 한쪽 끝으로 진입해서 반대쪽 끝으로 나오면 과거나 미래에 도달하게 된다.

다른 형태의 타임머신도 가능하다. 특수물질을 금속처럼 가공할 수 있다면, 가장 이상적인 형태는 원통이다. 여행자가 원통의 중심에 서면 특수물질이 시공간을 구부러뜨려서 여행자의 주변을 에워싸게 만들고, 그곳에 웜홀이 생성되어 다른 시간대의 우주와 연결시켜준다. 여행자는 소용돌이처럼 돌아가는 시공간의 중심에서 웜홀로 진입할 때 1g 정도의 중력(지구의 중력)밖에 느끼지 않으며, 이곳을 통과하면 다른 시간대의 우주에 도달하게 된다.

수학적인 면만 보면 킵 손의 논리는 흠잡을 곳이 없다. 아인슈타인의 장방정식에는 웜홀해가 분명히 존재하고 웜홀의 양끝은 시간대가 얼마든지 다를 수 있으므로, 시간여행은 원리적으로 가능하다. 물론 관건은 웜홀을 인공적으로 만드는 것이다. 킵 손과 그의 동료들이 지적한 대로, 가장 중요한 문제는 막대한 에너지를 투입하여 특수물질로 만든 웜홀을 유지시키는 것이다.

입자물리학의 기본신조 중 하나는 모든 물체가 양(+)의 에너지를 갖는다는 것이다. 진동하는 분자와 달리는 자동차, 하늘을 나는 새, 포효하며 솟아오르는 로켓 등 모든 만물은 양의 에너지를 갖고 있다(텅 빈 공간, 즉 진공의 에너지는 0이다). 그러나 에너지가 음(-)인 물체(진공보다 에너지가 작은 물체)가 존재한다면, 시간이 원형으로 휘어진 희한한 시공간을 만들 수 있다.

물리학자들은 에너지가 양수여야 한다는 간단한 개념을 '평균 약에너지 조건(averaged weak energy condition, AWEC)'이라는 난해한 이름으로 부르고 있다. 킵 손은 그의 논문에서 AWEC가 위배되어야 한다고 주장했다. 즉, 시간여행이 가능하려면 에너지가 일시적으로 음(-)이 되어야 한다는 것이다. 그러나 음에너지가 존재하면 '밀어내는 중력'을 비롯하여 상식에 위배되는 현상이 이미 관측되었어야 하는데, 천문관측 역사상 그런 사례는 단 한 번도 없었다.

킵 손은 이 문제를 해결하기 위해 음에너지를 만들어내는 방법을 고안해냈는데, 기본 아이디어는 양자이론의 결과 중 하나인 '카시미르 효과Casimir effect'에 기초한 것이다. 1948년에 네덜란드의 물리학자 헨드릭 카시미르Hendrik Casimir는 "전기적으로 중성인 두 개의 금속판을 가까운 거리에서 마주보도록 세워놓으면 양자적 효과에 의해 서로 잡아당기는 인력이 발생한다"고 주장했다. 고전적으로는 두 금속판이 아무리 가까워도 인력이 작용할 이유가 없다. 그러나 금속판 근처(안과 밖)의 공기를 모두 제거하여 진공상태로 만들면 하이젠베르크의 불확정성원리에 의해 수조 개의 입자와 반입자들이 생성되었다가 사라지고(이것을 가상입자virtual particle라 한다. 가상입자는 진공 중에서 갑자기 생성되었다가 순식간에 사라지기 때문에 관측이 불가능하지만, 물리법칙에는 위배되지 않는다), 이 입자들이 금속판을 때리면서 일종의 압력을 행사한다. 그런데 두 금속판 사이의 거리가 충분히 가까우면 안에서 밖으로 때리는 입자보다 밖에서 안으로 때리는 입자의 수가 압도적으로 많기 때문에, 두 금속판 사이의 거리가 점점 더 가까워지다가 결국 들러붙게 된다.

카시미르가 이 내용을 논문으로 발표했을 때, 대부분의 물리학자들은 회의적 반응을 보였다. 전하를 띠지 않은 금속판 두 개가 어떻게 들러붙는단 말인가? 그러나 1958년에 네덜란드의 물리학자 스파르나이M. J. Sparnaay가 실험실에서 이 현상을 발견함으로써 카시미르의 예측은 사실로 판명되었으며, 그때부터 '카시미르 효과'로 불리게 된다.

서로 마주보는 한 쌍의 도체금속판을 양쪽 웜홀 입구에 세워놓으면 음에너지가 생성되어 타임머신을 작동시킬 수 있다. 킵 손과 그의 동료들은 다음과 같이 결론지었다. "결국은 평균 약에너지 조건이 결코 위배될 수 없다는 쪽으로 결론이 내려질지도 모른다. 그렇게 되면 웜홀과 시간여행도 불가능해진다. 다리에 도착하기도 전에 다리를 건너려는 것은 지나치게 성급한 행동이다."[7]

킵 손의 타임머신은 아직도 결론이 내려지지 않은 채 논쟁거리로 남아 있다. 완벽한 양자중력이론이 완성된다면, 모든 문제는 일거에 해결될 것이다. 스티븐 호킹은 "웜홀 입구에서 방출되는 강력한 복사에너지가 아인슈타인 방정식의 질량-에너지 항에 피드백 효과를 일으킬 것"이라고 지적했다. 이렇게 되면 웜홀 입구에 변형이 생겨서 영원히 닫혀버릴 수도 있다. 그러나 킵 손은 복사에너지가 웜홀 입구에 영향을 줄 정도로 크지 않을 것이라고 반박했다.

바로 이 지점에서 초끈이론이 개입된다. 초끈이론은 아인슈타인의 일반상대성이론을 포함하는 양자이론이므로, 원래의 웜홀이론에 보정을 가할 수 있다. 원리적으로는 AWEC 조건의 타당성과 안정한 웜홀의 존재 가능성(즉, 시간여행의 가능성)도 초끈이론을 통해 결론이 내려질 가능성이 높다.

호킹은 킵 손의 웜홀에 유보적 입장을 취하고 있지만, 사실 그는 킵손보다 훨씬 비현실적인 웜홀을 제안한 장본인이었다. 호킹의 웜홀은 과거와 현재를 연결하는 통로가 아니라, 우리의 우주와 무한히 많은 평행우주를 연결하는 통로이다!

12. 충돌하는 우주

> 자연은 우리가 상상하는 것보다 훨씬 기묘하다.
> 아니, 우리가 상상할 수 있는 그 무엇보다 훨씬 기묘하다.
>
> _존 버튼 샌더슨 홀데인J. B. S. Haldane

우주론 학자 스티븐 호킹은 아마도 현존하는 과학자들 중에서 가장 비극적인 운명을 타고난 사람일 것이다. 독자들도 잘 알다시피, 그는 퇴행성 불치병에 걸려 서서히 죽어가는 와중에도 불굴의 의지로 연구활동을 계속했고, 보통사람은 상상조차 할 수 없는 역경을 딛고 일어나 세계 최고의 과학자 중 한 사람이 되었다. 그는 팔과 다리, 혀를 움직이지 못하고 성대까지 잃었지만, 휠체어에 몸을 의지한 채 과학의 새 분야를 선도하고 있다.

호킹은 연필을 쥘 수 없기 때문에 웬만한 계산은 머릿속으로 해결한다(가끔은 조교의 도움을 받을 때도 있다). 게다가 성대의 기능을 상실하여 사람들과 대화할 때에는 목소리 생성장치의 도움을 받아야 한다. 그러나 이 모든 장애에도 불구하고 그는 연구를 멈춘 적이 없으며, 시간을 쪼개어 《시간의 역사A Brief History of Time》를 비롯한 베스트셀러를 집필했고, 전 세계를 돌아다니며 강연까지 하고 있다.

나는 케임브리지대학교에서 개최한 학회에 연사로 초대되어 영국에 갔을 때, 사적으로 호킹의 집을 방문한 적이 있다. 가족 중에 장애인이 있는 집에는 보조도구가 있기 마련이지만, 그의 집 거실에는 생전 처음 보는 연구용 보조도구로 가득 차 있었고, 모두가 기발한 발명품이었다. 예를 들어 호킹의 책상 위에는 연주가용 보면대와 비슷한 물건이 놓여 있는데, 여기에 책을 올려놓으면 다양한 각도로 돌아가면서 각 페이지가 자동으로 넘어가게 되어 있다(아무리 좋은 보조기구가 있어도, 사지를 쓰지 못하고 말도 못 하는 몸으로 호킹 같은 열정을 수십 년 동안 유지할 수 있을까? 솔직히 말해서 나는 별로 자신 없다).

호킹은 아이작 뉴턴의 뒤를 이어 케임브리지대학교 물리학과의 루커스 석좌교수Lucasian Professor로 재직 중이다. 이 자리에 앉았던 전임자들이 모두 그랬듯이 호킹은 최첨단 연구를 수행하면서 동시대의 과학을 선도해왔다. 그의 주 관심 분야는 아인슈타인의 중력이론과 양자이론을 통일하는 양자중력이며, 10차원이론에도 지대한 관심을 갖고 있다. 실제로 그가 집필한 베스트셀러에는 10차원이론이 자세하게 소개되어 있다.

호킹은 블랙홀복사black hole radiation에 관한 논문으로 세계적 유명세를 얻었지만, 지금 그의 최대 관심사는 통일장이론이다. 앞서 말한 대로 끈이론은 양자이론으로 시작하여 아인슈타인의 중력이론을 흡수했다. 그러나 호킹은 이와 정반대로 고전적 상대성이론에서 출발하여 양자이론을 적용하는 쪽으로 접근하고 있다. 그는 연구동료인 제임스 하틀James Hartle과 함께 아인슈타인의 우주에서 시작하여 '우주 전체의 양자화'라는 원대한 목표를 향해 나아가는 중이다!

우주의 파동함수

호킹은 양자역학과 우주론을 결합한 '양자우주론quantum cosmology'의 창시자 중 한 사람이다. 언뜻 생각하면 양자우주론이라는 용어 자체가 모순인 것 같다. '양자'는 쿼크나 뉴트리노 등 초미세 입자에 적용되는 개념인 반면, 우주론은 방대한 스케일의 우주를 서술하는 이론이기 때문이다. 그러나 호킹을 비롯한 양자우주론 학자들은 오직 양자이론만이 우주론에서 제기된 궁극적 질문의 답을 구할 수 있다고 굳게 믿고 있다. 호킹은 양자우주론을 연구하다가 '우리의 우주 외에 무한히 많은 평행우주가 존재한다'는 결론에 도달했다.

양자이론은 입자의 모든 가능한 상태를 서술하는 파동함수에서 출발한다. 예를 들어 하늘을 덮고 있는 부정형의 커다란 먹구름을 상상해보자. 먹구름의 색이 검을수록 물과 먼지의 밀도가 높다. 따라서 먹구름의 색 분포를 알고 있으면 각 부위에 포함된 물과 먼지의 양을 추정할 수 있다. 이것을 양자역학적으로 표현하면 다음과 같다. '먹구름의 색 분포를 알고 있으면 하늘의 특정 부위에서 물과 먼지가 발견될 확률을 알 수 있다.'

하늘의 먹구름은 전자 한 개의 파동함수와 비슷하다. 단, 전자의 파동함수는 하늘을 얇게 덮는 대신 공간을 가득 채우고 있다. 한 점에서 파동함수의 값이 클수록 그곳에서 전자가 발견될 확률이 높다. 또한 파동함수는 전자뿐만 아니라 사람의 몸처럼 거시적인 물체에도 적용된다. 프린스턴 고등연구소의 한 연구실 책상 앞에 앉아 있는 나는 슈뢰딩거의 확률파동함수를 갖고 있다. 내 몸의 파동함수는 아마도 나와 비슷하게 생긴 구름 모양일 것이다. 그러나 이 구름은 내 몸이 있는 곳에 100% 집중되어 있지 않고 가장자리로 갈수록 조금씩 희미해지면서, 화성과 태양계를 너머 우주 전역에 퍼져 있다. 단, 내 몸에서 멀어질수록 파동함수의 값은 급격하게 작아진다. 이는 곧 나의 몸뚱이가 화성에서 발견될 확률보다 프린스턴에서 발견될 확률이 훨씬 크다는 것을 의미한다. 그러나 내 몸의 파동함수의 일부는 은하수를 넘어 멀고먼 우주공간까지 퍼져 있기 때문에, 내 몸뚱이가 다른 은하에서 발견될 가능성도 분명히 존재한다. 확률은 엄청나게 작지만 결코 0이 아니다.

호킹은 우주 전체를 하나의 입자로 간주한다는 참신하고도 파격적인 아이디어를 제안했다. 여기서 출발하여 몇 가지 단계를 거치면 놀라운 결론에 도달하게 된다.

호킹의 이론은 '모든 가능한 우주'를 서술하는 일련의 파동함수에서 시작된다. 즉 우주는 하나가 아니라 무한개이며, 개개의 우주에는 하나의 파동함수가 대응된다는 뜻이다. '입자'를 '우주'로 대치하고 거기에 파동함수의 개념을 적용한 것은 그야말로 혁명적 발상이었다.

이 이론에 의하면 우주의 파동함수는 모든 가능한 우주에 널리 퍼져 있으며, 우리의 우주에서 꽤 큰 값을 갖는다. 즉 우리의 우주가 '올바른 우주'일 가능성이 꽤 높다는 뜻이다. 그러나 우주의 파동함수는 다른 우주까지 퍼져 있기 때문에, 생명체가 존재하지 않고 기존의 물리법칙도 통하지 않는 생소한 우주가 '올바른 우주'일 가능성도 있다. 단 다른 우주에서는 파동함수의 값이 너무 작아서 우리의 우주가 가까운 미래에 다른 우주로 양자도약할 가능성은 거의 없다.

양자우주론의 목적은 우주의 파동함수가 우리의 우주에서 제일 크고 다른 우주에서 거의 0에 가깝다는 간단한 추론을 수학적으로 증명하는 것이다. 그렇게 되면 우리의 우주가 유일하면서 안정한 상태라는 것도 자동으로 입증될 것이다(안타깝게도 아직은 증명되지 않았다).

그러므로 호킹의 연구는 '동시에 공존하는 무한히 많은 우주들'을 분석하는 것으로 시작된다. 우주라는 단어의 정의가 '존재하는 모든 것'에서 '존재 가능한 모든 것'으로 확장되어야 한다는 뜻이다. 여러 가능한 우주에 퍼져 있는 우주의 파동함수를 그래프로 나타내면 그림 12.1과 같다. 보다시피 우리의 우주가 선택될 가능성이 가장 높지만, 다른 우주가 선택될 가능성도 있다. 또한 호킹의 양자우주론에서는 각기 다른 우주를 서술하는 파동함수들이 서로 충돌할 수도 있으며, 두 개 이상의 우주가 웜홀을 통해 연결될 수도 있다. 그러나 이 웜

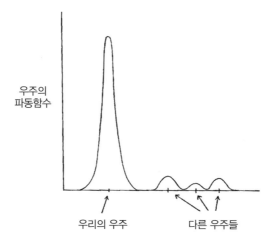

그림 12.1 》》 호킹이 제안한 '우주의 파동함수'의 대부분은 우리의 우주에 집중되어 있다. 우리가 지금과 같은 우주에 살고 있는 이유는 '그렇게 될 확률'이 가장 크기 때문이다. 그러나 우주의 파동함수가 다른 우주를 선택할 확률도 (아주 작긴 하지만) 분명히 존재한다. 따라서 확률이 아주 작긴 하지만 우주들 사이에 전이(轉移, transition)가 일어날 수도 있다.

홀은 앞에서 말한 것처럼 3차원 공간의 다른 두 지점을 연결하는 웜홀이 아니라, 서로 다른 우주를 연결하는 웜홀이다.

예를 들어 공중에 떠다니는 여러 개의 비눗방울을 생각해보자. 비눗방울 집단은 양자우주론에서 말하는 평행우주와 비슷하다. 단 평행우주들은 진짜 비눗방울과 달리 서로 충돌하여 더 큰 우주가 되거나, 하나의 우주가 여러 개의 작은 우주로 분리될 수도 있다. 그리고 모든 우주는 우리에게 친숙한 4차원 시공간이 아닌 10차원 시공간에 존재하며, 방울과 방울 사이에는 시공간이 존재하지 않는다(즉 시공간은 비눗방울의 내부에만 존재할 수 있다). 또한 모든 우주는 자신만의 '시간'을 갖고 있으며, 다른 우주의 시간이 우리와 같은 속도로 흐를 이유는 어디에도 없다(지금 우리의 기술 수준으로는 한 우주에서 다른 우주로 옮겨갈 수 없다. 게다가 이토록 방대한 스케일에서 양자전이quantum transition가 일어나려면 우리 우주의 나이보다 긴 시간을 기다려야 한다). 각 우주마다 적용되는 물리법칙도 각양각색이어서, 생명체가 탄생하고 진화할 수 있는 우주는 극히 일부에 불과하다. 무수히 많은 비눗방울 우주들 중에서 생명체가 존재하는 우주는 아마도 우리 우주가 유일할 것이다(그림 12.2).

호킹의 '아기우주이론baby universe theory'은 그다지 현실적인 이론은 아니지만, 우주론은 물론이고 철학과 종교계에 두 가지 중요한 논쟁을 야기했다.

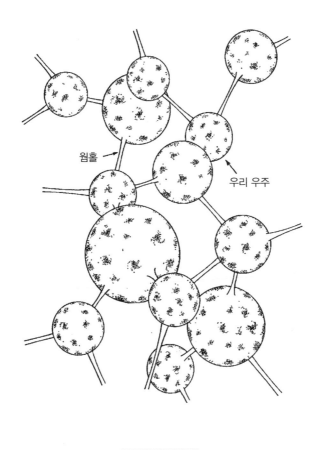

웜홀

우리 우주

과학으로 복귀한 신

첫 번째 논쟁은 인류원리anthropic principle와 관련되어 있다. 지난 수백
년 동안 과학자들은 우주를 지배하는 원리가 '인간적 성향'과 완전히

무관하다는 사실을 반복적으로 확인해왔다. 이제 우리는 과학적 발견에 인간의 편견이나 사고를 투영하지 않는다. 그러나 과거 한때 과학자들은 동물과 사물이 인간과 비슷한 속성을 갖고 있다는 의인관(擬人觀, anthropomorphism, 인간이 아닌 대상에 인간의 육체와 정신적 속성을 부여하여 인간중심적으로 해석하는 사상이나 경향_옮긴이)에 집착한 적이 있었다. 요즘 애완동물을 기르는 사람들 중에도 이런 착각에 빠져 있는 사람이 의외로 많다(할리우드의 시나리오 작가들도 외계행성에 사는 생명체를 인간과 비슷하게 묘사하는 경향이 있는데, 이것도 인간중심적 사고의 단적인 사례이다).

의인관은 오래전부터 문제를 야기해왔다. 이오니아의 철학자 크세노파네스Xenophanes는 "사람들은 신이 부모의 몸에서 태어나고, 옷을 입고, 목소리와 생김새도 자신과 비슷하다고 생각한다. (…) 그렇다면 에티오피아의 신은 검은 피부에 코가 납작하고, 트라키아의 신은 붉은 머리칼에 푸른 눈을 갖고 있단 말인가?"라며 장탄식을 늘어놓았다. 지난 수십 년 동안 일부 우주론 학자들은 '인류원리'라는 그럴 듯한 명목을 내세우며 과학에 신을 끌어들이려는 인류관 신봉자들에게 심각한 우려를 표명해왔다. 개중에는 심지어 "신을 과학에 복귀시키겠다"고 공식적으로 선언한 사람도 있었다.

과학에 신이 개입되는 것을 병적으로 싫어하는 무신론자들도 부인하기 어려운 사실이 하나 있다. 중력상수와 미세구조상수 등 물리학에 등장하는 기본상수의 값이 지금과 조금만 달랐어도 우주에는 생명체가 존재할 수 없었다는 사실이다. 이것이 과연 우연의 일치일까? 아니면 어떤 우월한 존재가 생명을 가호하고 있는 것일까?

인류원리에는 두 가지 버전이 있다. 그중 하나인 약인류원리weak

anthropic principle는 우주에 지적생명체(인간)가 존재한다는 것을 '우주의 상수를 이해하는 데 도움을 주는 실험적 사실'로 간주한다. 1979년에 노벨 물리학상을 수상한 스티븐 와인버그는 약인류원리를 다음과 같이 해석했다. "이 세상은 (적어도 부분적으로는) 눈에 보이는 그대로이다. 그렇지 않다면 이 세상이 왜 지금과 같은지 의문을 제기할 생명체가 존재하지 않았을 것이기 때문이다."[1] 이런 식으로 생각하면 약인류원리는 그다지 심각한 논쟁거리가 되지 않는다.

아닌 게 아니라 우주에 생명체가 존재하려면 엄청나게 까다로운 조건들이 기가 막히게 맞아 들어가야 한다. 생명은 복잡하고 다양한 생화학적 반응의 산물이기 때문에, 화학과 물리학의 상수들이 지금과 조금만 달랐다면 생명체는 애초부터 탄생하지도 않았을 것이다. 예를 들어 핵력의 크기를 좌우하는 상수가 조금만 달랐다면 별이나 초신성의 내부에서 핵융합이 일어나지 않아 무거운 원소가 생성되지 않았을 것이고, 철보다 무거운 원소에 기반을 둔 DNA와 단백질분자도 존재하지 않았을 것이다. 그 옛날, 초신성폭발과 함께 흩어진 잔해에서 지구를 비롯한 행성과 생명체가 탄생했으므로, 우리 모두는 '별의 후손'인 셈이다. 따라서 핵물리학을 좌우하는 물리법칙이 조금만 달랐다면 인간을 비롯한 생명체는 아예 태어나지도 못했을 것이다. 생명체 탄생에 기여한 또 하나의 일등공신은 양성자의 '안정성'이다. 원시지구에 바다가 형성된 후 생명체가 탄생할 때까지는 약 10~20억 년의 세월이 소요되었다. 그런데 양성자의 수명이 수백만 년에 불과했다면, 분자들이 아무리 열심히 충돌해도 생명체는 탄생하지 못했을 것이다.

우리가 지금처럼 존재하면서 생명의 기원을 추적할 수 있다는 것은 우주탄생 후 일련의 복잡한 사건들이 우리에게 유리한 쪽으로 일어났음을 의미한다. 자연의 상수들이 적절한 값으로 세팅되어 있었기에 별의 수명이 충분히 길어서 무거운 원소가 생성될 수 있었고, 양성자의 수명이 충분히 길었기에 원시바다에서 유기물이 합성될 수 있었으며, 중력상수 G의 값도 적절하여 지구에 적절한 양의 태양에너지가 유입될 수 있었다. 다시 말해서 우주에 인간이 존재한다는 사실 자체가 우주의 나이와 화학성분, 온도, 크기 등 모든 물리적 조건에 커다란 제한을 가하고 있다. 만일 조물주가 우주의 특성을 좌우하는 오만가지 변수를 조금씩 바꿔가면서 무수히 많은 우주를 창조했다면, 그중에서 생명체가 살 수 있는 우주는 극히 일부에 불과할 것이다.

이 기적 같은 우연의 일치를 어떻게 설명해야 할까? 물리학자 프리먼 다이슨Freeman Dyson은 "우주의 역사를 되돌아보면, 우주는 태초부터 인간의 출현을 예견했던 것 같다"고 했다. 여기에 인간중심적 요소를 조금 더 추가하여 "물리학의 모든 상수들은 (창조주나 어떤 초월적 존재에 의해) 생명이 탄생할 수 있도록 적절한 값으로 세팅되어 있다"고 주장하는 것이 바로 인류원리의 강력한 버전인 '강인류원리strong anthropic principle'이다. 독자들도 짐작하겠지만 강원리는 과학에 신을 노골적으로 개입시키기 때문에 논쟁의 여지가 다분하다.

우주에 생명체가 탄생하는 데 필요한 조건이 단 몇 개뿐이었다면, 지금 우리가 존재하게 된 것을 단순한 '행운'으로 치부해도 별 문제 없을 것이다. 그러나 실제로는 엄청나게 많은 상수들이 현재의 값으로 정교하게 세팅되어야 하기 때문에, 행운론으로 밀어붙이기에는 다소 무리가 있다. 아무래도 어떤 전능한 존재(신 또는 창조주)가 생명체의 탄생을 염두에 두고 모든 상수의 값을 미리 맞춰놓은 것 같다.

대부분의 과학자들은 인류원리를 달갑게 생각하지 않는다. 물리학자 하인즈 페이겔스는 인류원리를 처음 접했을 때 "이론물리학자들의 사고방식과 완전 딴판인 새로운 논리가 등장했다"며 혀를 내둘렀다.[2]

사실 인류원리는 '신이 지구와 태양 사이의 거리를 적절하게 조종해놓은 덕분에 생명체가 탄생했다'는 구식 논리를 좀 더 정교하게 업그레이드한 것이다. 지구와 태양 사이의 거리가 지금보다 가까우면 너무 뜨겁고, 지금보다 멀면 너무 추워서 생명체가 살 수 없다. 그렇다면 우리 은하에 있는 수백만 개의 행성들 중 태양과 적절한 거리에 있는 행성이 지구밖에 없다는 말인가? 그럴 리가 없다. 개중에는 온도가 지구와 비슷한 행성이 분명히 있을 것이고, 그곳에 생명체가 존재할 수도 있다. 그렇다면 인류원리는 외계생명체의 존재를 인정해야 하는데, 지지자들과 대화를 나눠보면 딱히 그렇지도 않다.

인류원리는 자연현상을 예측하는 능력이 없을 뿐만 아니라, 진위 여부를 검증하는 것도 불가능하다. 그래서 대부분의 과학자들은 인류원리에 강한 거부감을 느끼고 있다. 페이겔스는 인류원리 때문에 한동안 골머리를 앓다가 다음과 같이 결론지었다. "물리학의 원리와 달리 인류원리는 진위 여부를 판단할 방법이 없다. 실험을 통해 확인되거나 반증될 수 없으므로, 인류원리는 과학적 원리가 아니다."[3] 물리학자 앨런 구스는 좀 더 과격하다. "인류원리는 정말 나를 열받게 만든다. (…) 그것은 더 좋은 아이디어가 없어서 궁여지책으로 짜낸 억지논리에 불과하다."[4]

리처드 파인만은 "이론물리학자의 목적은 자신의 생각이 틀렸음을 한시라도 빨리 증명하는 것"이라고 했다.[5] 그러나 인류원리는 반증 자체가 불가능하다. 이 시점에서 문득 와인버그가 했던 말이 떠오른다. "과학자가 없으면 과학도 없다. 그런데 과학이 없다고 해서 우주도 존재할 수 없을까?"[6]

인류원리를 둘러싼 논쟁은 한동안 잠잠하다가 호킹의 '우주 파동함수'가 알려지면서 다시 수면 위로 떠올랐다. 호킹이 옳다면 무수히 많은 평행우주들이 존재하고, 각 우주의 물리적 조건도 천차만별이다. 그중에는 양성자가 너무 빨리 붕괴되어 별의 내부에서 무거운 원소가 만들어지지 못하는 우주도 있고, 생명체가 탄생하기도 전에 빅크런치를 맞이하는 우주도 있다. 그리고 생명체가 존재하려면 매우 까다로운 조건이 충족되어야 하므로, 무한히 많은 평행우주들 중 대부분은 생명체가 없는 '죽은 우주'일 것이다.

그중에는 생명체가 살아가기에 알맞은 우주도 있다. 우리가 지금 여기에 존재한다는 것이 그 증거다. 그렇다면 우리 우주에 생명체가 존재하는 이유를 설명하기 위해 굳이 신을 들먹일 필요가 없다. 그러나 이 경우에도 '우리의 우주는 무수히 많은 죽은 우주와 공존하고 있으며, 생명체가 살고 있는 우주는 우리 우주뿐'이라는 약인류원리가 여전히 적용된다.

호킹의 우주 파동함수에서 제기된 두 번째 문제는 이보다 훨씬 난해하여 아직 해결되지 않은 채로 남아 있다. 양자역학에 관심 있는 사람이라면 누구나 한 번쯤 들어봤을 법한 '슈뢰딩거의 고양이' 역설이 바로 그것이다.

돌아온 슈뢰딩거의 고양이

호킹의 아기우주와 웜홀은 양자이론에 기초한 가설이기 때문에, 양자이론에 내재된 문제를 그대로 이어받을 수밖에 없었다. 호킹의 우주 파동함수를 도입해도 양자이론의 역설은 해결되지 않지만, 새로운 관점에서 재해석할 수는 있다.

양자이론에 의하면 모든 물체는 파동함수를 갖고 있으며, 그 물체가 시공간의 특정 지점에서 발견될 확률은 바로 이 파동함수에 의해 결정된다. 즉 모든 입자는 '확률적으로' 존재하기 때문에, 관측을 행하기 전까지는 특정 입자의 물리적 상태를 정확하게 알 수 없다. 입자는 슈뢰딩거의 파동함수로 서술되는 '모든 가능한 상태'에 확률적으로 존재하다가, 관측이 행해지면 비로소 하나의 상태로 결정된다. 좀 더 정확하게 말하자면 '관측행위가 개입되기 전에 입자는 모든 가능한 상태의 합(일차결합)으로 존재한다.'

닐스 보어와 베르너 하이젠베르크가 이 개념을 처음으로 제안했을 때, 아인슈타인은 펄펄 뛰며 반대의사를 표명했다. 쥐 한 마리가 쳐다 봤다고 해서 달이 그곳에 존재하게 되었다는 말인가? 아인슈타인은 '우리가 무언가를 쳐다보건 말건, 그 대상은 이미 그곳에 존재한다'는 고전적 관념을 차마 포기할 수 없었다. 그러나 양자이론에 의하면 달은 누군가가 바라보기 전(관측하기 전)에는 그곳에 존재하지 않는다. 관측되지 않은 달은 하늘에 떠 있을 수도 있고 폭파되어 산산이 흩어졌을 수도 있으며, 흔적도 없이 사라졌을 수도 있다. 즉 달은 무한히 많은 상태에 확률적으로 중첩된 상태에 있다가, 누군가가 달을 바라보면(관측하면) 비로소 하나의 상태로 결정된다. 달이 지구를 공전하고 있는 것은 '그런 상태에 있을 확률'이 가장 높기 때문이다.

아인슈타인은 양자역학의 확률적 해석을 놓고 닐스 보어와 여러 차례에 걸쳐 세기적 논쟁을 벌였다. (한번은 보어가 아인슈타인에게 짜증을 내며 이렇게 쏘아붙인 적도 있다. "제발 생각 좀 하고 말하세요! 논리적이기만 하면 다랍니까?")[7] 심지어는 파동방정식의 원조인 슈뢰딩거조차도 보어의 확률해석에 반대의사를 표명하면서 "내가 유도한 방정식 때문에 그런 말도 안 되는 논쟁에 휘말리다니, 정말 불쾌하다"고 했다.[8]

보어의 확률해석에 반대하는 사람들은 한결같이 "당신이 바라보기 전에 고양이는 살아 있는가, 아니면 죽었는가?"라는 질문을 제기했다.

이 질문의 진원지는 그 유명한 '슈뢰딩거의 고양이' 역설로서, 자세한 내용은 다음과 같다. 살아 있는 고양이 한 마리를 상자에 가둬놓는다. 상자 안에는 일정한 비율로 붕괴되는 우라늄 조각이 들어 있어서, 가이거 계수기(Geiger counter, 입자 검출장치)에 방사능이 감지되면(우라늄이 붕괴되면) 고양이를 향해 권총이 발사되도록 세팅되어 있다. 그러니까 우라늄이 한 번이라도 붕괴되기만 하면 고양이는 저 세상으로 간다.

이 상태에서 상자의 뚜껑을 닫으면 고양이의 상태를 알 방법이 없다(상자는 불투명하고, 방음처리가 완벽하게 되어 있어서 총소리도 들리지 않는다). 고양이의 상태를 확인하려면 뚜껑을 열고 들여다보는 수밖에 없다. 그렇다면 뚜껑을 열기 전에 고양이는 어떤 상태에 있는가? 양자이론에 의하면 고양이는 살아 있는 상태와 죽은 상태가 중첩된 채로 존재한다. 다시 말해서, 산 고양이와 죽은 고양이가 섞여 있다는 뜻이다.

슈뢰딩거는 '살지도 죽지도 않은 고양이'가 무의미하다고 생각했다. 그러나 지금까지 양자역학의 이름으로 실행된 실험에 의하면 상자 속의 고양이는 정말로 중첩된 상태로 존재한다. 이 사실을 반증할 만한 증거는 단 한 번도 발견되지 않았다(물론 모든 실험은 고양이가 아닌 입자를 대상으로 실행되었다_옮긴이).

슈뢰딩거의 고양이 역설은 루이스 캐럴의 소설 《이상한 나라의 앨리스》에 등장하는 체셔 캣Chashire cat을 연상시킨다. 그 고양이는 "거기서 나를 만나게 될 거야…"라는 말을 남기고 서서히 사라지는데, 이상한 일을 하도 많이 겪은 앨리스는 별로 놀라지도 않는다. 물리학자들도 앨리스처럼 양자세계의 기이한 현상에 익숙해져서, 아무리 희한한 사건이 일어나도 덤덤할 뿐이다. 양자세계는 태생적으로 상식을 벗어난 세계이기 때문이다.

물리학자들이 이 역설적 상황을 이해하는 방법은 크게 세 가지가 있다. 가장 쉬운 방법은 신을 도입하는 것이다. 모든 관측에는 관측자가 반드시 있어야 하므로, 우주가 '중첩'이 아닌 '실체'로 존재하려면 그것을 관측하는 '우주적 의식'이 있어야 한다. 노벨상 수상자인 유진 위그너Eugene Wigner는 "양자이론이 우주를 올바르게 서술한다는 것은 어딘가에 우주적 의식의 존재한다는 증거"라고 했다.

두 번째는 가장 많은 물리학자들이 애용하는 방법으로, '그냥 무시하기'이다. 카메라는 의식이 없는데도 자연을 관찰하고 측정할 수 있지 않은가? 대부분의 물리학자들은 이런 간단한 논리로 문제를 피해가면서, 속으로는 막다른 길에 도달하지 않기를 기원하고 있다.

리처드 파인만은 이런 말을 한 적이 있다. "나는 양자역학을 제대로 이해하는 사람이 없다고 생각한다. 그러므로 '어떻게 그럴 수 있을까?'라는 의문을 달고 살 필요는 없다. 계속 파고 들어가봐야 아무도 탈출한 적 없는 막다른 길에 도달할 뿐이다."⁹ 실제로 많은 물리학자들은 20세기에 등장한 가장 어이없는 이론으로 양자역학을 꼽으면서도, "의심의 여지없이 정확하기 때문에 믿을 수밖에 없다"고 털어놓곤 한다.

그러나 역설을 해결하는 방법이 하나 더 남아 있다. 공상과학소설을 방불케 하는 '다중세계이론many-world theory'이 바로 그것이다. 이 이론은 (인류원리가 그랬던 것처럼) 처음 제기된 후 한동안 관심 밖으로 밀려났다가, 호킹의 우주 파동함수가 등장하면서 다시 관심의 대상으로 떠올랐다.

다중세계

1957년, 미국의 물리학자 휴 에버렛Hugh Everett은 우주가 마치 분열하는 세포처럼 끊임없이 두 개로 분리된다는 가설을 제안했다. 한 우주에서는 우라늄이 붕괴되지 않아서 고양이가 살아 있고, 다른 우주에서는 우라늄이 기어이 분해되어 고양이가 죽었다. 에버렛의 가설이 옳다면 우주의 개수는 무한개이며, 개개의 우주는 다른 우주들과 복잡한 네트워크로 연결되어 있다. 아르헨티나의 작가 호르헤 루이스 보르헤스의 소설 〈갈림길의 정원The Garden of Forking Paths〉처럼, "시간은 무수히 많은 미래를 향해 끊임없이 갈라지고 있다."

물리학자 브라이스 디윗Bryce DeWitt은 다중세계이론에 대한 느낌을 다음과 같이 피력했다. "우주의 모든 은하, 모든 별에서 양자적 변화가 일어날 때마다 우주는 수많은 복사본으로 갈라지고 있다. 이 개념을 처음 접하면서 받았던 충격을 지금도 잊을 수가 없다."[10] 다중세계 이론에 의하면 이 세계는 관측행위가 일어날 때마다 '모든 가능한 양자적 세계'로 갈라지고 있다. 그중에는 인간이 지구에서 가장 우월한 생명체로 군림하는 세계도 있고, 물리법칙이 생명체에게 적대적이어서 인간이 아예 태어나지 않은 세계도 있다.

여기서 잠시 노벨상 수상자인 프랭크 윌첵Frank Wilczek의 말을 들어보자.

사람들은 "트로이의 헬렌(Helen, 아가멤논의 동생 메넬라오스의 아내. 트로이의 파리스 왕자가 헬렌을 납치하는 바람에 트로이전쟁이 발발했다_옮긴이)의 코끝에 큼지막한 사마귀가 달려 있었다면 인류의 역사는 달라졌을 것"이라고 한다. 그런데 사마귀는 태양의 자외선이 세포에 변이를 일으켜서 생긴 결과이므로, '코끝에 사마귀가 달린 헬렌'이 존재하는 우주도 무수히 많을 것이다.[11]

사실 다중세계는 새로운 개념이 아니다. 13세기 도미니크 수도회의 성직자이자 과학자였던 성 알베르투스 마그누스St. Albertus Magnus는 다음과 같은 글을 남겼다. "이 세계는 여러 개인가? 아니면 단 하나의 세계만이 존재하는가? 이것은 자연을 연구할 때 마주치는 가장 고귀한 문제이다." 그런데 구식 다중세계 가설에 약간의 수정을 가했더니 슈뢰딩거의 고양이 역설이 한 방에 해결되었다. 하나의 우주에서 고양이는 살아 있고, 다른 우주에서 고양이는 죽었다. 이 얼마나 간단명료한가?

무슨 공상과학소설처럼 들리겠지만, 에버렛의 다중세계 가설은 양자이론의 수학적 해석과 정확하게 일치한다. 그러나 당시만 해도 물리학자들은 이런 개념에 전혀 익숙하지 않았다. 우주가 세포분열을 하듯 매 순간마다 반으로 갈라지면서 무수히 많은 우주로 진화한다는 것은 단순함을 추구하는 물리학자들에게 악몽과도 같은 가설이었다. 대부분의 물리학자들은 '오컴의 면도날Occam's razor' 원리를 충실하게 따른다. 즉 하나의 문제에 여러 개의 답이 주어졌을 때에는 가장 단순한 것이 정답일 가능성이 높다. 특히 실험으로 관측되지 않는 것은 정답 후보에서 제외하는 것이 상책이다(우주공간을 가득 메우고 있다는 '에테르aether'의 개념이 폐기된 것도 오컴의 면도날 원리를 따른 결과였다. 19세기의 물리학자들은 빛의 매질을 연구하다가 실존하는 물질 중에서 마땅한 후보를 찾지 못하여 '무언가 신비한 유체가 우주공간을 가득 채우고 있다'고 가정하고, 그 가상의 물질을 에테르라고 불렀다. 아인슈타인은 특수상대성이론을 구축하던 중 '굳이 에테르를 도입할 필요가 없다'는 결론에 도달했으나, 에테르의 존재 자체를 부정하지는 않았다. 그 뒤로 물리학자들은 오컴의 면도날 원리에 입각하여 에테르를 두 번 다시 언급하지 않았다).

에버렛의 다중세계들 사이에는 의사소통이 불가능하다. 이것은 수학적으로 증명된 사실이다. 따라서 각 우주에 사는 생명체들은 다른 우주의 존재를 인식하지 못한다. 그런데 실험적으로 관측되지 않는 것은 오컴의 면도날 원리에서 말하는 '1차 제거 대상'이므로, 다중세계 가설은 사실이 아닐 가능성이 매우 높다.

이와 비슷한 맥락에서 물리학자들은 '천사'와 '기적'이 존재하지 않는다고 단정짓지 않는다. 누가 알겠는가? 기적을 행하는 천사가 어딘가에 존재할 수도 있다. 그러나 기적은 자주 일어나지 않기 때문에(자주 일어나면 정의상 기적이 아니다!) 실험으로 재현할 수 없다. 따라서 오컴의 면도날 원리에 의해 천사와 기적은 현실 목록에서 제외된다(그렇지 않다면 우리는 필요할 때마다 천사를 불러내고 기적을 행할 수 있어야 한다). 에버렛의 지도교수였던 존 휠러John Wheeler는 "다중세계이론은 형이상학적 쓰레기를 너무 많이 쏟아낸다"며 거부감을 나타냈다.[12]

그러나 호킹의 우주 파동함수이론이 등장하면서 한동안 잊혔던 다중세계 가설이 학계의 관심사로 떠오르고 있다. 과거에 에버렛은 하나의 입자를 대상으로 '상호교신이 불가능한' 다중세계를 가정했지만, 호킹은 우주 전체를 대상으로 '(웜홀을 통해) 상호교신이 가능한' 다중우주이론을 구축했다.

호킹은 여기서 한 걸음 더 나아가 우주 파동함수의 해를 계산하는 원대한 작업에 착수했다. 호킹이 자신의 이론에 자신감을 갖는 이유는 과거의 다중세계 가설과 달리 이론 자체가 수학적으로 잘 정의되어 있기 때문이다(앞서 말한 바와 같이 이 이론은 궁극적으로 10차원에서 정의된다). 그의 바람대로 우주의 파동함수가 우리의 우주에서 가장 큰 값을 갖는 것으로 판명된다면, 우리의 우주가 가장 확률이 높은 우주이며 확률이 작은 다른 우주들과 공존한다는 사실도 입증되는 셈이다.

그동안 우주 파동함수를 주제로 수많은 학회가 개최되었지만, 뚜렷한 결론은 아직 내려지지 않은 상태이다. 지금의 기술로는 우주의 파동함수를 도저히 계산할 수 없기 때문이다. 우주적 파동방정식의 해를 구하려면 앞으로 몇 년은 족히 기다려야 할 것 같다(그 후로 23년이 지났지만, 호킹과 그의 추종자들은 우주 파동함수의 근처에도 가지 못했다. 1990년대 초에 호킹은 우주적 파동함수의 부분적인 해를 계산한 후 '가장 가능성이 높은 우주는 우주상수가 0인 우주'라고 주장했으나, 다중우주를 연결하는 웜홀이 문제가 되어 학계의 인정을 받지 못했다. 지금은 '만물의 이론이 완성되지 않는 한 다중우주의 경로합을 신뢰할 수 없다'는 것이 학계의 중론이다_옮긴이).

평행우주

휴 에버렛의 다중세계와 호킹이 제안한 우주 파동함수의 결정적 차이는 우주들 사이의 교신가능성이다. 호킹은 무한히 많은 평행우주들이 웜홀을 통해 연결되어 있다고 가정했다. 그렇다고 해서 퇴근 후 집에 도착하여 현관문을 열었을 때 가족들이 당신을 못 알아볼까봐 걱정할 필요는 없다. "현관문을 열었더니 가족들이 나를 반기기는커녕, 비명을 지르며 경찰에 신고하더라고요. 하지만 저는 분명히 이 집 가장입니다. 저 여자가 제 아내라니까요. 제발 좀 믿어주세요!" 이런 일은 영화에서나 가능하다. 호킹의 이론에서 웜홀은 우리의 우주를 수십억×수십억 개의 다른 평행우주들과 연결하고 있지만, 웜홀의 크기가 거의 플랑크 길이만큼 작다(양성자 크기의 1천억×10억분의 1이다. 이렇게 작은 웜홀을 사람이 통과한다는 것은 어불성설이다). 게다가 두 우주 사이의 거대한 양자적 전이는 결코 자주 일어나는 사건이 아니어서, 한 번 일어나려면 우주의 나이보다 긴 세월을 기다려야 한다.

그러므로 우주가 두 개로 분리될 때, 누군가가 우리 우주와 거의 똑같은 쌍둥이 우주(특정 시간에서 결정적으로 다를 뿐, 그 외에는 완전히 동일한 우주)로 진입하는 것은 물리법칙에 전혀 위배되지 않는다.

평행우주를 소재로 한 대표적 소설로는 영국의 작가 존 윈덤John Wyndham의 〈무작위 탐험Random Quest〉을 꼽을 수 있다. 1954년의 어느 날, 영국의 핵물리학자 콜린 트래포드가 핵실험을 하던 중 폭발사고가 일어나 전신에 치명상을 입는다. 그런데 정신을 차리고 보니 자신이 누워 있는 곳은 병원이 아니라 런던에서 멀리 떨어진 한적한 시골이었다. 그는 몸에 아무런 상처가 없는 것을 확인하고 잠시 안도의 한숨을 내쉬었지만, 잠시 후 신문 머리기사를 보고 대경실색한다. 그 기사에 의하면 2차 세계대전은 아예 일어나지도 않았고, 원자폭탄도 아직 발명되지 않았다.

자신이 알고 있던 역사와는 완전 딴판이었다. 정신이 반쯤 나간 상태에서 길을 걷다가 한 서점에 진열된 책을 보고 또 한 번 크게 놀란다. 그 책의 표지에는 자신의 사진이 대문짝만 하게 실려 있고, 그 밑에 낯선 이름과 함께 베스트셀러 작가로 소개되어 있다. 이 평행우주에서 그는 핵물리학자가 아니라 잘나가는 작가였던 것이다!

혹시 꿈을 꾸는 게 아닐까? 하긴, 몇 년 전에 작가가 될 생각을 잠시 했다가 핵물리학자가 되기로 마음을 바꾸긴 했다. 그렇다면 이곳은 과거의 내가 다른 선택을 한 경우에 초래되는 세계란 말인가? 아무래도 그런 것 같다.

트래포드는 런던의 전화번호부를 뒤져서 책에 적힌 이름의 주소를 찾아냈다. 물론 생전 처음 보는 주소다. 그는 떨리는 마음으로 그곳을 찾아간다.

아파트 초인종을 눌렀더니, 생전 처음 보는 여자가 튀어나와 고래고래 소리를 지른다. 이 세계에서 자신의 부인인 것 같은데, 화가 머리끝까지 나있다(그리고 엄청나게 미인이다!). 그녀는 바람둥이 남편과 같이 사는 게 지긋지긋하다며 온갖 독설을 퍼부었다. 알고 보니 트래포드는 이 세계에서 둘째가라면 서러운 난봉꾼이었던 것이다. 그런데 그녀는 정신없이 화를 내다가 문득 자신의 남편이 무언가 달라졌음을 깨닫는다. 그리고 트래포드는 '핵물리학자'와 '바람둥이 작가'가 두 세계의 대응인물이며, 불의의 사고를 겪으면서 서로 바뀌었다는 사실을 알게 된다.

영문도 모른 채 이혼의 위기를 간신히 넘긴 그는 바뀐 세계의 아내를 진정으로 사랑하게 된다. 자신의 대응인물인 그 작가라는 사람이 이토록 착하고 아름다운 부인을 두고 왜 바람을 피웠는지 이해할 수가 없다. 그 후로 몇 주 동안 두 사람은 인생에서 가장 행복한 시간을 보내고, 트래포드는 아내에게 두 번 다시 배신감을 안겨주지 않겠노라고 굳게 다짐한다(사실 본인 자신은 아내를 배신한 적이 한 번도 없지만). 그러던 어느 날, 트래포드는 본인의 의지와 상관없이 원래 살던 세계로 되돌아온다. 인생 최고의 사랑을 간신히 만났는데, 몇 주 만에 느닷없이 생이별을 하게 된 것이다. 그렇다면 자신의 대응인물인 그 바람둥이 작가가 그녀의 남편으로 되돌아가 또 다시 바람을 피울 테고, 그녀는 절망의 나락으로 빠질 것이다. 이대로 놔둘 수는 없다. 어떻게든 그녀에게 나의 마음을 전해야 한다. 하지만 그 세계로 가는 방법을 알 길이 없으니 차선책을 찾는 수밖에 없다. 이 세계와 그 세계의 모든 사람들이 나처럼 일대일로 대응되어 있다면, 그녀의 대응인물이 이 세계의 어딘가에 살고 있지 않을까?

이 세계로 돌아온 첫날부터 트래포드는 자신의 물리학 및 역사 지식을 총동원하여 쌍둥이우주의 관계를 필사적으로 파고들다가 1926~1927년 사이에 있었던 어떤 사건을 계기로 두 우주가 갈라져 나왔음을 알게 된다.

그 후 트래포드는 몇 개 집안의 탄생과 사망 기록을 이잡듯이 뒤져서 아직 살아 있는 사람들을 찾아냈고, 그들을 만나기 위해 전 세계를 돌아다니며 가진 재산을 모두 써버린다. 지성이면 감천이라고 했던가? 마침내 그는 그녀가 속한 가계를 찾아냈고, '이 세상에 살고 있는 그녀의 대응인물'과 극적으로 마주하게 된다. 그래서 어떻게 되었냐고? 둘은 결혼해서 오래오래 행복하게 잘 살았다. 끝(평행우주에 사는 그녀가 마음에 걸린다. 정작 행복해야 할 여자는 불행해졌고 엉뚱한 여자가 행복하게 되었으니 이건 결코 해피엔딩이 아니다!_옮긴이).

거대 웜홀의 공격

하버드대학교의 시드니 콜먼Sydney Coleman은 웜홀과 관련된 논쟁에 뛰어든 대표적 물리학자이다. 코미디 영화감독 우디 앨런과 불세출의 물리학자 아인슈타인의 얼굴을 절반씩 닮은 그는 최근에 자신이 발표한 웜홀이론에 회의적인 사람들을 일일이 설득하며 제퍼슨홀의 복도를 걸어가고 있다. 찰리 채플린 스타일의 콧수염에 아인슈타인을 연상케 하는 헝클어진 머리칼, 그리고 펑퍼짐한 셔츠를 즐겨 입는 콜먼은 대중 속에 섞여 있어도 금방 눈에 뜨일 정도로 개성이 강한 사람이다. 그는 지난 80년 동안 물리학자들을 괴롭혀온 '우주상수 cosmological constant' 문제를 자신이 풀었다고 주장한다.

그의 연구는 〈디스커버 매거진Discover Magazine〉의 표지에 '평행우주: 하버드의 맹렬한 물리학자, 새로운 진실을 밝히다'라는 제목으로 소개되었다. 또한 그는 SF의 열렬한 팬으로, 애드벤트 퍼블리셔Advent Publisher라는 출판사를 설립하여 공상과학물 평론서를 여러 권 출간했다.

지금 콜먼은 웜홀이론이 현세대에 입증될 수 없다고 주장하는 비평가들과 한바탕 논쟁을 벌이는 중이다. 킵 손의 웜홀이론에 의하면 누군가가 특수물질을 발견하거나 카시미르 효과를 현실세계에 응용하기 전까지는 타임머신을 작동시킬 만한 '엔진'을 만들 방법이 없다. 또한 호킹의 웜홀을 통해 다른 우주로 이동하려면 실제 시간이 아닌 '허수시간imaginary time'을 따라가야 한다. 그래서 대부분의 이론물리학자들은 웜홀이나 타임머신을 '이룰 수 없는 꿈'으로 생각하고 있다.

그러나 콜먼은 여기에 동의하지 않는다. 최근에 그는 웜홀이 먼 훗날의 꿈이 아니라 현세대에 실현 가능한 기술임을 주장하고 나섰다. 앞서 말한 대로 아인슈타인의 장방정식에 의하면 물체의 질량-에너지는 주변 시공간의 곡률을 결정한다. 그런데 아인슈타인에게는 의문이 하나 있었다. 순수한 진공상태에 에너지가 존재할 수 있을까? 진공에너지가 존재한다면, 그것은 우주상수라는 양을 통해 간접적으로 측정될 수 있다. 그리고 아인슈타인의 방정식에 우주상수를 끼워넣어도 원리적으로는 아무런 문제가 없다. 아인슈타인은 우주상수항이 방정식의 외관을 해치기는 하지만 수학 및 물리학적 가능성을 배제할 수 없었기에 어쩔 수 없이 방정식에 끼워넣었다.

1920년대에 아인슈타인은 자신이 유도한 장방정식을 풀다가 놀랍게도 우주가 팽창한다는 결론에 도달했다. 그러나 당시에는 우주가 정적靜的이고 영원히 변하지 않는다는 설이 지배적이었으므로, 팽창하는 우주를 진정시키기 위해 아주 작은 우주상수항을 방정식에 끼워넣었다. 간단히 말해서 원치 않는 해를 임시변통으로 제거해버린 것이다. 그러나 1929년에 미국의 천문학자 에드윈 허블이 관측 데이터를 분석하여 우주가 팽창한다는 사실을 입증했고, 이 소식을 전해들은 아인슈타인은 "내 생애 최대의 실수"라며 방정식에 강제로 끼워넣었던 우주상수항을 철회했다.

지금 우리는 우주상수가 거의 0에 가깝다는 사실을 잘 알고 있다. 만일 우주상수가 작은 음수였다면 중력이 강하게 작용하여 우주의 직경은 단 몇 미터에 불과했을 것이다(이런 우주에서 팔을 앞으로 뻗으면 자신의 뒷덜미를 잡을 수 있다). 이와 반대로 우주상수가 작은 양수이면 중력이 척력(斥力, 밀어내는 힘)으로 작용하여 모든 것이 우리로부터 매우 빠른 속도로 멀어져가고, 거기서 방출된 빛은 결코 우리에게 도달하지 않을 것이다. 다행히도 이 두 가지 악몽 같은 사건은 일어나지 않았으므로, 우주상수는 지극히 작거나 0임이 분명하다.

이 문제는 한동안 잊혔다가 1970년대에 표준모형과 대통일이론 (GUT)에서 대칭붕괴가 한창 연구되던 무렵에 다시 수면 위로 떠올랐다. 대칭이 붕괴되면 다량의 에너지가 진공 중으로 방출된다. 실제로 진공에 함유된 에너지는 실험으로 관측된 양보다 무려 10^{100}배나 많다. 물리학의 어떤 분야에서도 이론(대칭붕괴에서 예측되는 진공에너지)과 실험(우주상수가 0이라는 관측 결과)의 차이가 이 정도로 크게 나타난 적은 없었다. 그런데 콜먼의 웜홀이 우주상수의 기여분을 줄여서 이 엄청난 불일치를 해소시켜주었다.

호킹의 이론에 의하면 무수히 많은 평행우주들이 우리의 우주와 공존하고 있으며, 모든 우주는 웜홀을 통해 거미줄처럼 연결되어 있다. 그런데 콜먼이 무한히 많은 우주의 기여분을 모두 더해보니, 놀랍게도 우주의 파동함수가 '우주상수=0'인 우주를 선호하는 것으로 나타났다. 따라서 우주상수가 0이라면 파동함수가 매우 큰 값을 가질 것이고, 이는 곧 우주상수=0인 우주가 발견될 확률이 매우 높다는 뜻이다. 또한 우주상수가 0이 아닌 우주의 파동함수는 빠르게 0으로 감소하는데, 이는 원치 않는 우주가 존재할 확률이 0임을 의미한다. 바로 이것이 우주상수를 상쇄시키는 데 필요한 정보였다. 다시 말해서, 우주상수가 0인 이유는 그렇게 될 확률이 가장 크기 때문이다. 우리 우주의 우주상수가 0으로 유지되어야 수십억×수십억 개의 다른 우주와 공존할 수 있다.

이 사실이 알려지자 수많은 물리학자들이 우주상수에 관심을 갖기 시작했다. 스탠퍼드의 물리학자 레너드 서스킨드Leonard Susskind는 "콜먼의 논문이 출판되자마자 주변의 모든 사람들이 이 분야로 뛰어들었다."고 했다.[13] 콜먼은 자신의 연구결과를 소개하는 책에 약간의 유머를 섞어서 다음과 같이 적어놓았다. "모래 늪에 빠지면 나도 모르는 사이에 목까지 잠기기 일쑤다."[14]

우주상수가 10^{100}분의 1까지 정확하게 상쇄되는 것은 결코 우연이 아니다. 콜먼은 이 결과의 중요성을 강조할 때 다음과 같은 비유를 들곤 한다. "10년이 넘는 세월 동안 월급을 전혀 고려하지 않고 수백만 달러를 펑펑 쓰다가 어느 날 수입과 지출을 비교해보니 1센트의 오차도 없이 정확하게 맞아 떨어졌다면 누구나 놀라지 않겠는가? 내가 얻은 결과는 이것보다 훨씬 놀라운 것이었다."[15] 또한 콜먼은 웜홀을 적절히 활용하면 우주의 기본상수 값을 결정할 수 있다고 강조하면서 "그것은 완전히 새로운 메커니즘이다. 굳이 비교하자면 밧줄에 매달린 배트맨과 비슷하다"고 했다.[16]

물론 반대의견이 없는 것은 아니다. 가장 중요한 쟁점은 웜홀의 크기와 관련되어 있다. 콜먼은 웜홀의 크기가 플랑크 길이 수준이라고 가정했기 때문에, 그의 계산에는 큰 웜홀에 의한 기여분이 누락되어 있다. 비평가들은 이 부분까지 더해야 정확한 결과를 얻을 수 있다고 주장한다. 그러나 눈에 보일 정도로 큰 웜홀은 아직 한 번도 발견된 적이 없으므로, 콜먼의 계산에 심각한 오류는 없는 것으로 판단된다.

콜먼은 비평가들의 공격에 전혀 개의치 않고, 자신의 계산에서 거대 웜홀을 무시해도 상관없다는 점을 강조하기 위해 '거대 웜홀의 위협으로부터의 탈출Escape from the Menace of the Giant Wormholes'이라는 제목으로 반박 논문을 발표했다. 누군가가 왜 그렇게 공격적인 제목을 붙였냐고 물었더니 "논문의 제목으로 노벨상을 수상자를 결정한다면, 나는 이미 받았을 것"이라고 했다.[17]

콜먼의 수학적 논리가 옳다면 웜홀은 몽상가의 장난감이 아니라 모든 물리적 과정의 본질적 특성이며, 이 사실을 입증하는 실험적 증거도 머지않아 발견될 것이다. 그렇게 되면 우리의 우주와 수많은 죽은 우주를 연결하는 웜홀은 우주가 작은 공으로 수축되거나 바깥으로 격렬하게 폭발하는 것을 방지하는 고마운 존재로 인식될 것이다. 우리의 우주는 웜홀 덕분에 안정한 상태를 유지하고 있는지도 모른다.

그러나 플랑크 길이 수준에서 일어나는 모든 현상이 그렇듯이, 웜홀 방정식의 최종 해를 구하려면 양자중력이론에 대한 이해가 좀 더 깊어질 때까지 기다려야 한다. 콜먼의 방정식을 풀려면 모든 양자중력이론에 공통적으로 등장하는 무한대부터 해결해야 하는데, 이 문제는 초끈이론으로 해결될 가능성이 있다(콜먼의 이론에 유한한 양자보정을 가하는 것도 문제로 남아 있다). 물론 이론뿐만 아니라 계산 테크닉도 함께 발전해야 한다.

앞에서도 말했지만, 관건은 실험이 아니라 이론이다. 잘 정의된 문제를 풀었을 때 향상되는 것은 수학적 능력만이 아니다. 지금도 칠판에 적힌 복잡한 방정식들이 빨리 정답을 찾아달라며 우리를 응시하고 있지만, 지금 당장 유한한 해를 찾아낼 가능성은 거의 없다. 물리학자들이 플랑크 에너지 수준의 물리학을 좀 더 깊이 이해해야 우주의 새로운 가능성이 열릴 것이다. 플랑크 길이에서 발견되는 에너지를 마음대로 다룰 수 있다면, 우주에 존재하는 모든 기본 힘들을 정복하게 된다. 이것이 바로 4부의 주제이다. 과연 우리는 언제쯤 초공간을 정복할 수 있을까?

4부

초공간의 지배자

13. 미래를 넘어서

> 수백만 년의 역사를 가진 문명을 상상할 수 있겠는가?
> 우리는 수십 년 전에 라디오와 망원경을 처음으로 갖게 되었고,
> 기술문명의 역사도 기껏해야 수백 년에 불과하다.
> 수백만 년 된 문명권의 생명체들이 볼 때,
> 우리는 아무리 잘 봐줘도 원숭이 정도밖에 안 된다.
> _칼 세이건

통일장이론과 양자중력이론의 미스터리가 풀려서 우주의 모든 힘을 하나로 통합한 초힘super force이 발견된다면 우리는 어떤 능력을 갖게 될까? 물리학자 폴 데이비스Paul Davies는 다음과 같이 예견했다.

그날이 오면 우리는 시공간의 구조를 가공하여 아무것도 없는 곳에 매듭을 묶을 수 있고, 어떤 물질이건 주문 받는 대로 생산할 수 있을 것이다. 초힘을 지배하게 되면 입자를 마음대로 바꿔서 지금껏 존재한 적 없는 특수한 형태의 물질을 만들 수 있으며, 공간의 차원을 원하는 대로 바꿔서 상상조차 할 수 없었던 인공세계를 만들 수도 있다. 간단히 말해서, 인간은 우주의 지배자로 군림하게 될 것이다.[1]

우리의 과학은 언제쯤 초공간을 활용하는 수준까지 발전할 수 있을

까? 아마도 21세기에는 초공간의 존재가 실험적으로 증명될 가능성이 높다(최소한 간접증명은 가능할 것이다). 그러나 10차원 시공간을 마음대로 다루는 데 필요한 에너지를 충당하려면 앞으로 수백 년은 족히 기다려야 할 것 같다. 앞서 말한 대로 웜홀을 만들거나 시간의 방향을 바꾸려면 상상을 초월할 정도로 엄청난 양의 에너지가 필요하다.

그러므로 10차원 시공간의 지배자가 되려면 우리 은하 안에서 이미 그 수준에 도달한 외계생명체와 운 좋게 만나서 기술을 전수받거나, 스스로 그런 능력을 터득할 때까지 수천 년을 기다리는 수밖에 없다. 예를 들어 현재 지구에서 가장 강력한 입자가속기는 입자 하나의 에너지를 1조 전자볼트(eV)까지 끌어올릴 수 있다(1조 볼트의 전위에서 가속되는 전자의 에너지에 해당한다). 세계 최대의 가속기는 유럽 14개국이 공동투자하여 스위스의 제네바에 건설한 대형 전자-양전자 충돌기(Large Electron-Positron Collider, LEP)이다(그 후 LEP는 대대적 수리를 거쳐 2008년에 대형 강입자충돌기Large Hadron Collider로 업그레이드되었으며, 2012년에 힉스입자를 발견하여 세계최고임을 다시 한 번 입증했다_옮긴이). 그러나 이 정도로는 초공간 근처에도 갈 수 없다. 초공간을 탐사하려면 최소한 10^{19} GeV($1GeV=10^9 eV$)에 도달해야 한다. 미국 텍사스주 웍서해치에 한창 건설되다가 도중에 폐기된 초전도 초충돌기(SSC)보다 1천조 배 이상 강력해야 한다는 뜻이다.

1천조(1 다음에 0이 15개 붙은 수)는 사지에 맥이 풀릴 정도로 엄청나게 큰 수이다. 에너지가 이 정도 수준에 도달하려면 길이가 수십억 km에 달하는 입자가속기를 만들거나, 완전히 새로운 기술이 도입되어야 한다. 지구의 모든 자원을 총동원해도 초공간은커녕, 그 근처도 갈 수 없다. 이쯤 되면 아무리 세월이 흘러도 플랑크 에너지에는 영원히 도달할 수 없을 것 같다.

그러나 기술의 발전 속도가 지수함수를 따라간다는 점을 생각하면 그다지 요원한 이야기도 아니다. 지수함수의 위력을 실감하기 위해, 30분마다 한 번씩 분열하는 박테리아를 예로 들어보자. 번식을 방해하는 요인이 전혀 없다면, 한 마리에서 출발한 박테리아는 단 하루 만에 약 300조 마리(2^{48}마리)로 불어나고, 몇 주가 지나면 박테리아 무리의 총 무게가 지구의 무게를 능가한다.

인류는 200만 년 동안 지구에서 살아왔지만, 지난 200년 사이에 거둔 과학적 성과는 그 전까지 쌓아온 과학지식과 상대가 안 될 정도로 방대하다. 일정 기간 동안 이룩한 과학적 성과는 그 전까지 쌓아온 콘텐츠의 양에 비례하기 때문이다. 간단히 말해서, 많이 알수록 새로 알아가는 속도도 빨라진다. 예를 들어 인류는 2차 세계대전을 치르면서 지난 200만 년 동안 쌓아온 지식보다 훨씬 많은 지식을 습득했다. 실제로 과학자들이 보유한 과학지식의 양은 매 10~20년마다 두 배씩 증가하고 있다.

그러므로 방대한 숫자에 기죽기 전에, 인류의 발달사를 자세히 분석할 필요가 있다. 일반인들이 사용하는 에너지의 양을 중심으로 인류문명의 진화과정을 되돌아보면, 과학기술이 지수함수적으로 발전한다는 사실이 좀 더 분명하게 드러나면서 10차원이론이 가시권에 들어오는 시기를 대략적으로나마 예측할 수 있을 것이다.

지수함수적으로 발전하는 문명

요즘은 주말에 200마력짜리 승용차를 타고 한적한 시골길로 드라이브 나가는 것이 거의 일상화되었지만, 진화의 대부분 기간 동안 한 사람이 쓸 수 있는 에너지의 평균량은 형편없이 작았다.

원시인에게 사용 가능한 에너지란 팔이나 다리 등 자신의 몸에서 발휘되는 에너지뿐이었다. 이 에너지는 약 1/8마력에 해당한다. 초기의 인류는 소규모 집단으로 방랑생활을 하면서 다른 동물들처럼 오직 자신의 근육 힘만으로 식량을 구했으며, 이동 및 운송수단도 두 다리뿐이었다. 거의 200만 년 동안 오직 개인의 육체적 능력에 전적으로 의지한 채 살아온 것이다. 에너지의 관점에서 볼 때 인류의 생활환경이 바뀌기 시작한 것은 불과 10만 년 전의 일이었다. 이때부터 인류는 간단한 도구를 제작하여 자신의 팔다리로 발휘할 수 있는 힘을 크게 향상시켰다. 맨손으로 잡을 수 없었던 크고 빠른 짐승을 창과 몽둥이로 잡을 수 있게 되었고, 턱으로 씹을 수 없었던 질긴 고기와 뼈를 칼로 음식을 잘게 잘라서 씹을 수 있게 되었으니, 에너지의 관점에서 볼 때 사용 가능한 에너지가 늘어난 것과 동일한 효과를 가져온 셈이다. 이 기간 동안 한 개인이 사용할 수 있는 에너지는 거의 두 배(1/4마력)로 늘어났다.

이 값은 지난 1만 년 사이에 또 다시 두 배로 늘어났는데, 주된 원인은 기술의 발달이 아니라 빙하기가 끝났기 때문으로 추정된다. 사실 인류의 문명은 빙하기를 겪으면서 수천 년 동안 정체기를 겪었다.

수십만 년에 걸친 수렵생활은 빙하가 녹은 후 곧바로 농사를 짓기 시작하면서 극적인 변화를 겪게 된다. 먹이를 찾아 평원이나 숲속을 헤매던 인류가 한 곳에 정착하여 1년 내내 일정한 양의 식량을 생산할 수 있게 된 것이다. 또한 빙하가 녹은 후 소와 말 같은 가축을 사육하면서 한 사람이 쓸 수 있는 에너지가 1마력으로 늘어났다[1마력(馬力, horse power)이란 문자 그대로 말 한 마리가 발휘할 수 있는 힘을 의미한다. 물리학에서 마력은 힘이 아닌 일률(단위시간당 발휘되는 에너지)의 단위로 사용되지만, 지금은 힘이나 에너지의 개념으로 이해해도 상관없다_옮긴이].

농사를 짓기 시작하면서 토지의 소유권이라는 개념이 탄생했고, 노동이 분화되면서 노예라는 신분계급이 생겨났다. 바야흐로 인간이 인간을 부리는 '노예사회'가 도래한 것이다. 노예를 소유한 사람은 자신의 신체적 능력의 수십, 수백 배에 달하는 에너지를 쓸 수 있었으며, 자신의 지위를 유지하기 위해 노예를 혹독하게 다루었다. 그러니까 인간에게 비인간적이고 잔인한 면이 주입된 것도 따지고 보면 에너지 사용량이 많아졌기 때문이다. 어쨌거나 노예제도가 생기면서 최초의 도시가 건설되었고, 한 지역을 다스리는 왕은 노예들의 힘으로 기중기와 지렛대를 작동시켜서 거대한 성과 각종 기념물을 건설할 수 있었다. 메마른 사막과 울창한 숲속에 사원과 탑, 피라미드, 그리고 도시를 건설할 수 있었던 것은 에너지 사용량이 많아졌기 때문이고, 에너지 사용량이 많아진 것은 여러 사람의 노동력을 한 곳에 집중시키는 권력이 존재했기 때문이다.

에너지의 관점에서 볼 때, 인류역사의 99.99%에 해당하는 긴 세월 동안 인간의 기술은 동물보다 조금 나은 수준에 머물러 있었다. 한 개인이 1마력 이상의 에너지를 쓸 수 있게 된 것은 불과 수백 년 전의 일이다.

가장 큰 변화는 산업혁명과 함께 찾아왔다. 뉴턴의 운동법칙은 복잡한 기계의 작동원리를 일련의 수학방정식으로 요약해주었고, 그의 중력이론은 현대식 기계이론의 이정표가 되었다. 그 후 19세기에 증기기관이 유럽 전체에 확산되면서 1인당 사용 가능한 에너지가 수천 마력으로 급증했다. 운송수단이 미약했던 과거에는 주로 근거리 교역에 의존했지만 증기기차와 증기선이 등장한 후로는 대규모 국제무역이 이루어지면서 사람들의 생활수준이 크게 향상되었다. 석탄으로 물을 끓여서 얻은 수증기의 에너지가 세상을 바꾼 것이다.

인류가 유럽문명을 구축하는 데에는 거의 1만 년이 걸렸지만, 미국의 산업화는 단 100년 만에 이루어졌다. 이들에게는 석탄을 이용한 증기기관과 석유로 작동하는 내연기관이 있었기 때문이다. 자연의 기본 힘 중 단 하나(중력)를 부분적으로 극복했을 뿐인데 에너지 사용량은 과거와 비교가 안 될 정도로 증가했고, 사회의 효율성도 크게 향상되었다.

19세기말에 제임스 클러크 맥스웰이 전자기력을 정복하면서 인류는 또 한 차례의 혁명적 변화를 겪게 된다. 전자기력은 도시와 가정에 전력을 공급하여 다양한 전기장치를 작동시켰고, 과거의 증기엔진은 강력한 발전기로 대체되었다.

변화는 뒤로 갈수록 빨라지고 영향력도 커진다. 지난 50년 사이에는 핵력의 기본원리가 밝혀지면서 1인당 사용 가능한 에너지가 거의 100만 배까지 치솟았다. 화학반응을 통해 얻은 에너지는 전자볼트(eV) 단위인데, 핵분열이나 핵융합을 이용하면 100만 전자볼트(MeV) 단위의 에너지를 얻을 수 있기 때문이다.

에너지의 역사를 돌아보면 인류의 에너지 소비량이 세월과 함께 기하급수로 증가해왔음을 알 수 있다. 현재 세계 인구는 지구에 서식하는 동물 개체수의 0.01%에 불과하지만, 인류가 사용하는 에너지는 나머지 전체 동물이 사용하는 에너지를 압도한다. 지난 100여 년 사이에 우리는 전자기력과 핵력을 이용하여 방대한 양의 에너지를 사용할 수 있게 되었다. 이런 추세가 계속된다면 미래의 문명 수준도 대충 짐작할 수 있을 것이다. 이왕 말이 나온 김에, 지금까지 언급된 데이터를 토대로 인류가 언제쯤 초힘을 활용하게 될지 가늠해보자.

I, II, III단계 문명

과학적 논리를 통해 미래를 예측하는 미래학futurology은 여러 가지로 부담이 많은 학문이다. 개중에는 미래학을 과학이 아닌 마술쯤으로 여기는 사람도 있다. 그도 그럴 것이, 수십 년 후의 미래에 대하여 미래학자들이 내놓은 전망들 중 누구나 인정할 만큼 맞아 들어간 사례는 한 번도 없고, 대부분이 과녁을 크게 빗나갔다. 그들의 예측이 틀리는 이유는 논리상의 문제가 아니라, 문명의 발전 속도를 대체로 과소평가하기 때문이다. 인간의 뇌가 사고하는 방식은 선형적인 반면, 지식은 기하급수적으로 증가한다. 예를 들어 1920년대의 미래학자들은 "앞으로 수십 년 안에 승객을 싣고 대서양을 가로지르는 대형 비행선이 하늘을 수놓게 될 것"이라고 예측했다.

그러나 과학은 종종 예기치 않은 방식으로 발전하곤 한다. 몇 년 앞을 내다볼 때에는 과학이 점진적으로 꾸준히 발전한다고 가정해도 크게 틀리지 않지만, 수십 년 후의 미래를 내다볼 때에는 새로운 분야의 갑작스러운 약진이 중요한 변수로 작용하기 때문에 정확한 예측을 하기가 쉽지 않다.

미래학이 틀렸던 대표적 사례로는 현대식 컴퓨터의 아버지이자 위대한 수학자였던 존 폰 노이만John von Neumann의 예측을 들 수 있다. 그는 2차 세계대전이 끝난 직후에 (1)앞으로 컴퓨터는 점차 대형화되어 강대국 정부만 소유할 수 있을 것이며, (2)머지않아 컴퓨터로 날씨를 정확하게 예측할 수 있을 것이라고 예견했는데, 둘 다 보기 좋게 빗나갔다.

2차 세계대전 후 컴퓨터는 노이만의 예측과 완전히 반대방향으로 진화했다. 요즘은 작고 저렴한 휴대용 컴퓨터가 사방에 넘쳐나고, 컴퓨터칩도 성능은 좋아지고 가격은 더욱 저렴해져서 대부분의 가전제품에 사용되고 있다. '똑똑한 타자기(워드프로세서)'는 이미 나왔으니, 조금 있으면 '똑똑한 청소기'와 '똑똑한 부엌', '똑똑한 TV'도 나올 것이다. 노이만은 컴퓨터가 대형화 및 고급화될 것으로 예견했지만, 실제로는 점점 작아지고 가격도 싸졌다.

컴퓨터가 날씨를 정확하게 맞출 것이라는 예측도 완전히 빗나갔다. 원리적으로는 고전물리학의 법칙을 이용하여 각 공기 분자의 운동을 정확하게 예측할 수 있지만, 날씨를 좌우하는 요인이 너무 많기 때문에 세계 최고의 컴퓨터를 동원한다 해도 현실적인 시간 안에 모든 계산을 완료하기란 도저히 불가능하다. 한 사람의 재채기가 수천 km 떨어진 곳에 태풍을 일으킬 수도 있다.

이 모든 것을 염두에 두고, 하나의 문명(인간이나 외계인)이 언제쯤 10차원을 정복하게 될지 조심스럽게 예측해보자. 구소련의 천문학자 니콜라이 카르다셰프Nikolai Kardashev는 미래의 문명을 3단계로 구분했다.

I단계 문명은 지구 전체의 에너지원을 활용하는 단계로서 날씨를 바꾸고 지진을 방지하며, 지각 깊숙이 터널을 뚫거나 해류를 조절할 수 있다. 이런 문명은 태양계 탐사를 이미 마친 상태이다.

II단계 문명은 태양에너지를 수동적으로 활용하는 수준을 넘어 태양의 총 에너지를 조절하는 단계이다. 간단히 말해서 '태양을 통째로 소유한 문명'이라 할 수 있다. 이 단계에 이르면 엄청난 에너지 수요를 충당하기 위해 태양 자체를 에너지원으로 사용하고, 미래를 위해 가까운 별을 식민지로 삼는다.

III단계 문명은 은하 전체의 에너지를 제어하는 수준으로, 수십억 개의 별을 에너지원으로 사용한다. 이런 문명은 아인슈타인의 장방정식을 완전히 마스터하여 시공간을 자유자재로 변형시킬 수 있다.

카르다셰프가 도입한 분류 기준은 '에너지원'이다. I단계 문명의 에너지원은 지구 전체이고 II단계는 태양 전체, 그리고 III단계로 가면 은하 전체로 확장된다. 이 분류법은 문명의 구체적인 특성을 무시하고(예측을 해봐야 틀릴 것이 뻔하다), 에너지 공급과 같은 물리법칙의 범주 안에서 이해 가능한 특성에 초점을 맞춘 것이다.

현재 우리의 문명은 지구 에너지의 극히 일부만 사용하고 있을 뿐, 총 에너지를 제어하는 기술이 전혀 없으므로 '0단계'에 해당한다. 0단계 문명은 석탄이나 석유와 같은 화석연료에서 에너지를 충당하고, 기술이 낙후된 지역에서는 여전히 인간의 노동력에 의존한다. 현재 세계에서 가장 성능이 좋은 컴퓨터도 날씨를 조절하기는커녕, 예측하는 것조차 버거운 수준이다. 다른 단계의 문명과 비교하면 이제 갓 태어난 어린 아기에 불과하다.

언뜻 생각하면 0단계에서 III단계로 가는 데 수백만 년은 족히 걸릴 것 같다. 그러나 앞서 말한 대로 문명의 발달 속도는 세월이 흐를수록 지수함수(기하급수)적으로 증가하기 때문에, 실제로는 우리의 짐작보다 훨씬 빠르게 이루어진다.

그렇다면 우리는 언제쯤 I단계에 도달할 수 있을까? 현재 문명의 발달 속도로 미루어볼 때, 수백 년이면 충분할 것 같다.

예를 들어 0단계 문명에서 가장 강력한 에너지원은 수소폭탄이다. 우리의 기술은 너무 원시적이어서 핵융합 에너지를 제어하여 유용한 곳에 쓰지 못하고, 오직 폭발시킬 수만 있다. 그러나 규모가 작은 허리케인도 수소폭탄의 수백 배에 달하는 에너지를 갖고 있으므로, 1단계 문명의 특성 중 하나인 '날씨 제어'는 적어도 한 세기 후에나 가능할 것이다.

I단계 문명은 태양계의 행성 대부분을 식민지로 개척한 단계이다. 현재 우리의 우주 관련 기술은 거의 10년 단위로 발전하고 있으므로 (계단 하나 올라가는 데 약 10년이 걸린다는 뜻이다_옮긴이), 우주식민지 개척은 100년 단위로 이루어질 것이다. 예를 들어 NASA의 화성 유인탐사 프로젝트는 아무리 빨라도 2020년쯤에 실행될 전망이고, 화성을 식민지로 개척하는 데에는 40~50년이 추가로 소요된다. 따라서 앞으로 100년 후에는 태양계 전체를 식민지화할 수 있을 것이다.

I단계에서 II단계로 가는 데에는 1,000년쯤 걸릴 것으로 추정된다. 지수함수적으로 발달하는 문명을 고려할 때, I단계로 진입한 후 1,000년이 지나면 에너지 소비량이 너무 많아져서 태양계의 행성만으로는 문명을 유지할 수 없게 된다. 이때가 되면 생존을 위하여 태양으로 눈길을 돌릴 수밖에 없다.

II단계 문명의 전형적 사례로는 TV 시리즈 〈스타트렉〉에 등장하는 행성연방Planet Federation을 들 수 있다. 이들은 웜홀을 이용하여 시공간을 마음대로 구부리는 등 중력을 완전히 정복한 문명이어서, 역사상 처음으로 가까운 별에 진출할 수 있었다. 또한 이들은 아인슈타인의 일반상대성이론을 완전히 마스터하여, 빛보다 빠르게 이동할 수 있으며, 일부 행성을 식민지화하여 필요한 자원을 충당한다(이 식민지를 보호하는 것이 우주선 엔터프라이즈호의 임무이다). 이들의 우주선은 물질-반물질 연료를 사용하는데, 다량의 반물질을 만들어서 우주여행에 활용할 정도라면 우리보다 수백~1천 년쯤 앞선 문명일 것이다.

II단계에서 III단계로의 진화는 수천 년 이상 걸릴 것으로 추정된다. 은하문명의 흥망성쇠를 다룬 아이작 아시모프의 SF소설 《파운데이션》 시리즈에서도 하나의 우주문명이 태동하고 멸망했다가 다시 재기하는 데 각각 수천 년의 세월이 걸리는 것으로 묘사되어 있다. 이 문명은 은하 전체의 에너지를 활용하는 수준으로, 은하의 다른 지역과 교역할 때 시공간을 구부려서 거리를 단축하는 워프 드라이브warp drive를 사용한다. 인류가 안전한 숲속에 숨어살다가 밖으로 나와 현대문명을 구축할 때까지는 거의 200만 년이 걸렸지만, 안전한 태양계에 머물다가 활동반경을 은하로 넓힐 때까지는 수천 년이면 충분하다.

III단계 문명은 초신성과 블랙홀의 에너지를 활용하는 단계이다. 이 문명에서 제작된 우주선은 모든 에너지원 중 가장 신비한 은하의 중심부까지 탐사할 수 있을 것이다. 천체물리학자들은 우리 은하의 중심부에 수백만 개의 블랙홀이 밀집되어 있을 것으로 추정하고 있다. 만일 이것이 사실이라면 은하의 중심부는 거의 무한대에 가까운 에너지원인 셈이다.

문명이 이 단계에 이르면 지금의 100만×10억 배에 달하는 에너지를 제어할 수 있게 된다. 따라서 III단계 문명은 천억 개에 가까운 별과 은하의 중심부에 있는 블랙홀의 에너지를 이용하여 10차원을 정복하고 통제할 수 있을 것이다.

애스트로치킨

언젠가 프린스턴 고등연구소의 프리먼 다이슨과 점심식사를 같이한 적이 있다. 그는 새로운 우주탐험과 외계생명체의 특성, 미래의 문명 등 가장 급진적이면서 인간과 직결된 문제를 주로 연구해온 고참 물리학자이다.

대부분의 물리학자들은 자신만의 전문성을 확보하기 위해 좁은 분야를 깊이 파고드는 경향이 있지만, 다이슨의 연구대상은 은하 전체를 망라한다. 그는 자신의 연구 스타일을 설명하면서 "나는 보어나 파인만처럼 심오한 문제에 몇 년 동안 집중하는 체질이 아니다. 관심사가 너무 많아서 한 가지 토픽에 긴 시간을 투자할 여력이 없다"고 했다.[2] 깡마른 체구에 누가 봐도 학자처럼 생긴 그는 특유의 영국식 발음으로 대화를 이끌어나갔다.

다이슨은 우리 문명이 0단계에서 I단계로 넘어가는 과도기에 있지만, 현재 진행 중인 우주개발 계획은 방향이 잘못되었다고 지적했다. 우주선의 덩치가 점점 커지고 발사 간격이 길어지는 것은 결코 바람직한 변화가 아니라는 것이다. 그는 자신이 집필한 책에서 지금과 같은 경향을 탈피하는 수단으로 '애스트로치킨(Astrochicken, 우주닭)'을 제안한 바 있다.

애스트로치킨은 작고 가벼울 뿐만 아니라 지능까지 갖추고 있어서, 엄청난 덩치에 막대한 예산을 잡아먹는 기존 우주선의 대체수단으로 손색이 없다. 다이슨은 애스트로치킨의 장점을 다음과 같이 설명했다. "보이저호의 무게는 톤 단위였지만, 애스트로치킨은 킬로그램 단위이다. 게다가 자체적으로 지능을 갖고 있기 때문에 처음부터 완제품을 만들지 않아도 스스로 자라난다. 벌새는 두뇌의 무게가 1그램도 채 안 되는데 매우 민첩하지 않은가? 애스트로치킨도 그와 비슷한 기능을 발휘할 수 있다."[3]

첨단 생명공학이 적용된 애스트로치킨은 기계와 동물의 특성을 절반씩 보유한 지능형 우주탐사선이다. 다이슨은 "현재의 발전속도로 미루어볼 때, 2016년이면 애스트로치킨을 제작하는 데 필요한 모든 기술이 확보될 것"이라고 했다(미래를 예측하기란 역시 어려운 일이다. 지금이 2018년인데, 애스트로치킨은커녕 애스트로플라이도 만들지 못했다_옮긴이).

다이슨은 인류의 문명이 앞으로 수천 년 이내에 I단계 문명으로 진입할 것이라고 장담했다. 그의 주장에 따르면 문명의 단계가 업그레이드되는 것은 그다지 어려운 일이 아니다. 그는 문명이 한 단계 올라갈 때마다 문명의 규모와 위력이 약 100억 배쯤 향상되는 것으로 평가했다. 100억은 결코 작은 수가 아니지만, 매년 1%씩 성장한다고 했을 때 2,500년이면 100억 배를 가뿐하게 넘는다(1.01의 2,500제곱, 즉 1.01^{2500}은 무려 600억이 넘는다!_옮긴이). 그러므로 도중에 대재앙이 일어나지 않는 한, 모든 문명이 III단계로 진입하는 것은 정해진 수순이다.

다이슨의 저서 《우주 어지럽히기Disturbing the Universe》(이 책의 한국어판은 2009년에 '프리먼 다이슨, 20세기를 말하다'라는 제목으로 출간되었다_ 옮긴이)에는 다음과 같이 적혀 있다. "하나의 행성을 정복한 문명(I단계)에서 급진적인 팽창주의자가 권력을 잡으면 수천 년 안에 생존 영역이 태양계 전역으로 확장될 것이며(II단계), 이 상태로 수백만 년이 지나면 은하 전체를 장악하게 될 것이다(III단계). 일단 II단계로 진입하기만 하면 자연재해나 인공재해로 문명이 사라지는 일은 없을 것이다. 이들은 우주의 어떤 재앙도 피할 수 있는 기술을 이미 확보했기 때문이다."[4]

그러나 여기에는 한 가지 문제가 있다. 다이슨은 II단계에서 III단계로 진입할 때 '빛의 속도'라는 물리적 한계 때문에 어려움을 겪을 것이라고 했다. II단계 문명의 발전은 모든 물체의 속도가 광속보다 느린 상태에서 진행될 수밖에 없고, 이 한계가 문명의 발전에 심각한 걸림돌로 작용할 것이다.

과연 II단계 문명은 초공간을 활용하여 광속의 한계를 극복할 수 있을까? 다이슨도 이 질문에는 확답을 회피했다. 모든 가능성은 열려 있지만, 초공간을 활용하려면 플랑크 길이에 도달해야 하고, 이를 위해서는 상상을 초월할 정도로 방대한 에너지가 필요하다. 아마도 플랑크 길이는 모든 문명이 직면할 수밖에 없는 자연의 장벽일 것이다.

III단계 문명

III단계 문명은 우리에게 너무나 먼 이야기다. 그러나 미래의 어느 날 초공간을 완전히 정복한 외계인과 조우하여 그들의 기술을 전수받을 수도 있다. 한 가지 문제는 외계문명이 존재한다는 증거를 단 하나도 건지지 못했다는 점이다. 먼 우주는 말할 것도 없고, 태양계에서도 지적생명체는 인간이 유일한 것 같다. 지금까지 지구에서 발사된 우주탐사선으로는 1970년대에 화성에 착륙했던 바이킹호와 1980년대에 목성, 토성, 천왕성, 그리고 해왕성 탐사를 마치고 태양계를 벗어난 보이저호 등이 있는데, 이들이 보내온 정보에 의하면 지구를 제외한 태양계는 완전히 멸균된 상태여서 미생물조차 존재하지 않는다.

가장 유력한 후보였던 금성과 화성도 우리를 실망시켰다. 사랑의 여신 비너스의 이름을 딴 금성Venus은 과거 한때 천문학자와 낭만주의자들 사이에서 '녹음이 우거진 열대기후 행성'으로 여겨졌으나, 1970년대 중반에 화성탐사선 매리너호Mariner가 직접 가서 보니 지옥도 그런 지옥이 없었다. 이산화탄소로 가득 찬 대기 때문에 온난화가 극단적으로 진행되어 평균온도는 섭씨 400도가 넘었고, 표면에는 황산비가 수시로 내리고 있었다.

화성은 19세기부터 '외계인이 살 것 같은 행성 후보 1위' 자리를 굳건하게 지켜왔고, 미국이 대공황을 겪던 1938년에 오손 웰스Orson Welles가 화성인의 습격을 라디오로 생중계하면서 다시 한 번 초유의 관심사로 떠올랐다(사실 그것은 실제상황이 아니라 〈우주전쟁〉이라는 라디오 드라마였다. 그러나 오손 웰스의 중계가 너무 사실적이어서 처음부터 듣지 않은 사람들은 정말로 화성인이 지구를 침공했다고 생각하여 집단 피난소동을 벌이고 군대가 출동하는 등, 도시 전체가 한동안 극심한 혼란을 겪었다_옮긴이). 그러나 탐사선이 보내온 자료에 의하면 화성은 물 한 방울 없이 행성 전체가 메마른 사막으로 뒤덮여 있다. 오래전에 강과 바다가 존재했던 흔적은 남아 있지만, 문명의 흔적은 단 한 건도 발견되지 않왔다.

가까운 별에서 날아온 라디오파 신호도 실망스럽긴 마찬가지다. 다이슨은 "극도로 진보한 문명이 어딘가에 존재한다면, 그곳에서 열역학 제2법칙에 의해 다량의 폐열(廢熱, waste heat, 원동기에서 배출된 폐기가스의 잔열_옮긴이)을 방출할 것"이라고 했다. 에너지 소모량이 충분히 많으면, 그중 일부만 방출돼도 지구에서 쉽게 감지할 수 있다. 가까운 별 근처에서 폐열이 감지된다면, 고도로 발달한 문명(I, II, III단계 문명 중 하나)이 그 근방에 존재할 가능성이 높다. 그러나 지금까지 폐열이나 라디오파는 하늘 어디서도 감지되지 않았다. 예를 들어 지구에서는 약 70년 전부터 라디오와 TV 전파를 송출하기 시작했으므로, 지금까지 송출된 전파는 지구를 중심으로 반지름 70광년짜리 구면을 형성한 채 광속으로 뻗어나가고 있다. 따라서 지구로부터 50광년 이내에 지적생명체가 살고 있다면 우리의 존재를 이미 알아차렸을 것이다. 이와 비슷하게 II단계나 III단계 문명은 적어도 수천 년 동안 온갖 종류의 전자기파를 방출했을 것이므로, 지구로부터 수천 광년 이내의 거리에 II단계나 III단계 문명이 존재한다면 그들의 전파가 우리에게 감지되어야 한다.

1978년에 미국의 천문학자 폴 호로비츠Paul Horowitz는 우리 태양계로부터 80광년 이내에 있는 185개의 외계태양계를 전파망원경으로 샅샅이 뒤졌으나, 지적생명체가 방출한 라디오파는 포착되지 않았다. 1979년에 천문학자 도널드 골드스미스Donald Goldsmith와 토비어스 오언Tobias Owen도 같은 목적으로 600개의 별을 관측했지만 결과는 여전히 부정적이었다. 이 관측은 'SETI(Search for Extraterrestrial Intelligence, 외계 지적생명체 탐사) 프로젝트'의 일환이었는데, 그 뒤로도 외계생명체의 증거는 한 번도 발견되지 않았다. [다행히도 1992년에 미국의회는 외계생명체를 찾기 위한 '고해상도 마이크로파 탐색 프로젝트(High Resolution Microwave Survey, HRMS)'에 향후 10년 동안 1억 달러를 지원하기로 결정했다. 이 기금은 푸에르토리코의 아레시보Arecibo에 있는 직경 305m짜리 초대형 전파망원경으로 100광년 이내에 있는 외계생명체를 찾는데 사용될 예정이다. 또한 캘리포니아의 골드스톤에 있는 직경 34m짜리 이동형 전파안테나도 하늘을 광범위하게 뒤지면서 외계생명체 탐사에 일조할 것이다. 아직은 아무것도 건진 게 없지만, 캘리포니아주립대학교 산타크루즈 캠퍼스의 프랭크 드레이크Frank Drake는 조심스럽게 낙관론을 펴고 있다. "인류는 '삶의 질 개선'과 '호기심 충족'이라는 두 가지 동기를 적절히 결합하여 과학을 발전시켜왔다. 이 점에 관한 한 외계의 생명체들도 크게 다르지 않을 것이다."]

그토록 열심히 찾았는데도 소득이 없는 것을 보면 아무래도 외계생명체는 존재하지 않는 것 같다. 그러나 우리 은하에 지적인 생명체가 존재할 가능성이 있는 행성의 수를 논리적으로 헤아려보면 깜짝 놀랄 정도로 큰 값이 얻어진다.

우리 은하(은하수)는 약 2천억 개의 별들로 이루어져 있다. 이 중에서 생명체가 살 수 있는 별(행성)은 과연 몇 개나 될까? 태양과 비슷한 황색별은 전체의 10%쯤 되고, 그중 약 10%가 행성을 거느리고 있다. 그중에서 지구와 비슷한 행성은 줄잡아 10%쯤 될 것이고, 그중에서 생명체가 살기에 적당한 대기를 갖춘 행성도 대충 10%쯤 될 것이다. 또 그중 10%에 생명체가 살고 있으며, 그중 10%에 지적생명체가 살고 있다고 가정하면 이 모든 조건이 충족될 확률은 100만분의 1이다. 그런데 우리 은하에 2천억 개의 별이 있으니, 2천억의 100만분의 1이면 무려 20만이나 된다. 즉 우리 은하에서 '지적생명체가 살고 있는 행성을 거느린 별'이 무려 20만 개나 존재한다는 뜻이다! 외계생명체의 존재확률을 계산하는 드레이크 방정식Drake's equation에 의하면, 지능을 갖춘 외계생명체는 평균 잡아 태양으로부터 약 15광년 거리에 있을 것으로 추정된다.

최근 들어 컴퓨터의 성능이 눈부시게 발전하면서 주먹구구에 가까웠던 드레이크의 계산이 크게 개선되었다. 예를 들어 워싱턴에 있는 카네기연구소의 조지 웨더릴George W. Wetherill은 소용돌이치는 거대한 기체와 먼지구름에서 시작하여 태양계의 초기 진화과정을 컴퓨터 시뮬레이션으로 재현하다가, 단단한 핵(소용돌이의 중심부)으로부터 지구와 비슷한 크기의 바위행성이 의외로 쉽게 형성된다는 사실을 발견했다. 여기서 시뮬레이션을 계속 진행시키면 지구만 한 행성은 오랜 시간 동안 점점 덩치를 키워나가다가 태양으로부터 0.8~1.3AU(천문단위, 1AU=지구와 태양 사이의 평균거리, 약 1억5천만 km) 떨어진 곳에 자리잡게 된다(웨더릴은 목성만 한 크기의 행성이 지구와 비슷한 행성의 진화에 결정적 영향을 미친다는 사실도 알게 되었다. 우리 태양계의 경우, 목성은 외계에서 태양 쪽으로 날아오는 수많은 혜성의 궤도를 변형시켜서 지구로 떨어지는 것을 막아주었다. 만일 목성이 없었다면 지구에 혜성이 떨어지는 빈도수가 1,000배 가까이 증가하여, 평균 10만 년에 한 번꼴로 대량멸종이 일어났을 것이다).

모든 정보를 종합해볼 때, 우리 은하에는 지적생명체가 존재할 확률이 매우 높다. 생명체의 존재 여부를 놓고 내기를 한다면, 당연히 '존재한다'는 쪽에 걸고 싶을 것이다. 우리 은하는 약 100억 년 전에 형성되었으므로, 지적생명체가 번성할 시간도 충분했다. 그 사이에 II단계나 III단계 문명에서 방출된 온갖 전자기파는 직경이 수백~수천 광년에 달하는 구면파를 형성하여 지금도 광속으로 확장되고 있을 것이다. 물론 이 신호는 지구에 있는 망원경으로 얼마든지 감지할 수 있다. 그런데 우리는 지적생명체의 흔적을 단 한 번도 발견하지 못했다.

왜 그럴까?

지구로부터 100광년 거리 안에서 외계생명체의 신호가 감지되지 않는 이유를 설명하기 위해 몇 가지 이론이 제시되었지만, 누구나 수긍할 만한 이론은 아직 나오지 않았다. 진실에 좀 더 가까이 접근하려면 지금까지 제시된 모든 이론을 종합해서 결론을 내려야 할 것이다.

이들 중 한 이론은 문명의 '탄생시기'를 문제로 거론했다. 드레이크 방정식을 이용하면 지적생명체가 살고 있는 행성의 수를 대충 계산할 수 있지만, 그들이 살았던 (또는 살고 있거나 앞으로 살게 될) 기간에 대해서는 아무런 정보도 얻을 수 없다. 그러므로 드레이크 방정식으로 계산된 '문명의 개수' 중에는 수백만 년 전에 멸망했거나 수백만 년 후에 탄생할 문명까지 포함되어 있다. 위에서 대충 계산된 '20만 개의 문명'이 지금 우리와 같은 시대에 존재한다는 보장이 전혀 없다는 뜻이다.

우리 태양계의 나이는 약 45억 년이다. 지구 최초의 생명체는 지금으로부터 3~4억 년 전에 탄생했지만, 지적생명체가 등장한 것은 불과 수백만 년 전의 일이었다(게다가 라디오 방송국에서 송출된 신호는 겨우 수십 년 전부터 우주로 뻗어나가기 시작했다). 우주의 시간을 십억 년 단위로 끊어서 볼 때 100만 년은 순식간에 지나간다. 우리의 선조들이 숲에서 사냥하기 훨씬 전부터 우주에는 수천 개의 문명이 나타났다가 사라졌고, 인류가 멸망한 후에도 수천 개의 문명이 흥망성쇠를 반복할 것이다. 우리의 관측기구가 제아무리 뛰어나다 해도, 이미 사라졌거나 아직 태동하지 않은 문명을 감지할 수는 없지 않은가.

다른 가설도 있다. "우리 은하에는 고도로 발달한 문명이 곳곳에 존재하고 있지만, 그들이 자신의 존재를 굳이 드러내려 하지 않기 때문에 우리의 낙후된 기술로는 감지할 수 없다"는 주장이 바로 그것이다. 그들의 문명이 우리보다 수백만 년 이상 앞서 있다면, 우리와 접촉해봐야 득될 것이 없기 때문이다. 예를 들어 당신이 아마존 숲속을 걸어가다가 개미집에 걸려 넘어졌다고 가정해보자. 이럴 때 당신은 어떤 행동을 보일 것인가? 개미들에게 다가가 "이렇게 만나게 되어 반갑습니다! 당신들의 지도자를 만나게 해주세요. 제가 첨단 문명을 전수해드리죠!"라며 호들갑을 떨 것인가? 아니다. 당신은 개미집을 무시하고 그냥 가던 길을 갈 것이다(그냥 가면 다행이다. 홧김에 개미집을 짓밟고 갈 수도 있다).

나는 다이슨과 점심식사를 하던 자리에서 궁금증을 참지 못하고 누구나 할 법한 질문을 던졌다.

나: 앞으로 우리가 외계의 지적생명체와 만날 수 있을까요? 그런 날이 올 거라고 생각하십니까?

다이슨: 아뇨, 그런 날이 제발 오지 않기를 바라고 있습니다.

나: 네? 수십 년 동안 외계생명체를 연구해온 다이슨 교수님께서 그런 생각을 하시다니요. 대체 이유가 뭔가요?

다이슨: 멀리 갈 것도 없습니다. 영국의 역사를 돌아보세요. 대영제 국이 전성기를 구가할 때 영국과 가까이 지내서 잘된 나라 가 있었습니까?

맞는 말이다. 당시 영국의 문명은 인도나 아프리카보다 기껏해야 수백 년 앞선 정도였는데도 육군과 해군을 파견하여 간단하게 식민지로 만들어버렸다.

대부분의 SF작가들은 광속의 한계 때문에 상상력을 펼치기 어렵다며 불평을 늘어놓지만, 다이슨은 그런 한계가 존재하는 것을 오히려 다행으로 생각하고 있었다. 온통 피로 물든 인류의 식민지 개척사를 돌아볼 때, II단계 문명이 우리와 거리상으로 멀리 떨어져 있고 플랑크 에너지에 도달할 수 없다는 것이 우리에게는 축복일지도 모른다. 아마존의 개미떼는 가능한 한 사람들의 눈에 뜨이지 않는 편이 안전하듯이, 외계생명체가 포악하지 않더라도 우리보다 우월한 문명을 갖고 있다면 가급적 피하는 것이 좋다. 다이슨은 "우주적 왕따가 되면 최소한 세금징수원은 피할 수 있을 것"이라고 했다.

동등하지 않은 두 문명의 만남은 종종 열등한 쪽에 재앙으로 작용한다. 멕시코 일대에 수천 년 동안 번성했던 아즈텍 문명을 예로 들어보자. 이들의 과학과 예술, 그리고 몇 가지 공학적 기술은 유럽과 거의 동등한 수준에 도달했으나 화약과 철기 분야에서 수백 년 가까이 뒤처져 있었기에, 고작 400명에 불과한 스페인 점령군에 의해 문명 전체가 와해되고 말았다. 수백만 명에 달했던 아즈텍 사람들은 불과 몇 년 만에 죽거나 광산의 노예로 전락했고 보물은 약탈당했으며, 수천 년 동안 쌓아온 역사와 문화도 물밀듯 밀려오는 서양의 선교사들에 의해 흔적도 없이 사라졌다(스페인이 아즈텍을 정복하는 데 가장 큰 공을 세운 일등공신은 군대가 아니라 군인들과 함께 상륙한 병균이었다_옮긴이).

인류가 외계문명과 조우한다면 어떤 반응을 보일까? 아즈텍인들은 스페인 점령군을 다음과 같이 묘사했다. "밝은 색 피부를 가진 그들은 마치 원숭이처럼 금이라면 사족을 못 썼다. 금을 어찌나 좋아하는지, 아무리 가져도 만족할 줄을 몰랐다. 마치 금에 굶주린 맹수들 같았다. 그들은 돼지가 먹이를 찾듯이 금을 찾아 사방을 돌아다녔고, 금을 발견하면 쓰다듬고 끌어안는 등 별의별 해괴한 짓을 하다가 말끔하게 약탈해갔다."[5]

우주적 스케일에서 우연히 만난 두 문명의 수준 차이는 상상을 초월할 정도로 클 수도 있다. 우리보다 100만 년 앞선 생명체들이 과연 지구에 관심을 가져줄까? 턱도 없는 소리다. 그들이 원하는 자원이 지구에 있다 해도, 지구와 비슷한 행성은 은하에 지천으로 널려 있으므로 굳이 지구까지 올 필요가 없다. 당신이 개미집에 관심을 갖지 않는 것과 같은 이치다. 만에 하나 개미집에서 건질 게 있다 해도 뒷동산으로 가면 되는데, 무엇하러 아마존까지 날아가겠는가?

TV 시리즈 〈스타트렉〉에서 행성연방의 숙적 클링온과 로뮬란은 과학기술의 수준이 행성연방과 거의 비슷하다. 그래야 두 종족 사이에 전쟁이 벌어질 수 있고, 흥미로운 이야깃거리도 많이 이끌어낼 수 있기 때문이다. 그러나 실제 우주에서 비슷한 수준의 두 문명이 조우할

• 그러므로 외계인과 만나기를 갈망하는 것은 별로 바람직한 태도가 아니다. 과학자들은 지구에 서식하는 동물을 크게 두 종류로 구분한다. 고양이, 개, 호랑이 같은 포식자 (이들은 두 눈이 앞을 향하고 있어서 표적을 조준하는 능력이 매우 뛰어나다)와 토끼나 사슴과 같은 먹이(이들의 눈은 얼굴의 양옆에 달려있어서 시야각이 넓다. 한 곳을 자세히 보는 능력보다 넓은 영역을 빠르게 스캔하는 능력이 더 중요하기 때문이다)가 그것이다. 대부분의 경우, 포식자는 먹이보다 높은 지능을 갖고 있다. 실험결과에 따르면 고양이는 쥐보다 똑똑하고 여우는 토끼보다 똑똑하다. 인간은 눈이 앞쪽을 향해 나 있으므로 포식자에 속한다. 그러므로 우주에서 외계인을 찾을 때에는 그들이 우리보다 상위 포식자일 가능성을 염두에 둬야 한다.

확률은 거의 0에 가깝다. 먼 훗날 인류가 우주선을 타고 은하를 누빈다면 우리와 수준이 완전히 다른 문명과 마주칠 가능성이 높다. 물론 그중에는 우리보다 100만 년 이상 앞선 문명도 있을 것이다.

문명의 흥망성쇠

지금 우리는 외계문명을 만나지도, 감지하지도 못하는 이유를 분석하는 중이다. 첫 번째 가능성은 그들이 우리에게 모습을 드러내지 않는 경우이고, 두 번째는 그들이 우리 문명에 관심이 없는 경우였다. 이제 가장 흥미로운 세 번째 가능성이 남아 있다. 우리 은하에는 원래 수천 개의 문명이 존재했는데, 자연재해나 인공재해를 피하지 못하여 모두 사라진 것은 아닐까? 이 짐작이 맞는다면 우리의 은하탐사선은 언젠가 멀리 떨어진 행성에서 오래된 문명의 흔적을 발견할지도 모른다. 또는 우리 문명이 그런 재해를 맞이할 수도 있다. '우주의 지배자'가 되기도 전에 스스로 자멸할 수도 있다는 이야기다. 그렇다면 다음과 같은 질문을 떠올리지 않을 수 없다. '진보된 문명의 종착점은 어디인가? 우리(또는 그들)는 10차원 물리학을 마스터할 때까지 살아남을 수 있을 것인가?'

기술과 지식을 쌓아나간다고 해서 문명이 꾸준히 발달한다는 보장은 없다. 인류의 역사를 돌아보면 한때 전성기를 구가했던 문명이 갑자기 사라진 사례를 어렵지 않게 찾을 수 있다. 심지어는 거의 아무런 흔적 없이 사라진 경우도 있다. 미래의 인류는 원자폭탄이나 이산화탄소 등 생존을 위협하는 위험천만한 과학기술의 판도라 상자를 열게 될지도 모른다. 미래학자들은 인류가 완벽한 평화와 우애의 시대로 접어들기 전에 기술적, 생태학적 붕괴를 초래할 수도 있다고 경고하고 있다. 찰스 디킨스의 소설 《크리스마스 캐럴》에서처럼, 자신의 무덤 위에 엎드려 "다시 한 번 기회를 달라"며 애원하는 스크루지와 비슷한 처지가 될 수도 있다는 이야기다.

그런데 안타깝게도 대부분의 사람들은 앞으로 다가올 재난을 애써 무시하거나 아예 모르고 있다. 일부 과학자들은 인류라는 집단을 하나로 묶어서 '철없이 날뛰는 사춘기 청소년'에 비유하기도 한다. 심리학자들의 분석에 따르면 청소년은 자신을 불사신으로 착각하는 경향이 있다. 운전할 때나 술을 마실 때, 또는 마약에 취할 때 앞날을 전혀 걱정하지 않는 정신상태가 그것을 증명한다. 미국 청소년의 주요 사망원인은 질병이 아니라 '영원히 살 수 있다'는 자신감에서 비롯된 각종 사고이다.

인류라는 집단이 정말로 청소년과 비슷한 기질을 갖고 있다면, 우리는 미래에 다가올 재앙을 전혀 의식하지 않은 채 '우리의 문명은 영원히 유지된다'는 착각 속에서 기술과 환경을 남용하고 있는 셈이다. 우리 사회는 자신이 초래한 결과에 책임지기를 거부하면서 영원히 청소년으로 남고 싶어 하는 '집단 피터 팬 콤플렉스'에 빠져 있는지도 모른다.

그렇다면 인류는 10차원을 정복하기 전에 어떤 위기에 직면하게 될까? 지금까지 논의된 내용을 좀 더 구체적으로 분석하면 미래에 다가올 재앙의 형태를 대충 짐작할 수 있다. 대표적인 항목을 꼽자면 우라늄 장벽과 생태계의 붕괴, 빙하기, 다른 천체와의 충돌, 필연적인 멸종, 태양의 소멸, 그리고 더 나아가 은하의 소멸을 들 수 있다.

우라늄 장벽

조나단 셸Jonathan Schell은 그의 대표작 《지구의 운명The Fate of the Earth》에서 인류 최후의 날이 다가오고 있음을 강한 어조로 경고했다. 최근에 소비에트연방이 해체되면서 군사무기가 일부 축소되긴 했지만, 지금도 전 세계에는 5만 개에 가까운 핵탄두와 이들을 실어나르는 초정밀 타격용 미사일이 각국의 무기 창고에 쌓여 있다. 이 정도면 인간의 씨를 말리기에 충분한 양이다.

핵전쟁 초기에 발사된 핵폭탄이 인류 전체를 직접 죽이지 못한다 해도, 도시를 태우고 남은 재와 연기가 태양을 가리면서 소위 말하는 '핵겨울'이 도래하여 지구의 모든 생명체를 서서히 멸종시킬 것이다. 100메가톤급 수소폭탄(100메가톤, 즉 1억 톤의 다이너마이트와 같은 파괴력을 발휘한다는 뜻이다_옮긴이) 하나가 대도시에 투하되면 일단 화염과 후폭풍으로 잿더미가 되고, 그 재가 대기 중에 유입되면 기온이 급강하하면서 용케 살아남은 동물과 식물마저 얼어죽는다. 이와 함께 오랜 세월 동안 공들여 쌓아온 문명의 흔적도 말끔하게 사라질 것이다.

동서간 냉전이 종식된 후 다량의 핵폭탄이 폐기되었다지만, 남은 폭탄은 여전히 우리를 위협하고 있다. 미국 정보국의 발표에 따르면 인도는 1974년에 처음으로 핵폭탄 발파실험에 성공한 후 현재 약 20개의 원자폭탄을 보유하고 있다. 반면에 인도의 주적인 파키스탄의 카후타Kahuta 핵기지에 보관 중인 원자폭탄은 달랑 4개뿐이고, 그나마 규모도 400파운드(약 180kg)에 불과하다. 이스라엘의 디모나 핵기지(Dimona nuclear installation, 네게브 사막에 있는 핵무기 저장 창고)에서 일했던 한 근로자는 그곳에서 최소 200개의 원자폭탄을 목격했다고 증언했다. 또한 남아프리카공화국은 현재 7개의 원자폭탄을 보유하고 있으며, 1970년대 말에 남아프리카 연안에서 두 차례의 핵실험을 실행한 바 있다. 그 외에 남한과 북한, 그리고 대만도 핵무기를 보유할 준비가 되어 있다. 2000년이 되면 핵무기를 보유한 나라가 20개국으로 늘어날 전망이다[2017년 현재 핵무기 보유를 공식적으로 선언한 나라는 모두 8개국(미국, 러시아, 영국, 프랑스, 중국, 인도, 파키스탄, 북한)이다. 남아프리카공화국은 1991년에 NPT(핵확산금지조약)에 가입하면서 핵무기를 전량 폐기했고, 남아공과 핵무기를 공동으로 개발했던 이스라엘은 침묵을 지키고 있지만 핵무기를 다량 보유한 것으로 짐작된다. 한국은 '한때 핵무기 개발을 시도했던 9개국 중 하나'로 남아 있다_옮긴이].

지구의 자원이 고갈될수록 국가 간 경쟁은 치열해지고, 각국은 자신의 영향력을 유지하거나 확장하기 위해서라도 핵무기를 결코 포기하지 않을 것이다. 그런데 이것이 과연 지구에만 국한된 현상일까? 우라늄($_{92}$U)은 우주 어디에나 존재하는 천연 원소이므로, 지적문명을 소유한 외계생명체들도 대량살상무기를 만들었을 것이다. 우라늄이 한 번 붕괴되기 시작하면 후속 붕괴가 연쇄적으로 일어나 막대한 에너지를 방출한다. 우라늄에서 방출되는 에너지를 제어할 수 있는 문명이라면 가난과 무지, 굶주림으로부터 동족을 구할 수도 있고, 행성 전체를 핵무기로 날려버릴 수도 있다. 그러나 우라늄에서 에너지를 추출하려면 문명의 수준이 최소한 0단계에 도달해야 하며, 그 여부는 사회 단위의 규모와 산업의 수준에 의해 좌우된다.

예를 들어 불은 고립된 지적 집단(종족)에 의해 통제될 수 있다. 여기서 한 단계 발전하여 무기를 만드는 데 필요한 제련술과 기초적 야금술을 확보하려면 사회의 기본단위가 수천 명 수준(소규모 마을)으로 확장되어야 하고, 자동차 엔진 같은 내연기관은 복잡한 화학지식과 산업기반이 뒷받침되어야 하므로 사회의 규모가 수백만 명(국가)까지 커져야 개발 가능하다. 이처럼 과학기술의 수준과 사회집단의 규모는 오랜 세월 동안 상호 비례관계를 유지한 채 함께 성장해왔다.

그러나 우라늄에 내재된 에너지가 발견되면서 과학기술과 집단의 규모 사이에 불균형이 초래되었다. 핵폭탄의 위력은 화학폭탄보다 100만 배 이상 강력하지만, 내연기관을 생산하는 정도의 기술만 있으면 우라늄을 정제할 수 있다. 그러므로 외부에 적대적인 소규모 민족국가가 핵폭탄을 보유하면 심각한 문제가 야기된다. 우라늄 때문에 소규모 집단이 격에 맞지 않는 파괴력을 보유하게 되는 것이다(심지어는 고작 수십~수백 명에 불과한 소규모 범죄단체가 핵무기를 훔쳐서 국가 전체를 위협할 수도 있다. 할리우드 영화 〈다이하드 3Die Hard with Vengeance〉가 그 대표적 사례이다).

우리 은하에는 지난 50억~100억 년 사이에 무수히 많은 0단계 문명이 탄생했고, 이들 모두가 우라늄을 활용하는 단계에 도달했을 것이다. 그런데 외부에 적대적인 국가의 기술수준이 사회적 발전단계를 앞서가는 바람에 핵전쟁이 발발하여 오래전에 멸망했을 가능성이 높다.[6] 인류가 외계 태양계로 진출할 때까지 살아남는다면, 가까운 별의 행성에서 광적인 국수주의와 개인의 이기심, 그리고 인종 간 갈등을 극복하지 못하여 핵전쟁으로 자멸한 문명의 흔적을 발견하게 될지도 모른다.

여기서 잠시 하인즈 페이겔스의 말을 들어보자.

별이 에너지를 방출하는 원리와 물질 속에서 빛과 전자가 상호작용하는 원리, 그리고 생명의 기본단위를 이루는 분자의 구조에 대한 지식이 쌓이면서 드러나는 문제는 도덕과 정치적 질서를 통해 해결되어야 한다. 그렇지 않으면 우리는 파멸을 피할 길이 없다. 인간의 지식은 이성과 측은지심의 한계를 측정하는 시험대이기도 하다.[7]

그렇다. 과학기술과 사회의 공동체 의식이 균형을 이루지 못하면 인공적 재앙을 피하기 어렵다. 그러므로 '우리 은하에는 진보된 문명이 수도 없이 탄생했지만, 기술개발에 치중한 나머지 대부분 멸망했다'고 보는 것이 타당하다.

라디오망원경(전파망원경)을 만들고 다루는 기술의 시간에 따른 발전상을 그래프로 그려보면, 지구는 처음 탄생하고 50억 년이 지난 후에 지적생명체가 등장하여 전자기력과 핵력을 이해하고 제어할 수 있게 되었다. 하지만 핵전쟁이 일어나 스스로 자멸하면 그래프는 급격하게 0으로 감소할 것이다(인류가 멸망하면 기술수준도 당연히 0으로 떨어지기 때문이다_옮긴이). 그러므로 외계의 다른 문명과 소통이 가능하려면 그 문명이 자멸하기 전에 연락이 닿아야 하는데, 문제는 '외계문명과 소통이 가능할 정도로 과학이 발달한 시점'부터 '핵전쟁으로 멸망할 때'까지 시간이 그리 길지 않다는 것이다. 게다가 소통을 하려면 두 문명이 이 단계에 '동시에' 존재해야 하므로 확률은 더욱 작아진다. 그림 13.1은 우리 은하에서 탄생한 외계문명의 시간에 따른 기술수준의 변화를 그래프로 나타낸 것이다(물론 가상의 그래프다!_옮긴이). 예를 들어 지구가 정확하게 50억 년 전에 생성되었다고 가정하면 49억 9,999만 9,900년 동안 라디오망원경과 무관하게 살다가 마지막 100년 사이에 기술이 갑자기 발전하여 그래프가 정점에 달하고, 잠시 후 핵전쟁이 일어나 문명 자체가 사라진다. 이 변화를 10억 년 단위의 그래프로 표현하면 최고수준의 문명이 유지되는 기간이 거의 찰나에 불과하기 때문에 가느다란 수직선처럼 보일 것이다. 사정이 이러니 외계문명을 찾기가 어려울 수밖에 없다. 지난 수십억 년 동안 이런 피크가 수천 개 있었다 해도, 우리와 시간대가 맞지 않으면 망원경에 감지될 리가 없다. 생각해보라. 그림 13.1에서 가느다란 수직선 두 개가 같은 시간대에 겹칠 확률이 과연 얼마나 되겠는가?

생태계의 붕괴

0단계 문명이 우라늄 장벽을 용케 뛰어넘었다면, '생태계의 붕괴'라는 또 하나의 난관에 봉착하게 된다.

앞에서 박테리아 한 마리가 단 몇 주일 사이에 지구만 한 규모로 번

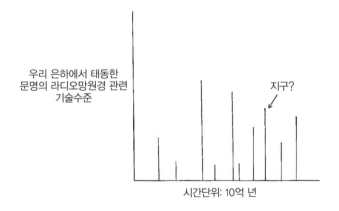

그림 13.1 〉〉〉 우리는 왜 외계의 지적생명체를 볼 수 없는가? 과거에 무수히 많은 문명이 은하 곳곳에서 태동하여 수백만 년 동안 발전해오다가 핵전쟁으로 멸망했을지도 모른다. 우리 은하에도 지적생명체가 모든 시간대에 걸쳐 무수히 많이 존재했지만, 지금은 모두 사라졌다. 그렇다면 우리도 결국 같은 운명을 맞이하게 될까?

식한다고 강조한 적이 있다. 그러나 이것은 방해요인이 전혀 없을 때 이야기고, 실제로 실험실에서 박테리아를 배양해보면 기껏해야 동전만 한 크기까지 번식할 뿐, 더 이상 진도를 나가지 못한다. 영양분으로 가득 찬 배양접시에 박테리아를 넣어두면 한동안 개체수가 기하급수적으로 증가하지만, 아무런 계획 없이 주어진 먹이를 닥치는 대로 먹어치우다가 결국은 자신이 배출한 배설물에 깔려 전멸하는 것이다.

인간도 박테리아 군집처럼 주어진 자원을 대책 없이 소비하다가 급속도로 불어나는 쓰레기더미에 파묻혀 종말을 맞이할 수도 있다. 대기와 바다는 무한자원이 아니라 지구를 덮고 있는 얇은 막에 불과하다. 0단계 문명은 I단계로 진화하기 전에 '자원고갈'과 '오염'이라는 심각한 문제에 직면하게 된다. 당장 눈앞에 닥친 위험은 이산화탄소로 오염된 대기이다. 대기에 함유된 이산화탄소는 지면에 도달한 태양에너지가 대기 밖으로 방출되는 것을 방해하여 걷잡을 수 없는 온실효과를 일으킨다.

우리는 1958년부터 지금(1994년)까지 석탄과 석유를 때면서 대기 중 이산화탄소 농도를 25%나 올려놓았고(그중 45%는 미국과 구소련에서 방출한 것이다), 그 결과로 지구의 온도가 빠르게 상승했다. 1880년을 기준으로 평균온도가 $1°F(0.56°C)$ 올라가는 데에는 거의 100년이 걸렸지만, 지금은 매 10년마다 $0.6°F(약 0.33°C)$씩 올라가고 있다. 이런 추세가 계속된다면 2050년에 해안가의 수위가 0.3~1.2m 상승하여 방글라데시는 해수면 아래로 가라앉고, 로스앤젤레스와 맨해튼도 반쯤 물에 잠기게 된다. 더욱 심각한 문제는 사막화 현상이 빠르게 진행되어 미국 중서부의 곡창지대가 기능을 상실하고, 열대우림이 사라지면서 온실효과가 더욱 빠르게 진행된다는 것이다. 이때가 되면 세계경제가 와해되고 사람들은 식량을 구하지 못하여 극심한 고통에 시달릴 것이다.

범세계적으로 균형 잡힌 정책을 수립하지 못하면 이 고비를 넘기기 어렵다. 오염의 주범인 각종 생산공장들은 세계 각지에 흩어져 있지만, 이들을 통제하려면 단일국가가 아닌 세계적인 규모의 집행기관이 필요하다. 물론 쉬운 일은 아니다. 인구가 수억 단위인 국가들은 오염을 억제하는 다양한 정책을 수립해놓고도 실행에 많은 애를 먹고 있다. 단기적으로 석탄과 석유, 그리고 내연기관의 사용을 억제하는 정책을 편다면 국민들의 삶의 질이 떨어지고 개발도상국은 더욱 큰 어려움을 겪게 된다. 좀 더 긴 안목으로 보면 이산화탄소를 방출하지 않으면서 매장량도 풍부한 대체에너지로 눈길을 돌릴 수밖에 없다. 현재 연구되고 있는 대표적 대체에너지로는 태양에너지와 핵융합, 그리고 증식로(breeder reactor, 연쇄반응으로 소비되는 핵분열성 물질보다 더 많은 핵분열성 물질을 만들어내는 원자로_옮긴이)를 들 수 있는데, 이들 중 실현 가능성이 비교적 높은 태양에너지와 핵융합도 수십 년 후에나 실용화될 전망이다. 그러나 일단 가동되기 시작하면 I단계 문명으로 진입할 때까지 향후 수백 년 동안 충분한 에너지를 공급할 수 있을 것이다.

앞에서도 말했지만 이 모든 문제는 기술발전이 사회발전을 앞서가기 때문에 발생한다. 오염은 개개의 국가 단위로 발생하는데 대책은 지구적 스케일에서 수립해야 하기 때문에 부조화가 초래되는 것이다. 0단계 문명이 이 부조화를 극복하지 못하면 핵전쟁과 생태계 붕괴로 자멸할 가능성이 높다.

일단 0단계를 통과하면 상황이 크게 개선된다. 단 I단계에 진입하려면 지구적 스케일의 협력이 긴밀하게 이루어져야 한다. 수만~수억명으로 이루어진 집단은 내연기관과 우라늄, 또는 화학연료에서 에너지를 얻어도 그런대로 유지될 수 있지만, 수십억 명으로 이루어진 집단이 유지되려면 행성의 모든 자원을 활용할 수 있어야 한다. 따라서 I단계 문명의 사회조직은 지금보다 훨씬 복잡하고 체계화되어 있을 것이다. 그렇지 않으면 문명을 유지하는 데 필요한 기술을 개발할 수 없다.

I단계 문명은 지구의 모든 에너지를 활용하는 단계이므로 전 세계 인구를 하나로 묶어주는 사회조직이 필요하다. 즉, I단계 문명은 전 세계가 하나의 국가로 통일된 사회일 것이다. 지금처럼 작은 국가 단위로 분할되어 있으면 특정 기간 동안 수집한 모든 에너지원을 하나의 목적에 투입할 수 없기 때문이다.

이 상황은 갓난아기가 세상에 적응해나가는 과정과 비슷하다. 갓 태어난 아기에게 가장 위험한 시기는 탄생 후 몇 개월이다. 안락한 어머니의 뱃속에서 10개월을 살다가 갑자기 적대적인 환경에 노출되었기 때문에, 처음 몇 달 동안은 생물학적 긴장이 최고조에 달하여 오작동을 일으키기 쉽다. 그러나 1년이 지나면 유아사망률이 급격하게 감소한다. 이와 마찬가지로 문명은 핵에너지를 사용하기 시작한 후로 처음 몇 세기가 가장 위험한 시기이다. 이 시기에 행성 전체를 통제할 수 있는 정치시스템이 갖춰지면 최악의 시나리오는 피할 수 있을 것이다.

새로운 빙하기

지구가 약 28억 년 전부터 수백~수천 년짜리 빙하기를 간간이 겪어왔다는 것은 분명한 사실이지만, 정확한 원인은 아직 밝혀지지 않았다. 한 가지 가설은 지구의 자전운동에 섞여 있는 미세한 요동이 빙하기를 초래한다는 것이다. 이 미세한 요동 효과가 수백~수천 년 동안 누적되면 극지방의 제트기류에 영향을 주어 북극의 차가운 공기가 남쪽으로 이동하고, 그 결과 지구 전체의 온도가 내려가면서 빙하기가 시작된다. 그러나 빙하기는 지구의 생태계에 그다지 큰 영향을 주지 않았다. 빙하기에 다수의 포유동물이 멸종하고 인류가 각 대륙에 고립되어 다양한 종으로 분화되긴 했지만, 이것은 비교적 최근의 일이다.

지금의 컴퓨터로는 다음 빙하기가 언제 닥쳐올지 예측할 수 없다. 빙하기는커녕, 당장 내일 날씨도 예측하기 어렵다. 요즘 컴퓨터는 4세대를 거쳐 5세대로 진화하는 중이다. 4세대 컴퓨터는 덩치가 아무리 크고 내부구조가 아무리 복잡해도 한 번에 세 개 이상의 수를 더할 수 없다. 여러 개의 연산을 동시에 수행하는 5세대로 넘어가려면 이 문제부터 해결되어야 한다.

날씨를 제어하는 기술은 앞으로 수백 년 후에 가능해질 것이다. 그리고 우리 문명이 우라늄 장벽과 생태계 붕괴를 극복한다면 앞으로 수백 년 이내에 I단계로 진입할 가능성이 높다. 따라서 다음 빙하기가 찾아오기 전에 I단계에 도달한다면 날씨 때문에 문명이 붕괴되는 불상사는 일어나지 않을 것이다. 그때가 되면 인류는 날씨를 인공적으로 바꾸거나, 극단적인 경우에는 아예 지구를 떠날 수도 있다.

천문학적 자연재해

0단계와 I단계 문명은 수천~수백만 년 간격으로 일어나는 소행성 충돌과 가까운 초신성폭발에 각별한 주의를 기울일 필요가 있다.

45억 년 전에 지구가 생성된 후로 소행성은 시도 때도 없이 지구를 향해 날아왔고, 그중에는 지구에 대재앙을 일으킨 저승사자도 있었다. 그러나 인류가 이 사실을 깨달은 것은 우주관측을 본격적으로 시작한 100년 전의 일이었다(0단계나 I단계 문명은 소행성이 수백만km까지 접근했을 때 수소폭탄이 탑재된 로켓을 발사하여 소행성의 궤도를 바꿀 수 있다. 이 방법은 실제로 국제 학술회의에서 제안된 적이 있다).

소행성이 가까운 거리에서 지구를 스쳐 지나가는 '근접통과near miss' 사건은 일반대중이 생각하는 것보다 훨씬 빈번하게 발생한다. 1993년 1월 3일에 NASA의 과학자들은 레이더를 이용하여 지구로 접근하는 소행성을 촬영하는 데 성공했다. 토타티스Toutatis로 명명된 이 소행성은 직경이 3.2km에 달했고 내부는 두 개의 바위 핵으로 이루어져 있었는데, 다행히 지구와 350만 km 거리를 두고 스쳐 지나갔다. 1989년 3월 23일에는 직경 800m짜리 소행성이 거의 120만 km(지구와 달 사이의 거리의 3배)까지 접근하여 천문학자들의 간담을 서늘하게 만들었다.

1992년 말에는 일단의 천문학자들이 '2126년 8월 14일에 거대한 혜성이 지구에 충돌하여 모든 생명체가 멸종할 것'이라고 예견한 바 있다. 하버드-스미소니언 천체물리학센터의 천문학자 브라이언 마스든Brian Marsden은 혜성이 지구와 충돌할 확률을 약 1/10,000로 평가했다. '스위프트-터틀(Swift-Turtle, 미국 남북전쟁 때 이 혜성을 처음 발견한 두 명의 천문학자 이름을 딴 것이다)'로 명명된 이 혜성은 언론을 통해

'종말의 바위Doomsday Rock'로 소개되었고, 냉전종식 후 일자리가 위태로워진 핵무기 기술자들은 하루속히 수소폭탄을 만들어서 문제의 혜성을 폭파시켜야 한다고 주장했다.

스위프트-터틀 혜성의 공전주기는 약 130년으로, 가는 곳마다 다량의 파편을 흘리면서 우주공간에 기다란 '운석의 강'을 만들어놓았다. 1년에 한 번씩 밤하늘을 수놓는 페르세우스 유성우(Perseid meteor shower, 유성이 페르세우스자리에서 떨어지는 것처럼 보이기 때문에 이런 이름이 붙었다_옮긴이)는 지구가 바로 이 강을 건널 때 나타나는 현상이다(천문학자들은 혜성의 근접통과 시기를 예견할 때 다소 몸을 사리는 경향이 있다. 혜성 표면의 얼음층이 태양열에 의해 기화되거나 폭죽처럼 터지면서 궤도가 조금씩 바뀌기 때문이다. 마스든도 자신의 주장을 몇 주 만에 철회하고 "지구는 앞으로 1,000년 동안 무사할 것"이라고 했다).

1991년 1월에 NASA는 "지구의 공전궤도와 교차하는 소행성 중 직경 500m가 넘는 것만 1,000~4,000개에 달한다"고 발표했다. 이 정도 크기면 인류의 문명을 위협하기에 충분하다. 그러나 이들 중 레이더로 추적 가능한 소행성은 고작 150개에 불과하다. 직경 100m 이상인 소행성까지 포함하면 30만 개가 넘는데, 이들은 지구 코앞으로 다가와야 비로소 그 존재를 감지할 수 있다.

내가 생전 처음으로 소행성의 위협을 느낀 것은 하버드대학교 학부생이었던 1967년 겨울의 일이었다. 그 무렵에 나와 친하게 지냈던 기숙사 친구가 대학교 부설 천문대에서 아르바이트를 하고 있었는데, 어느 날 심각한 표정으로 놀라운 비밀을 털어놓았다. "이건 비밀이니까 아무한테도 말하지 마. 최근에 천문학자들이 지구를 향해 돌진해오는 직경 수 km짜리 소행성을 발견했는데, 컴퓨터로 궤적을 계산해보니 1968년 6월쯤 지구에 충돌할 거래. 우리 졸업식이 그때쯤이니까 잘하면 졸업은 할 수 있을 거야." 이 정도 규모의 소행성이 떨어지면 지각이 갈라지면서 수십억 톤의 마그마가 분출되고 대규모 지진과 해일이 지구 전체를 휩쓸 것이다. 나는 그 사실을 알게 된 후로 죽음의 소행성이 다가오는 광경을 시도 때도 없이 상상하면서 공포의 나날을 보냈다. 천문학자들은 사회가 혼란에 빠지는 것을 막기 위해 관련정보를 공개하지 않았을 것이다.

그로부터 20년 후, 나는 소행성이 지구를 스쳐 지나갔다는 뉴스를 읽다가 문득 젊은 시절에 겪었던 공포의 나날을 떠올렸다(그 전까지는 까맣게 잊고 있었다). 그 뉴스에는 1968년에 지구 근처로 다가왔던 소행성도 언급되어 있었는데, 당시에는 160만 km까지 접근했다가 우주 저편으로 사라졌다고 했다.

소행성보다 드물긴 하지만 지구 근처에서 초신성이 폭발하면 훨씬 극적인 상황이 벌어진다. 초신성이 폭발하면 수천억 개의 별과 맞먹는 엄청난 에너지가 방출되면서 은하 전체가 대낮처럼 밝아지고, 함께 방출된 다량의 X-선이 주변 태양계를 심각하게 교란시킨다. 이런 사건이 태양계로부터 비교적 먼 거리에서 일어난다 해도 수소폭탄이 폭발했을 때와 마찬가지로 치명적인 전자기 펄스(electromagnetic pulse, EMP)가 대기에 도달하여 원자에서 전자가 분리되고, 이 전자들이 지구자기장 속을 배회하면서 강력한 전기장을 생성하여 모든 전자기기와 통신장비를 먹통으로 만들 것이다. 사실 이 정도 재난은 집안싸움(핵전쟁)만으로도 초래될 수 있다. 그러나 가까운 거리에서 초신성이 폭발한다면 기계만 망가지는 것이 아니라 생명 전체가 멸종할 수도 있다.

천문학자 칼 세이건은 공룡을 멸종시킨 주범으로 초신성을 지목했다.

6,500만 년 전에 태양계로부터 10~20광년 떨어진 곳에서 초신성이 폭발했다면 다량의 우주선(宇宙線, cosmic ray)이 지구로 유입되어 대기 중의 질소를 연소시키고, 그 결과로 탄생한 질소산화물이 오존층을 파괴하여 태양의 자외선이 지표면에 직접 도달했을 것이다. 생명체가 자외선에 무방비로 노출되면 계란프라이처럼 익거나 무작위로 변이를 일으켜서 생존력이 현저하게 떨어질 수밖에 없다.

덩치 큰 소행성은 고성능 천체망원경으로 사전에 감지할 수 있지만, 초신성은 아무런 경고 없이 불시에 폭발하기 때문에 미리 준비할 시간도 없다. 게다가 초신성에서 방출된 복사에너지는 빛의 속도로 날아오기 때문에, I단계 문명에 이런 재난이 닥친다면 고향 행성을 포기하고 한시라도 빨리 탈출하는 것이 상책이다. 초신성으로 의심되는 천체 주변의 별을 주의 깊게 관찰하면 폭발의 징후를 조금 더 일찍 감지할 수 있을 것이다.

죽음의 쌍성-네메시스

1980년에 캘리포니아대학교 버클리 캠퍼스의 루이스 앨버레즈Luis Alvarez와 그의 아들 월터Walter, 그리고 프랭크 아사로Frank Asaro와 헬렌 미셸Helen Michel은 6,500만 년 전에 형성된 강바닥 밑 지층에서 다량의 이리듐(Ir)을 발견하고 '6,500만 년 전에 소행성이 지구를 강타하여 대기가 교란되고 공룡이 멸종했다'는 대담한 가설을 제안했다. 이리듐은 지구에서 희귀한 금속에 속하지만 소행성과 같은 외계물체에는 다량으로 함유되어 있다. 게다가 직경 8km짜리 소행성이 초속 30km의 속도로 지구에 떨어지면(총알보다 10배쯤 빠르다!) 1억×100만 톤의 다이너마이트와 맞먹는 파괴력을 발휘하여(지구에 있는 핵무기 총량의 1만 배에 해당한다!) 직경 100km, 깊이 30km에 달하는 거대한 분화구가 형성되고, 온갖 파편과 먼지가 대기 중에 유입되어 꽤 오랜 시간 동안 햇빛을 차단한다. 그러면 지구의 기온이 급격하게 떨어져서 대부분의 동물은 멸종하거나 생존에 심각한 타격을 받을 수밖에 없다.

그 후 1992년에 과학자들은 공룡을 멸종시킨 소행성의 흔적으로 멕시코 유카탄반도의 칙술루브Chicxulub 근처에 있는 직경 180km짜리 초대형 분화구를 지목했다. 사실 이 분화구는 1981년에 멕시코의 국영 석유회사 페멕스Pemex의 시추작업 도중 우연히 발견되어 그 존재가 이미 알려져 있었으나, 앨버레즈의 이론이 널리 알려지면서 일단의 지질학자들이 몇 년 동안 현장조사를 실시한 끝에 '멸종의 주범'으로 판명난 것이다. 아르곤-39를 이용한 방사능연대측정 결과, 유카탄 분화구의 생성연대는 6,498만(±5만) 년 전으로 확인되었다. 더욱 인상적인 것은 텍타이트tektite라는 유리질 파편이 멕시코와 하이티, 심지어는 플로리다에서도 발견되었다는 점이다. 이것은 소행성이 충돌하던 순간에 규산염이 엄청난 고온에 노출되어 유리화(琉璃化, glassification)된 흔적일 가능성이 높다. 텍타이트는 신생대 제3기와 백악기 사이의 지층에서 주로 발견되는데, 각기 다른 장소에서 다섯 종의 샘플을 취하여 알아낸 연대기는 6,507만(±10만) 년이다. 즉 멕시코와 하이티, 그리고 플로리다에서 발견된 텍타이트는 지구에서 자연 생성된 텍타이트보다 100만 년쯤 젊다. 이것은 거대한 소행성이

지구에 충돌하여 공룡을 멸종시켰다는 또 하나의 증거이다.

그러나 지구의 역사에서 대량멸종의 희생양이 된 것은 공룡뿐만이 아니었다. 다른 멸종사건은 공룡의 경우보다 훨씬 가혹했는데, 예를 들어 2억 5천만 년 전에 있었던 페름기 대량멸종 때는 지구에 서식하는 동물과 식물의 96%가 사라졌다. 5억 4천만 년 전부터 바닷속을 지배해왔던 삼엽충도 바로 이 시기에 갑자기 자취를 감췄다. 대량멸종사건은 지구에 생명체가 처음 출현한 후로 다섯 번에 걸쳐 일어났는데, 증거가 확실치 않은 멸종사건까지 고려하여 발생 시기를 비교해보면 대부분의 멸종사건이 2,600만 년을 주기로 반복되었음을 알 수 있다. 고생물학자 데이비드 라우프David Raup와 존 셉코스키John Sepkoski는 지구에 존재했던 종種의 수를 시간에 대한 그래프로 재현하다가 마치 시계의 알람이 울리듯이 2,600만 년마다 한 번씩 급격하게 줄어들었다는 사실을 알아냈다. 이 주기는 무려 2억 6천만 년 동안 10회에 걸쳐 반복된다(그 외에 두 번의 멸종사건이 더 있었는데, 이들은 시기적으로 주기에서 벗어나 있다).

6,500만 년 전(백악기 말기)에는 공룡이 멸종했고 3,500만 년 전(에오세, 또는 시신세 말기)에는 육지포유류의 상당수가 멸종했다. 그렇다면 2,600만 년이라는 주기는 대체 어디서 기인한 것인가? 생물학과 지질학, 그리고 천문학적 데이터를 아무리 뒤져봐도 2,600만 년을 주기로 반복되는 사건은 발견되지 않았다.

버클리대학교의 리처드 뮬러Richard Muller는 우리의 태양이 혼자가 아니라 쌍성계(雙星界, binary system, 두 개의 별이 공통의 질량중심을 기준으로 서로 상대방의 주변을 공전하는 계_옮긴이) 중 하나이며, 나머지 하나('네메시스Nemesis' 또는 '죽음의 별Death Star'이라 한다)가 지구에 주기적으로 대량멸종을 일으킨 주범이라는 가설을 제안했다. 우리의 태양에게 2,600만 년을 주기로 공전하는 '보이지 않는 파트너'가 존재한다는 것이다. 네메시스가 오르트 구름(Oort cloud, 명왕성 궤도 너머에 넓게 퍼져 있는 혜성의 구름)을 통과할 때 그 자리에 있던 혜성들이 원래의 궤도를 이탈하여 태양계 안으로 진입하고, 그들 중 일부가 지구에 충돌하면 대량멸종을 일으킬 수 있다. 뮬러의 가설이 옳다면 멸종의 원인은 소행성이 아니라 오르트 구름에서 날아온 혜성이었다.

실제로 대량멸종이 일어났던 시기의 지층은 이리듐 함량이 비정상적으로 높다. 이리듐은 외계의 소행성이나 혜성에서 흔히 발견되는 금속이므로, 네메시스에 의해 교란된 혜성이 주기적으로 지구에 떨어졌다는 가설은 꽤 설득력이 있다. 그렇다면 네메시스는 언제 다시 오르트 구름을 통과하게 될까? 지금까지 수집된 데이터에 의하면 현재 네메시스는 태양에서 가장 먼 지점(수 광년 떨어진 곳)을 선회하는 중이다. 즉 다음 멸종이 일어날 때까지 적어도 천만 년 이상 남았다는 뜻이다.

네메시스가 다시 나타나기 전에 지구의 문명은 III단계로 접어들 것이다. 이때가 되면 인류는 가까운 별뿐만 아니라 시공간까지 마음대로 활용할 수 있으므로, 혜성 하나 때문에 멸종하는 불상사는 일어

• 장주기 대량멸종의 원인을 '은하 안에서 진행되는 태양계의 주기운동'에서 찾는 이론도 있다. 우리의 태양계는 오르락내리락하면서 돌아가는 회전목마처럼, 은하수가 배열된 평면을 오르락내리락하고 있다. 그런데 태양계가 은하면 아래로 내려갔을 때 다량의 먼지가 오르트 구름에 유입되어 혜성의 궤도를 교란시킨다는 것이다. 이 이론에 의하면 멸종을 일으키는 네메시스는 태양의 쌍둥이별이 아니라 태양계 주변에 퍼져 있는 먼지구름인 셈이다.

나지 않을 것이다.

태양의 죽음

모든 인간은 언젠가 죽기 마련이다. 우리 몸을 구성하는 원자들은 살아 있는 동안 생명활동에 관여하다가 죽은 후에는 서서히 분해되어 땅속으로 흡수된다. 그 다음에는 어떻게 될까? 아마도 모든 원자들은 결국 태양으로 되돌아갈 것이다.

우리의 태양은 50억 년 전에 태어났고 앞으로 50억 년 동안 황색별yellow star로 남아 있을 테니, 사람으로 치면 중년에 해당한다. 그러나 수소원료가 바닥나면 그동안 핵융합반응의 폐기물로 쌓아온 헬륨을 태우기 시작하면서 덩치를 키워나가다가, 결국은 적색거성이 되어 지구와 화성까지 잡아먹을 것이다. 이때가 되면 지구의 모든 만물은 원자와 분자 단위로 산산이 분해되어 태양 대기의 일부로 편입된다. 원래 지구는 태양의 잔해로부터 탄생했으니, 태양으로 되돌아가는 게 순리인 것 같기도 하다.

칼 세이건은 지구의 최후를 다음과 같이 묘사했다.

수십억 년 후, 지구는 완벽한 최후를 맞이하게 된다. (…) 남극과 북극을 덮고 있는 만년설이 녹으면서 전 세계의 해안도시가 물에 잠긴다. 뜨거워진 바다에서 증발한 수증기가 구름에 유입되어 햇빛을 차단하면서 종말의 시간을 조금 늦춰주긴 하겠지만, 점점 커지는 태양은 그 어떤 것도 막을 수 없다. 결국 바닷물은 펄펄 끓어오르고 뜨거워진 대기는 우주공간으로 날아가고, 지구는 최악의 파국을 맞이하게 될 것이다.[8]

종말론자들은 장차 지구가 얼어붙는다는 등, 불지옥으로 떨어진다는 등 말이 많은데, 이 기회에 확실한 답을 외워두기 바란다. 지구는 앞으로 약 50억 년 후에 태양의 화염 속으로 사라질 운명이다. 그러나 인간이 그때까지 살아남는다면 이미 오래전에 지구를 떠났을 것이다. 초신성폭발과 달리 태양의 죽음은 예측 가능한 사건이기 때문이다.

은하의 죽음

수십억 년 단위의 큰 스케일에서 볼 때, 은하도 언젠가는 죽을 운명이다. 우리의 태양계는 은하수 안에서 오리온 나선팔Orion spiral arm에 자리잡고 있다. 사람들은 밤하늘을 바라보면서 광활한 우주의 스케일에 압도되곤 하지만, 사실 우리 눈에 보이는 하늘은 오리온 나선팔 주변의 일부에 불과하다. 지난 수천 년 동안 인류는 이 작은 부분에 속한 수백만 개의 별을 바라보며 신화를 만들어내고, 사랑을 나누고, 시를 쓰는 등 다양한 영감을 떠올려왔다. 은하수에 속한 나머지 2천억 개의 별들은 너무 멀리 떨어져 있어서 밤하늘을 가로지르는 희미한 리본 띠처럼 보일 뿐이다(동양인들에게는 리본 띠가 아니라 하늘을 가로질러 흐르는 강물처럼 보였다. 은하대銀河帶보다는 은하수銀河水가 훨씬 운치 있지 않은가?_옮긴이).

은하수로부터 200만 광년 떨어진 곳에는 우리와 가장 가까운 은하인 안드로메다은하Andromeda galaxy가 자리잡고 있다. 크기는 은하수의 2~3배쯤 된다. 두 은하는 초속 125km의 속도로 가까워지고 있어서, 앞으로 50억~100억 년 후에 충돌할 예정이다. 캘리포니아대학교 산타크루즈 캠퍼스의 천문학자 라스 헌퀴스트Lars Hernquist는 이 충돌사건을 다음과 같이 요약했다. "안드로메다는 침략자고, 우리 은하는 피해자다. 두 은하가 충돌하면 은하수는 완전히 파괴될 것이다."[9]

먼 거리에서 바라보면 안드로메다은하가 서서히 다가와 은하수를 잡아먹는 것처럼 보일 것이다. 두 은하의 충돌사건을 컴퓨터 시뮬레이션으로 재현해보면, 작은 은하가 큰 은하의 중력에 압도되어 몇 차례 휘둘린 후 완전히 잡아먹힌다는 것을 알 수 있다(https://youtu.be/D-0GaBQ494E에는 두 은하 충돌할 때 일어나는 과정이 컴퓨터그래픽과 사진으로 실감나게 재현되어 있다. 꼭 한 번 감상해보기 바란다!_옮긴이). 그러나 은하수에는 수천억 개의 별들이 진공에 가까운 우주공간에 넓은 간격으로 퍼져 있기 때문에, 별과 별이 당구공처럼 충돌하는 사건은 100년에 한두 번밖에 일어나지 않는다. 그러므로 은하수와 안드로메다가 충돌한다 해도 우리의 태양은 꽤 긴 시간 동안 직접충돌을 피할 수 있을 것이다.

시간을 십억 년 단위로 끊어서 보면 은하의 충돌에서 살아남는다 해도 결국은 죽을 수밖에 없다. 우주 자체도 결국은 죽음을 맞이할 것이기 때문이다. 고도로 발달한 지적생명체들은 거대한 우주방주를 만들어서 대부분의 자연재해를 피할 수 있겠지만, 우주 자체가 수명을 다하면 딱히 도망갈 곳도 없다.

아즈텍인들은 세상의 종말이 오면 태양이 하늘에서 떨어진다고 믿었다. 그들은 이 시점이 '지구가 기력을 쇠진했을 때 (…) 지구의 씨앗이 수명을 다했을 때' 도래한다고 예언했다. 또한 이때가 되면 태양뿐만 아니라 하늘에 떠 있던 모든 별들이 빛을 잃고 땅으로 떨어진다고 했다.

이들의 예언은 사실에 매우 가깝다.

태양이 빛을 잃기 한참 전에 인류는 태양계를 벗어나 다른 별로 이

주할 수도 있다(아이작 아시모프의 《파운데이션》 시리즈에서 기존의 별자리들은 수천 년 동안 모습을 감춘다). 그러나 우주에 존재하는 그 어떤 별도 핵융합 연료가 고갈되면 죽을 수밖에 없다. 시간을 100억 년 단위로 확장하면 결국 우리는 우주와 함께 죽을 운명이다. 우주가 열려 있으면 영원히 팽창하면서 온도가 서서히 0K에 접근할 것이고, 우주가 닫혀 있으면 어느 시점부터 팽창을 멈추고 수축되기 시작하여 빅크런치로 마무리될 것이다. 문명이 III단계에 도달했다 해도 이 시점이 되면 위협을 느낄 수밖에 없다. 초공간을 정복한 문명은 과연 우주의 죽음조차도 극복할 수 있을까?

14. 우주의 운명

The Fate of the Universe

어떤 이는 세상이 불로 망한다 하고
어떤 이는 얼음에 묻혀 망한다고 한다.
욕망을 이미 맛본 나로서는
이 세상이 불로 끝나기를 바란다.

_로버트 프로스트

완전히 끝나기 전에는 끝난 것이 아니다.

_요기 베라Yogi Berra

지구이건 외계이건, 하나의 문명이 초공간을 다루는 수준까지 발전하려면 일단 0단계에서 마주치는 일련의 재앙부터 극복해야 한다. 특히 핵력을 다루는 수준에 도달한 후 수백 년 동안은 과학기술의 수준이 지역분쟁을 조정하는 사회-정치적 수준보다 앞서가기 때문에 매우 위험한 시기이다.

III단계 문명은 사회구조가 튼튼하여 지역분쟁으로 자멸할 염려가 없고, 과학기술이 충분히 발달하여 빙하기나 태양의 붕괴 등 모든 종류의 자연재해 및 생태계 교란도 능히 극복할 수 있다. 그러나 문명이 제아무리 발달해도 우주의 최후 앞에서는 속수무책이다. III단계 문명이 모든 인류를 우주선에 태우고 탈출을 시도한다 해도, 우주의 죽음까지 극복할 수는 없다. 간단히 말해서, '도망갈 수는 있어도 숨을 곳은 없다.'

19세기의 과학자들도 우주가 언젠가는 죽을 운명이라는 것을 잘 알고 있었다. 찰스 다윈은 그의 자서전에 다음과 같이 적어놓았다. "나는 미래의 인류가 육체적, 정신적으로 지금보다 훨씬 완벽한 존재가 되리라 믿는다. 그러나 오랜 세월 동안 꾸준히 발전해온 생명체들도 결국 사라질 수밖에 없다는 사실을 생각하면 나의 희망은 금세 무력감으로 돌변한다."[1]

수학자이자 철학자였던 버트런드 러셀은 멸종할 수밖에 없는 인간의 운명을 '확고한 절망'이라고 표현했다. 그의 글에는 과학자가 상상할 수 있는 가장 절망적인 내용이 담겨 있다.

인간은 어떤 원인으로부터 탄생했겠으나, 그 원인은 인간이 궁극적으로 도달하게 될 결말을 예측하지 못했음이 분명하다. 인간의 기원과 성장, 희망, 두려움, 그리고 사랑과 믿음은 수많은 원자들이 우연히 '그런 식으로 배열되었기 때문에' 나타난 결과일 뿐이다. 열정도, 영웅심도, 심오한 사고와 느낌도 인간을 죽음에서 구원하지 못한다. 모든 세대에 걸친 노력과 헌신, 창조적 영감, 그리고 천재적인 능력은 태양계의 죽음과 함께 사라지고, 인류가 애써 쌓아올린 문명의 전당은 우주의 폐허 속에 묻힐 것이다. 이 모든 것은 그 누구도 부인할 수 없는 사실이다. 인간의 궁극적 소멸을 부정하는 철학은 한시적으로 수명을 유지할 수는 있지만, 결국은 설자리를 잃게 될 것이다. 영혼의 편안한 안식처를 확보하려면 '확고한 절망'이라는 부동의 진리를 토대로 삼아야 한다.[2]

러셀이 이 글을 쓴 시기는 1923년으로, 우주시대가 도래하기 수십 년 전이었다. 지구를 떠날 방법이 없는 상황에서, 엄밀한 물리법칙으로 예견된 태양계의 죽음은 러셀에게 '극복할 수 없는 한계'였던 것이다. 당시의 과학기술로는 절망적인 결론을 피할 길이 없어 보였다. 그 뒤로 일반대중들도 태양이 적색거성이 되어 지구를 삼켜버린다는 사실을 알게 되었으나, 그와 함께 우주시대가 도래하면서 상황이 크게 달라졌다. 러셀이 활동하던 시대에 인간이 거대한 우주선을 타고 달이나 다른 행성으로 진출한다는 것은 거의 미친 소리나 다름없었다. 그러나 앞서 말한 바와 같이 기술이 기하급수적으로 발달하는 한, 태양계의 죽음은 그다지 큰 위협이 되지 않을 것이다. 태양이 적색거성으로 변하는 시기가 도래하면 인류는 오래전에 핵먼지로 사라졌거나, 다른 안전한 별을 찾아 이미 지구를 떠났을 것이다.

문명이 충분히 발달하면 태양계의 죽음 정도는 피할 수 있다. 그러나 우주의 죽음을 생각하면 러셀의 '확고한 절망'이 또 다시 암울한 그림자를 드리운다. 우주 최후의 날이 도래하면 어떤 우주선도 인간을 안전한 곳으로 데려갈 수 없다. 제아무리 발달한 문명도 우주가 죽으면 같이 죽을 수밖에 없다.

아인슈타인의 일방상대성이론에 의하면 우주는 영원히 팽창하여 온도가 0K(-273°C)까지 떨어지거나, 중력으로 수축되어 빅크런치를 맞이할 운명이다. 열린 우주라면 꽁꽁 얼어붙을 것이고, 닫힌 우주라면 불덩이 속으로 사라질 것이다. 이런 극단적 환경에서는 III단계 문명도 살아남을 수 없다.

우리의 우주는 둘 중 어떤 최후를 맞이할 것인가? 이 질문의 답을 얻기 위해 우주론 학자들은 아인슈타인의 방정식을 이용하여 우주에 존재하는 질량-에너지의 총량을 계산하고 있다. 아인슈타인의 장방정식에 의하면 시공간의 곡률은 물질-에너지의 밀도에 의해 결정되므로, 우주의 미래를 예측하려면 우주의 평균밀도를 알아야 한다.

물질의 임계밀도는 우주의 미래와 생명체의 운명을 좌우한다. 우주의 평균밀도가 $1cm^3$ 당 $10^{-29}g$ 이하이면(지구만 한 부피에 평균 0.01g의 질량이 존재한다는 뜻이다) 우주는 영원히 팽창하여 생명이라곤 찾아볼 수 없는 냉동지옥이 된다. 그러나 평균밀도가 이보다 크면 우주는 언젠가 팽창을 멈추고 중력에 의해 수축되기 시작하여 빅크런치라는 불지옥으로 마무리된다.

현재 관측결과는 다소 애매모호하다. 천문학자들은 몇 가지 방법으로 은하의 질량(우주의 질량)을 측정하고 있는데, 그중 하나는 은하에 속해 있는 별의 수를 헤아린 후 거기에 별의 평균질량을 곱하는 것이다. 이 지루한 방법으로 계산된 우주의 밀도는 $10^{-29}g/cm^3$(이 값을 임계밀도라 한다)보다 작아서, 우주의 영원한 팽창을 예견하고 있다. 문제는 이 계산에 빛을 발하지 않는 물질(먼지구름, 블랙홀, 차가운 왜성 등)이 누락되어 있다는 것이다.

뉴턴의 법칙을 이용하는 방법도 있다. 달의 공전주기와 거리에 뉴턴의 운동법칙을 적용하여 달의 질량을 알아냈던 것처럼, 은하 안에서 각 별의 공전주기를 측정하면 은하 전체의 질량을 알 수 있다.

그런데 두 방법으로 계산한 값이 일치하지 않는다. 그도 그럴 것이, 은하질량의 90%는 빛을 발하지 않는 '암흑물질dark matter'로 이루어져 있기 때문이다. 망원경에 포착되지 않는 성간기체를 대충 추산하여 계산에 포함시켜도, 뉴턴의 법칙으로 계산된 은하의 무게는 별을 헤아려서 계산한 무게보다 훨씬 크다. 따라서 암흑물질의 정체가 밝혀지지 않는 한, 우주의 미래는 계속 미지로 남아 있을 것이다.

엔트로피 죽음

일단 우주의 평균밀도가 임계밀도(10^{-29}g/cm^3)보다 낮다고 가정해보자. 시공간의 곡률은 물질-에너지의 총량에 의해 결정되고, 평균밀도가 임계밀도보다 낮다는 것은 물질-에너지가 공간을 수축시킬 정도로 충분하지 않다는 뜻이므로, 우주는 온도가 0K에 도달할 때까지 영원히 팽창할 것이다. 그리고 우주가 팽창하면 엔트로피(entropy, 우주의 혼돈, 또는 무질서를 나타내는 척도)도 증가하기 때문에, 결국 우주는 무한정 커진 엔트로피에 의해 최후를 맞이하게 된다(이것을 '엔트로피 죽음entropy death'이라 한다).

영국의 물리학자이자 천문학자였던 제임스 진스 경Sir James Jeans은 20세기 초에 "우주는 열역학 제2법칙에 의거하여 온도가 너무 낮아서 생명체가 살 수 없는 '열 죽음(heat death, 열 때문에 죽는 것이 아니라 열이 부족해서 죽는다는 뜻_옮긴이)'을 맞이할 것"이라고 했다.[3]

엔트로피 죽음을 이해하려면 지구와 별의 화학 및 핵반응 과정을 지배하는 3개의 열역학법칙부터 이해할 필요가 있다. 영국의 과학자이자 작가인 찰스 퍼시 스노Charles Percy Snow는 이 세 가지 법칙을 다음과 같이 우아하게 표현했다.

1. 당신은 절대로 이길 수 없다(물질과 에너지는 보존되기 때문에, 무無에서는 아무것도 얻을 수 없다).
2. 본전을 찾을 수도 없다(무질서도, 즉 엔트로피는 항상 증가하기 때문에, 동일한 에너지상태로 되돌아올 수 없다).
3. 게임에서 빠져 나올 수도 없다(절대온도 0도에는 결코 도달할 수 없

기 때문이다).

우주를 죽음으로 몰고 가는 주범은 열역학 제2법칙이다. 즉 모든 물리-화학적 과정은 우주의 엔트로피(무질서도)를 증가시킨다. 사실 제2법칙은 지금도 우리의 삶 전체를 지배하고 있다. 예를 들어 커피에 크림을 섞을 때에는 질서(서로 분리된 크림과 커피)가 자연스럽게 무질서(크림과 커피의 무작위 혼합물)로 바뀐다. 그러나 이 과정을 거꾸로 진행시키는 것은 엄청나게 어려운 작업이다. 이미 섞여버린 커피와 크림을 따로 분리하려면 고도로 정밀한 화학적 정제과정을 거쳐야 한다. 또 실내에서 담배를 피울 때에도 담배연기가 방 곳곳으로 퍼지면서 질서(담뱃잎과 종이)가 무질서(연기와 재)로 바뀌는데, 현대화학의 최첨단 기술을 총동원해도 이 과정을 거꾸로 되돌릴 수는 없다(연기를 담배로 되돌리고 담뱃재를 타지 않은 담배와 종이로 바꾼다고 상상해보라!).

이 세상 무엇이건 만들기보다 부수기가 더 쉽다. 집을 지으려면 1년 가까이 걸리지만, 불이 나면 한 시간 안에 잿더미로 변한다. 사냥하면서 떠돌던 한 무리의 사람들이 멕시코와 중앙아메리카에 찬란한 아즈텍 문명을 건설할 때까지는 거의 5,000년에 가까운 세월이 걸렸지만, 에르난 코르테스Hernán Cortés가 이끄는 스페인 점령군이 상륙한 뒤 단 몇 개월 만에 무참히 파괴되었다.

지구뿐만이 아니다. 엔트로피는 모든 별에서도 가차없이 증가하고 있다. 별이 핵융합 원료를 모두 써버리면 핵폐기물(금속) 덩어리만 남고, 모든 별들이 이런 식으로 하나씩 죽어나가다 보면 결국 우주는 빛이 존재하지 않는 암흑세계가 될 것이다.

우리가 알고 있는 별의 진화과정을 범우주적으로 적용하면 우주의 최후를 대충 짐작할 수 있다. 앞으로 10^{24}년이 지나면 모든 별의 핵융합로가 꺼지면서 우주에는 블랙홀과 중성자별, 그리고 차가운 왜성만 남을 것이다(마지막 종착점은 별의 질량에 따라 다르다). 별이 결합에너지 곡선의 아래쪽으로 내려감에 따라(그림 10.1 참조) 엔트로피는 꾸준히 증가하고, 이런 추세는 핵융합에서 더 이상 에너지를 생산할 수 없을 때까지 계속된다. 그리고 10^{32}년이 지나면 우주에 존재하는 모든 양성자들이 붕괴될 것이다. 대통일이론(GUT)에 의하면 양성자와 중성자는 안정한 상태를 영원히 유지할 수 없다. 이는 곧 지구와 태양계 등 우리가 알고 있는 모든 물질이 전자나 뉴트리노와 같은 작은 입자로 분해된다는 뜻이다. 따라서 지적생명체가 그때까지 살아 있다 해도, 결국은 전자와 뉴트리노로 붕괴될 수밖에 없다. 주기율표에 올라와 있는 100여 개의 원소들이 이런 식으로 붕괴되면 지적생명체는 육체를 버리고 전자와 뉴트리노, 그리고 에너지로 이루어진 새로운 육체로 옮겨가야 한다.

10^{100}년(이 숫자를 '1구골googol'이라 한다)이 지나면 우주의 온도는 거의 0K에 가까워진다. 지적생명체가 이때까지 살아 있다면, 아직 살아 있는(에너지가 남아 있는) 천체를 찾아 부지런히 옮겨다녀야 한다. 과연 성공할 수 있을까? 있다. 블랙홀을 찾으면 된다. 스티븐 호킹의 이론에 의하면 블랙홀은 완전히 검지 않다. 즉 블랙홀은 외부로 조금씩 복사에너지를 방출하고 있다.

이 아득한 미래에 블랙홀은 '최후의 생명줄'이다. 마지막까지 살아남은 지적생명체들은 우주 곳곳에 흩어져 있는 블랙홀을 찾아다니며 생명과 문명을 유지하는 데 필요한 에너지를 얻을 것이다. 불빛에 모여드는 불나방처럼, 꺼져가는 불씨 옆에 모여 꽁꽁 얼어붙은 몸을 녹이는 노숙자처럼, 지적생명체는 블랙홀 주변에 모여들어 생명을 이어가는 우주의 부랑자 신세가 될 것이다.[4]

블랙홀마저 동나면 어떻게 될까? 영국 서섹스대학교의 천문학자 존 배로John D. Barrow와 캘리포니아대학교 버클리 캠퍼스의 조셉 실크Joseph Silk는 이 절망적인 상황에서 한 가닥 희망을 찾아냈다. "지금의 과학기술 수준으로는 장담할 수 없지만, 아득한 미래에 우주의 모든 에너지원이 고갈된 후에도 양자이론에 의해 우리 우주와 다른 우주를 연결하는 통로가 열릴 수도 있다."

물론 이런 사건이 일어날 확률은 지극히 작아서, 우주의 수명만큼 기다려야 할지도 모른다. 지금 당장 우리 우주가 다른 우주와 연결되어 물리법칙이 갑자기 바뀌는 불상사는 절대 일어나지 않는다고 봐도 무방하다. 그러나 10^{100}년이라는 방대한 스케일에서는 그 가능성을 완전히 배제할 수 없다.

배로와 실크는 말한다. "양자이론이 있는 한, 희망은 남아 있다. 양자역학적 우주는 불확정성이 지배하는 우주이므로, 열 죽음이 반드시 찾아온다고 단언할 수 없다. 양자적 미래에는 모든 것이 가능하며, 확률이 아무리 작아도 이론적으로 발생 가능한 사건은 결국 일어날 것이다."[5]

고차원을 통한 탈출

우주의 평균밀도가 임계밀도보다 낮으면 대책 없이 팽창하여 '꽁꽁 얼어붙은 무한공간'으로 마무리된다. 지금부터는 그 반대 경우를 생각해보자. 우주의 평균밀도가 임계밀도보다 크면 빅뱅 직후 꾸준히 팽창하던 우주는 수백억 년 뒤부터 수축모드로 돌입하여 얼음이 아닌 불덩이로 마무리된다.

이 시나리오에서는 우주의 질량이 충분하기 때문에, 팽창하던 우주가 어느 순간부터 중력에 의해 수축되고, 멀리 떨어져 있던 은하들도 서서히 한 점으로 모여들기 시작한다. 멀어지는 별의 스펙트럼에는 적색편이red shift가 나타나지만, 수축하는 우주에서는 별들의 거리가 점점 가까워지기 때문에 청색편이blue shift가 나타날 것이다. 또한 공간이 수축될수록 온도가 점점 높아져서 결국 우주는 모든 물질을 기화시킬 정도로 초고온 상태가 된다.

지적생명체가 사는 행성에서는 바다가 펄펄 끓고 대기도 용광로처럼 뜨거워질 것이다. 사태가 이 지경에 이르면 지적생명체는 거대한 우주선을 타고 행성을 탈출하는 수밖에 없다.

그러나 외계로 나가도 안전한 곳은 없다. 원자가 안정한 상태를 유지할 수 없을 정도로 뜨거워지면 원자핵과 전자가 분리되어 (태양의 내부처럼) 플라즈마 상태가 된다. 우주선을 타고 표류 중인 지적생명체들은 거대한 방열막으로 우주선을 덮어야 하고, 뜨거운 열기 속에서 방열막을 유지하기 위해 갖고 있는 에너지를 몽땅 투입해야 한다.

온도가 계속 올라가면서 원자핵 속에 단단히 결합되어 있던 양성자와 중성자가 분리되고, 얼마 후 양성자와 중성자는 쿼크로 분해된다. 블랙홀이 그랬던 것처럼, 빅크런치는 모든 것을 게걸스럽게 먹어치운다. 우주 최후의 순간에는 생명체뿐만 아니라 그 어떤 것도 살아남을 수 없다.

그러나 이 절망적인 상황에서도 한 가지 탈출구가 남아 있다. 시공간 전체가 불덩이 속으로 붕괴될 때, 생명체가 의지할 수 있는 최후의 피난처는 바로 초공간이다. 플랑크 길이 수준의 초공간으로 탈출한다는 것이 비현실적으로 들리겠지만, 알고 보면 그리 황당한 이야기도 아니다. 칼루자-클라인 이론과 초끈이론에 의하면 창조의 순간에 우리의 우주는 10차원이었지만 6차원을 희생하면서 4차원 시공간이 팽창하여 지금과 같은 우주가 되었다. 따라서 우주가 빅크런치로 다가가면 빅뱅과 비슷한 환경이 조성되면서 4차원우주와 6차원우주가 다시 연결될 수도 있다.

이것이 사실이라면 우리의 4차원우주가 수축될수록 6차원 쌍둥이우주는 팽창한다. 따라서 생명체들은 4차원우주가 無로 사라지기 직전에 6차원우주로 들어가는 문을 발견할 것이다.

지금은 6차원 쌍둥이우주가 플랑크 길이 규모로 수축되어 있기 때문에 차원 간 이동이 불가능하다. 그러나 붕괴의 최종단계에 이르면 쌍둥이우주로 가는 문이 열리면서 다른 차원으로의 여행이 가능해진다. 쌍둥이우주가 충분히 크게 팽창하면 물질과 에너지가 그곳으로 유입되어 거주 가능한 환경이 조성될 것이다. 이 순간까지 살아남은 생명체가 시공간의 역학을 이해할 정도로 똑똑하다면 쌍둥이우주로 탈출하여 생명활동을 이어갈 수 있다.

최근에 세상을 떠난 컬럼비아대학교의 물리학자 제럴드 파인버그 Gerald Feinberg는 우주 최후의 순간에 펼쳐질 '대탈출'의 가능성을 다음과 같이 시사했다.

지금 당장은 공상과학소설처럼 들리겠지만, 여분차원이나 평행우주가 실제로 존재한다면 이들을 연결하는 통로도 함께 존재할 가능성이 높다. 지적 생명체가 계속 살아남는다면 빅크런치가 일어나기 수십억 년 전에 이 통로의 활용법을 어떻게든 알아낼 것이다.[6]

우주식민지

버트런드 러셀에서 현대의 우주론 학자에 이르기까지, 우주의 최후를 연구했던 과학자의 대부분은 지적생명체가 우주와 함께 죽을 수밖에 없다고 결론지었다. 빅크런치를 피해 다른 차원으로 탈출한다는 시나리오에서도 지적생명체는 붕괴되는 우주의 수동적 피해자일 뿐이다.

그러나 서섹스대학교의 물리학자 존 배로와 툴레인대학교의 프랭크 티플러가 공동 저술한 《인류발생론적 우주원리The Anthropic Cosmological Principle》에는 정반대의 결론이 내려져 있다. 수십억 년에 걸쳐 진화한 지적생명체들이 우주 최후의 시간에 무력한 피해자로 남지 않고 능동적 역할을 하게 된다는 것이다. 배로와 티플러는 지적생명체의 과학기술이 수십억 년 동안 (아무런 방해요인 없이) 기하급수적으로 꾸준히 발전한다는 가정하에 "식민지로 개척한 별이 많아질수록 우주의 식민지 영역은 더욱 빠른 속도로 확장되어, 앞으로 수십억 년 후에는 눈에 보이는 우주의 상당 부분을 점령하게 될 것"이라고 했다. 그러나 그들의 미래관은 다소 보수적이어서, 지적생명체가 초공간까지는 정복하지 못하고 광속에 가까운 로켓을 타고 다닐 것이라고 예측했다.

이 시나리오는 몇 가지 이유에서 신중하게 고려해볼 만한 가치가 있다. 첫째, 빛에 가까운 속도로 움직이는 로켓(예를 들어 초강력 레이저 빔으로 추진되는 로켓)으로 멀리 떨어진 별까지 가려면 수백 년이 걸린 다. 그러나 지적생명체가 앞으로 수십억 년 동안 살아남는다면, 광속 이하의 로켓으로도 우주의 광활한 지역을 식민지화하는 데 아무런 문제가 없다.

배로와 티플러는 초공간 여행을 배제한 채 "지적생명체는 광속 에 가까운 속도로 날 수 있는 수백만 개의 '노이만 탐사선von Neumann probes'을 은하 전역에 파견하여 식민지로 개척할 만한 별을 찾을 것" 이라고 했다. 2차 세계대전 중 프린스턴에서 최초의 전자식 컴퓨터를 개발했던 천재수학자 존 폰 노이만은 엄밀한 수학적 논리를 통해 '스 스로 프로그램하고, 고장난 부분을 스스로 고치고, 스스로 자신을 복 제할 수 있는 로봇이나 자동화기계를 만들 수 있다'는 것을 증명했다. 이런 탐사선이라면 자신을 만든 창조주(인간)의 의도와 상관없이 변 하는 환경에 스스로 적응하면서 임무를 수행할 수 있을 것이다. 사전 주입된 명령에 따라 움직이는 바이킹호나 파이오니어호와 달리, 노이 만 탐사선은 '지능을 가진 애스트로치킨'이라 할 수 있다. 이들이 외 계태양계의 행성에 착륙하면 필요한 화학물질과 금속을 채굴하여 복 사본 생산공장을 건설하고, 여기서 생산된 노이만 탐사선들은 새로운 임무를 띠고 더 먼 우주로 진출하여 또 다시 복사본을 대량생산하는 식이다.

노이만 탐사선은 자체 프로그램이 가능하므로 모행성의 지시를 기 다릴 필요가 없다. 자신이 발견한 것을 간간이 모행성에 보고만 하 면 된다. 수백만 개의 노이만 탐사선이 은하 전역에 진출하여 생산기 지를 건설하고, 하나의 기지에서 생산된 수백만 개의 탐사선들이 더

먼 곳으로 진출하여 비슷한 과정을 반복한다. 물론 이들은 활동에 필요한 에너지를 스스로 찾아서 활용하는 능력도 갖고 있다. 지적 문명이 노이만 탐사선 개발에 성공하면 우주개발에 소요되는 시간을 크게 줄일 수 있을 것이다(배로와 티플러는 외계에서 날아온 노이만 탐사선이 이미 태양계에 도달했을지도 모른다고 했다. 영화 〈2001 스페이스 오디세이2001: Space Odyssey〉에서 원시인의 눈앞에 나타났던 신비로운 검은 돌 모노리스mononlith는 혹시 노이만 탐사선이 아니었을까?).

TV 시리즈 〈스타트렉〉에서 외계탐사는 꽤나 원시적인 형태로 이루어진다. 탐사 프로젝트의 성공 여부가 탐사선에 타고 있는 승무원들의 능력에 전적으로 달려 있다. TV 드라마는 사람이 등장해야 흥미로운 이야깃거리를 만들어낼 수 있으므로 어쩔 수 없는 선택이겠지만, 우주탐사에 사람을 직접 보내는 것은 매우 비효율적인 발상이다. 우주선에 사람을 태우려면 생명유지에 필요한 온갖 장비까지 함께 실어야 하고, 여행 기간이 길어지다 보면 원래 임무와 상관없이 승무원들 사이에 심리적 갈등이나 예기치 않은 사고가 일어날 수도 있다. 게다가 천신만고 끝에 도착한 행성이 아무짝에도 쓸모없다면 낭비도 이런 낭비가 없다. 노이만 탐사선은 커크 선장이나 피카드 선장처럼 흥미로운 이야깃거리를 만들어내진 못하겠지만, 장거리 은하탐사에는 훨씬 효율적이다.

배로와 티플러의 시나리오가 관심을 끄는 두 번째 이유는 우리의 우주가 팽창을 멈추고 수축할 가능성이 있기 때문이다. 앞으로 수십억 년 후에 우주가 수축모드로 접어든다면 은하들 사이의 거리가 점점 가까워져서 탐사가 더욱 쉬워질 것이고, 결국에는 우주 전체가 식민지로 편입될 것이다.

배로와 티플러는 지적생명체가 우주 전역으로 진출한다는 초장편 시나리오를 구축하면서도, 수축하는 우주의 초고온, 초고압을 견디는 방법에 대해서는 별다른 언급을 하지 않았다. 다만 "우주가 수축되면서 발생한 열이 모든 생명체를 증발시켜도, 그들이 특수 제작한 노이만 탐사선은 고열을 견디고 끝까지 살아남을 것"이라고 했다.

빅뱅의 재창조

생화학자이자 SF작가였던 아이작 아시모프도 우주 최후의 순간에 지적생명체가 맞이할 운명을 예견한 적이 있다. 그는 〈최후의 질문The Last Question〉이라는 단편소설에서 다음과 같은 질문을 던진다. "우주는 언젠가 죽을 수밖에 없는 운명인가? 만일 그렇다면 최후의 날에 지적생명체들은 어떤 일을 겪게 될 것인가?" 이 소설에서 아시모프는 우주가 끝없이 팽창하여 온도가 0K에 가까워지면서 최후를 맞이한다고 가정했다.

이 이야기는 2061년에 시작된다. 이때는 초대형 컴퓨터가 태양에너지를 지구로 전송하는 태양위성을 설계하여 지구의 에너지 문제를 해결한 직후였다. AC(analog computer, 아날로그 컴퓨터)는 덩치가 클 뿐만 아니라 성능도 크게 향상되어, 관리자들은 최소한의 작동법만 알아도 아무런 문제가 없었다. 그러던 어느 날, 두 명의 관리자가 술을 마시다가 약간의 논쟁을 벌였다. 한 사람은 인류가 영원히 살 수 있다고 장담하는데, 다른 한 사람은 결코 영원히 살 수 없다는 것이다. 둘은 갑론을박을 벌이다가 5달러를 걸고 AC에게 질문을 입력했다. "태양의 죽음을 피해갈 방법은 없는가? 그리고 우주는 언젠가 반드시 죽을 운명인가?" AC는 필요한 연산을 조용히 수행한 후 결과를 내놓았다. "자료가 부족하여 답할 수 없음."

그로부터 몇백 년 후, AC가 초공간 여행 문제를 해결해준 덕분에 인류는 수천 개의 별들을 식민지로 개척할 수 있었다. 이 무렵에 AC는 각 행성마다 수백 km²의 면적을 차지할 정도로 규모가 커졌고, 사람이 관리하기에는 구조가 너무 복잡해져서 스스로 관리하는 '셀프 컴퓨터'로 업그레이드되었다. 어느 날, 한 가족이 다른 행성으로 이사가기 위해 초공간을 가로지르는 로켓에 탑승한다. 물론 로켓은 AC에 의해 완벽하게 제어되고 있으므로 도중에 길을 잃을 염려는 없다. 그런데 여행 도중 아버지가 무심결에 "별들은 언젠가 모두 죽을 것"이라고 하자 아이들이 매우 슬퍼하며 "제발 별들이 죽지 않게 해달라"고 애원한다. 아버지는 괜한 말을 했다며 후회했지만 이미 물은 엎질러졌다. 아무리 달래도 아이들은 막무가내로 떼를 쓴다. 아버지는 아이들을 진정시키기 위해 AC에게 질문을 입력했다. "엔트로피를 되돌릴 수 있는가?" 잠시 후 아버지는 AC에서 출력된 답을 읽고 아이들에게 말했다. "때가 되면 AC가 다 알아서 돌봐준다는구나. 그러니까 너희는 걱정 안 해도 돼." 그러나 사실 AC가 내놓은 답은 "자료가 부족하여 답할 수 없음"이었다.

다시 수천 년이 흘러, 인류는 은하 전체를 식민지로 삼게 된다. AC는 노화 문제를 완벽하게 해결하여 인류에게 영생을 선사했고 은하 전체의 에너지를 관리할 수 있게 되었지만, 자원을 확충하기 위해 새로운 은하를 찾아 나서야 한다. 이제 AC는 너무 복잡해져서 작동원리를 이해하는 사람은 아무도 없고, 스스로 성능을 개선하면서 혼자 돌아가고 있다. 어느 날, 수백 년을 살아온 은하 협의회의 간부 두 사람이 새로운 은하 탐사 프로젝트를 논의하다가 '우주는 몰락하고 있는가?'라는 질문을 놓고 한바탕 논쟁을 벌인다. 결론을 내리지 못한 두 사람은 결국 만능컴퓨터 AC에게 질문을 입력했다. "엔트로피를 되돌릴 수 있는가?" AC는 잠시 생각에 잠겼다가 결과를 출력한다. "자료가 부족하여 답할 수 없음."

그로부터 수백만 년이 흘렀다. 그 사이에 죽은 사람이 없으니 인구가 폭발적으로 증가했고, 이제 인류는 무수히 많은 은하에 흩어져 살고 있다. AC는 인간의 육체와 정신의 상호관계를 완벽하게 규명했고, 이제 인간은 육체를 떠나 하나의 '정신'으로 존재한다. 전 인류의 육체는 아득한 옛날에 한 행성의 창고에 저장해놓았는데, 그게 어떤 행성이었는지 기억하는 사람조차 없다. 육체의 속박에서 벗어난 인간은 굳이 우주선을 타지 않아도 수백만 개의 은하를 자유롭게 넘나들 수 있다. 그리고 AC는 우주공간에 설치할 수 없을 정도로 덩치가 커져서 대부분의 부속이 초공간으로 옮겨진 상태이다. 그러던 어느 날, 두 사람(정신)이 우주공간을 배회하다가 우연히 만나 대화를 나누던 중 인류가 어떤 은하에서 최초로 태어났는지 궁금해져서 AC에게 물어보았고, AC는 곧바로 두 사람을 한 은하로 데려다주었다. 그러나 두 사람은 몹시 실망스러웠다. 인류의 고향은 뭔가 특별할 줄 알았는데 수백만 개의 다른 은하들과 비슷했고, 그 안에서 인간이 태어났다는 별은 이미 오래전에 죽은 상태였다. 두 사람은 수십억 개에 달하는 다른 별들도 결국 죽는다는 사실을 떠올리고 잠시 슬픔에 잠겼다가 다시 AC에게 물었다. "우주의 죽음을 피할 방법이 있는가?" 잠시 후 초공간에서 AC의 분석결과가 전달된다. "자료가 부족하여 답할 수 없음."

다시 수십억 년이 흘렀다. 인구는 수조×조×조 명까지 불어났고, 각 개인(불멸의 정신)의 생명은 자동장치로 유지되고 있다. 우주 어느 곳이건 마음대로 갈 수 있게 된 인간의 정신은 하나둘씩 합쳐지다가 언제부턴가 하나의 '거대한 정신'으로 통합되었고, 결국 AC와 융합되어 AC 자체가 되었다. 이제는 AC가 무엇으로 이루어져 있는지 묻는 것도 무의미하고, 초공간이 어디에 있는지 신경쓸 필요도 없다. 그러나 하나로 통합된 '인간체'는 여전히 궁금하다. 문명이 극도로 발달하고, 인간은 육체로부터 자유로워졌고, 정신마저 하나로 통일되었는데도 우주는 여전히 죽어가고 있지 않은가? 시간이 흐르면 그 많던 별과 은하도 하나둘 빛을 잃고, 우주의 온도는 0K로 접근할 것이다. 인간체는 또 다시 궁금증을 참지 못하고 AC에게 묻는다. "우주는 결국 어둠과 추위 속에서 죽을 수밖에 없는 운명인가?" 잠시 후 초공간에서 AC의 분석결과가 전달되었다. "자료가 부족하여 답할 수 없음."

인간체가 AC에게 "자료를 계속 수집하라"는 명령을 내리자 곧바로 답이 돌아왔다. "그렇게 할 것입니다. 지난 수천억 년 동안 줄곧 그렇게 해왔습니다. 저의 전임자도 이런 질문을 수없이 받아왔으나 항상 자료가 부족하여 결론을 내리지 못했고, 지금도 마찬가지입니다."

그 후로 무한히 긴 시간이 흘렀고, 드디어 우주에게 최후의 순간이 다가왔다. AC는 초공간에서 "계속자료를 수집하라"는 명령을 충실히 수행하여 기어이 답을 찾아냈으나, 답을 들려줄 대상이 더 이상 존재하지 않았다. 그래도 AC는 혼돈을 되돌리는 프로그램을 수행하기로 결정하고, 차가운 성간기체와 죽은 별들을 모아 거대한 구를 만들었다.

이 모든 작업이 끝난 후, 초공간의 AC는 장엄한 명령을 내렸다.

"빛이 있으라!"

그러자 우주에 빛이 존재하게 되었다.

그로부터 7일 후, 그는 휴식에 들어갔다.

15. 결론

이미 알려진 것은 유한하고, 알려지지 않은 것은 무한하다.
우리는 무한한 미지의 바다에 둘러싸인 작은 섬 한가운데에 외롭게 서 있다.
이곳에서 우리가 할 일은 해변가를 개간하여
섬의 면적을 조금씩 넓혀나가는 것이다.

_토머스 헉슬리Thomas H. Huxley

지난 100년 사이에 물리학이 이루어낸 수많은 발견들 중 가장 중요하고 심오한 것 하나를 꼽으라고 한다면, 나는 주저 없이 '자연은 근본적인 단계로 갈수록 단순해진다'는 사실을 꼽을 것이다. 10차원이론의 수학적 구조는 혀를 내두를 정도로 복잡하여 개발과정에서 새로운 수학분야를 양산했지만, 고차원 공간과 끈 등 통일과 관련된 기본개념은 기본적으로 매우 단순하면서 기하학적이다.

아직 단언하기는 이르지만, 미래의 과학 역사가들은 격랑의 20세기를 돌아보면서 초끈이론이나 칼루자-클라인 이론과 같은 고차원 시공간이론을 '위대한 개념적 혁명'으로 평가할 것이다. 16세기에 코페르니쿠스가 태양계를 동심원 모형으로 단순화하여 지구를 우주의 중심에서 몰아낸 것처럼, 10차원이론은 자연의 법칙을 크게 단순화시켜서 기존의 3차원이론을 물리학의 중심에서 몰아낼 것으로 예상된다. 앞에서 보았듯이 3차원 공간에 기초한 표준모형은 자연에 존재하는 힘을 하나로 통일하기에 역부족이다(비유적으로 말해서 '방이 너무 좁다'). 네 개의 기본 힘들을 3차원 공간에 강제로 욱여넣으면 외관상 추하고 부자연스러울 뿐만 아니라, 자연을 올바르게 서술하지도 못한다.

지난 10년 사이에 물리학자들은 물리학의 기본법칙이 고차원 공간으로 갈수록 더욱 단순해지고, 모든 물리법칙이 10차원에서 하나로 통일될 수 있다는 사실을 깨달았다. 이 이론은 방대한 양의 정보를 간단하고 우아하게 축약해주었으며, 그 덕분에 이론물리학자들은 양자이론과 일반상대성이론의 통일이라는 원대한 꿈에 한 걸음 더 다가설 수 있었다. 물리학적 가능성은 충분히 검증되었으니, 이제 10차원 이론을 에워싼 환원주의(reductionism, 복잡하고 추상적인 개념을 기본적인 요소로부터 설명하려는 사조_옮긴이)와 총체주의(holism, 전체에 대한 이해가 선행되어야 부분을 이해할 수 있다고 주장하는 사조_옮긴이)의 대립, 그리고 물리학과 수학, 종교, 철학의 미학적 상호관계에 대하여 신중하게 생각해볼 때가 되었다.

10차원과 실험

갑자기 나타난 위대한 이론에 잔뜩 흥분하여 이리저리 휩쓸리다 보면 '모든 이론은 엄밀한 실험을 통해 검증되어야 한다'는 지극히 당연한 사실을 망각하기 쉽다. 이론이 제아무리 우아하고 아름답다 해도, 현실과 일치하지 않으면 폐기될 수밖에 없다.

'신조信條는 회색이지만 생명의 나무는 녹색이다.' 독일의 문호 괴테가 남긴 말이다. 역사는 엄밀한 관측만이 유일한 진리라는 사실을 반복적으로 증명해왔다. 과학의 역사를 돌아보면 명백하게 틀린 이론이 저명한 학자와 그의 추종자들의 비호하에 한동안 정설로 수용되어온 사례를 쉽게 찾을 수 있다. 한때는 학계의 기득권층에 반기를 드는 것이 학자로서의 경력을 망치는 첩경으로 인식되던 시절도 있었다. 이런 이론을 학계에서 추방하는 유일한 방법은 이론이 틀렸음을 보여주는 명백한 실험결과를 제시하는 것뿐이다.

예를 들어 19세기의 물리학자들은 헤르만 폰 헬름홀츠Hermann von Helmholtz의 명성에 압도되어 그의 전자기이론을 맹신하는 경향이 있었다. 비슷한 시기에 맥스웰의 전자기학이 발표되었지만, 내용이 모호하다는 이유로 그다지 큰 주목을 받지 못했다. 그러나 헬름홀츠의 명성이 아무리 높다 해도 실험결과는 결국 맥스웰의 손을 들어주었고, 헬름홀츠의 전자기이론은 역사의 뒤안길로 사라졌다. 아인슈타인도 1905년에 특수상대성이론을 발표한 후 1933년에 베를린을 떠날 때까지 필리프 레나르트(Philipp Lenard, 1905년 노벨 물리학상 수상자_옮긴이)를 비롯한 나치 독일의 과학자들에게 철저히 배격당했다. 과학, 특히 물리학에서 이론학자들이 정직한 마음자세로 진실을 추구하려면 실험물리학자들의 뒷받침이 반드시 필요하다. 이론의 타당성을 판별하는 데 명성이나 기득권 등 정치적 요인이 개입되는 것을 방지하려면 이론을 실험의 도마 위에 올려놓고 잔인하다 싶을 정도로 난도질을 해야 한다.

MIT의 이론물리학자 빅토어 바이스코프Victor Weisskopf는 이론과 실험의 관계를 설명하면서 물리학자를 '실험용 입자가속기를 만드는 기계제작자'와 '실험을 계획하고 수행하는 실험가', 그리고 '실험결과를 설명하는 이론을 구축하는 이론가'로 분류했다.

기계제작자는 그 옛날 콜럼버스가 장도에 오를 때 배를 제작했던 기술자와 항해를 이끌었던 선장에 해당한다. 실험가는 지구 반대편까지 항해한 후 새로운 땅에 발을 딛고 자신이 본 것을 항해일지에 기록하는 선원들이고, 이론물리학자는 "당신은 반드시 인도에 도착할 것"이라며 콜럼버스의 등을 떠민 후 정작 본인은 마드리드에 남아 연락을 기다리는 관료와 비슷하다.[1]

그러나 물리법칙이 현재의 기술로 도달할 수 없는 에너지 영역에서 하나로 통일된다면 실험물리학자들의 미래는 불투명해진다. 과거에는 새로운 입자가속기가 완공될 때마다 새로운 이론이 출현했지만, 이런 추세가 언제까지나 계속될 수는 없다.

많은 사람들이 2000년에 가동될 초전도 초충돌기(SSC)에 큰 기대를 걸었지만, 일부 물리학자는 "표준모형의 타당성을 확인하는 수준에 머물 것"이라며 다소 유보적 입장을 취했다. 제아무리 SSC라 해도 초공간에 도달하기는 역부족이기 때문이다. 10차원이론을 입증하거나 반증하는 실험이 가까운 미래에 실행되기는 어려울 것이다. 당분간 10차원이론은 수학적 연구과제로 머물면서 긴 침체기를 겪을 수도 있다. 모든 이론은 실험을 통해 진가를 발휘한다. 이론이 꽃이라면 실험은 꽃이 뿌리내리고 있는 토양과 같아서, 토양이 메마르고 황폐해지면 꽃은 시들 수밖에 없다.

이형 끈이론(異形-, heterotic string theory)의 원조인 데이비드 그로스는 물리학의 발전과정을 두 사람의 등반가에 비유했다.

물리학자들이 자연이라는 산을 오를 때 앞장서서 길을 안내하는 것은 항상 실험가들의 몫이었고, 이론물리학자들은 온갖 폼을 다 잡으며 그 뒤를 느긋하게 따라가곤 했다. 가끔씩 실험가들이 떨어뜨린 돌에 머리를 얻어맞으면 정신이 번쩍 들면서 그 돌이 떨어진 위치와 구성성분을 분석하여 전체적인 등산로를 그려보곤 하지만, 결국은 실험가들이 개척해놓은 길을 따라가는 것이 이론물리학자의 본분이었다. (…) 그러나 지금 등산로의 선두에 서서 길을 안내하는 사람은 실험가가 아닌 이론가들이다. 그래서 이론물리학자는 과거보다 훨씬 외로운 신세가 되었다. 과거에는 실험물리학자를 무작정 따라가기만 하면 되었으니 지도가 없어도 길을 잃을 염려가 없었는데, 지금은 산이 얼마나 높은지, 정상이 어디인지 전혀 모르는 채 스스로 길을 개척해나가야 한다.

실험물리학자가 물리학을 선도하던 시대는 거의 막을 내렸다고 봐도 무방하다. 앞으로는 이론물리학자가 물리학을 이끄는 험난한 시대가 될 것이다.

초전도 초충돌기는 표준모형에서 예견된 힉스입자나 초대칭이론에서 예견된 초대칭입자super partner를 발견할 지도 모른다. 또는 모든 이의 예상을 뒤엎고 쿼크의 내부구조가 발견될 수도 있다. 그러나 (기존의 이론이 옳다면) 이 입자들을 결합시키는 기본 힘은 달라지지 않을 것이다. SSC로부터 훨씬 복잡한 양-밀스 장과 글루온이 발견된다 해도, 이들은 초끈이론에 등장하는 훨씬 큰 대칭군 E(8)×E(8)의 일부일 것이다.

이론과 실험이 이토록 불편한 관계에 놓이게 된 근본적 이유는 위튼의 말대로 "21세기에 발견되었어야 할 이론이 우연히 20세기에 발견되었기 때문"이다.[2] 1968년에 베네치아노와 스즈키가 끈이론을 처음 발견하면서 이론과 실험 사이의 변증법적 관계가 붕괴되었기 때문에, 끈이론으로부터 유용한 결과를 이끌어내려면 차세대 입자가속기와 우주선계측기, 그리고 장거리 탐사함대가 우주를 누비는 21세기까지 기다려야 한다. 이 모든 것은 21세기의 물리학을 미리 '흘끗 들여다 본' 대가일지도 모른다. 앞으로 한 세기가 지나면 10차원의 흔적을 실험실에서 간접적으로나마 볼 수 있을 것이다.

10차원과 철학–환원주의와 총체주의

위대한 이론은 기술과 철학에도 지대한 영향을 미친다. 일반상대성이론은 천문학에 막대한 영향을 주어 '우주론cosmology'이라는 새로운 분야를 탄생시켰고, 빅뱅이론은 우주의 창조과정을 구체적으로 제시하여 철학과 신학의 창조론에 새로운 활기를 불어넣었다. 몇 년 전에 바티칸에서는 교황이 저명한 우주론 학자들을 초청하여 빅뱅이론과 성서의 창세기를 주제로 열띤 토론을 벌이기도 했다.

현대과학의 상징인 원자물리학과 20세기 인류의 삶을 송두리째 바꿔놓은 전자혁명도 양자역학이라는 위대한 이론에서 탄생했다. 현대기술의 상징이라 할 수 있는 트랜지스터는 100% 양자역학적 산물이며, 하이젠베르크의 불확정성원리는 자유의지와 결정론을 대립시킴으로써 '죄와 구원'이라는 종교적 개념에 적지 않은 영향을 주었다. 예정설과 관련하여 서로 대립각을 세웠던 가톨릭교회와 장로교도 양자역학의 개념을 차용하여 교리의 타당성을 주장하곤 했다. 10차원

이론의 의미는 아직 확실하게 정립되지 않았지만, 일반대중에게 충분히 알려지고 나면 양자역학 못지않은 영향력을 발휘할 것으로 예상된다.

그러나 일반적으로 물리학자들은 철저한 실용주의자여서, 철학에 대해 언급하는 것을 별로 달가워하지 않는다. 그들은 설계도나 이념이 아닌 시행착오와 날카로운 추측을 통해 물리법칙을 발견한다. 특히 젊은 물리학자들은 연구를 주도하면서 새로운 이론을 발견하는 데 주력하고 있기 때문에, 철학에 신경쓸 겨를이 없다. 그들은 과학정책을 수립하고 과학철학에 몰두하는 늙은 물리학자들을 곱지 않은 시선으로 바라보고 있다.

대부분의 물리학자들은 '진리'나 '아름다움'이라는 모호한 개념에 연연하지 않으며, 물리학에 철학을 개입시키지도 않는다. 그들이 느끼는 현실은 어떤 철학보다 훨씬 복잡하고 미묘하다. 그래서 한때 세계적 명성을 떨쳤던 물리학자가 노년기에 접어들면서 이상한 철학사조에 빠져드는 것도 그들에게는 별로 달갑지 않은 현상이다.

물리학자들은 '양자적 관측과 의식'이라는 오래된 철학문제가 대두될 때마다 어깨를 으쓱하며 중얼거린다. "그래서 뭐가 어쨌다는 거야? 나는 실험을 했고, 그 결과가 이론하고 정확하게 일치했어. 그 이상 뭐가 필요한데?" 사실이 그렇다. 대부분의 물리학자들은 철학적 의미에 별 관심이 없다. 1965년에 노벨 물리학상을 수상한 리처드 파인만은 정곡을 찌르는 명강의로 명성을 날렸지만, 철학자들의 과장된 이야기를 폭로하고 오류를 지적하는 '철학자 사냥꾼'으로도 유명했다. 그는 '철학자들이 현학적 미사여구를 남발하는 것은 과학에 대하여 아는 것이 별로 없기 때문'이라고 믿었다(물리학과 철학을 비교할 때마다 생각나는 유머가 있다. 한 대학교의 총장이 물리학과에서 올라온 예산신청서를 보고 불같이 화를 내며 소리쳤다. "아니, 물리학과 교수들은 왜 맨날 비싼 장비만 고집하는 거야? 수학과 교수들을 좀 본받으라고. 그 사람들은 종이하고 연필, 그리고 쓰레기통 값만 신청했잖아. 그런데 철학과 교수들은 더 맘에 드는군. 이 친구들, 쓰레기통 값은 아예 신청하지도 않았어!"[3]).

평범한 물리학자는 철학 때문에 고민하지 않는다. 그러나 아인슈타인과 하이젠베르크, 보어와 같은 위대한 물리학자들은 관측의 의미와 의식문제, 그리고 양자역학적 확률의 철학적 의미를 도마 위에 올려놓고 치열한 논쟁을 벌였다. 물리학 역사상 최고의 석학들이 철학을 중요하게 생각했으니, 우리도 고차원이론을 놓고 벌어진 환원주의와 총체주의의 대립에 대하여 한 번쯤 짚고 넘어갈 필요가 있다.

하인즈 페이겔스는 "우리는 현실적 경험에 의존하면서 희망과 두려움을 우주에 투영한다"고 했다.[4] 그러므로 고차원이론에 철학적 질문(또는 개인적 질문)이 제기되는 것은 당연한 결과이다. 고차원 물리학은 지난 10년 동안 수시로 대립해왔던 환원주의와 총체주의 사이에 또 다시 논쟁을 불러일으켰다.

웹스터 사전에서 환원주의를 찾아보면 "복잡한 자료나 현상을 간단하게 줄이는 과정 또는 이론"이라고 적혀 있다. 이것은 원자와 원자핵을 최소단위 입자로 분해하는 원자물리학의 기본철학이었다. 연구대상을 기본단위로 분해하면 확실히 유리한 점이 있다. 표준모형을 연구하는 물리학자들이 다양한 실험을 통해 수백 종에 달하는 입자의 특성을 설명한 것이 그 대표적 사례이다.

총체주의는 웹스터 사전에 "사물의 특성, 특히 생명체의 특성을 좌우하는 요인은 부분이 아닌 전체에 의해 좌우된다는 주의"로 정의되어 있다. 이 사조를 따르는 철학자들은 "서양철학은 연구대상을 무조건 분해하려 들기 때문에 사물을 지나치게 단순화하여 큰 그림을 놓치기 쉽다"고 주장한다. 예를 들어 복잡하고 역동적인 규칙에 복종하며 살아가는 수천 마리의 개미집단을 생각해보자. 질문—개미왕국의 운영체계를 이해하는 최선의 방법은 무엇인가? 환원주의자들은 개미 한 마리를 잡아서 신체부위를 분자 단위까지 낱낱이 분해한다. 그러나 이런 식으로는 수백 년을 연구해도 개미왕국의 운영체계를 알아낼 수 없다. 가장 좋은 방법은 집단을 하나의 유기체로 간주하여 전체적인 행동패턴을 분석하는 것이다.

뇌과학과 인공지능 분야에서도 이와 비슷한 논쟁이 오랫동안 계속되어왔다. 환원주의자들은 두뇌를 세포단위로 분해한 후 개개의 세포를 조립하여 두뇌를 재현하는 식으로 문제에 접근한다. 인공지능학자들은 단순한 디지털회로를 여러 개 연결하여 점차 복잡한 회로를 만들어내고 있으며, 이런 방법으로 인공지능을 구현할 수 있다고 굳게 믿고 있다. 이들의 접근방식은 1950년대에 큰 성공을 거두어 현대적 컴퓨터의 기초가 되었으나, 사진을 인식하는 가장 간단한 기능조차 흉내내지 못했다.

반면에 총체주의를 신봉하는 학자들은 두뇌의 기능을 정의하고, 두뇌 전체를 하나의 객체로 취급한 모형을 제작하는 식으로 접근을 시도한다. 이 방법은 처음 시작하기가 매우 어렵지만, 우리가 당연하게 생각하는 뇌의 일부 기능(예를 들어 오류를 수정하고, 불확실성의 정도를 평가하고, 각기 다른 대상에서 창조적 연결고리를 찾는 기능)이 처음부터 포함되어 있다는 장점을 갖고 있다. 총체주의의 유기적 접근법을 채택한 대표적 이론이 바로 신경망이론neural network theory이다.

환원주의와 총체주의는 서로 상대방의 접근방식을 매우 비관적인 시각으로 바라보고 있다. 두 진영의 논쟁이 너무 치열하여, 가끔은 자기 얼굴에 침을 뱉는 오류를 범하기도 한다. 상대방의 핵심논리를 무시하고 단점을 찾는 데만 몰두하고 있으니, 창조적 결과가 나올 리 없다.

물리학에서도 환원주의와 총체주의가 서로 대립각을 세우고 있다. 특히 지난 몇 년 사이에 환원주의자들이 총체주의를 이겼다고 선언하면서 논쟁이 더욱 격렬해졌다. 환원주의자들은 "표준모형과 대통일이론이 큰 성공을 거둔 것은 환원주의의 타당성을 입증하는 결정적 증거"라며 온갖 매스컴과 대중매체에 관련 기사를 쏟아냈다. 아닌 게 아니라 물리학자들은 지난 수십 년 동안 물질의 근원을 파헤친 끝에 쿼크와 렙톤, 그리고 양-밀스 장으로 서술되는 매개입자의 특성을 규명함으로써 만물을 최소 기본단위로 분해하는 데 성공했다. 버지니아대학교의 물리학자 제임스 트레필James S. Trefil의 저서《창조의 순간 The Moment of Creation》에는 〈환원주의의 승리〉라는 제목으로 다음과 같은 글이 실려 있다.

1960~70년대에 입자세계의 복잡한 구조에 기가 죽은 일부 물리학자들은 환원주의 철학을 포기하고 서양철학의 범주 바깥에서 해답을 구하기 시작했다. 예를 들어 프리초프 카프라Fritjof Capra는 그의 저서《현대 물리학과 동양사상The Tao of Physics》에서 '환원주의 철학은 실패했으므로 총체주의의 신비적 자연관을 도입해야 한다'고 주장했다. (…) 그러나 1970년대는 한때 입지가 위태로웠던 서양의 전통적 과학이 대성공을 거둔 시기이다. 다만 이 사실이 일반대중 사이에 널리 퍼져서 새로운 세계관으로 자리잡을 때까지는

다소 시간이 걸릴 것이다.[5]

그러나 총체주의의 반격도 만만치 않았다. 그들은 물리학 역사상 가장 위대한 주제라 할 수 있는 '물리법칙의 통일'이 환원주의가 아닌 총체주의에 기초한 개념임을 지적하면서 "말년의 아인슈타인이 통일장이론에 몰두했다고 해서, 어찌 그를 노망난 늙은이라고 놀릴 수 있는가?"라고 반박했다. 물리법칙의 통일을 최초로 시도했던 사람은 환원주의자가 아니라 아인슈타인이었다는 것이다. 또한 총체주의자들은 "환원주의자들이 슈뢰딩거의 고양이 역설에 만족할 만한 답을 제시하지 못한 것은 심오한 철학적 문제를 무시했기 때문이다. 환원주의는 양자장이론과 표준모형에서 커다란 성공을 거두었지만, 양자이론은 궁극적으로 완전한 이론이 아니기 때문에 그들의 성공도 사상누각에 불과하다"고 주장했다.

물론 두 진영은 나름대로 장점을 갖고 있다. 사실 환원주의와 총체주의는 어려운 문제의 다른 측면을 각기 다른 방식으로 서술한 것에 불과하다. 그러나 이들의 논쟁이 극단으로 치달으면 '호전적 과학(환원주의)'과 '무지의 과학(총체주의)'의 난투극으로 변질되곤 한다.

호전적 과학이란 엄밀하고 견고한 과학관을 내세우며 설득보다 배격을 우선시하는 과학을 말한다. 이 진영의 과학자들은 논쟁에서 점수를 따는 데 혈안이 되어 청중을 설득하는 데에는 별 관심이 없다. 건전한 과학이라면 현명한 논리와 적절한 실험으로 청중들을 설득해야 하는데, 호전적 과학자들의 행태는 15세기에 악명을 떨쳤던 스페인 종교재판과 비슷하다(스페인의 종교재판은 유대교에서 개종한 신도들을 보호하는 목적으로 시작되었다가, 나중에는 개신교도를 박해하는 수단으로 악용되었다_옮긴이). 간단히 말해서, 토론보다 시비 걸기를 좋아한다는 뜻이다. 이들은 총체주의자들을 향해 "물리학의 '물'자도 모르는 멍청이들이 사이비과학을 동원하여 자신의 무지를 가리려 한다"며 맹비난을 퍼붓고 있는데, 이런 자세로는 각개전투에서 이길 수는 있어도 전쟁에서 승리하기는 어렵다. 자기주장만 내세우면서 다수의 청중을 도외시하는 과학은 결코 성공할 수 없기 때문이다.

이와 대조적으로 무지의 과학은 실험을 거부하면서 일시적 철학사조에는 매우 관대하다. 이쪽 진영의 과학자들은 달갑지 않은 사실을 지엽적인 세부항목으로 치부하면서 총체적인 철학을 맹신하는 경향이 있다. 철학이 실험적 사실과 부합되지 않을 때, 총체주의자들은 철학을 의심하지 않고 사실을 의심한다. 무지의 과학은 이런 식으로 객관적 관찰에 개의치 않고 개인적인 신념에 과학을 끼워 맞춰왔다.

환원주의와 총체주의가 처음으로 대립한 것은 월남전이 한창 진행되던 1960~70년대의 일이었다. 당시 미국의 젊은층을 중심으로 한 히피들은 농업국가에 대량살상무기를 남발하는 미국정부에 반대하면서 전국적인 반전시위를 벌였다. 그러나 두 진영이 공개적으로 가장 큰 전쟁을 벌인 영역은 아마도 건강 분야일 것이다. 1950~60년대에 미국의회와 의료계가 나서서 콜레스테롤, 담배, 동물성 지방, 살충제, 그리고 일부 식품첨가제들이 심장질환과 암세포에 미치는 영향을 연구하기로 결정했을 때, 농업과 식품업계로부터 고액연봉을 받던 로비스트들이 온갖 방법을 동원하여 연구를 방해한 적이 있다(이 사례는 대부분 문서화되어 지금까지 남아 있다).

최근에는 사과용 살충제인 알라Alar를 놓고 또 한바탕 논쟁이 벌어졌다. 미국의 환경보호단체 중 하나인 천연자원보호협의회National

Resources Defense Council가 "현재 유통되고 있는 사과의 살충제 성분을 모두 합하면 5,000명의 어린이를 죽일 수 있다"고 발표하여 소비자를 공포에 몰아넣은 것이다. 식품업계는 전혀 사실무근이라며 천연자원 보호협의회를 사기꾼으로 몰아붙였고, 협의회측은 연방정부에서 제공한 자료에 의거하여 내린 결론이라고 맞받아쳤다. 이는 곧 미국 식품의약국(Food and Drug Administration, FDA)이 어린이 5,000명의 목숨을 담보로 '위험 허용 한계치'를 계산했다는 뜻이기도 하다.

생활식수에 다량의 납이 함유되어 있다는 보고서도 미국인에게 커다란 충격을 안겨주었고, 의료계와 식품업계, 그리고 화학공업에 대한 불신풍조를 조장했다. 또 이런 스캔들을 기회 삼아 온갖 건강보조 식품들이 판을 쳤는데, 먹어서 몸에 해로울 것은 없지만 과학적으로 효능이 입증된 것은 극히 일부에 불과하다.

고차원의 통일 능력

환원주의와 총체주의는 물과 기름처럼 섞이기 어렵지만, 좀 더 넓은 관점에서 보면 화해가 가능할 수도 있다. 이들이 대립관계처럼 보이는 것은 극단적인 경우만 고려했기 때문이다.

두 관점은 고차원에서 하나로 통합될 가능성이 있다. 예를 들어 기하학은 태생적으로 환원주의와 거리가 멀다. 섬유 한 가닥을 분석하여 양탄자 전체를 이해할 수는 없다. 이와 마찬가지로 물체의 표면 중 극히 일부를 떼어내서 아무리 자세히 관찰한다 해도, 표면의 전체적 구조를 알아낼 수는 없다. 이런 경우에는 고차원의 광역적 관점으로 대상을 바라봐야 한다.

그러나 기하학은 총체적 개념도 아니다. 고차원 표면을 관찰하여 구형球形이라는 결론이 내려졌다 해도, 이것만으로는 그 안에 포함된 쿼크의 특성을 알아낼 수 없다. 물체의 표면을 구성하는 쿼크와 글루온의 물리적 특성은 하나의 차원이 구의 형태로 휘어지는 방식에 따라 달라지기 때문이다. 따라서 총체주의적 관점만으로는 10차원이론을 현실적인 물리학이론으로 바꾸는 데 필요한 정보를 얻을 수 없다.

고차원 기하학은 총체주의와 환원주의의 통일을 실현해줄지도 모른다. 이들은 견원지간이 아니라 동일한 대상(기하학)을 바라보는 두 가지 방법일 뿐이며, 동전의 양면처럼 서로 상보적相補的인 관계에 있다. 기하학적 관점에서 보면 칼루자-클라인 공간에서 쿼크와 글루온을 조합하는 환원주의나, 칼루자-클라인 표면을 취하여 쿼크와 글루온의 대칭을 발견한 총체주의나 별반 다를 것이 없다.

사람들이 둘 중 하나를 선호하는 것은 옳고 그름과 상관없이 전통적 관점의 영향을 받았거나 교육을 위한 선택일 뿐이다. 지난 40년 동안 원자를 줄기차게 분해하여 세 가지 기본 힘의 작동원리와 다양한 소립자를 발견한 입자물리학은 환원주의의 산물이지만, 중력을 양자화하여 네 가지 기본 힘을 통일한다는 아이디어는 다분히 총체주의적 발상이다. 그러므로 우리는 칼루자-클라인 이론과 초끈이론을 통해 입자물리학으로 접근할 수 있으며, 표준모형을 돌돌 말린 고차원 공간의 결과물로 생각할 수도 있다.

두 접근법은 똑같이 타당하다. 몇 년 전에 제니퍼 트레이너Jennifer Trainer와 내가 공동집필한 《아인슈타인을 넘어서》에서, 우리는 환원주의적 관점에 입각하여 관측 가능한 우주의 현상을 설명하는 데 주력했다. 그러나 독자들도 알다시피 이 책《초공간Hyperspace》의 주제는 '고차원 공간을 이용한 자연법칙의 통일'이다. 두 접근법은 방향이 정반대지만 동일한 결과를 낳는다.

좌뇌와 우뇌의 기능에 관한 논쟁도 이와 비슷하다. 신경학자들은 인간의 뇌가 왼쪽과 오른쪽으로 양분되어 각기 다른 기능을 수행한다는 사실을 알아냈지만, 이 내용이 대중매체에 잘못 보도되는 바람에 큰 곤혹을 치렀다. 실험에 의하면 우리는 사진을 볼 때 왼쪽 눈(우뇌)으로는 자세한 정보를 처리하고 오른쪽 눈(좌뇌)으로는 전체적인 패턴을 인식한다. 그런데 매스컴에서 사실을 과장하여 '좌뇌는 총체주의자이고 우뇌는 환원주의자'라고 발표하는 바람에 한 인간의 머릿속에 두 개의 상반된 인격체가 공존한다는 오해를 불러일으켰고, 한동안 세간에는 '상반된 좌-우뇌를 조화롭게 사용하는 법'이라는 희한한 분석이 크게 유행했다.

사실 모든 인간은 좌뇌와 우뇌를 동시에 사용하고 있으며, 각 반구(반쪽 뇌) 개별적 기능보다는 좌-우뇌가 충돌을 통해 얻은 변증법적 결과가 훨씬 중요하다. 뇌와 관련된 현상들도 각 반구가 개별적으로 작동할 때보다 동시에 작동할 때 훨씬 흥미롭다.

과학의 두 철학사조 중 하나가 승리를 거뒀다고 생각하는 사람은 둘 중 한쪽의 주장에 더 많이 노출되었을 가능성이 높다. 그러나 과학은 두 철학의 대립이 아닌 상호작용을 통해 발전해왔으며, 앞으로도 그럴 것이다. 구경꾼 입장에서는 두 진영이 사이좋게 지내는 것보다 싸우는 것이 더 재미있겠지만(그래서 매스컴에는 주로 싸우는 장면이 보도된다), 궁극적인 발전은 대립이 아닌 화해를 통해 이루어지는 법이다.

지금부터 '슈뢰딩거의 고양이'와 'S-행렬이론'이라는 두 가지 사례를 통하여 서로 대립되는 개념이 어떻게 화해를 이루는지, 그리고 고차원이론이 환원주의와 총체주의를 어떻게 조화시켰는지 알아보기로 하자.

슈뢰딩거의 고양이

슈뢰딩거의 고양이는 환원주의 물리학의 아킬레스건이다. 환원주의자들은 최소단위 입자에서 출발하여 대부분의 자연현상을 설명했지만, 이 역설만은 만족스럽게 설명하지 못했다. 그래서 슈뢰딩거의 고양이는 총체론자들이 환원주의 철학을 공격할 때 써먹는 단골메뉴가 되었다.

양자이론에서 가장 난처한 부분은 '무언가를 관측하려면 반드시 관측자가 필요하다'는 사실이다. 즉 관측자가 대상을 관측하지 않으면 상자 속의 고양이가 살아 있는지 죽었는지, 또는 밤하늘에 달이 멀쩡하게 떠 있는지 어디로 도망갔는지 알 길이 없다. 일상적인 삶 속에서 이런 의문은 난센스처럼 들리겠지만, 양자역학은 실험실에서 수없이 많은 실험을 통해 확고한 진리로 판명되었다. 그런데 관측을 하려면 관측자가 있어야 하고, 관측자는 '의식'을 갖고 있어야 하기 때문에, 총체주의자들은 "우주만물이 지금처럼 존재하려면 그들을 관측하는 '우주적 의식'이 존재해야 한다"고 주장한다.

고차원이론은 이 난제를 완벽하게 해결하지 못했지만, 적어도 새로운 관점을 제시하는 데에는 성공했다. 문제의 핵심은 '관측자'와 '관측대상'을 구별하는 것인데, 양자중력이론에서는 우주전체의 파동함수를 논하기 때문에 관측자와 관측대상을 분리할 수가 없다. 양자중력이론에서는 '모든 만물의 파동함수'만이 존재할 뿐이다.

양자중력이론이 등장하기 전까지만 해도 우주의 파동함수라는 개념은 아무런 의미도 없었다. 물리량을 계산할 때마다 툭하면 무한대가 나타났기 때문이다. 그러나 10차원이론이 등장하면서 우주의 파동함수가 갑자기 의미심장한 개념으로 떠올랐다. 10차원이론에서는 우주의 파동함수를 이용하여 물리량을 계산할 수 있고, 이는 곧 재규격화가 가능하다는 뜻이다.

관측문제의 답으로 제시된 이 부분적 해결책에는 환원주의와 총체주의가 모두 반영되어 있다. 관측자의 의식에 의존하지 않고 양자역학의 표준해석에 충실했다는 점에서 환원주의적이고, 우주의 파동함수라는 총체적 개념에서 출발했으므로 총체주의적이다! 이 이론에서는 모든 물체와 관측자들이 파동함수 안에 포함되어 있기 때문에, 관측자와 관측대상을 굳이 구별할 필요가 없다.

이것은 부분적인 해에 불과하다. 우주 전체를 서술하는 우주 파동함수는 하나의 상태가 아니라 '모든 가능한 우주의 조합'이기 때문이다. 따라서 하이젠베르크가 최초로 발견했던 불확정성원리도 우주 전체로 확장된다.

이 이론에서 우리가 다룰 수 있는 가장 작은 단위는 우주 자체이며, 양자화할 수 있는 가장 작은 단위는 죽은 고양이와 산 고양이가 공존하는 '모든 가능한 우주'이다. 즉 하나의 우주에서 고양이는 살아 있고, 다른 우주에서는 죽어 있다. 그러나 두 우주는 '우주의 파동함수'라는 하나의 집에 존재한다.

S-행렬이론의 후예

1960년대에는 환원주의적 접근법이 실패한 것처럼 보였다. 양자장이론을 섭동적 방법으로 전개할 때마다 무한대가 속출했기 때문이다. 양자물리학이 잠시 혼란에 빠졌던 이 시기에 S-행렬이론(S-matrix theory, 또는 산란행렬이론)이라는 새로운 분야가 등장하여 빠른 속도로 퍼져나가기 시작했다. 하이젠베르크에 의해 처음 도입된 후 캘리포니아대학교 버클리 캠퍼스의 제프리 추Geoffrey Chew의 손을 거치면서 업그레이드된 S-행렬이론은 환원주의와 달리 입자의 산란을 '분리할 수 없고 더 줄일 수도 없는 하나의 과정'으로 간주한다.

원리적으로 S-행렬을 알면 입자의 상호작용 및 산란과 관련된 모든 것을 알 수 있다. 이 접근법에서 개개의 입자는 아무 의미도 없으며, 모든 것은 입자의 충돌로 설명된다. 충돌과정이 아무리 복잡해도 자체모순이 없는 산란행렬만 주어지면 S-행렬을 완벽하게 결정할 수 있다. 여기에 기본입자와 장場은 필요 없다. 물리적 의미를 갖는 것은 오직 S-행렬뿐이다.

한 가지 비유를 들어보자. 여기 엄청나게 크고 복잡한 기계가 있다. 당신은 전에 이 기계를 한 번도 본 적이 없는데, 황당하게도 작동원리를 알아내라는 임무가 떨어졌다. 만일 당신이 환원주의자라면 드라이버로 나사를 하나씩 풀어서 최소단위 부품으로 분해할 것이다. 단순한 기계라면 이런 식으로 작동원리를 어느 정도 알아낼 수 있겠지만, 부품이 수천 개에 달하면 상황이 더욱 악화될 뿐이다.

총체주의자는 기계를 분해하지 않는다. 수천 개의 나사와 기어를 낱낱이 분해해봐야 전체적인 작동원리를 이해하는 데에는 전혀 도움이 되지 않을뿐더러, 각 기어의 작동원리를 알아낸다 해도 이들을 조합하는 과정을 다시 거쳐야 하기 때문이다. 그래서 총체주의자들은 기계 전체를 하나의 단일객체로 바라보려고 노력한다. 그들은 일단 기계를 작동시킨 후 각 부품간의 상호작용을 분석하여 전체적인 작동원리를 추정할 것이다. 이것을 현대식 언어로 바꾸면 복잡한 기계는 S-행렬에 해당하고, 총체주의적 접근법은 S-행렬이론에 해당한다.

그러나 1971년에 헤라르트 엇호프트가 양-밀스 장을 이용하여 원자 규모에서 힘을 설명하는 이론을 구축하면서, 지난 10년 동안 실패작으로 간주되었던 환원주의 철학이 부활의 조짐을 보이기 시작했다. 양-밀스 장은 입자가속기에서 얻은 데이터와 완벽하게 일치하여 표준모형으로 꽃피웠고, S-행렬이론은 점점 더 복잡하고 모호한 수학이론으로 변질되어갔다. 그리하여 1970년대 말에는 환원주의가 S-행렬이론과 총체주의를 상대로 완벽한 승리를 거둔 것처럼 보였다.

그러나 1980년대로 접어들면서 상황은 또 다시 역전되었다. 기대했던 대통일이론이 중력을 통일하지 못하고 실험으로 검증 가능한 결과를 내놓지 못하자, 물리학자들이 S-행렬이론에서 파생된 이론에 관심을 갖기 시작한 것이다.

S-행렬이론이 전성기를 구가했던 1968년에, S-행렬을 완전히 결정할 수 있다는 총체주의적 철학에 깊이 빠져 있던 베네치아노와 스즈키는 S-행렬의 수학적 표현을 찾다가 오일러 베타함수를 발견했다. 만일 그들이 환원주의에 입각하여 파인만 다이어그램에 매달렸다면 그토록 위대한 발견을 할 수 없었을 것이다.

S-행렬이론이 심어놓은 씨앗은 그로부터 20년 후에 꽃피우기 시작했다. 베네치아노-스즈키 모형은 끈이론을 낳았고, 이것은 다시 칼루

자-클라인 이론으로 발전하여 10차원 물리학의 초석이 되었다.

10차원이론은 총체주의적 S-행렬이론의 후손이지만, 거기에는 환원주의적 양-밀스 이론과 쿼크이론이 포함되어 있다. 본질적으로 10차원이론은 환원주의와 총체주의를 모두 수용할 만큼 충분히 성숙된 이론이다.

10차원과 수학

초끈이론의 두드러진 특징 중 하나는 수학적 수준이 매우 높다는 것이다. 과학 역사상 그 어떤 이론도 초끈이론 만큼 강력하고 난해한 수학을 사용한 적이 없었다. 하지만 속사정을 알고 보면 그럴 만도 하다. 모든 통일장이론은 리만의 기하학과 아인슈타인의 일반상대성이론, 그리고 양자장이론의 리 군Lie group을 포함해야 하고, 이들을 조화롭게 결합하려면 최고수준의 수학이 필요하기 때문이다. 이 임무를 수행하기 위해 도입된 것이 바로 '위상수학topology'으로, 양자중력이론의 무한대를 제거하는 데 중요한 역할을 한다.

대다수의 물리학자들은 끈이론의 수학을 접하고 몹시 당황했다. 그들은 10차원이론을 연구하다가 수학에 막히면 남들 몰래 도서관에 가서 수학 교과서를 뒤지곤 했다. CERN의 물리학자 존 엘리스는 이런 고백을 한 적이 있다. "나는 끈이론을 연구하면서 서점을 내 집처럼 드나들었다. 호몰로지homology, 호모토피homotopy 등 한 번도 깊이 생각해본 적 없는 개념을 접할 때마다 서점으로 달려가 수학백과사전을 뒤지곤 했다!"[6] 20세기 들어 수학과 물리학의 사이가 멀어지는 것을 걱정했던 사람들에게 이것은 더할 나위 없이 좋은 소식이었다.

수학과 물리학은 고대 그리스 시대부터 불가분의 관계를 유지해왔다. 뉴턴 시대의 과학자들은 수학과 물리학을 하나로 묶어서 '자연철학'이라 불렀으며, 진정한 과학은 수학과 물리학, 철학이 하나로 어우러져야 한다고 생각했다.

가우스와 리만, 그리고 푸앵카레는 새로운 수학의 가장 중요한 원천으로 물리학을 꼽았다. 18~19세기에는 수학과 물리학 사이에 광범위한 교류가 이루어졌으나, 아인슈타인과 푸앵카레 이후로 두 분야는 애정이 식은 부부처럼 갈라서게 된다. 지난 70년 동안 수학과 물리학은 거의 아무런 교류 없이 독자적인 길을 걸어왔다. 20세기의 수학자들은 가우스와 리만, 그리고 푸앵카레의 업적을 한 단계 더 발전시켜서 약력-강력과 완전히 무관한 추상적 정리와 추론을 쌓아왔고, 대수적 위상수학algebraic topology을 비롯한 N-차원 공간의 위상수학을 개발했으나, 핵력 연구에 몰입했던 물리학자들은 19세기의 3차원 수학을 벗어나지 못했다.

이와 같은 추세는 10차원이론이 등장하면서 완전히 바뀌었다. 현대수학이 갑자기 물리학에 대대적으로 도입된 것이다. 수학자들에게만 그 가치를 인정받았던 막강한 수학정리들이 물리학자들에게 중요한 개발 수단으로 떠올랐고, 수학과 물리학의 소원한 관계가 곧 청산될 것이라는 희망이 싹트기 시작했다. 사실 이것은 수학자들에게도 매우 당혹스러운 변화이다. 매사추세츠 공과대학MIT의 수학자 이저도어 싱어Isadore M. Singer는 "초끈이론은 진위 여부에 상관없이 수학의 한 분야로 취급되어야 한다"고 주장했다.

물리학과 수학은 왜 그토록 긴밀하게 얽혀 있는 걸까? 답을 아는 사람은 아무도 없다. 양자이론의 창시자 중 한 사람인 폴 디랙은 "물리학적 개념에만 매달린다면 수학은 우리를 원치 않는 방향으로 인도할 것"이라고 했다.[7]

19~20세기 영국의 위대한 수학자이자 철학자였던 알프레드 노스 화이트헤드Alfred North Whitehead는 "가장 심오한 수학은 가장 심오한 물리학과 불가분의 관계에 있다"고 했다. 그러나 수학과 물리학이 한 점으로 수렴하는 이유는 여전히 오리무중이다. 두 분야가 개념적으로 일맥상통한다는 것은 분명한 사실이지만, 그 이유를 설명하는 이론은 아직 개발되지 않았다.

사람들은 흔히 '물리학의 언어는 수학'이라고 말한다. 갈릴레오는 "우주의 언어는 수학이다. 수학을 이해하지 못하면 우주라는 위대한 책을 읽을 수 없다"고 했다.[8] 그렇다. 예나 지금이나 물리학(자연)은 수학으로 서술된다. 그런데 왜 하필 수학인가? 수학자들은 자신의 전공분야가 타 분야(물리학)의 의사전달 수단에 불과하다는 사실에 모욕감을 느낄지도 모르겠다.

아인슈타인은 수학과 물리학의 관계에 대하여 다음과 같은 말을 남겼다. "순수수학은 물리학의 미스터리를 해결하는 하나의 방법이 될 수 있다. 물리학을 순수수학적 논리로 풀어나가다 보면 다양한 개념과 마주치게 되고, 각 개념들 사이의 관계를 서술하는 법칙도 발견할 수 있다는 것이 나의 확고한 신념이다. 이로부터 우리는 자연을 이해하는 열쇠를 손에 넣을 수 있다. (…) 순수한 사고만이 진리로 이어진다는 고대인들의 믿음은 아마 사실일 것이다."[9] 하이젠베르크도 여기에 동의했다. "자연이 우리를 전례 없이 단순하고 아름다운 수학으로 인도한다면 그것은 '진리'임이 분명하며, 그 안에 자연의 진정한 특성이 내재되어 있다고 생각할 수밖에 없다."

노벨상 수상자인 유진 위그너는 〈자연과학에 나타난 수학의 비합리적 효율성The Unreasonable Effectiveness of Mathematics in Natural Science〉이라는 솔직한 제목의 에세이를 발표하기도 했다.

물리학의 원리 vs. 논리적 구조

나는 몇 년 전부터 수학과 물리학의 변증법적 관계를 연구해왔다. 물리학은 파인만 다이어그램과 대칭의 단순한 집합이 아니며, 수학은 너저분한 방정식의 집합이 아니다. 분명한 사실은 수학과 물리학이 공생관계에 있다는 것이다.

나는 물리학이 궁극적으로 몇 개의 '물리적 원리'에 기초하고 있다고 믿는다. 이 원리들은 수학기호 없이 일상적인 언어로 표현할 수 있다. 코페르니쿠스의 지동설에서 뉴턴의 운동법칙과 아인슈타인의 상대성이론에 이르기까지, 물리학의 기본원리는 수학과 무관한 몇 개의 문장으로 표현 가능하다. 그 방대한 현대물리학이 몇 개의 기본원리로 요약된다는 것은 정말로 놀라운 일이 아닐 수 없다.

반면에 수학은 '자체모순이 없는' 모든 가능한 구조의 집합이며, 물리학의 기본원리보다 훨씬 많은 논리적 구조를 갖고 있다. 산술학과 대수학, 그리고 기하학 등 임의의 수학체계는 공리axiom와 정리theorem가 모순 없이 양립 가능하다는 특징을 갖고 있다. 수학자들은 수학체계가 모순을 초래하지 않는다는 사실에 관심을 가질 뿐, 그들의 상대적 가치에는 별 관심이 없다. 자체모순이 없는 임의의 수학구조는 어떤 종류이건 연구할 만한 가치가 있다. 그래서 수학은 물리학보다 훨씬 다양하게 세분화되어 있으며, 같은 수학자라도 분야가 다르면 대화가 통하지 않을 정도로 고립되어 있다.

이런 사실을 감안하면 (원리에 기초한) 물리학과 (자체모순이 없는 구조에 기초한) 수학의 관계를 쉽게 짐작할 수 있다. 물리학자가 물리적 원리와 관련된 문제를 해결하려면 자체모순이 없는 수학적 구조가 반드시 필요하다. 따라서 '수학의 다양한 분야들은 물리학을 통해 자연스럽게 통합된다.' 이로부터 우리는 이론물리학의 위대한 개념들이 어떤 식으로 진화해왔는지 알 수 있다. 예를 들어 수학자와 물리학자는 자신의 분야에서 최고의 업적을 남긴 위인으로 똑같이 아이작 뉴턴을 꼽는다. 그러나 뉴턴은 중력법칙을 연구할 때 수학에서 출발하지 않았다. 그는 떨어지는 물체의 운동을 분석한 끝에 '달도 지구를 향해 떨어지고 있지만, 지구는 둥글기 때문에 달과 충돌하지 않는다. 지표면의 곡률이 달의 낙하운동을 보상하고 있다'고 믿게 되었다. 그리고 이로부터 만유인력(중력)이라는 위대한 법칙을 발견하게 된다.

그러나 뉴턴이 중력의 원리를 떠올린 후 수학적 표현을 알아낼 때까지는 무려 30년이 걸렸다. 이 기간 동안 그는 자체모순이 없는 수학적 구조를 여러 개 발견했는데, 이들을 뭉뚱그려서 '미적분학calculus'이라 부른다. 즉 뉴턴은 물리학적 원리(중력법칙)를 먼저 떠올린 후 자체모순이 없는 수학적 구조(해석기하학, 미분방정식, 미분, 적분 등)를 나중에 개발했으며, 이 과정에서 다양한 수학적 구조들을 하나의 수학(미적분학)으로 통합했다.

아인슈타인의 상대성이론도 이와 비슷한 과정을 거쳤다. 아인슈타인은 물리적 원리(광속 불변의 원리, 등가원리 등)를 가정한 후 일련의 수학적 과정을 거쳐 자체모순이 없는 수학적 구조(리 군, 리만의 텐서 해석학, 미분기하학 등)에 도달했고, 이 구조는 처음에 가정했던 원리를 입증하는 데 결정적 역할을 했다. 그리고 이 과정에서 그는 최종적으로 도달한 수학적 구조들을 일관된 논리로 통합할 수 있었다.

끈이론도 이와 비슷한 역사를 갖고 있지만 확연하게 다른 점이 있다. 끈이론은 수학적 구조가 매우 복잡하여 이론체계를 갖추는 과정에서 수학자들까지 놀랄 정도로 방대한 수학분야들(리만곡면, 카츠-무디 대수Kac-Moody algebra, 초리대수super Lie algebra, 유한군, 모듈함수, 대수적 위상수학algebraic topology 등)이 하나로 통합되었으나, 이론의 기본원리는 아직 밝혀지지 않은 상태이다. 이유는 분명치 않지만, 아마도 끈이론의 원리와 직접적으로 관련된 수학원리가 아직 발견되지 않았기 때문일 것이다. 그래서 물리학자들은 언젠가 끈이론의 원리가 밝혀지면 새로운 수학원리가 함께 발견될 것으로 기대하고 있다. 다시 말해서, 끈이론이 풀리지 않는 이유는 21세기형 수학이 아직 개발되지 않았기 때문이라는 것이다.

한 가지 확실한 것은 물리학 원리가 여러 개의 작은 이론을 통합하면서 서로 무관해 보였던 수학분야들이 자연스럽게 통합되었다는 것이다. 이 과정에서 가장 많은 수학분야를 통일한 것이 바로 끈이론이다. 따라서 물리법칙을 통일하다 보면 수학의 통일도 자연스럽게 이루어질 것이다.

물론 논리적으로 타당한 수학적 구조는 물리학의 원리보다 훨씬 다양하기 때문에, 정수론number theory처럼 물리학에 한 번도 도입된 적 없는 분야도 있다. 일부 수학자들은 이런 추세가 영원히 계속될 것으로 믿고 있다. 아마도 인간의 정신은 논리적으로 타당하면서 물리학원리와 무관한 수학구조를 언제라도 만들어낼 수 있을 것이다. 그러나 일각에서는 언젠가 정수론이 끈이론에 적용될 것이라고 믿는 사람도 있다.

과학과 종교

초공간이론에 의해 추상적인 수학과 물리학의 심오한 연결고리가 밝혀지자 일부 비평가들은 과학에 곱지 않은 시선을 보냈다. 그들의 주장을 요약하면 다음과 같다. "과학자들은 수학에 기초한 새로운 종교를 만들어냈다. 그들은 종교적 신화를 거부하면서 시공간과 입자의 대칭, 그리고 팽창하는 우주 등 이상한 개념이 난무하는 신흥종교를 창조했다. 성직자들이 라틴어로 읊조리는 기도문도 난해하지만, 물리학자들이 웅얼거리는 초끈이론의 방정식은 훨씬 더 난해하다. 전지전능한 신을 향한 믿음은 이제 양자이론과 일반상대성이론에 대한 믿음으로 대치되었다." 물론 과학자들도 할 말은 있다. 그들이 읊조리는 수학기도문은 교회에서 하는 기도와 달리 실험을 통해 검증될 수 있다. 그러나 비평가들은 "우주창조는 실험실에서 재현될 수 없으며, 초끈이론 같은 추상적 이론은 영원히 검증되지 않을 것"이라고 되받아쳤다.

사실 이런 논쟁은 어제오늘의 일이 아니다. 과거에도 과학자들은 수시로 신학자들에게 호출되어 자연의 법칙을 놓고 진지한 토론을 벌였다. 19세기말 영국의 위대한 생물학자 토머스 헉슬리는 다윈의 자연선택이론을 비방하는 교회에 대항하여 진화론의 호위병을 자처하고 나섰으며, 양자물리학자들도 가톨릭교회의 신부들과 함께 라디오 대담에 출연하여 하이젠베르크의 불확정성원리를 놓고 한바탕 논쟁을 벌였다.

대부분의 과학자들은 신이나 창조주에 대하여 왈가왈부하는 것을 별로 좋아하지 않는다. '신'이라는 단어는 각 개인들마다 다른 의미로 해석되기 마련이어서, 그 의미를 정확하게 정의하지 않은 채 논쟁을 벌이다 보면 문제의 본질이 흐려지기 쉽다. 그래서 나는 논쟁의 취지를 분명히 하기 위해, 신의 의미를 두 가지로 분류할 것을 권하고 싶다. '기적을 일으키는 신(기적의 신)'과 '질서를 창조하는 신(질서의 신)'이 바로 그것이다.

과학자들이 말하는 신은 주로 질서의 신이다. 예를 들어 아인슈타인은 어린 시절 생전 처음으로 과학책을 접했을 때, 학교에서 배워왔던 종교적 신화들이 사실이 아닐지도 모른다고 생각했다. 그러나 그는 남은 생애를 물리학에 헌신하면서도 우주에 신비하고 신성한 질서가 존재한다는 믿음을 끝까지 고수했다. '신은 우주를 창조할 때 다른 선택의 여지가 없었는가?' 이것은 아인슈타인이 죽는 날까지 마음속에 품고 있었던 필생의 질문이었다. 그는 종종 신을 '늙은이Old Man'이라는 친밀한 호칭으로 부르면서, 난해한 수학문제에 직면할 때마다 '신은 미묘한 존재일 뿐, 악의는 없다'며 스스로를 위로하곤 했다. 대부분의 과학자들은 우리의 우주에 모종의 '우주적 질서'가 존재한다고 믿고 있다. 그러나 과학자가 아닌 사람들이 말하는 신은 주로 '기적의 신'을 의미한다. 그래서 과학자와 성직자(또는 일반대중)가 신을 주제로 토론을 벌이면 의견일치를 보기가 쉽지 않다. 각자 머릿속에서 다른 의미의 신을 떠올리고 있기 때문이다. 기적의 신은 기적을 행하고, 타락한 도시를 파괴하고, 적군을 쳐부수고, 파라오의 군대를 홍해바다에 수장시키고, 순수하고 고결한 사람들을 위해 잔인한 복수를 서슴지 않는다.

과학자와 성직자(또는 일반대중)가 종교적 문제에 의견이 갈리는 이유는 저마다 완전히 다른 의미의 신을 들이대기 때문이다. 과학은 재현 가능한 관측결과에 기초한 학문인 반면, 기적은 발생빈도가 너무 낮아서 재현이 불가능하다(재현 가능한 것을 기적이라 부르는 사람은 없다). 기적은 평생을 통틀어 기껏해야 한 번 정도 일어난다. 그러므로 기적의 신은 과학적 탐구대상이 아니다. 나는 지금 기적의 가치를 폄하하려는 것이 아니라, 그것이 과학의 영역 바깥에 있음을 강조하고 있을 뿐이다.

하버드대학교의 생물학자 에드워드 윌슨Edward O. Wilson은 인간이 종교에 광적으로 집착하는 이유를 과학적으로 설명하기 위해 노력했던 사람이다. 그는 특정 연구분야에서 어느 정도 명성을 쌓은 노련한 과학자들이 자신의 종교를 방어할 때는 완전히 비논리적인 사람으로 돌변하는 모습을 종종 목격했다. 또한 과거의 권력자들은 종교를 수호한다는 명목하에 끔찍한 전쟁을 밥먹듯이 저질렀고, 말로 형언할 수 없는 잔인한 방법으로 이교도들을 괴롭혔다. 소위 성전聖戰이라 불리는 전쟁의 내막을 살펴보면 역사 이래 인간이 저지른 가장 끔찍한 범죄로 손색이 없다.

윌슨은 "시대를 불문하고 문명이 있는 곳에 종교가 있다"고 했다. 인류학자들의 연구에 따르면 원시시대의 인간들에게도 그들의 '기원'을 설명해주는 신화가 있었다고 한다. 이 신화는 '우리'와 '그들'을 엄격하게 구별하여 종족을 결속시키는 구심점 역할을 했고, 지도자에 항거하는 불손한 무리를 처단할 때에도 좋은 구실을 제공했다.

이것은 인간사회에 항상 나타나는 지극히 정상적인 현상이다. 윌슨은 "종교가 원시종족 사이에 빠르게 퍼져나간 이유는 종교를 수용한 종족이 진화적으로 유리했기 때문"이라고 했다. 무리를 지어 사냥하는 동물들은 육체적 능력에 따라 서열이 정해지기 때문에 우두머리에게 복종하는 규율이 자연스럽게 형성된다. 그러나 지금으로부터 약 100만 년 전에 우리의 선조들은 지능이 높아지면서 우두머리의 능력에 의문을 품기 시작했다. 지능이 높으면 매사를 논리적 시각으로 바라보게 되고, 이런 능력은 집단의 질서를 유지하는 데 해로운 요인으로 작용하기 쉽다. 개인의 지능을 제어하는 강력한 구심점이 없으면 이탈자가 생기면서 집단이 와해되고, 뿔뿔이 흩어진 개인은 생존확률이 크게 떨어진다. 그래서 윌슨은 지능이 높아진 원시인류에게 '우두머리를 따르고 그와 관련된 신화를 맹신하는 쪽으로' 선택압(selection pressure, 생존에 불리한 유전적 요인이 제거되는 경향_옮긴이)이 작용했다고 결론지었다. 복종심 없이 논리적 생각만 앞세우는 개인은 집단의 생존을 크게 위협하기 때문이다. 도구를 사용하고 음식을 구할 때는 지능이 높을수록 유리하지만, 종족의 결속이 위태로울 때에는 지적능력을 접어두고 규율을 따르는 쪽이 훨씬 유리하다. 즉 신화를 보유한 집단이 그렇지 않은 집단보다 생존확률이 높다는 뜻이다.

윌슨의 주장에 따르면 종교는 점점 똑똑해지는 원시인류를 제어하고 결속시키는 강력한 수단이었다. 종교는 어떻게 상식과 논리를 압도하면서 그토록 널리 퍼질 수 있었는가? 그리고 과거의 권력자들은 왜 일반대중의 논리적 사고력을 저하시켰는가? 윌슨의 이론은 이 질문에 나름대로 답을 제시하고 있다. 그의 이론을 수용하면 종교전쟁이 그토록 잔인하게 자행된 이유와 기적의 신이 승리자에게 유별나게 관대했던 이유도 이해할 수 있다. 기적의 신은 신화를 통해 우주에 우리가 존재하는 목적을 설명해준다. 질서의 신은 결코 할 수 없는 일이다. 그래서 일반대중에게는 기적의 신이 질서의 신보다 훨씬 위대하다.

자연에서 인간의 역할

질서의 신은 우리에게 삶의 목적이나 운명을 알려주지 않는다. 그는 그저 조용한 침묵 속에서 우주가 정해진 길을 따라 나아가도록 보살피고 있을 뿐이다. 그런데 나는 이런 생각을 떠올릴 때마다 스스로 놀라곤 한다. 우주적 시간 스케일에서 볼 때 이제 막 과학기술의 시대로 접어든 인간이 우주의 기원과 운명에 대하여 대담한 가설을 늘어놓고 있으니, 이 얼마나 경이로운 일인가?

인간의 기술은 지구의 중력을 간신히 벗어난 수준에 불과하다. 136억 년의 우주역사에서 인간은 겨우 수십 년 전부터 다른 행성에 엉성한 탐사선을 보내기 시작했다. 그러나 인간은 조그만 행성에 갇혀 살면서도 탁월한 정신력과 약간의 도구를 이용하여 수십억 광년 떨어진 곳에 적용되는 법칙을 알아냈다. 우리는 태양계를 떠나지 않고서도 눈곱만 한 자원을 최대한으로 활용하여 별의 내부에서 진행 중인 핵융합반응을 규명할 수 있었다.

진화론에 의하면 우리는 처녀자리 초은하단 근처의 조그만 은하집단에 속한 조그만 은하의 나선팔에 자리잡은 조그만 별 주변의 세 번째 행성에서 진화나무로부터 최근에 갈라져 나온 원숭이에 불과하다. 게다가 인플레이션이론이 옳다면 우리는 상상을 초월할 정도로 방대한 우주의 극히 일부밖에 볼 수 없다. 이토록 보잘것없는 인간이 만물의 이론을 구축한다며 비지땀을 흘리고 있다니, 그저 놀라울 따름이다.

1944년에 노벨 물리학상을 수상한 이지도어 라비는 어린 시절 도서관에서 행성에 관한 책을 읽으며 훗날 과학자가 되기로 결심했다고 한다. 그는 미약한 인간이 과학이라는 도구를 이용하여 우주의 진리를 알아낼 수 있다는 사실에 완전히 매료되었다. 다른 행성과 별들은 지구보다 훨씬 크고 엄청나게 먼 거리 있는데도, 인간은 그들의 비밀을 추적하여 자세한 사항까지 알아낼 수 있다.

물리학자 하인즈 페이겔스는 뉴욕의 헤이든 천문관Hayden Planetarium을 방문했을 때 느낀 소감을 다음과 같이 피력했다.

나는 우주에서 펼쳐지는 강력하고 다이나믹한 드라마에 완전히 압도되었다. 하나의 은하를 구성하는 별의 개수는 지금까지 지구에 살다간 모든 인간의 수를 합한 것보다 많다⋯ 우주의 방대한 공간과 장구한 역사는 '나'라는 인간의 존재기반을 뒤흔드는 충격으로 다가왔다. 내가 지금까지 경험하고 알아왔던 모든 것이 거대한 존재의 바다에 표류하는 한 톨의 먼지처럼 느껴졌다.[10]

우주의 스케일을 생각하다 보면 자신이 초라해질 수밖에 없다. 그러나 나는 '우리의 육체는 별의 후손이며 우리의 정신은 우주의 법칙을 이해할 수 있다'는 사실이야말로 과학자가 느낄 수 있는 가장 심오한 깨달음이라고 생각한다(이것은 거의 종교적 깨달음에 가깝다). 우리 몸을 구성하고 있는 모든 원자들은 먼 옛날 어떤 별의 내부에서 핵융합을 거쳐 생성되었으니, 지구에 존재하는 어떤 산이나 강보다도 나이가 많다. 우리는 말 그대로 '별의 먼지에서 태어난 존재'이다. 이 원자들이 결합하여 우주의 법칙을 알아낼 정도로 똑똑한 인간을 탄생시켰고, 그 인간들이 우주의 법칙을 탐구하면서 자신의 존재 기원을 추적하고 있으니, 조물주가 이 모습을 보고 있다면 정말로 기특하고 감개무량할 것이다.

우리가 발견한 물리법칙은 우주 어디에서나 똑같이 적용된다. 그런데 우리는 이 모든 것을 지구라는 조그만 행성이 갇혀 살면서 알아냈다. 초대형 우주선도 없고 다른 차원으로 연결되는 창문도 없었는데 멀리 떨어져 있는 별의 화학적 성분과 그 안에서 일어나는 핵융합반응을 규명했고, 3차원에서 4차원, 5차원을 거쳐 10차원이론까지 도달했다.

10차원 초끈이론이 옳다면 우주 반대편에 살고 있는 지적생명체들도 우리와 똑같은 결론에 도달할 것이다(이미 까마득한 옛날에 도달했을 수도 있다). 그들도 우리처럼 대리석과 나무의 관계를 추적하다가 '3차원 공간은 우주에 존재하는 힘들을 담기에 너무 좁다'는 사실을 깨닫게 될 것이다.

인간의 궁금증은 자연을 지배하는 질서의 한 부분이다. 새들이 노래하기를 원하는 것처럼, 인간은 우주를 이해하고 싶어한다. 17세기의 위대한 천문학자 요하네스 케플러Johannes Kepler는 다음과 같은 말을 남겼다. "우리는 새들의 노래가 어디에 유용한지 캐묻지 않는다. 새들은 노래하기 위해 태어났으며, 노래가 곧 삶의 즐거움이다. 이 점에서는 인간도 크게 다르지 않다. 인간이 하늘의 비밀을 캐기 위해 노력하는 이유를 군이 따지고들 필요는 없다." 또한 생물학자 토머스 헉슬리는 1863년에 "인간의 가장 큰 관심사는 자연에서 자신의 위치를 파악하고 우주와 자신의 관계를 알아내는 것"이라고 했다.

20세기 안에 통일문제가 해결될 것이라고 장담했던 우주론 학자 스티븐 호킹은 그의 저서《시간의 역사》에 다음과 같이 적어놓았다.

> 완벽한 이론이 발견된다면 그것은 일부 과학자뿐만 아니라 모든 사람들에게 골고루 이해되어야 한다. 그래야 '우주와 우리는 왜 존재하게 되었는가?' 라는 심오한 토론에 철학자와 과학자, 그리고 모든 대중이 골고루 참여할 수 있다. 이 토론에서 누구나 만족할 만한 결론이 내려진다면, 그것은 인간 이성의 위대한 승리로 기록될 것이며, 우리는 신의 마음을 알게 될 것이다.[11]

우주적 스케일에서 볼 때 우리는 기나긴 잠에서 지금 막 깨어나는 중이다. 그러나 우리는 한정된 능력만으로 자연의 가장 깊은 비밀을 알아낼 수 있다.

혹시 이것이 우리가 존재하는 이유이자 목적이 아닐까?

어떤 사람들은 개인적 성취나 개인적 관계, 또는 개인적 경험에서 삶의 의미를 찾는다. 그러나 나는 자연의 궁극적 비밀을 알아낼 정도로 우수한 지능을 부여받았다는 것만으로도 삶의 의미는 충분하다고 생각한다.

감사의 글

제프리 로빈스Jeffrey Robins가 이 책의 편집을 맡게 된 것은 나에게 커다란 행운이었다. 예전에 내가 집필한 세 권의 이론물리학 교과서(통일장이론, 초끈이론, 양자장이론)도 그의 손을 거치면서 원고의 완성도가 크게 향상되었다. 이 책은 내가 혼자 집필한 최초의 교양과학도서인데, 제프리 로빈스가 있기에 한결 마음이 놓인다. 그와 일하는 것은 아무나 누릴 수 없는 특권이다.

전작인 《아인슈타인을 넘어서》를 나와 함께 집필했던 제니퍼 트레이너에게도 감사의 말을 전한다. 그녀는 나의 원고를 매끄럽고 이해하기 쉬운 문장으로 다듬어주었다.

이 책이 출간되기 전까지, 수많은 사람들이 나의 초고를 읽고 값진 조언을 해주었다. 특히 버트 솔로몬Burt Solomon과 레슬리 메러디스Leslie Meredith, 유진 말로브Eugene Mallove, 그리고 나의 출판대리인 스튜

어트 크리체프스키Stuart Krichevsky에게 깊이 감사한다.

끝으로 이 책을 쓰는 동안 나에게 최상의 환경을 제공해준 프린스턴 고등연구소에도 감사의 말을 전한다. 아인슈타인이 생의 마지막 수십 년을 머물렀던 그곳은 혁명적인 책을 집필하는 데 더없이 적절한 장소였다.

옮긴이의 글

일상생활 속에서 "차원이 높다"는 말은 비교대상보다 수준이 높거나 콘텐츠의 품질이 우수하다는 뜻으로 통용된다. 굳이 수학적 의미를 떠올리지 않아도, 높은 차원이 모든 면에서 낮은 차원보다 우월하다는 데에는 아무도 이의를 달지 않을 것이다. 수학적 정리도 차원을 높이면 증명이 어렵고 복잡해지지만 함축된 내용이 훨씬 심오하고 적용범위도 넓어진다. 간단히 말해서, '높은 차원은 낮은 차원을 대신한다.'

이 사실을 증명이라도 하듯이 물리학 이론은 저차원에서 고차원으로 진화해왔다. 갈릴레오는 1차원 직선운동에서 출발하여 물체의 운동법칙을 유도했고, 뉴턴의 운동법칙은 주로 2차원 평면에 적용된다. 뉴턴의 운동방정식은 3차원 방정식이지만, 두 물체 사이에 작용하는 힘이 중심력(central force, 두 물체의 중심을 잇는 직선을 따라 작용하는 힘)

인 경우, 두 물체의 운동궤적은 하나의 평면을 벗어나지 않는다. 그래서 단진자의 궤적과 포물선을 그리며 날아가는 야구공의 궤적, 지구의 공전궤도 등은 모두 2차원 평면에 국한되어 있다. 우리는 3차원 공간에 살고 있지만 눈에 보이는 대부분의 운동은 2차원 운동이기 때문에(심지어 구불구불한 길을 달리는 자동차도 지표면에 달라붙어 있으므로 2차원 운동이다!), 공간을 인지하는 능력이 그리 뛰어나지 않다. 오죽하면 개인의 공간지각력을 측정하는 테스트까지 개발되어 있을까.

1905년, 아인슈타인은 특수상대성이론을 통해 3차원 공간과 1차원 시간을 '4차원 시공간'이라는 하나의 좌표 세트로 통일했다. 3차원도 제대로 인지하기 어려운데 4차원이라니, 이것은 마치 자신의 집이 1층짜리 단독주택인 줄 알고 살아오다가 뒤늦게 고층건물임을 깨달은 것과 비슷하다. 늦게나마 알았으니 집안 구석구석을 훑어보는 것은 당연지사일 것이다. 그래서 20세기 초에 4차원을 이해하려는 시도가 철학, 예술, 문학, 미술 등 문화 전반에 걸쳐 다양하게 펼쳐졌고, 그 와중에 탄생한 입체파 화가들의 그림은 영원한 명작으로 남았다.

물리학에서 4차원은 각별한 의미를 갖는다. 3차원 공간좌표 (x, y, z)와 1차원 시간좌표 (t)를 별개의 변수로 삼아 맥스웰 방정식을 쓰면 외우기도 버거울 정도로 복잡하지만, 4차원 시공간좌표 (x_μ)를 변수로 삼으면 단 한 줄로 요약된다. 바로 이것이 '고차원으로 갈수록 물리법칙은 단순해지고 통일하기도 쉬워진다'는 주장의 시발점이다. 저자가 그랬던 것처럼, 나 역시 대학원생 시절에 이 사실을 접하고 숨이 막힐 듯한 충격을 받았다. 어떤 문제이건 고차원으로 확장하면 복잡해지기 마련인데, 신기하게도 자연의 법칙은 고차원으로 갈수록 단순해지는 경향이 있다. 그리고 이 '단순화'의 저변에는 대칭symmetry이라는 개념이 자리잡고 있다. 낮은 차원에서는 보이지 않던 대칭이 높은 차원에서 나타나 복잡했던 방정식을 단순하고 아름다운 형태로 축약시켜주는 것이다.

아인슈타인은 1915년에 또 한 차례 대박을 터뜨렸다. 등속운동만을 고려한 특수상대성이론에 가속운동을 도입하여 중력에 의한 효과와 가속운동에 의한 효과가 물리적으로 동일하다는 '등가원리equivalence principle'를 알아냈고, 여기에 기초하여 중력을 '휘어진 4차원 시공간'으로 설명하는 일반상대성이론을 구축한 것이다. 우리가 항상 겪어왔던 중력이 시공간의 기하학적 구조 때문이었다니, 이것도 비유하자면 자신이 살아온 곳이 평탄한 대지라고 믿었다가 휘황찬란한 대리석 조각공원에 살고 있음을 뒤늦게 발견한 것과 비슷하다.

그 후 1919년에 테오도르 칼루자는 배경공간을 5차원(4차원 공간과 1차원 시간)으로 확장하여 맥스웰 방정식과 아인슈타인의 장방정식을 하나로 통일했다. 3차원에서 4차원으로 옮겼더니 시간과 공간이 통일되었고, 4차원에서 5차원으로 확장했더니 전자기력과 중력이 통일되었다. 이쯤 되면 '자연의 법칙은 차원이 높을수록 단순해지고 통일하기도 쉬워진다'는 믿음을 가질 만하다. 그러나 네 번째 공간차원에 대한 실험적 증거가 전혀 없었고, 때마침 불어닥친 양자혁명의 위세에 압도되어 칼루자의 이론은 별다른 관심을 끌지 못했다.

여기까지는 이론물리학의 우아한 단면이다. 저자인 미치오 카쿠는 아인슈타인의 장방정식과 칼루자-클라인 이론처럼 우아한 기하학에 기초한 이론을 '대리석'에 비유했다. 이들은 뼈대 있는 귀족가문의 후손처럼 단정한 옷차림에 화려한 외모를 갖췄으며, 구사하는 언어까지 우아하기 그지없다. 아마도 학창시절에 물리학에 매료된 사람들은 바로 이런 면에 매력을 느꼈을 것이다. 그러나 20세기 초에 양자역학이라는 새로운 물리학이 등장하면서 우아했던 대리석 공원은 부정형不定形의 울창한 숲으로 뒤덮이게 된다.

　양자역학은 거의 모든 면에서 아인슈타인의 일반상대성이론과 정반대의 특성을 갖고 있다. 일반상대성이론은 우주적 스케일에 적용되는 반면, 양자역학은 원자 이하의 미시세계에서 일어나는 온갖 상호작용을 서술하는 이론이다. 미시세계의 진공 중에서는 입자가 갑자기 나타났다가 사라지고, 모든 상호작용(힘)은 불연속의 양자덩어리를 교환하면서 발생한다. 게다가 양자세계에는 하이젠베르크의 불확정성원리가 무소불위의 위력을 발휘하여, 모든 물리량을 '확률'이라는 베일 속에 가둬놓았다. 기하학을 기반으로 탄생한 '대리석 이론'과 달라도 너무 다르다. 그래서 저자는 양자역학을 가지가 불규칙하게 뻗어 나온 '나무'에 비유했다. 대리석으로 애써 포장해놓은 공원 한가운데 나무 한 그루가 자라기 시작하더니, 수십 년 만에 공원 전체를 숲으로 뒤덮어버린 것이다. 그러나 양자이론은 다소 너저분한 외관에도 불구하고 실험결과와 너무나도 잘 일치했기에, 기존의 대리석 공원에 '표준모형Standard Model'이라는 새로운 간판을 걸고 물리학의 정설로 자리잡았다.

　그러나 천하의 양자역학도 풀지 못한 문제가 하나 있었다. 전자기력과 약력, 그리고 강력은 양-밀스 장이론Yang-Mills field theory라는 막강한 도구를 이용하여 하나로 통일되었지만, 대리석 공원의 시발점이 되었던 순수 대리석 탑, 즉 아인슈타인의 중력이론만은 아무리 애를 써도 양자이론의 범주 안에 끌어안을 수 없었던 것이다. 그 탑은 표면이 너무나 매끄럽고 그 자체로 완벽하여, 나무덩굴이 타고 올라갈 틈을 주지 않았다. 이 문제를 해결하기 위해 다양한 버전의 양자중력이론과 초대칭을 도입한 초중력이론이 제시되었으나, 수시로 발생하는 무한대에 가로막혀 목적을 달성하지 못했다.

1984년, 양자이론이 거의 한계에 도달하여 허덕이고 있을 때 하늘에서 갑자기 희한한 이론이 떨어졌다. 모든 기본입자의 특성을 '진동하는 끈'으로 설명하는 초끈이론superstring theory이 바로 그것이다. 1983년에 초끈이론을 주제로 발표된 논문은 16편에 불과했지만 1985년에 316편, 1986년에 639편으로 폭증했으니 그 위력이 어느 정도였는지 짐작이 가고도 남는다(이 시기를 '초끈이론의 1차 혁명기'라 한다). 초끈이론은 만물을 진동하는 끈으로 간주하기 때문에 물리법칙을 통일하는 데 여러 모로 유리했고, 무엇보다 이론 자체에 중력자(graviton, 중력을 매개하는 가상의 입자)가 자연스럽게 포함되어 있어서 대통일이론의 후보로 손색이 없어 보였다. 그러나 초끈의 배경차원이 10차원이라는 것과 논리적으로 가능한 초끈이론이 너무 많다는 게 문제였다(I형, II-A형, II-B형, 이형-O, 이형-E 등 모두 다섯 가지나 된다).

이 책은 1994년에 출간되었는데, 당시는 초끈이론이 한계에 부딪혀 인기가 점차 누그러지던 시기였다. 그런데 1995년에 초끈이론의 선두주자인 에드워드 위튼이 다섯 개의 이론을 하나로 통합한 'M-이론M-theory'을 발표하면서 초끈이론은 2차 혁명기를 맞이하게 된다. 게다가 새로 등장한 M-이론에서 초끈의 배경차원은 11차원으로 업그레이드되었으며, 이중성duality까지 도입하여 대칭도 더욱 높아졌다.

또한 초끈이론은 고차원 공간의 기하학 및 위상수학과 관련된 흥미로운 문제를 제기하여 숱한 논쟁을 야기했고, 수많은 수학적 아이디어를 양산하면서 자신의 존재감을 유감없이 발휘했다. 그렇다면 초끈이론은 성공한 이론일까?

아쉽게도 아직은 결론을 내리기 어렵다. 정상적인 물리학이론이라면 실험으로 검증 가능한 물리량을 계산하여 진위 여부를 판별할 수 있어야 하는데, 초끈이론은 관측 가능한 물리량을 단 하나도 계산하지 못했다. 게다가 여분차원의 기하학적 구조도 미지로 남아 있고, 이론의 근간인 초대칭supersymmetry도 아직 이론으로만 존재할 뿐이다. 그러나 저자는 초끈이론의 약진을 '아인슈타인의 복수'로 해석했다. 나무로 뒤덮인 공원을 다시 기하학에 기초한 대리석으로 포장하고 있으니, 물리학이 과거의 우아했던 모습으로 되돌아간다는 의미일 것이다. 물리학이 추구해야 할 최고의 덕목이 '아름다움'인지, 아니면 눈앞의 실험결과를 재현하는 '현실성'인지는 다소 논란의 여지가 있지만, 장차 초끈이론이 틀린 이론으로 밝혀진다 해도 기본적 아이디어는 끝까지 살아남아서 후대 물리학자들의 상상력을 자극할 것이다. 이론이 실패로 끝난다 해도, 뉴턴이 말했던 '거인의 어깨' 역할은 할 수 있을 거라는 이야기다.

나는 2006년에《평행우주》라는 책을 번역하면서 미치오 카쿠와 처음 인연을 맺은 후로《불가능은 없다》《미래의 물리학》《마음의 미래》등 그가 집필한 주요 저작을 모두 번역하는 영광을 누렸다. 그는 이론물리학의 대가이면서 일반대중과 소통하는 능력도 탁월하여, 70세의 고령에도 불구하고 지금도 다양한 매체를 통해 물리학의 전도사로 활발한 활동을 이어가는 중이다. 그의 글은 탄력과 유머가 있으며, 독자들의 이해를 도우려는 세심한 배려가 곳곳에 배어 있다. 간단히 말해서, 그는 '똑똑하고 날카로우면서 유머러스하고 친절한 물리학자'이다. 부디 그가 건강을 잃지 않고 계속 우리 곁에 남아서 심오하고 흥미로운 물리학 이야기를 계속 들려줄 수 있기를 간절히 기원한다.

　24년 전에 출간된 그의 책을 다시 접하니, 마치 오래된 친구를 만난 것처럼 반갑기 그지없다. 그가 나의 친구였다면 나는 분명히 이렇게 말했을 것이다. "짜식… 어쩐지 나이에 걸맞지 않게 통통 튄다 했더니, 원래 옛날부터 그랬구나!"

2018년 5월
박병철

후주

서문

1 고차원 공간은 최근에 대두된 주제여서 전문가들 사이에서도 용어가 통일되지 않은 상태이다. 물리학자들은 이 이론을 '칼루자-클라인 이론'이나 '초중력이론' 또는 '초끈이론' 등으로 부르고 있지만, 대중적으로 가장 널리 통용되는 이름은 '초공간이론hyperspace theory'이다(여기서 '초hyper'라는 말은 고차원 기하학적 객체를 뜻하는 접두어이다). 이 책에서는 일반독자들의 편의를 위해 '고차원 공간' 대신 '초공간'이라는 용어를 사용할 것이다.

1. 시공을 초월한 세계

1 Heinz Pagels, *Perfect Symmetry: The Search for the Beginning of Time* (New York: Bantam Books, 1985), 324.

2 피터 프로인트, 저자와의 인터뷰에서 발췌.

3 Abraham Pais, *Subtle is the Lord: The Science and the Life of Albert Einstein* (Oxford: Oxford University Press, 1982), 235.

4 플랑크 길이는 양자중력이론에 등장하는 전형적 길이 단위로, 앞으로 이 책을 읽다 보면 수시로 마주치게 될 것이다. 뉴턴의 중력이론에 의하면 중력의 구체적 세기는 중력상수(G)를 통해 결정된다. 그러나 물리학자들은 빛의 속도 c를 '1'로 간주한 단위를 즐겨 사용하는데, 이 단위계에 의하면 1초는 30만 km와 같다(빛의 속도는 '30만 km/1초'이다. 그런데 이것을 단위가 없는 '1'로 간주했으므로 분자와 분모가 같아지는 것이다_옮긴이). 또한 플랑크상수를 2π로 나눈 값도 '1'로 간주하면 시간과 에너지 사이에 산술적 관계가 성립한다. 이 희한한(그러나 편리한) 단위계를 사용하면 뉴턴의 중력상수를 비

롯하여 모든 것이 cm 단위로 변환된다. 실제로 뉴턴의 중력상수와 관련된 길이를 계산해보면 플랑크 길이(10^{-33}cm, 또는 10억$\times10^{19}$eV)가 되고, 양자중력효과는 이 짧은 길이 단위로 계산된다. 고차원 공간의 크기는 플랑크 길이와 비슷한 수준이다.

5 Linda Dalrymple Henderson, *The Fourth Dimension and Non-Euclidean Geometry in Modern Art* (Princeton, N. J.: Princeton University Press, 1983), xix.

2. 수학자와 마술사

1 E. T. Bell, *Men of Mathematics* (New York: Simon and Schuster, 1937), 484.《수학을 만든 사람들》(미래사)

2 상동, 488쪽. 젊은 시절 리만이 정수론에 깊은 관심을 갖게 된 데에는 르장드르의 책이 큰 영향을 미쳤을 것이다. 그로부터 몇 년 후, 리만은 정수론에서 제타함수zeta function와 관련된 공식을 유도하여 소수(素數, prime number, 1과 자기자신 외에 약수를 갖지 않는 수) 연구의 새로운 지평을 열었다. 수학 역사상 최고의 난제이자 지금까지 증명되지 않은 '리만가설Riemann's hypothesis'도 바로 이 공식과 관련되어 있다. 지난 100년 동안 세계적인 수학자들이 리만가설을 증명하기 위해 평생을 바쳤지만 아무도 성공하지 못했다. 벨은《수학을 만든 사람들Men of Mathematics》에 "누구든지 이 가설을 증명하거나 반증하는 사람은 최고의 영예를 얻게 될 것"이라고 적어놓았다.

3 John Wallis, *Der Barycentrische Calcul* (Leipzig, 1827), 184.

4 세간에는 유클리드기하학을 무너뜨린 주인공이 리만이라고 알려져 있지만, 고차원 기하학을 제일 먼저 개발한 사람은 리만의 스승인 가우스였다.
리만이 태어나기 한참 전인 1817년에 가우스가 절친한 친구이자 천문학자였던 하인리히 올베르스Heinrich Olbers에게 보낸 편지에는 유클리드기하학에 대한 실망감이 적나라하게 드러나 있다. 특히 "유클리드기하학은 수학적으로 불완전하다"는 문장이 눈에 뜨인다.
1869년에 수학자 제임스 실베스터James J. Sylvester는 자신의 저서에 "가우스는 고차원 공간을 진지한 자세로 연구했다"고 적어놓았다. 가우스는 2차원 종이에서 살아가는 '책벌레'를 상정한 후, 이 개념을 "4차원, 또는 그 이상의 고차원 공간을 인식할 수 있는 생명체"로 일반화시켰다(Linda Dalrymple Henderson, *The Fourth Dimension and Non-Euclidean Geometry in Modern Art*, Princeton, N. J.: Princeton University Press, 1983,

19에서 인용함).

가우스가 다른 수학자들보다 거의 40년 일찍 고차원 공간이론을 생각했는데, 왜 역사에는 유클리드기하학을 넘어선 최초의 수학자로 기록되지 않았을까? 역사책에는 가우스가 자신의 연구내용은 물론이고 정치적 견해나 개인생활까지 외부에 거의 공개하지 않았다고 기록되어 있다. 사실 그는 독일을 한 번도 떠나지 않았으며, 생의 대부분을 한 도시에서 살았다. 활동영역이 제한적이었으니, 사고방식도 여기에 많은 영향을 받았을 것이다.

1829년, 가우스는 친구 프리드리히 베셀Friedrich Bessel에게 보내는 편지에 "나는 고차원 공간에 대한 연구결과를 절대로 출판하지 않을 걸세. 그 늙다리 보이오티언들이 난리를 칠 게 뻔하니까"라고 적어놓았다. 수학자 모리스 클라인Morris Kline의 저서에도 이와 비슷한 내용이 등장한다. "1829년 1월 7일에 가우스는 베셀에게 보내는 편지를 통해 '보이오티언들의 놀림거리가 되기 싫어서 연구결과를 발표하지 않겠다'고 선언했다."(*Mathematics and the Physical world*, New York: Crowell, 1959, 449) 결국 가우스는 이 세상이 3차원이라고 하늘같이 믿고 있는 늙은 교수들(보이오티언)의 반발이 두려워서 연구결과를 발표하지 않았던 것이다.

1869년에 실베스터는 가우스의 전기를 집필한 자르토리우스 폰 발터스하우젠 Wolfgang Sartorius von Waltershausen과 인터뷰를 한 후 자신의 저서에 다음과 같이 적어놓았다. "그 위대한 수학자는 자신이 연구하던 문제를 잠시 접어두었다가, 훗날 공간에 대한 개념이 좀 더 구체화되면 기하학에 적용할 예정이라고 말하곤 했다. (무한히 얇은) 2차원 종이 위에서 살아가는 (무한히 가느다란) 벌레를 머릿속에 그릴 수 있듯이, 4차원 이상의 고차원에서 살아가는 고차원 생명체도 얼마든지 상상할 수 있다."

(Henderson, Fourth Dimension and Non-Euclidean Geometry in Modern Art, 19에서 인용함)

가우스는 평소 유클리드기하학을 미심쩍게 생각해오다가 그 진위 여부를 테스트하는 기발한 방법을 떠올렸다. 조교들과 함께 로켄산Rocken과 호에하겐산Hohehagen, 그리고 인젤스베르크산Inselsberg의 축소모형을 만든 후 각 산봉우리를 연결하는 삼각형을 작도하여 내각의 합을 측정한 것이다. 유클리드기하학이 옳다면 내각의 합은 180°일 것이고, 그렇지 않다면 다른 값이 얻어질 것이다. 그러나 실망스럽게도 그가 얻은 값은 거의 정확하게 180°였다(약 15분의 오차가 있었다. 1분=1/60°). 그러나 가우스가 사용했던 측정장비는 정밀도가 매우 떨어졌기 때문에, 유클리드기하학의 진위 여부를 판별하는 것은 애초부터 무리였다(현대의 과학자들은 서로 멀리 떨어진 세 개의 별을 대상으로 가우스와 동일한 측정을 수행하여 180°에서 꽤 많이 벗어난 값을 얻었다).

수학자 니콜라이 로바쳅스키Nikolai I. Lobachevsky와 야노시 보여이János Bolyai도 구면 위에 적용되는 비유클리드기하학을 개발했다. 그러나 이들의 이론은 일상적인 저 차원(3차원 이하)에만 적용된다.

5 E. T. Bell, *Men of Mathematics* (New York: Simon and Schuster, 1937), 497.《수학을 만든 사람들》(미래사)

6 전기력과 자기력이 휘어진 공간 때문에 나타나는 현상임을 제일 먼저 공표한 사람 은 1873년에 '자연Nature'이라는 주제로 진행된 리만의 공개강연을 영어로 번역한 영국의 수학자 윌리엄 클리퍼드William Clifford였다. 그는 수학의 고차원 공간과 물리 학의 전자기력이 근본적으로 같다는 사실을 간파하고, 리만의 아이디어를 확장하 여 "휘어진 고차원 공간 때문에 전기력과 자기력이 발생한다"고 주장했다.

이것은 '힘'을 '휘어진 공간의 결과'로 해석한 첫 번째 시도로서, 중력을 휘어진 시 공간의 결과로 해석한 아인슈타인의 일반상대성이론보다 40년 이상 앞선 것이다. 전자기력이 네 번째 차원의 진동으로부터 생성된다는 클리퍼드의 아이디어는 전자 기력을 고차원 공간에서 서술한 칼루자-클라인 이론보다도 시기적으로 앞서 있다. 그러므로 고차원 공간에서 힘이 단순하고 우아하게 서술된다는 사실을 처음으로 간파한 사람은 아인슈타인이나 칼루자-클라인이 아니라 클리퍼드와 리만이었다. 이들 덕분에 과학자들은 물리적 힘들이 고차원 공간에서 하나로 통일될 수 있다는 희망을 갖게 된 것이다.

영국의 수학자 제임스 실베스터는 1869년에 출간된 자신의 저서에 다음과 같이 적 어놓았다. "클리퍼드는 빛과 자기력 등 아직 설명되지 않은 자연현상의 본질을 추 적하다가 3차원 공간이 4차원 공간의 그림자에 불과하다는 놀라운 생각을 떠올렸 다. (…) 이것은 리만이 평평한 종이를 구겨진 종이로 확장한 것과 비슷하다."(Henderson, *Fourth Dimension and Non-Euclidean Geometry in Modern Art*, 19에서 인용함)

또한 실베스터는 1870년에 발표한 논문 〈물질의 공간이론On the Space-Theory of Matter〉에서 "공간의 곡률변화는 물질이 움직일 때 실제로 일어나는 현상"이라고 주장 했다(William Clifford, 'On the Space-Theory of Matter', *Proceedings of the Cambridge Philosophical Society* 2 [1876]: 157-158).

7 N차원 공간에서 리만 계량텐서 $g_{\mu\nu}$는 $N \times N$ 행렬로 표현되며, 이로부터 지극히 가 까운 두 점 사이의 미소거리 ds는 $ds^2 = \Sigma dx^\mu g_{\mu\nu} dx^\nu$로 주어진다. 휘어진 공간을 두 들겨 펴서 평평한 공간으로 만들면 $g_{\mu\nu} = \delta_{\mu\nu}$가 되고, 위의 식은 N차원 공간의 피타 고라스 정리와 같아진다. 계량텐서($g_{\mu\nu}$)와 $\delta_{\mu\nu}$의 차이는 대충 말해서 '주어진 공간이

평평한 공간으로부터 벗어난 정도'를 말해준다. 계량텐서를 알면 이로부터 리만곡률텐서 $R^\beta_{\ \mu\nu\alpha}$를 계산할 수 있다.

임의의 점에서 공간의 곡률은 그 점을 중심으로 원을 그렸을 때 원 안에 들어오는 면적으로 계량할 수 있다. 2차원 평면의 경우에는 원에 포함되는 면적이 πr^2이지만, 구의 표면처럼 양(+)의 곡률로 휘어진 곡면에서는 πr^2보다 작다. 반면에 말안장처럼 곡률이 음(-)이면 원에 포함되는 면적은 πr^2보다 크다.

이 정의에 의하면 구겨진 종이의 곡률은 0이다. 종이가 구겨졌다 해도 그 위에 그린 원의 면적은 여전히 πr^2이기 때문이다. 단 구겨진 종이로 힘의 작용 원리를 설명한 리만의 사례에서는 종이가 접힌 곳도 있고, 늘어난 곳도 있으므로 곡률은 0이 아니다.

8   E. T. Bell, *Men of Mathematics* (New York: Simon and Schuster, 1937), 501. 《수학을 만든 사람들》(미래사)

9   상동, 14.

10 상동.

11 아인슈타인의 친구인 물리학자 파울 에렌페스트Paul Ehrenfest는 1917년에 발표한 논문 〈공간이 3차원이라는 물리학의 기본법칙은 어떤 방식으로 드러나는가?In What Way Does It Become Manifest in The Laws of Physics that Space has Three Dimension?〉에서 다음과 같은 질문을 제기했다. "별과 행성은 고차원 공간에도 존재할 수 있는가?" 촛불이나 전구가 멀리 떨어질수록 희미해지듯이, 중력도 거리가 멀수록 약해진다. 뉴턴의 이론에 의하면 중력의 세기는 거리의 제곱에 반비례한다. 즉 거리가 두 배로 멀어지면 중력이 1/4로 약해진다는 뜻이다. 촛불이나 별도 마찬가지다. 거리가 두 배면 밝기는 1/4로 희미해지고, 거리가 세 배면 1/9로 희미해진다.

만일 공간이 4차원이라면 촛불의 밝기와 중력의 세기는 거리의 제곱이 아닌 세제곱에 반비례하여 훨씬 빠르게 감소할 것이다. 예를 들어 거리가 두 배로 멀어지면 1/8로 약해지는 식이다.

태양계가 이런 4차원 공간에 존재할 수 있을까? 원리적으로는 가능하지만, 4차원에서는 행성의 궤도가 불안정해지기 때문에 조금만 충격을 받아도 궤도를 이탈하게 된다. 따라서 태양계가 4차원 공간에 존재한다면 모든 행성들은 이미 오래전에 태양 속으로 빨려 들어갔을 것이다.

태양 자체도 고차원 공간에서는 존재할 수 없다. 중력이 거리의 세제곱에 비례한다는 것은 거리가 가까울수록 지금보다 엄청나게 강해진다는 뜻이므로, 태양은 과도

한 중력에 의해 으깨질 것이다. 현재 태양의 내부에서는 핵융합반응이 격렬하게 진행되고 있으며, 여기서 발생한 에너지가 바깥쪽으로 엄청난 압력을 행사하고 있다. 그런데 다행히도 태양의 안쪽으로 작용하는 자체중력이 이 압력을 상쇄시켜서 지금처럼 안정한 상태를 유지할 수 있는 것이다. 그러나 고차원 공간에서는 이 미묘한 균형이 유지될 수 없으므로 태양은 과도한 중력에 의해 스스로 붕괴될 것이다.

12 Henderson, *Fourth Dimension and Non-Euclidean Geometry in Modern Art*, 22.

13 칠너는 1875년에 크룩스의 연구소를 방문한 직후부터 유심론(唯心論, spiritualism)의 열렬한 추종자가 되었다. 크룩스는 탈륨(Thalium, Tl) 원소를 최초로 발견했고 음극선을 발명했으며, 과학계간지인 〈Quarterly Journal of Science〉의 편집자로 활동하는 등 당대 최고의 명성을 누리던 물리학자였다. 그의 음극선이 없었다면 TV와 컴퓨터 모니터, 비디오게임기, X-선 영상장치 등은 아직도 꿈으로 남아 있을 것이다. 크룩스는 지극히 정상적이고 이성적인 물리학자였다. 영국 물리학회의 상징이었던 그는 1897년에 영국왕실로부터 작위를 받았고 1904년에는 메리트훈장을 받았다. 전하는 바에 따르면 그는 황열을 앓던 형제 필립이 1867년에 세상을 떠난 직후부터 유심론에 빠져들었다고 한다. 그 후 크룩스는 심령연구회의 회원이 되었으며, 얼마 후 회장까지 역임했다. 이 모임에는 영국을 대표하는 저명한 물리학자들이 여러 명 속해 있었다.

14 Rudy Rucker, *The Fourth Dimension* (Boston: Houghton Mifflin, 1984), 54.

15 4차원 이상의 고차원 공간에서 매듭이 풀리는 원리를 이해하기 위해, 사슬처럼 엮여 있는 두 개의 고리(반지 A, B)를 상상해보자. A를 평면 위에 올려놓고 평면방향으로 2차원 단면도를 그리면 A는 닫힌 원이 되고 B는 두 개의 점으로 나타날 것이다. B는 A와 수직한 평면에 놓여 있으므로 둘 중 하나의 점은 원의 내부에 있고, 다른 점은 원 바깥에 있다. 그런데 고차원 공간에서는 고리를 자르지 않고 원 내부에 있는 점을 바깥으로 쉽게 꺼낼 수 있고, 이런 조작을 거치면 두 개의 고리는 완전히 분리된다. 묶인 매듭을 푸는 방법도 이와 비슷하다. 4차원 공간에는 물체가 움직일 수 있는 '또 하나의 방향'이 존재하기 때문이다. 물론 3차원 공간에서는 점을 원 밖으로 꺼낼 수 없다. 그래서 매듭이 유지될 수 있는 공간은 3차원뿐이다.

3. 네 번째 차원을 본 사람

1 스코필드A. T. Schofield의 책에는 이런 내용도 있다. "그러므로 우리보다 높은 세계는 머릿속에 그릴 수 있을 뿐만 아니라 실제로 존재하고 있다. 그 세계는 아마도 4차원일 것이며 법칙과 언어, 차원 등 여러 가지 면에서 영적 세계와 일치한다."(Rudy Rucker, *The Fourth Dimension*, Boston: Houghton Mifflin, 1984, 56)

2 아서 윌링크Arthur Willink는 자신의 저서에 다음과 같이 적어놓았다. "4차원 공간을 인식하게 되면 5차원 공간도 인식할 수 있다. 이런 식으로 가다 보면 언젠가는 무한 차원도 인식할 수 있을 것이다."(상동, 200)

3 H. G. Wells, *The Time Machine: An Invention* (London: Heinemann, 1895), 3.《타임머신》

4 Linda Dalrymple Henderson, *The Fourth Dimension and Non-Euclidean Geometry in Modern Art* (Princeton, N.J.: Princeton University Press, 1983), xxi.

5 상동. 헨더슨은 다음과 같이 주장했다. "허버트 조지 웰스와 오스카 와일드, 조지프 콘래드, 포드 매덕스 포드, 마르셀 프루스트, 거트루드 스타인 등의 작가들도 네 번째 차원에 각별한 관심을 갖고 있었으며, 음악계에서는 알렉산드르 스크랴빈과 에드가르 바레즈, 조지 앤타일 등이 네 번째 차원에서 영감을 얻어 '고차원적 현실'을 음악에 구현했다."(상동, xix-xx)

6 레닌의《유물론과 경험비판론Materialism and Empirio-Criticism》은 현대 소련과 동유럽의 과학에 지대한 영향을 미쳤다. 예를 들어 이 책에 나오는 '무진장한 전자inexhaustibility of electron'라는 구절은 물질의 내부구조를 파고 들어갈 때마다 새로운 구조와 모순이 등장한다는 변증법적 개념을 시사하고 있다. 은하는 별들로 이루어져 있고 별은 행성을 거느리고 있으며, 행성은 분자로 이루어져 있고, 분자는 원자로 이루어져 있고, 원자에는 전자가 포함되어 있으므로, 은하가 존재하는 한 전자는 사라지지 않는다. 이것은 '세계 속의 세계worlds within worlds' 이론의 한 지류로 간주할 수 있다.

7 Vladimir Lenin, *Materialism and Empirio-Criticism*, in Karl Marx, Friedrich Engels, and Vladimir Lenin, *On Dialectical Materialism* (Moscow: Progress, 1977), 305-306.

8 상동.

9 Rucker, *Fourth Dimensions*, 64.

10 2차원에 사는 평면생명체가 6개의 정사각형을 십자가 모양으로 이어 붙인 집을 지

었다고 가정해보자. 그가 보기에 이웃한 정사각형들은 서로 단단하게 붙어 있기 때문에 비틀거나 회전시킬 수 없다. 그런데 3차원에 사는 당신이 그 집을 보고 "어라? 이건 정육면체 전개도잖아? 심심한데 한번 접어볼까?" 하면서 십자가 집을 접어 정육면체를 만들었다고 하자. 2차원에서 정사각형의 연결부위는 매우 견고하여 움직이지 않지만(쉽게 움직이면 집이라 할 수 없다!) 3차원에서는 쉽게 접을 수 있다. 십자가 집 안에 2차원 생명체가 살고 있다 해도, 그는 자신의 집이 접히고 있음을 전혀 눈치채지 못할 것이다.

이제 '전개도 접기'가 끝나고 평면생명체가 정육면체 안에 갇혔다면, 그는 정말로 이상한 경험을 하게 된다. 처음에는 십자가의 교차점에 있는 방만 빼고 모든 방들이 외부와 연결되어 있었는데, 지금은 모든 방(정사각형)들이 다른 방과 연결되어 있고 바깥은 보이지 않는다. 그리고 그가 방에서 나갈 때마다 (자신도 모르게) 3차원 방향으로 90° 꺾어서 이웃한 방으로 진입하게 된다. 바깥(2차원)에서 보면 그 집은 평범한 사각형 단칸방에 불과하지만, 일단 안으로 들어오면 6개의 방들이 이상하게 연결되어 있다. 게다가 방을 이리저리 돌아다니다 보면 처음 들어왔던 유일한 입구이자 출구를 찾기가 매우 어려워진다.

4. 빛의 비밀: 다섯 번째 차원에서 일어나는 진동

1 Jacob Bronowski, *The Ascent of Man* (Boston: Little, Brown, 1974), 247. 《인간 등정의 발자취》(바다출판사)

2 Abraham Pais, *Subtle Is the Lord: The Science and the Life of Albert Einstein* (Oxford: Oxford University Press, 1982), 131.

3 만일 누군가가 당신에게 "우리 두 사람의 키는 서로 상대방보다 크다"고 우긴다면 정신 차리라고 한 대 때려주고 싶을 것이다. 그러나 달리는 열차에 탄 승객과 플랫폼에 서 있는 사람의 눈에 서로 상대방이 납작하게 보이는 것은 모순이 아니다. 왜냐하면 무언가를 측정하려면 반드시 '시간'이 걸리고, 물체가 움직이면 시간과 함께 공간도 변하기 때문이다. 특히 한 기준계에서 동시에 일어난 사건은 다른 기준계에서 봤을 때 동시가 아닐 수도 있다.

예를 들어 플랫폼에 서 있던 사람들이 기다란 자를 들고 있다가 열차가 지나갈 때 플랫폼 위로 떨어뜨렸다고 가정해보자. 자의 양끝이 플랫폼에 동시에 닿도록 수평을 잘 맞춰서 떨어뜨리면 그 옆을 지나가는 열차의 길이를 측정할 수 있다. 이런 방법으로 열차의 수축된 길이를 재보면 약 30cm쯤 될 것이다(물론 빛의 속도가 50km/h라는 가정하에 그렇다).

이 모든 과정을 승객의 입장에서 서술해보자. 승객들은 자신이 정지해 있다고 생각할 것이고, '자신을 향해 다가오는 플랫폼'과 '열차를 기다리는 사람들', 그리고 '그들이 들고 있는 자'가 모두 납작하게(또는 짧게) 보일 것이다. 승객들은 살짝 의심스럽다. '저렇게 짧은 자로 내가 탄 열차의 길이를 측정할 수 있을까?' 이제 열차가 정류장을 지나갈 때 사람들이 자를 떨어뜨렸다. 그런데 승객의 관점에서 보면 자의 양끝은 플랫폼에 동시에 닿지 않는다. 정류장이 열차의 앞 끝을 스쳐 지나가는 순간에 자의 한쪽 끝이 플랫폼에 닿고, 정류장이 열차의 뒤 끝을 지나갈 때 자의 반대편 끝이 플랫폼에 닿는다. 따라서 승객들의 눈에 자가 열차보다 턱없이 짧아 보여도 열차의 길이를 측정하는 데에는 아무런 문제가 없다.

이와 같이 '모든 측정에는 시간이 소요된다'는 것과 '서로 상대운동을 하는 두 기준계에서 시간과 공간은 각기 다른 방식으로 왜곡된다'는 사실을 고려하면 위의 역설을 비롯하여 특수상대성이론에 등장하는 모든 역설을 해결할 수 있다.

4 맥스웰 방정식은 다음과 같다($c=1$로 간주한 단위계를 사용했다).

$$\nabla \cdot \boldsymbol{E} = \rho$$
$$\nabla \times \boldsymbol{B} - \frac{\partial \boldsymbol{E}}{\partial t} = j$$
$$\nabla \cdot \boldsymbol{B} = 0$$
$$\nabla \times \boldsymbol{E} + \frac{\partial \boldsymbol{B}}{\partial t} = 0$$

두 번째와 네 번째 방정식은 3개의 성분으로 이루어진 벡터방정식이어서, 사실은 한 개가 아니라 3개다. 따라서 맥스웰 방정식은 총 1+3+1+3=8개인 셈이다.

이 방정식 세트를 상대론적으로 바꿔 쓰면 다음과 같이 축약된다.

$$\partial_\mu F^{\mu\nu} = j^\nu$$

여기서 $F^{\mu\nu} = \partial_\mu A_\nu - \partial_\nu A_\mu$ 이다.

5 Pais, *Subtle Is the Lord*, 39.

6 상동, 179.

7 아인슈타인의 장방정식은 다음과 같다.

$$R_{\mu\nu} - \tfrac{1}{2}g_{\mu\nu}R = -\frac{8\pi G}{c^2}T_{\mu\nu}$$

여기서 $T_{\mu\nu}$는 물질-에너지의 분포를 나타내는 '에너지-운동량 텐서energy-momentum tensor'이고 $R_{\mu\nu}$는 리만의 '곡률텐서Riemann curvature tensor'이다. 이 방정식에 의하면 에너지-운동량 텐서는 초공간의 곡률을 결정한다.

8 Pais, *Subtle os the Lord*, 212.

9 K. C. Cole, *Sympathetic Vibrations: Reflections on Physics as a Way of Life* (New York: Bantam Books, 1985), 29.

10 초구(超球, hypersphere)는 3차원 구와 비슷한 방식으로 정의할 수 있다. 2차원 x-y 평면좌표계에서 반지름이 r인 원은 $x^2+y^2=r^2$으로 표현되고, 3차원 x-y-z 좌표계에서 구球는 $x^2+y^2+z^2=r^2$으로 표현된다. 따라서 4차원 초구는 x-y-z-u 좌표계에서 $x^2+y^2+z^2+u^2=r^2$으로 쓸 수 있다. N차원 초구도 이와 비슷한 방식으로 정의된다.

11 Abdus Salam, "Overview of the Particles," in *The New Physics*, ed. Paul Davis (Cambridge: Cambridge University Press, 1989), 487.

12 Theodor Kaluza, "Zum Unitätsproblem der Physik," *Sitzungsberichte Preussische Akademie der Wissenschaften* 96 (1921): 69.

13 아인슈타인의 일반상대성이론이 발표되기 한 해 전인 1914년에 물리학자 군나르 노르츠트룀은 맥스웰의 이론을 5차원으로 확장하여 전자기력과 중력의 통일을 시도했다. 그러나 그는 맥스웰의 빛이론을 4차원에서 다룬 반면, 중력을 1차원 스칼라장으로 간주하는 바람에 과녁을 놓치고 말았다. 논문을 서둘러 발표한 것도 별로 좋은 생각은 아니었지만, 그로부터 1년 후에 아인슈타인이 일반상대성이론을 발표했으니 아무리 서둘러도 아인슈타인식의 중력이론을 구축하기는 어려웠을 것이다. 이와는 대조적으로 칼루자의 이론은 5차원 공간에서 정의된 계량텐서 $g_{\mu\nu}$에서 출발하여 $g_{\mu5}$를 맥스웰텐서 A_μ로 간주하고, 아인슈타인의 4차원 계량텐서를 (μ와 ν가 5보다 작을 때) $g_{\mu\nu}$로 간주했다. 이 단순하고도 아름다운 방법을 통해 칼루자는 아인슈타인의 장과 맥스웰의 장을 5차원 계량텐서 $g_{\mu\nu}$ 안에 담을 수 있었다.

그 외에 하인리히 만델Heinrich Mandel과 구스타프 미Gustav Mie도 5차원이론을 제안했다. 따라서 대중문화에 깊이 파고든 고차원의 개념이 다시 물리학계에 영향을 주어 5차원이론이 탄생했다는 주장은 어느 정도 설득력이 있다.

14 피터 프로인트, 1990년 저자와의 인터뷰에서 발췌.

15 상동.

5. 양자이론

1 K. C. Cole, *Sympathetic Vibrations: Reflections on Physics as a Way of Life* (New York: Bantam Books, 1985), 204.

2 Nigel Calder, *The Key to the Universe* (New York: Penguin, 1977), 69.

3 R. P. Crease and C. C. Mann, *The Second Creation* (New york: Macmillan, 1986), 36.

4 상동, 293.

5 William Blake, "Tyger! Tyger! Burning bright," from "Songs of Experience," in *The Poems of William Blake*, ed. W. B. Yeats (London: Routledge, 1905).

6 Heinz Pagels, *Perfect Symmetry: The Search for the Beginning of the Time* (New York: Bantam Books, 1985), 177.

7 K. C. Cole, *Sympathetic Vibrations*, 229.

8 John Gribben, *In Search of Schrödinger's Cat* (New York: Bantam Books, 1984), 79.

6. 아인슈타인의 복수

1 R. P. Crease and C. C. Mann, *The Second Creation* (New york: Macmillan, 1986), 79.

2 Nigel Calder, *The Key to the Universe* (New York: Penguin, 1977), 15.

3 Crease and Mann, *The Second Creation*, 418.

4 Heinz Pagels, *Perfect Symmetry: The Search for the Beginning of the Time* (New York: Bantam Books, 1985), 327.

5 Crease and Mann, *The Second Creation*, 417.

6 Peter van Nieuwenhuizen, "Supergravity", in *Supersymmetry and Supergravity*, ed. M. Jacob (Amsterdam: North Holland, 1986), 794.

7 Crease and Mann, *The Second Creation*, 419.

7. 초끈이론

1 K. C. Cole, "A Theory of Everything", *New York Times Magazine*, 18 October 1987, 20.

2 John Horgan, "The Pied Piper of Superstring", *Scientific America*, November 1991, op.42, 44.

3 Cole, "A Theory of Everything", 25.

4 Edward Witten, Interview, in *Superstrings: A Theory of Everything?* ed. Paul Davies and J. Brown (Cambridge: Cambridge University Press, 1988), 90-91.

5 David Gross, Interview, in *Superstrings*, ed. Davies and Brown, 150.

6 Witten, Interview, in *Superstrings*, ed. Davies and Brown, 95.

위튼은 아인슈타인이 등가원리(물체의 중력질량과 관성질량이 같다는 원리. 그래서 지구의 중력에 끌려 떨어지는 물체는 크기에 상관없이 가속도가 동일하다)에서 출발하여 일반상대성이론의 가정에 도달했음을 강조했다. 그러나 끈이론에서 등가원리에 대응되는 원리는 아직 발견되지 않았다.

위튼의 설명은 다음과 같이 이어진다. "끈이론은 중력과 양자역학을 아우르면서 논리적으로 타당한 이론이다. 그러나 아인슈타인의 중력이론에 기초를 제공했던 등가원리가 끈이론에 어떤 식으로 등장할지는 아직 분명치 않다."(상동, 97)

7 Gross, Interview, in *Superstrings*, ed. Davies and Brown, 150.

8 Horgan, "Pied Piper of Superstrings", 42.

9 두 가지 진동이 존재하는 이형 끈이론으로 차원다짐compactification을 이해해보자. 하나는 26차원 시공간에서 일어나는 진동이고 다른 하나는 10차원 시공간에서 일어나는 진동이다. 26-10=16이므로, 26차원 중 16차원이 모종의 다양체manifold 형태로 말려있다고 가정하면 10차원이론이 우리에게 주어진다. 말려있는 16차원에서 임의의 차원방향으로 걸어간다면 출발점으로 되돌아올 것이다.

차원다짐된 16차원 공간의 대칭군이 E(8)×E(8)일 가능성을 처음으로 제시한 사람은 피터 프로인트였다. 이 대칭은 규모가 매우 커서 표준모형의 대칭군인 SU(3)×SU(2)×U(1)을 무난하게 포함한다.

이형 끈이 살고 있는 26차원에서 16개의 차원을 차원다짐하면 16차원의 컴팩트공간compact space이 얻어지고, 이 공간에는 E(8)×E(8) 대칭이 존재한다. 그런데 칼루자-클라인 이론에서 컴팩트공간에 존재하는 입자는 공간의 대칭을 그대로 물려받아야 한다. 즉, 끈의 진동이 E(8)×E(8) 대칭군에 의거하여 재배열된다는 뜻이다.

군론(群論, group theory)에 의하면 E(8)×E(8) 대칭군은 표준모형에 등장하는 대칭군보다 훨씬 크다. 따라서 표준모형은 10차원이론의 작은 부분이라고 결론지을 수 있다.

10 초중력이론은 11차원에서 정의된 이론이지만 입자의 모든 상호작용을 수용하기에는 충분치 않다. 초중력의 가장 큰 대칭은 O(8)인데, 규모가 작아서 표준모형의 대칭을 수용할 수 없다.

언뜻 생각하면 11차원 초중력은 10차원 초끈이론보다 차원이 많으므로 대칭성도 더 높을 것 같지만, 사실은 그렇지 않다. 이형 끈이론의 26차원을 10차원으로 줄이고 남은 16차원 공간이 E(8)×E(8) 대칭을 갖고 있기 때문이다. 이 정도 규모면 표준모형의 대칭을 커버하고도 남는다.

11 Witten, Interview, in *Superstrings*, ed. Davies and Brown, 102.

12 이 시기에 섭동적 방법을 사용하지 않은 끈이론도 제시되었지만 위튼의 끈장이론만큼 진보된 형태는 아니었다. 그중 가장 유명한 이론은 무한개의 구멍으로 끈 표면의 특성을 분석하는 '범우주 모듈라 공간Universal moduli space'이었다. 그 외에 재규격화군을 이용하여 구멍이 없는 나무형 다이어그램tree-type diagram만 재현하는 이론도 있었고, 2차원 이하에서만 정의되는 행렬이론도 있었다.

13 차원에 2가 추가되는 이유를 이해하기 위해, 진동모드가 2개인 빛을 생각해보자. 예를 들어 편광된 빛은 수평방향과 수직방향으로 진동할 수 있다. 그러나 상대론적 맥스웰 장 A_μ는 4개의 성분을 갖고 있기 때문에($\mu=1, 2, 3, 4$) 맥스웰 방정식의 게이지 대칭을 이용하여 4개 중 2개를 빼낼 수 있다. 즉, 4-2=2이므로, 원래 4개였던 맥스웰 장은 2개로 줄어든다. 이와 비슷하게 상대론적 끈은 26차원에서 진동하지만, 끈의 대칭을 깨뜨릴 때 두 개의 차원이 제거되어 24개 진동모드만 남게 된다. 이것이 바로 라마누잔 함수에 등장하는 숫자이다.

14 Godfrey H. Hardy, *Ramanujan* (Cambridge: Cambridge University Press, 1940), 3.

15 James Newman, *The World of Mathematics* (Redmond, Wash.: Tempus Books, 1988), 1: 363.

16 Hardy, *Ramanujan*, 9.

17 상동, 10.

18 상동, 11.

19 상동, 10.

20 Jonathan Borwein and Peter Botwein, "Ramanujan and Pi", *Scientific American*, February 1988, 112.

8. 열 번째 차원에서 날아오는 신호

1 David Gross, Interview, in *Superstrings: A Theory of Everything?* ed. Paul Davies and J. Brown (Cambridge: Cambridge University Press, 1988), 147.

2 Sheldon Glashow, *Interactions* (New York: Warner, 1988), 35.

3 상동, 333.

4 상동, 330.

5 Steven Weinberg, *Dreams of a Final Theory* (New York: Pantheon, 1992), 218-219.《최종 이론의 꿈》(사이언스북스)

6 John D. Barrow and Frank J. Tipler, *The Anthropic Cosmological Principle* (Oxford: Oxford University Press, 1986), 327.

7 F. Wilczek and B. Devine, *Longing for the Harmonies* (New York: Norton, 1988), 65.

8 John Updike, "Cosmic Gall", in *Telephone Poles and Other Poems* (New York, Knopf, 1960).

9 K. C. Cole, "A Theory of Everything", *New York Times Magazine*, 18 October 1987, 28.

10 Heinz Pagels, *Perfect Symmetry: The Search for the Beginning of Time* (New York: Bantam Books, 1985), 11.

11 K. C. Cole, *Sympathetic Vibrations: Reflection on Physics as a Way of Life* (New York: Bantam Books, 1985), 225.

9. 창조 이전

1 E. Harrison, *Masks of the Universe* (New York: Macmillan, 1985), 211.

2 Corey S. Powell, "The Golden Age of Cosmology," *Scientific American*, July 1992, 17.

3 오비폴드 이론orbifold theory은 프린스턴의 L. 딕슨L. Dixon과 J. 하비J. Harvey, 그리고 에드워드 위튼Edward Witten 등에 의해 개발되었다.

4 몇 해 전에 수학자들은 흥미로운 질문을 떠올렸다. "N차원 곡면 위에서 가능한 진동은 몇 가지인가?" 예를 들어 북 위로 떨어지는 모래를 생각해보자. 북이 특정 진동수로 진동하면 표면 위의 모래입자들은 이리저리 춤을 추면서 아름다운 대칭무늬를 만들어내고, 진동수가 달라지면 무늬도 달라진다. 즉, 모래알이 만드는 다양한 무늬는 북의 다양한 진동수에 일대일로 대응된다. 수학자들은 여기에 착안하여 N차원 곡면에 나타날 수 있는 공명진동의 종류를 계산했고, 이 가상의 곡면에서 전자가 취할 수 있는 진동의 종류까지 계산해놓았다. 물론 이것은 일종의 연습문제였을 뿐, 그 누구도 물리적 응용을 염두에 두지 않았다. '실제 전자는 N차원 곡면 위에서 진동하지 않는다'고 생각한 것이다.

이때 증명된 수많은 수학정리들이 지금 GUT의 '다세대 입자'문제를 해결하는 데 사용되고 있다. 끈이론이 옳다면 GUT의 각 세대는 오비폴드의 진동이 반영된 결과이다. 진동의 종류는 수학자들이 이미 분류해놓았으므로 물리학자는 수학책을 뒤져서 동일한 세대가 몇 개나 있는지 찾기만 하면 된다! 다시 말해서 입자 세대문제의 근원은 결국 위상수학topology이었던 것이다. 그러므로 GUT의 3세대 문제를 해결하려면 우리의 사고를 10차원으로 확장해야 한다.

필요 없는 차원을 작은 공 안으로 돌돌 말아 넣으면 이론과 실험데이터를 비교할 수 있다. 예를 들어 끈의 최저 여기상태(들뜬 상태)는 반지름이 아주 작은 닫힌 끈closed string에 해당하며, 초중력에 등장하는 입자가 바로 여기에 대응된다. 초중력의 단점이 모두 사라지고 좋은 점만 재현되는 것이다. 이 새로운 초중력의 대칭군은 E(8)×E(8)로서, 대칭의 규모가 표준모형이나 GUT보다 훨씬 크다. 따라서 초끈이론은 GUT와 표준모형을 모두 포함하는 이론이라 할 수 있다(게다가 두 이론의 단점은 모두 제거된 상태이다). 초끈이론은 경쟁자를 물리치지 않고, 아예 먹어치워서 자기 것으로 만든다.

오비폴드의 문제는 가능한 이론이 수십만 개라는 점이다. 없어서 문제가 아니라 너무 많아서 문제다! 각 이론은 원리적으로 자체모순이 없는 우주를 서술하고 있다. 이 많은 후보들 중에서 우리 우주에 해당하는 이론을 어떻게 찾을 수 있을까? 수천 개의 해解들 중 상당수가 쿼크와 렙톤의 3세대를 예견하고 있으며, 이보다 많은 세대를 예견하는 해도 부지기수로 널려있다. GUT는 3세대가 너무 많다고 하는데, 끈이론에서 3세대는 너무 적다!

5 David Gross, Interview, in *Superstrings: A Theory of Everything?* ed. Paul
   Davies and J. Brown (Cambridge: Cambridge University Press, 1988), 142-143.
6 상동.

10. 블랙홀과 평행우주

1 파울리의 배타원리exclusion principle에 의하면 2개(또는 그 이상)의 전자는 동일한 양자
   상태를 점유할 수 없다. 그러므로 백색왜성은 파울리의 배타원리를 따르는 '전자의
   기체'로 근사近似할 수 있다.
   여러 개의 전자는 동일한 양자상태에 놓일 수 없으므로, 전자들이 한 점으로 압축
   되면 배타원리를 지키기 위해 서로 밀어내는 힘이 작용한다. 백색왜성에서는 바로
   이 힘이 중력과 경쟁을 벌이고 있다.
   중성자도 파울리의 배타원리를 만족하므로 중성자별에도 똑같은 논리를 적용할 수
   있다. 단, 다른 원자핵에 의한 효과와 상대론적 효과 때문에 계산이 훨씬 복잡하다.

2 John Michell, in *Philosophical Transactions of the Royal Society* 74(1784): 35.
3 Heinz Pagels, *Perfect Symmetry: The search for the Beginning of Time* (New
   York: Bantam Books, 1985), 57.

11. 타임머신 만들기

1 Anthony Zee, *Fearful Symmetry* (New York: Macmillan, 1986), 68.
2 K. Gödel, "An Example of a New Type of Cosmological Solution of Ein-
   stein's Field Equations of Gravitation," *Reviews of Modern Physics* 21(1949):
   447.
3 F. Tipler, "Causality Violation in Asymptotically Flat Space-Times," *Physical
   Review Letters* 37 (1976): 979.
4 M. S. Morris, K. S. Thorne, and U. Yurtsever. "Wormholes, Time Machines,
   and the Weak Energy Condition," *Physical Review Letters* 61 (1988): 1446.
5 M. S. Morris, and K. S. Thorne, "Wormholes in Spacetime and Their Use for
   Interstellar Travel: A Tool for Teaching General Relativity," *American Jour-*

nal of Physics 56(1988): 411.

6 Fernando Echeverria, Gunnar Klinkhammer, and Kip S. Thorne, "Billiard Balls in Wormhole Spacetimes with Closed Timelike Curves: Classical Theory," *Physical Review D* 44 (1991): 1079.

7 Morris, Thorne, and Yurtsever, "Wormholes," 1447.

12. 충돌하는 우주

1 Steven Weinberg, "The Cosmological Constant Problem," *Reviews of Modern Physics* 61 (1989): 6.

2 Heinz Pagels, *Perfect Symmetry: The Search for the Beginning of Time* (New York: Bantam Books, 1985), 377.

3 상동, 378.

4 Alan Lightman and Roberta Brawer, *Origins: The Lives and Worlds of Modern Cosmologists* (Cambridge, Mass.: Harvard University Press, 1990, 479.

5 Richard Feynman, Interview, in *Superstrings: A Theory of Everything?* ed. Paul Davies and J. Brown (Cambridge: Cambridge University Press, 1988), 196.

6 Weinberg, "Cosmological constant Problem", 7.

7 K. C. Cole, *Sympathetic Vibrations: Reflections of Physics as a Way of Life* (New York: Bantam Books, 1985), 204.

8 John Gibben, *In Search of Schrödinger's Cat* (New York: Bantam Books, 1984), vi.

9 Heinz Pagels, *The Cosmic Code* (New York: Bantam Books, 1982), 113.

10 E. Harrison, *Masks of the Universe* (New York, Macmillan, 1985), 246.

11 F. Wilczek and B. Devine, *Longing for the Harmonies* (New York: Norton, 1988), 129.

12 Pagels, *Cosmic Code*, 155.

13 David Freedman, "Parallel Universe: The New Reality-From Harvard's Wildest Physicist," *Discover Magazine*, July 1990, 52.

14 상동, 48.

15 상동, 49.

16 상동, 51.

17 상동, 48.

13. 미래를 넘어서

1 Paul Davis, *Superforce: The Search for a Grand Unified Theory of Nature* (New York: Simon and Schuster, 1984), 168.

2 Freeman Dyson, *Disturbing the Universe* (New York: Harper & Row, 1979), 76.《프리먼 다이슨, 20세기를 말하다》(사이언스북스)

3 Freeman Dyson, *Infinite in All Directions* (New York: Harper & Row, 1988), 196-197.

4 Dyson, *Disturbing the Universe*, 212.《프리먼 다이슨, 20세기를 말하다》(사이언스북스)

5 Carl Sagan, *Cosmos* (New York: Random House, 1980), 306-307.《코스모스》(사이언스북스)

6 사실 아득한 과거에 탄생한 문명은 자멸하기가 훨씬 쉬웠다. 원자폭탄을 제작할 때 마주치는 가장 근본적인 문제는 238-U가 다량으로 함유된 우라늄 원석에서 235-U를 분리해내는 것이다. 235-U와 238-U는 원자번호가 같은 동위원소지만, 238-U로는 연쇄반응을 일으킬 수 없다. 천연우라늄의 235-U 함유량은 0.3% 정도인데 연쇄반응을 일으키려면 235-U의 함유량이 20%를 넘어야 하고, 폭탄으로 쓰려면 90% 이상의 순도가 요구된다(우라늄광산에서 폭발사고가 일어나지 않은 것은 바로 이런 이유 때문이다. 천연 우라늄의 235-U 함유량은 0.3%에 불과하기 때문에, 연쇄반응이 일어날 염려가 없다).
235-U는 238-U보다 양이 작고 수명도 짧다. 그러므로 수십억 년 전에는 235-U의 양이 지금보다 훨씬 많았을 것이고, 원자폭탄을 만들기도 그만큼 쉬웠을 것이다.

7 Heinz Pagels, *The Cosmic Code* (New York: Bantam Books, 1982), 309.

8 Carl Sagan, *Cosmos*, 231.《코스모스》(사이언스북스)

9 Melinda Beck and Daniel Glick, "And If the Comet Misses," *Newsweek*, 25 November 1992, 61.

14. 우주의 운명

1 John D. Barrow and Frank J. Tipler, *The Anthropic Cosmological Principle* (Oxford: Oxford University Press, 1986), 167.

2 Heinz Pagels, *Perfect Symmetry: The Search for the Beginning of Time* (New York: Bantam Books, 1985), 382.

3 상동, 234.

4 영국 서섹스대학교의 천문학자 존 배로John D. Barrow와 캘리포니아대학교 버클리캠 퍼스의 조셉 실크Joseph Silk는 이 암울한 시나리오에 한 가닥 희망을 제시했다. "어떤 생명체이건 이 극단적인 위기상황에서 새로운 에너지원을 발견하면 살아남 을 수 있다. 우주는 완전히 균일하게 팽창하지 않을 것이므로 밀도가 조금이라도 높은 영역을 찾거나, 블랙홀을 이용하면 된다. (…) 열린 우주에는 무한대의 잠재정 보가 담겨 있으므로, 육체의 속박에서 벗어난 지적생명체라면 이 정보를 어떻게든 활용할 수 있을 것이다."

(*The Left Hand of Creation* [New York: Basic Books, 1983], 226)

5 상동.

6 Gerald Feinberg, *Solid Clues* (New York: Simon and Schuster, 1985), 95.

15. 결론

1 Heinz Pagels, *The Cosmic Code* (New York: Bantam Books, 1982), 173-174.

2 Esward Witten, Interview, in *Superstrings: A Theory of Everything?* ed. Paul Davies and J. Brown (Cambridge: Cambridge University Press, 1988), 102.

3 John D. Barrow and Frank J. Tipler, *The Anthropic Cosmological Principle* (Oxford: Oxford University Press, 1986), 185.

4 Pagels, *Cosmic Code*, 382.

5 James Trefil, *The Moment of Creation* (New York: Macmillan, 1983), 220.

6 John Ellis, Interview, in *Superstrings*, ed. Paul Davies and J. Brown, 161.

7 R. P. Crease and C. C. Mann, *The Second Creation* (New York: Macmillan, 1986), 77.

8 Anthony Zee, *Fearful Symmetry* (New York: Macmillan, 1986), 122.

9 상동, 274.

10 Heinz Pagels, *Perfect Symmetry: The Search for the Beginning of Time* (New York: Bantam Books, 1985), xiii.

11 Stephen Hawking, *A Brief History of Time* (New York: Bantam Books, 1988), 175. 《그림으로 보는 시간의 역사》(까치)

참고문헌 및 더 읽을거리

Abbot, E. A. *Flatland: A Romance of Many Dimensions*. New York: New American Library, 1984. 《플랫랜드》

Barrow. J. D., and F. J. Tipler. *The Anthropic Cosmological Principle*. Oxford: Oxford University Press, 1986.

Bell, E. T. *Men of Mathematics*. New York: Simon and Schuster, 1937. 《수학을 만든 사람들》(미래사)

Calder, N. *The Key to the Universe*. New York: Penguin, 1977.

Chester, M. *Particles*. New York: Macmillan, 1978.

Crease, R., and C. Mann. *The Second Creation*. New York: Macmillan, 1986.

Davies, P. *The Forces of Nature*. Cambridge: Cambridge University Press, 1979.

Davies, P. *Superforce: The Search for a Grand Unified Theory of Nature*. New York: Simon and Schuster, 1984.

Davies, P., and J. Brown, eds. *Superstrings: A Theory of Everything?* Cambridge: Cambridge University Press, 1988.

Dyson, F. *Disturbing the Universe*. New York: Harper & Row, 1979. 《프리먼 다이슨, 20세기를 말하다》(사이언스북스)

Dyson F. *Infinite in All Directions*. New York: Harper & Row, 1988.

Feinberg, G. *Solid Clues*. New York: Simon and Schuster, 1985.

Feinberg, G. *What Is the World Made Of?* New York: Doubleday, 1977.

French, A. P. *Einstein: A Centenary Volume*. Cambridge, Mass.: Harvard University Press, 1979.

Gamow, G. *The Birth and Death of Our Sun*. New York: Viking, 1952.

Glashow, S. L. *Interactions*. New York: Warner, 1988.

Gribben. J. *In Search of Schrödinger's Cat*. New York: Bantam, 1984.

Hawking, S. W. *A Brief History of Time*. New York: Bantam, 1988. 《그림으로 보는 시간의 역사》(까치)

Heisenberg, W. *Physics and Beyond*. New York: Harper Torchbooks. 1971.

Henderson, L. D. *The Fourth Dimension and Non-Euclidean Geometry in Modem Art*. Princeton, NJ.: Princeton University Press, 1983.

Kaku, M. *Introduction to Superstrings*. New York: Springer–Verlag, 1988.

Kaku. M., and J. Trainer. *Beyond Einstein: The Cosmic Quest for the Theory of the Universe*. New York: Bantam, 1987. 《아인슈타인을 넘어서》(전파과학사)

Kaufmann, W. J. *Black Holes and Warped Space-Time*. San Francisco: Freeman, 1979.

Lenin, V. *Materialism and Empirio-Criticism*. In K. Marx, F. Engels, and V. Lenin, *On Dialectical Materialism*. Moscow: Progress, 1977.

Pagels, H. *The Cosmic Code*. New York: Bantam, 1982.

Pagels, H. *Perfect Symmetry: The Search for the Beginning of Time*. New York: Bantam, 1985.

Pais, A. *Subtle Is the Lord: The Science and the Life of Albert Einstein*. Oxford: Oxford University Press, 1982.

Penrose, R. *The Emperor's New Mind*. Oxford: Oxford University Press, 1989. 《황제의 새 마음》(이화여자대학교출판문화원)

Polkinghorne, J. C. *The Quantum World*. Princeton, NJ.: Princeton University Press, 1984.

Rucker, R. *Geometry, Relativity, and the Fourth Dimension*. New York: Dover, 1977.

Rucker, R. *The Fourth Dimension*. Boston: Houghton Mifflin, 1984.

Sagan, C. *Cosmos*. New York: Random House, 1980. 《코스모스》(사이언스북스)

Silk, J. *The Big Bang: The Creation and Evolution of the Universe*. 2nd ed. San Francisco: Freeman, 1988.

Trefil, J. S. *From Atoms to Quarks*. New York: Scribner, 1980.

Trefil, J. S. *The Moment of Creation*. New York: Macmillan, 1983.

Weinberg, S. *The First Three Minutes: A Modern View of the Origin of the Uni-*

verse. New York: Basic Books, 1988. 《최초의 3분》(양문)

Wilczek, F., and B. Devine. *Longing for the Harmonies*. New York: Norton, 1988.

Zee, A. *Fearful Symmetry*. New York: Macmillan, 1986.

찾아보기

evsky) 51, 118

표준모형(standard model) 201~205, 208~213, 216~218, 222, 225, 237, 244, 251, 253, 257~259, 279, 293, 299, 330~332, 340, 425, 494, 496~497, 500, 502~503, 506

프랭크 드레이크(Frank Drake) 447

프랭크 윌첵(Frank Wilczek) 417

프랭크 티플러(Frank Tipler) 390, 485~488

프리먼 다이슨(Freeman Dyson) 410, 442~444, 450~451

프리초프 카프라(Fritjhof Capra) 502

프톨레마이오스(Ptolemy) 70

플랑크 길이(Planck length) 42, 181~182, 420, 426~428, 444, 484

플랑크 에너지(Planck energy) 182, 218, 226, 290, 296, 302, 304, 307, 309, 428, 432

플랑크상수(Planck's constant) 189, 235

피카소(Pablo Piccaso) 52, 114~117, 245

피타고라스 정리 75~76, 78

피터 보웨인(Peter Borwein) 287

피터 프로인트(Peter Freund) 35~36, 58, 177~178, 235

필리프 레나르트(Philip Lenard) 495

ㅎ

하워드 조자이(Howard Geoegi) 229

하인즈 페이겔스(Heinz Pagels) 32, 229, 411, 457, 500, 523

한스 라이스너(Hans Reissner) 360

허블의 법칙(Hubble's law) 317

헤라르트 엇호프트(Gerard t'Hooft) 197, 200, 511

헤르만 폰 헬름홀츠(Hermann von Helmholtz) 33, 84, 90, 495

헨드릭 카시미르(Hendrik Casimir) 398~399

헨리 모어(Henry More) 51

헨리 슬레이드(Henry Slade) 92~98, 100, 130

헬렌 미쉘(Helen Michel) 467

호르헤 루이스 보르헤스(Jorge Luis Borges) 416

환원주의(reductionism) 494, 498, 500~512

휴 에버렛(Hugh Everett) 416~420

흑체복사(blackbody radiation) 319~321

힉스입자(Higgs particle) 210, 299, 432, 497

힌턴 입방체(Hinton's cubes) 122~123

초공간
HYPERSPACE